새로 개정된

기계설계
산업기사
필기 총정리

기계설계시험연구회 엮음

🐢 일진사

산업 기술의 발전으로 '사람이 하기 힘든 일을 기계가 하는 시대'에서 '기계가 못하는 일을 사람이 하는 시대'로 급격히 바뀌고 있으며, 자동화되는 설비로 인하여 단순노동 인력이 줄어드는 현상은 피할 수 없는 대세가 되었다. 기계설계 분야를 보는 시각도 여기에서 시작해야 한다.

모든 산업 기계나 기구의 각 부분은 여러 가지 구성요소로 되어 있어 용도에 맞게 사용될 수 있도록 모양, 구조, 크기, 강도 등을 합리적으로 결정하고 재료와 가공법 등을 알맞게 선택해야 한다. 또한 양질의 제품을 제작하기 위하여 제품의 용도나 기능에 적합하도록 면밀한 계획을 세워야 한다. 이러한 내용을 종합하는 기술을 설계라 한다.

이러한 흐름에 맞추어 이 책은 기계설계산업기사 필기시험을 준비하는 수험생들의 실력 향상 및 합격을 위하여 다음과 같은 특징으로 구성하였다.

첫째, 개정된 출제기준에 따라 세부항목을 구성하고, 그에 해당하는 기출문제를 수록하여 출제 경향을 쉽게 파악할 수 있도록 하였다.

둘째, 문제마다 상세한 해설을 수록하여 수험자 스스로 능률적인 학습을 할 수 있도록 하였다.

셋째, CBT 대비 실전문제를 수록하여 자신의 실력을 스스로 테스트하고 이에 맞추어 실전에 대비할 수 있도록 하였다.

끝으로, 이 책을 활용하여 기계설계산업기사 필기시험을 준비하는 수험생 여러분께 합격의 영광이 함께 하길 바라며, 책이 나오기까지 여러모로 도와주신 모든 분과 도서출판 **일진사** 직원 여러분께 깊은 감사를 드린다.

저자 일동

직무 분야	기계	중직무 분야	기계제작	자격 종목	기계설계산업기사	적용 기간	2022.1.1. ~ 2024.12.31.

○ 직무내용 : 산업체에서 제품개발, 설계, 생산기술 부문의 기술자들이 치공구를 포함한 기계의 부품도, 조립도 등을 설계하며 연구, 생산관리, 품질관리 및 설비관리 등을 수행하는 직무이다.

검정방법	객관식	문제 수	60	시험시간	1시간 30분

필기 과목명	문제 수	주요항목	세부항목	세세항목
기계 제도	20	1. 도면 분석	1. 도면 분석	1. 도면(설계) 양식과 규격 2. 설계사양서 3. 표준부품 4. 산업표준(KS, ISO)
			2. 요소부품 투상	1. 투상법 2. 조립도 3. 부품도
		2. 도면 검토	1. 주요 치수 및 공차 검토	1. 치수 기입 2. 치수 공차 3. 기하 공차 4. 끼워맞춤 5. 표면 거칠기 6. 표준부품의 호환성
			2. 도면 해독 검토	1. 작업 방법 2. 작업 설비 3. 재료 선정 및 중량 산출 4. 부품별 기능 파악
		3. 2D 도면 작업	1. 작업 환경 설정	1. 사용자 환경 설정 2. 선의 종류와 용도 3. 도면 출력양식
			2. 도면 작성	1. 좌표계 2. 도면 작성 3. 형상 비교 · 검토
		4. 형상 모델링 작업	1. 모델링 작업 준비	1. 사용자 환경 설정
			2. 모델링 작업	1. 스케치 작업 2. 모델링 작업 3. 모델링 편집 4. 좌표계의 종류 및 특성
		5. 형상 모델링 검토	1. 모델링 분석	1. 모델링 분석 2. 모델링 보정
			2. 모델링 데이터 출력	1. 3D-2D 데이터 변환 2. 도면 출력 양식
기계요소 설계	20	1. 체결요소 설계	1. 요구기능 파악 및 선정	1. 나사 2. 키 3. 핀 4. 리벳 5. 용접 6. 볼트 · 너트 7. 와셔 8. 코터

필기 과목명	문제 수	주요항목	세부항목	세세항목
			2. 체결요소 설계	1. 자립 조건 2. 체결요소 풀림 방지 3. 체결요소의 강도, 강성, 피로, 부식 방지 4. 표면 처리 방법
		2. 동력전달 요소 설계	1. 요구기능 파악 및 선정	1. 축　　　　2. 축이음　　　3. 베어링 4. 마찰차　　5. 기어　　　6. 캠 7. 벨트　　　8. 로프　　　9. 체인 10. 브레이크 등
			2. 동력전달 요소 설계	1. 동력전달요소 설계 2. 동력전달 사양 설정 3. 동력전달 구현 방법 4. 동력전달력 계산
		3. 치공구요소 설계	1. 요구기능 파악	1. 치공구의 기능과 특성 2. 공정별 가공 공정 이해
			2. 치공구요소 선정	1. 치공구의 종류 2. 치공구의 사용법 3. 공작물의 위치 결정 4. 공작물 클램핑 5. 치공구 작업 안전
			3. 치공구요소 설계	1. 고정구 설계　　　2. 지그 설계
기계재료 및 측정	20	1. 요소부품 재질 선정	1. 요소부품 재료 파악	1. 철강 재료　　　　2. 비철 재료 3. 비금속 재료
			2. 최적 요소부품 재질 선정	1. 재질의 파악　　　2. 재질의 적합성 검토 3. 재료의 특성　　　4. 재료의 원가
			3. 요소부품 공정 검토	1. 공작기계의 종류 및 용도 2. 선반 가공　　　3. 밀링 가공 4. 기타 절삭 가공 5. 기계 가공 관련 안전수칙
			4. 열처리 방법 결정	1. 강의 열처리 2. 표면 처리
		2. 기본 측정기 사용	1. 작업계획 파악	1. 도면 해독
			2. 측정기 선정	1. 측정기 종류　　　2. 측정 보조기구 선정
			3. 기본 측정기 사용	1. 측정기 사용법　　2. 측정기 영점 조정 3. 측정 오차　　　　4. 측정기 측정값 읽기

차 례 CONTENTS

부 록 CBT 대비 실전문제

- 제1과목 기계 제도
- 제2과목 기계요소 설계
- 제3과목 기계 재료 및 측정

기계설계
산업기사

제 1 편

기계 제도

도면 분석

1. 도면 분석

1-1 도면(설계) 양식과 규격

1 도면의 크기

① 도면의 크기는 사용하는 제도용지의 크기로 나타낸다.

② 제도용지의 크기는 한국산업표준에 따라 'A열' 용지의 사용을 원칙으로 한다.

③ 제도용지의 크기는 세로(a)와 가로(b) 길이의 비가 $1 : \sqrt{2}$이며, A0의 크기는 841 ×1189이다.

④ 큰 도면을 접을 때는 A4 크기로 접는 것을 원칙으로 한다.

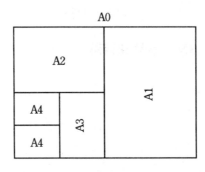

도면의 크기

2 도면의 양식(KS B ISO 5457)

① **윤곽선** : 재단된 용지의 제도 영역을 4개의 변으로 둘러싸는 윤곽은 여러 가지 크기가 있다. 왼쪽 윤곽은 폭이 20mm이고 다른 윤곽은 폭이 10mm이며, 제도 영역을 나타내는 윤곽은 0.7mm 굵기의 실선으로 그린다.

② **표제란** : 도면 관리에 필요한 사항과 도면의 내용에 대한 중요한 사항을 기입하여 정리한 것이며, 도면의 오른쪽 아래 구석에 마련한다.

③ **중심 마크** : 재단된 용지의 수평 및 수직인 2개의 대칭축으로, 구역 표시의 경계에서 시작하여 도면의 윤곽선을 지나 10mm가 되는 곳까지 0.7mm 굵기의 실선으로 그린다.

④ **구역 표시** : 도면에서는 상세, 추가, 수정한 곳의 위치를 알기 쉽도록 용지를 여러 구역으로 나눈다.

⑤ **부품란** : 부품 명칭, 부품 번호, 수량, 부품 기호, 무게 등 부품에 관한 정보를 기입한다.

3 척도

① 도면의 척도는 현척, 축척, 배척으로 나눌 수 있다.

② 도면에 그려진 대상물의 크기를 현척은 실제 크기와 같게 그리고, 축척은 실제 크기보다 작게, 배척은 크게 그린다.

③ 전체 그림을 정해진 척도로 그리지 못할 때는 표제란의 척도를 쓰는 자리에 '비례척이 아님' 또는 'NS(not to scale)'로 표시한다.

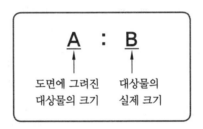

4 선

(1) 선의 종류

선의 종류 및 용도

명 칭	선의 종류		선의 용도
외형선	굵은 실선	————	대상물이 보이는 부분의 모양을 표시하는 데 쓴다.
치수선	가는 실선	————	치수를 기입하기 위하여 쓴다.
치수 보조선			치수를 기입하기 위하여 도형으로부터 끌어내는 데 쓴다.
지시선			기술·기호 등을 표시하기 위하여 끌어내는 데 쓴다.

명칭	선의 종류		선의 용도
회전 단면선	가는 실선	————	도형 내에 그 부분의 끊은 곳을 90° 회전하여 표시하는 데 쓴다.
숨은선	가는 파선 또는 굵은 파선	- - - - - - - - - -	대상물의 보이지 않는 부분의 모양을 표시하는 데 쓴다.
중심선	가는 1점 쇄선	— - — - — - —	• 도형의 중심을 표시하는 데 쓴다. • 중심이 이동한 중심 궤적을 표시하는 데 쓴다.
기준선			위치 결정의 근거가 된다는 것을 명시하는 데 쓴다.
피치선			되풀이하는 도형의 피치를 취하는 기준을 표시하는 데 쓴다.
특수 지정선	굵은 1점 쇄선	━ - ━ - ━	특수한 가공을 하는 부분 등 특별한 요구 사항을 적용할 수 있는 범위를 표시하는 데 쓴다.
가상선	가는 2점 쇄선	— - - — - - —	• 인접 부분, 공구, 지그 등의 위치를 참고로 표시하는 데 쓴다. • 가동 부분을 이동 중 특정 위치 또는 이동 한계의 위치로 표시하는 데 쓴다. • 가공 전 또는 가공 후의 모양을 표시하는 데 쓴다.

💭 가는 선, 굵은 선, 극히 굵은 선의 굵기의 비율은 1:2:4로 한다.

(2) 선의 우선순위

도면에서 두 종류 이상의 선이 같은 장소에 겹치게 될 경우 다음 순서에 따라 우선하는 종류의 선으로 그린다.

> 외형선 → 숨은선 → 절단선 → 중심선 → 무게중심선 → 치수 보조선

⊶ 참고 ⊶

• 선은 같은 굵기의 선이라도 모양이 다르거나, 같은 모양의 선이라도 굵기가 다르면 용도가 달라지므로 모양과 굵기에 따른 선의 용도를 파악하는 것이 중요하다.

예 | 상 | 문 | 제

1. 기계 제도에서 특수한 가공을 하는 부분(범위)을 나타내고자 할 때 사용하는 선은?

① 굵은 실선
② 가는 1점 쇄선
③ 가는 실선
④ 굵은 1점 쇄선

해설 열처리 구간 또는 특수 표면 처리(도금) 구간 등 특수한 가공을 하는 부분은 굵은 1점 쇄선으로 표시한다.

2. 도면의 부품란에 기입할 수 있는 항목만으로 짝지어진 것은?

① 도면 명칭, 도면 번호, 척도, 투상법
② 도면 명칭, 도면 번호, 부품 기호, 재료명
③ 부품 명칭, 부품 번호, 척도, 투상법
④ 부품 명칭, 부품 번호, 수량, 부품 기호

해설 • 부품란 : 부품 명칭, 부품 번호, 수량, 부품 기호, 무게 등 부품에 관한 정보
• 표제란 : 도면 명칭, 도면 번호, 설계자, 각법, 척도, 제작일 등 도면의 정보

3. 다음 (   ) 안에 공통으로 들어갈 내용은?

> ㉠ 나사의 불완전 나사부는 기능상 필요한 경우 또는 치수 지시를 위해 필요한 경우 경사진 (   )으로 그린다.
> ㉡ 단면도가 아닌 일반 투영도에서 기어의 이골원은 (   )으로 그린다.

① 가는 실선
② 가는 파선
③ 가는 1점 쇄선
④ 가는 2점 쇄선

해설 불완전 나사부, 수나사의 골, 기어의 이뿌리원(이골원), 치수선, 치수 보조선, 해칭선 등에는 가는 실선을 사용한다.

4. 기어의 제도에 관하여 설명한 것으로 잘못된 것은?

① 잇봉우리원은 굵은 실선으로 표시한다.
② 피치원은 가는 1점 쇄선으로 표시한다.
③ 이뿌리원은 가는 실선으로 표시한다.
④ 잇줄 방향은 3개의 가는 1점 쇄선으로 표시한다.

해설 헬리컬 기어에서 잇줄 방향은 3개의 가는 실선으로 표시한다.

5. 배관의 도시 방법에서 도급 계약의 경계를 나타낼 때 사용하는 선은?

① 가는 1점 쇄선
② 가는 2점 쇄선
③ 매우 굵은 1점 쇄선
④ 매우 굵은 2점 쇄선

해설 특수한 가공부의 요구사항은 매우 굵은 1점 쇄선을 사용한다.

6. 나사의 제도 방법을 설명한 것으로 알맞지 않은 것은?

① 수나사에서 골지름은 가는 실선으로 표시한다.
② 불완전 나사부를 나타내는 골지름 선은 축선에 대해 평행하게 표시한다.
③ 암나사의 측면도에서 호칭지름에 해당하는 선은 가는 실선이다.
④ 완전 나사부란 산봉우리와 골밑 모양의 양쪽 모두 완전한 산형으로 이루어지는 나사부이다.

해설 불완전 나사부를 나타내는 골지름 선은 축선에 대해 30°의 가는 실선으로 그린다.

정답 1. ④ 2. ④ 3. ① 4. ④ 5. ③ 6. ②

7. 제도용지에서 A0 용지의 가로 길이 : 세로 길이의 비와 그 면적으로 옳은 것은?

① $\sqrt{3}$: 1, 약 $1m^2$

② $\sqrt{2}$: 1, 약 $1m^2$

③ $\sqrt{3}$: 1, 약 $2m^2$

④ $\sqrt{2}$: 1, 약 $2m^2$

해설 • 도면의 크기는 폭과 길이로 나타내는데, 세로와 가로의 비가 $1 : \sqrt{2}$이다.

• A0의 크기는 841×1189mm이며 A0의 면적은 $0.841 × 1.189 ≒ 1m^2$이다.

8. 그림과 같은 도면에서 치수 20 부분의 "굵은 1점 쇄선"이 의미하는 것으로 가장 적합한 설명은?

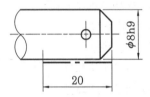

① 공차를 ϕ8h9보다 약간 적게 한다.

② 공차가 ϕ8h9가 되도록 축 전체 길이 부분에 필요하다.

③ 공차 ϕ8h9 부분은 축 길이 20mm가 되는 곳까지만 필요하다.

④ 치수 20 부분을 제외한 나머지 부분은 공차가 ϕ8h9가 되도록 가공한다.

해설 도면에서 치수 20 부분의 굵은 1점 쇄선은 특수 지시선으로, 공차 ϕ8h9 부분이 축 길이 20mm가 되는 곳까지만 필요하다는 의미이다.

9. 코일 스프링의 제도에 대한 설명 중 틀린 것은?

① 원칙적으로 하중이 걸리지 않은 상태로 그린다.

② 특별한 단서가 없는 한 모두 오른쪽 감기로 도시하고, 왼쪽 감기로 도시할 때는 "감긴 방향 왼쪽"이라고 표시한다.

③ 그림 안에 기입하기 힘든 사항은 일괄하여 요목표에 표시한다.

④ 부품도 등에서 동일 모양의 일부를 생략하는 경우에는 생략된 부분을 가는 파선 또는 굵은 파선으로 표시한다.

해설 스프링의 간략 도시 방법

• 스프링의 종류 및 모양만 간략도로 나타낼 때는 스프링 재료의 중심선만 굵은 실선으로 그린다.

• 코일 스프링에서 양 끝을 제외한 동일 모양의 일부를 생략할 때는 생략하는 부분을 가는 1점 쇄선으로 그린다.

10. 다음 중 표준 스퍼 기어 항목표에는 기입하지 않지만 헬리컬 기어 항목표에는 기입하는 것은?

① 모듈　　　　　　② 비틀림각

③ 잇수　　　　　　④ 기준 피치원 지름

해설 헬리컬 기어 요목표에는 비틀림각, 치형 기준면, 리드, 비틀림 방향을 추가로 기입한다.

11. 그림과 같이 암나사를 단면으로 나타낼 때 가는 실선으로 도시하는 부분은?

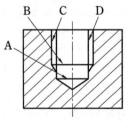

① A　　　　　　　② B

③ C　　　　　　　④ D

해설 암나사의 골지름, 완전 나사부와 불완전 나사부의 경계선은 굵은 실선으로, 암나사의 바깥지름, 불완전 나사부의 골은 가는 실선으로 그린다.

12. 2개의 입체가 서로 만날 경우 두 입체의 표면에 만나는 선이 생기는데, 이 선을 무엇이라 하는가?

① 분할선　　　　② 입체선
③ 직립선　　　　④ 상관선

해설 상관선 : 2개 이상의 입체의 면과 면이 만날 때 생기는 경계선이다.

13. 도면에서 가는 실선으로 표시된 대각선 부분의 의미는?

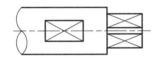

① 평면　　　　② 곡면
③ 홈 부분　　　④ 라운드 부분

해설 도형 내 평면을 나타낼 때 대각선을 가는 실선으로 그린다.

14. 파단선에 대한 설명으로 옳은 것은?

① 대상물의 일부분을 가상으로 제외했을 경우 경계를 나타내는 선
② 기술, 기호 등을 나타내기 위해 끌어낸 선
③ 반복하여 도형의 피치를 잡는 기준이 되는 선
④ 대상물이 보이지 않는 부분의 형태를 나타낸 선

해설 파단선 : 대상물의 일부를 파단한 경계 또는 일부를 떼어낸 경계를 표시하는 데 사용하는 선이다.

15. 다음 중 나사의 도시법에 관한 설명으로 옳은 것은?

① 암나사의 골지름은 가는 실선으로 표현한다.
② 암나사의 안지름은 가는 실선으로 표현한다.
③ 수나사의 바깥지름은 가는 실선으로 표현한다.
④ 수나사의 골지름은 굵은 실선으로 표현한다.

해설 나사의 도시법
• 수나사의 바깥지름과 암나사의 안지름, 완전 나사부와 불완전 나사부의 경계선은 굵은 실선으로 그린다.
• 수나사의 골지름과 암나사의 바깥지름, 불완전 나사부의 골은 가는 실선으로 그린다.

16. 기어 제도에 관한 설명으로 틀린 것은?

① 잇봉우리원은 굵은 실선으로, 피치원은 가는 1점 쇄선으로 표시한다.
② 이뿌리원은 가는 실선으로 표시한다. 단, 축에 직각인 방향에서 본 그림을 단면으로 도시할 때는 이뿌리선을 굵은 실선으로 표시한다.
③ 잇줄 방향은 통상 3개의 가는 실선으로 표시한다. 단, 주투영도를 단면으로 도시할 때 외접 헬리컬 기어의 잇줄 방향은 지면에서 앞의 이의 잇줄 방향을 3개의 가는 2점 쇄선으로 표시한다.
④ 맞물리는 기어에서 주투영도를 단면으로 도시할 때는 맞물림부의 한쪽 잇봉우리원을 나타내는 선을 가는 1점 쇄선 또는 굵은 1점 쇄선으로 표시한다.

해설 맞물리는 기어에서 맞물림부는 굵은 실선으로 표시한다.

17. 대상물의 일부를 파단한 경계 또는 일부를 떼어낸 경계를 표시하는 선으로 옳은 것은?

정답 12.④　13.①　14.①　15.①　16.④　17.④

① 가는 1점 쇄선
② 가는 2점 쇄선
③ 가는 1점 쇄선으로 끝부분 및 방향이 변하는 부분을 굵게 한 선
④ 불규칙한 파형의 가는 실선

해설 파단선은 가는 실선 중에서도 불규칙한 파형으로 나타낸다.

18. 도면 작성 시 가는 실선을 사용하는 경우가 아닌 것은?

① 특별한 범위나 영역을 나타내기 위한 틀의 선
② 반복되는 자세한 모양의 생략을 나타내는 선
③ 테이퍼가 진 모양을 설명하기 위해 표시하는 선
④ 소재의 굽은 부분이나 가공 공정을 표시하는 선

해설 ① 가는 2점 쇄선

19. 가는 실선으로 나타내지 않는 선은?

① 지시선
② 치수선
③ 해칭선
④ 피치선

해설 피치선은 가는 1점 쇄선으로 나타낸다.

20. 체인 스프로킷 휠의 피치원 지름을 나타내는 선의 종류는?

① 가는 실선
② 가는 1점 쇄선
③ 가는 2점 쇄선
④ 굵은 1점 쇄선

해설 기어 및 스프로킷 휠의 피치원 지름은 가는 1점 쇄선으로 나타낸다.

21. KS 기계 제도에서 특수한 용도의 선으로 아주 굵은 실선을 사용해야 하는 경우는?

① 나사, 리벳 등의 위치를 명시하는 데 사용한다.
② 외형선 및 숨은선의 연장을 표시하는 데 사용한다.
③ 평면이라는 것을 나타내는 데 사용한다.
④ 얇은 부분의 단면 도시를 명시하는 데 사용한다.

해설 개스킷과 같이 두께가 얇은 부분을 도시할 때는 아주 굵은 실선을 사용한다.

22. 스프링 도시 방법에 대한 설명으로 틀린 것은?

① 코일 스프링, 벌류트 스프링은 일반적으로 무하중 상태에서 그린다.
② 겹판 스프링은 일반적으로 스프링 판이 수평인 상태에서 그린다.
③ 요목표에 단서가 없는 코일 스프링 및 벌류트 스프링은 모두 왼쪽으로 감긴 것을 나타낸다.
④ 스프링 종류 및 모양만을 간략도로 나타내는 경우에는 스프링 재료의 중심선만 굵은 실선으로 그린다.

해설 도면에 특별한 설명이 없는 코일 스프링 및 벌류트 스프링은 오른쪽으로 감긴 것을 나타낸다.

23. 가는 1점 쇄선의 용도가 아닌 것은?

① 도형의 중심을 표시하는 데 쓴다.
② 수면, 유면 등의 위치를 표시하는 데 쓴다.
③ 중심이 이동한 중심 궤적을 표시하는 데 쓴다.
④ 되풀이하는 도형의 피치를 취하는 기준을 표시하는 데 쓴다.

해설 가는 1점 쇄선의 용도

- 중심선 : 도형의 중심을 표시하거나 중심이 이동한 중심 궤적을 표시할 때 쓴다.
- 기준선 : 위치 결정의 근거를 명시할 때 쓴다.
- 피치선 : 되풀이되는 도형의 피치를 취하는 기준을 표시할 때 쓴다.

24. 헬리컬 기어의 제도에 대한 설명으로 틀린 것은?

① 축에 직각인 방향에서 본 정면도에서 단면 도시가 아닌 경우 잇줄 방향은 경사진 3개의 가는 2점 쇄선으로 나타낸다.

② 이뿌리원은 단면 도시가 아닌 경우 가는 실선으로 그린다.

④ 잇봉우리원은 굵은 실선으로 그린다.

③ 피치원은 가는 1점 쇄선으로 그린다.

해설 헬리컬 기어에서 잇줄 방향은 경사진 3개의 가는 실선으로 표시한다.

25. 도면에 마련되는 양식의 종류 중 작성부서, 작성자, 승인자, 도면 명칭, 도면 번호 등을 나타내는 양식은?

① 표제란

② 부품란

③ 중심 마크

④ 비교 눈금

해설 표제란은 도면 관리에 필요한 사항 중 도면 명칭, 도면 번호, 척도, 투상법 등이 기입되는 것으로 중심 마크, 윤곽선과 함께 도면의 기본 요소 중 하나이다.

26. 다음 그림에서 23 부위만 데이텀 A로 고정하려고 한다. 이때 특정한 선을 사용하여 데이텀 부위를 지정할 수 있는데, 이 선은 무엇인가?

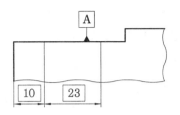

① 가는 1점 쇄선

② 굵은 1점 쇄선

③ 가는 2점 쇄선

④ 굵은 2점 쇄선

해설 굵은 1점 쇄선은 특수한 가공을 하는 부분이나 특별한 요구사항을 적용할 수 있는 범위를 표시하는 데 사용한다.

27. 다음 중 개스킷, 박판, 형강 등과 같이 절단면이 얇은 경우 이를 나타내는 방법으로 옳은 것은?

① 실제 치수와 관계없이 1개의 가는 1점 쇄선으로 나타낸다.

② 실제 치수와 관계없이 1개의 극히 굵은 실선으로 나타낸다.

③ 실제 치수와 관계없이 1개의 굵은 1점 쇄선으로 나타낸다.

④ 실제 치수와 관계없이 1개의 극히 굵은 2점 쇄선으로 나타낸다.

해설 개스킷, 박판, 형강 등 얇은 제품의 단면을 나타낼 경우에는 1개의 굵은 실선으로 표시한다.

28. 스파이럴 스프링의 치수나 요목표에 기입하지 않아도 되는 사항은?

① 판 두께

② 재료

③ 전체 길이

④ 최대 하중

해설 벌류트 스프링, 스파이럴 스프링, 접시 스프링은 무하중 상태에서 그린다.

29. 도면에서 2종류 이상의 선이 같은 장소에서 겹치게 될 경우 우선순위로 옳은 것은?

① 외형선 > 숨은선 > 절단선 > 중심선
② 외형선 > 절단선 > 숨은선 > 중심선
③ 외형선 > 중심선 > 숨은선 > 절단선
④ 외형선 > 절단선 > 중심선 > 숨은선

[해설] 겹치는 선의 우선순위
외형선 > 숨은선 > 절단선 > 중심선 > 무게중심선 > 치수 보조선

30. 가상선의 용도에 해당되지 않는 것은?

① 가공 전 또는 가공 후의 모양을 표시하는 데 사용
② 인접 부분을 참고로 표시하는 데 사용
③ 대상의 일부를 생략하고, 그 경계를 나타내는 데 사용
④ 되풀이되는 것을 나타내는 데 사용

[해설] 대상의 일부를 생략하고, 그 경계를 나타내는 선은 가는 실선(파단선)을 사용한다.

31. 다음 도면의 크기 중 A1 용지의 크기를 나타내는 것은? (단, 치수 단위는 mm이다.)

① 841×1189   ② 594×841
③ 420×594   ④ 297×420

[해설] • A0 용지 : 841×1189mm
• A1 용지 : 594×841mm
• A2 용지 : 420×594mm
• A3 용지 : 297×420mm
• A4 용지 : 210×297mm

32. 다음 중 가는 1점 쇄선으로 표시하지 않는 선은?

① 피치선   ② 기준선
③ 중심선   ④ 숨은선

[해설] 숨은선은 가는 파선 또는 굵은 파선으로 표시한다.

33. 기계 제도에서 도면이 구비해야 할 기본 요건으로 거리가 먼 것은?

① 대상물의 도형과 함께 필요로 하는 크기, 모양, 자세 등의 정보를 포함해야 하며, 필요에 따라 재료, 가공 방법 등의 정보를 포함해야 한다.
② 무역 및 기술의 국제 교류의 입장에서 국제성을 가져야 한다.
③ 도면의 표현에 있어서 설계자의 독창성이 잘 나타나야 한다.
④ 마이크로필름 촬영 등을 포함한 복사 및 도면의 보존, 검색, 이용이 확실히 되도록 내용과 양식이 구비되어야 한다.

[해설] 기계 제도는 KS 규격의 제도 통칙에 맞게 해야 하며, 설계자 개인의 입장에서 해서는 안 된다.

34. 지름이 같은 원기둥이 다음 그림과 같이 직교할 때 상관선의 표현으로 가장 적합한 것은?

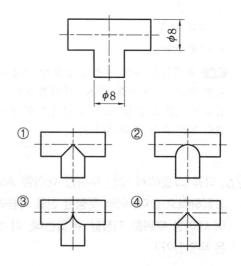

35. 지름이 동일한 두 원통을 90°로 교차시킬 경우 상관선을 옳게 나타낸 것은?

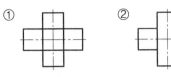

해설 2개의 입체가 서로 상대방의 입체를 꿰뚫은 것처럼 놓여 있을 때 두 입체 표면에 만나는 선이 생기는데, 이 선을 상관선이라 한다.

36. 그림과 같이 스퍼 기어의 주투상도를 부분 단면도로 나타낼 때 "A"가 지시하는 곳의 선의 모양은?

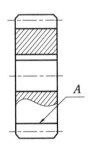

① 가는 실선　② 굵은 파선
③ 굵은 실선　④ 가는 파선

해설 단면된 부분의 이뿌리선은 굵은 실선으로 그리며, 단면되지 않은 부분의 이뿌리선은 가는 실선으로 그린다.

37. 도면이 전체적으로 치수에 비례하지 않게 그려졌을 경우 알맞은 표시 방법은?

① 치수를 적색으로 표시한다.
② 치수에 괄호를 한다.
③ 척도에 NS로 표시한다.
④ 치수에 ※표를 한다.

해설 NS(non scale)는 비례척이 아님을 의미한다.

38. 다음 그림 A 부분을 침탄 열처리하려고 할 때 표시하는 선으로 옳은 것은?

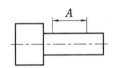

① 가는 파선
② 가는 이점 쇄선
③ 가는 실선
④ 굵은 일점 쇄선

해설 굵은 일점 쇄선은 특별한 요구사항을 적용할 수 있는 범위를 표시하는 데 사용한다.

1-2 설계사양서

1 설계 자료 수집 및 도면 준비

(1) 작업 요구사항에 적합한 설계 자료 수집

① 작업 요구사항 확인
- ㈎ 제품의 명칭
- ㈏ 제품의 용도, 납품기간
- ㈐ 원가 산출내역
- ㈑ 제품의 일반 규격 및 특수사항

② 설계자료 수집
- ㈎ 도면 규격 관련 자료
- ㈏ 도면 작도 관련 자료
- ㈐ 부품 재질(재료) 관련 자료
- ㈑ 치수 및 공차 관련 자료
- ㈒ 표면 거칠기 관련 자료
- ㈓ 도면 작성용 CAD 프로그램 관련 자료

2 설계 변경사항 검토

(1) 도면 관리 절차와 변경사항 확인

① 도면을 활용한 전체 기능과 작동 원리를 검토한다.
② 도면의 개정 및 설계 변경사항을 검토한다.

(2) 설계사양서 및 관련 도면 검토

① 설계사양서를 검토한다.
② 설계사양서를 이용하여 관련 도면을 파악한다.

(3) 전체 기능과 작동 원리 파악

① 설계사양서를 이용하여 전체 기능 및 작동 원리를 파악한다.
② 관련 도면을 이용하여 전체 기능 및 작동 원리를 파악한다.

(4) 도면의 개정 및 설계 변경사항 확인

① 해당 도면의 내용을 개정한다.
- ㈎ 도면 수정
- ㈏ 도면 개정
② 해당 도면의 설계 변경사항을 확인한다.

예 | 상 | 문 | 제

1. 설계사양서의 자료 분류에 대한 설명으로 틀린 것은?

① 키는 적용하고자 하는 축 지름을 기준으로 크기를 분류한다.

② 오일 실은 적용하는 구멍 지름을 기준으로 분류한다.

③ 자동 조심 볼 베어링은 적용하는 구멍 지름을 기준으로 분류하고, 외륜 회전 하중으로 끼워맞춤을 분류한다.

④ O링은 적용하는 축 지름과 구멍 지름을 기준으로 분류하고, 운동용과 고정용으로 분류한다.

해설 자동 조심 볼 베어링은 적용하는 축 지름을 기준으로 분류한다.

2. 설계사양서에 대한 설명이다. 틀린 것은?

① 설계 초기 안은 개발 기획 또는 상품 기획 부서에서 의사결정에 의한다.

② 설계사양서와 개략도는 개발 또는 상품 기획부서에서 설계부서에 의뢰한 사양서를 근거로 하여 요구 조건에 의해 설계한다.

③ 실시 설계도는 설계 개략도와 조건에 의해 선임자가 설계한 내용을 근거로 하며, 후임자는 이 설계 안에 의해 각 부품의 제작 부품도를 설계한다.

④ 실시 설계에서 필요한 자료의 종류는 제작 부품도를 제도하기 전 또는 후에도 필요할 때마다 준비한다.

해설 실시 설계에서 필요한 자료의 종류는 조립도를 구성하고 있는 각 부품의 기능을 파악하여 제작 부품도를 제도하기 전에 수집하여 준비한다.

3. 다음 중 수집할 설계 자료에 해당되지 않는 것은?

① 도면 작성용 CAD 프로그램 관련 자료

② 도면 작도 관련 자료

③ 부품 재질 관련 자료

④ 가공 기호 관련 자료

해설 수집할 설계 자료는 도면 규격 관련 자료, 도면 작업 관련 자료, 부품 재질 관련 자료, 치수 및 공차 관련 자료, 표면 거칠기 관련 자료 등 다양하다.

4. 제품의 기능이나 용도를 의도적으로 변경하고자 할 때 도면의 일부 내용을 변경하는 작업은?

① 도면 개정

② 도면 수정

③ 도면 개량

④ 도면 개조

해설 도면의 개정 : 의도적이지 않게 발생한 오류 부분을 고치는 수정과 다르며, 정상적인 기능을 하는 제품의 기능이나 용도를 의도적으로 변경하고자 할 때 도면의 일부 내용을 변경하는 작업이다.

정답 1. ③ 2. ④ 3. ④ 4. ①

1-3 표준부품

1 표준부품 파악

① **조립도 표준부품** : 조립도에서 사용되는 대표적인 표준부품에는 나사, 볼트, 키, 핀, 베어링, 와셔, 부시, 축, 풀리, 기어, 로프, 휠 등이 있다.

② **부품도 표준부품** : 단품의 경우 직접 표준부품을 사용하지 않지만 부품란의 규격이나 표준부품과 조립되는 축, 베어링 구멍 또는 키 홈과 같은 규격이나 재질은 표준부품의 규격이나 재질을 참조하여 도면을 작성한다.

○─ 참고 ─○
- 표준부품이 선정되면 KS에서 제시하는 설계 공식이나 기계역학 공식을 활용하여 설계한다.
- 신규 제작되는 정밀 부품이 아니라면 어려운 공식을 사용하기보다는 표준규격 제품을 활용한다.

1-4 산업표준(KS, ISO)

① **KS(korean industrial standards, 한국산업표준)** : 대한민국의 산업 전 분야의 제품 및 시험, 제작 방법 등에 대해 규정하는 국가 표준이다.

부문별 KS

기 호	부 문	기 호	부 문	기 호	부 문
KS A	기본(통칙)	KS H	식품	KS R	수송기계
B	기계	I	환경	S	서비스
C	전기전자	K	섬유	T	물류
D	금속	L	요업	V	조선
E	광산	M	화학	W	항공우주
F	건설	P	의료	X	정보

② **ISO(international organization for standardization, 국제표준규격)** : 표준화를 위한 국제 위원회이며, 각종 분야의 제품/서비스의 국제적 교류를 용이하게 하고, 상호 협력을 증진시키는 것을 목적으로 한다.

국가별 표준 기호

국가	한국	영국	독일	미국	스위스	프랑스	일본
기호	KS	BS	DIN	ANSI	SNV	NF	JIS

예|상|문|제

1. 현대 사회는 산업 구조의 거대화로 대량 생산 체제가 이루어지고 있다. 이러한 대량 생산화 추세에서 기계 제도와 관련된 표준 규격의 방향으로 옳은 것은?

① 이익 집단 중심의 단체 규격화
② 민족 중심의 보수 규격화
③ 대기업 중심의 사내 규격화
④ 국제 교류를 위한 통용된 규격화

해설 각종 분야의 제품/서비스의 국제적 교류를 용이하게 하기 위해서는 규격화가 반드시 필요하다.

2. 표준부품에 대한 설명이다. 틀린 것은?

① 조립도에서 사용되는 대표적인 표준부품으로는 나사, 볼트, 키, 핀, 베어링, 와셔 등이 있다.
② 표준부품이 선정되면 한국산업표준(KS)에서 제시하는 설계공식이나 기계역학 등의 공식을 활용하여 설계를 진행한다.
③ 부품도는 단품 또는 복수 수량의 부품이 조립된 상태의 도면이 대부분이다.
④ 부품도에서 표준부품을 사용한다.

해설 단품의 경우에는 직접 표준부품을 사용하지 않는다.

3. KS 규격 중 기계 부문에 해당하는 것은?

① KS D   ② KS C
③ KS B   ④ KS A

해설 • KS A : KS 규격에서 기본 사항
• KS B : KS 규격에서 기계 부문
• KS C : KS 규격에서 전기전자 부문
• KS D : KS 규격에서 금속 부문

4. 다음 중 KS의 부문별 분류 기호로 알맞지 않은 것은?

① KS C : 전기
② KS X : 정보
③ KS D : 금속
④ KS V : 기본

해설 KS A는 기본(통칙)을 나타내며 KS V는 조선 부문이다.

5. 각국의 표준 규격에 관한 것 중 틀린 것은?

① ISO : 국제표준규격
② DIN : 독일규격
③ GB : 영국규격
④ JIS : 일본규격

해설 영국규격 : BS

6. 다음은 어떤 제품의 포장지에 부착되어 있는 내용이다. 우리나라 산업의 어느 부문에 해당하는가?

① 전기
② 토목
③ 건축
④ 조선

해설 KS C : KS 분류에서 전기 부문

정답   1. ④   2. ④   3. ③   4. ④   5. ③   6. ①

2. 요소부품 투상

2 - 1 **투상법**

정투상법은 물체를 평행한 위치에서 바라보며 투상하는 방법으로, 투상선이 모두 평행하고 투상면과 직각으로 교차하는 평행 투상법이다. 정투상법은 물체의 형상, 기능, 특징을 가장 뚜렷하게 나타낼 수 있는 방향에서 그린 그림을 정면도로 한다.

1 제1각법과 제3각법

정투상법에서 직교하는 두 평면을 수평으로 놓은 투상면을 수평 투상면, 수직으로 놓은 투상면을 수직 투상면이라 하며, 두 투상면이 교차할 때 오른쪽 위에서부터 제1상한, 제2상한, 제3상한, 제4상한이라 한다.

① **제1각법** : 물체를 제1상한 공간에 놓고 정투상하는 방법으로, 물체가 눈과 투상면 사이에 있다. 위에서 본 평면도는 정면도 아래에, 아래에서 본 저면도는 정면도 위에, 왼쪽에서 본 좌측면도는 정면도 오른쪽에, 오른쪽에서 본 우측면도는 정면도 왼쪽에, 뒤쪽에서 본 배면도는 좌측면도의 오른쪽이나 우측면도의 왼쪽에 배치한다.

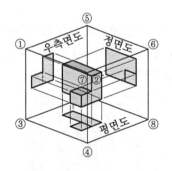

(a) 앞쪽, 위쪽, 오른쪽에서 본 그림

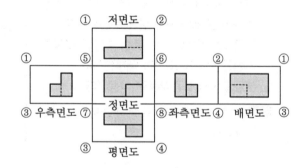

(b) 제1각법의 표준 배치

제1각법의 원리

② **제3각법** : 물체를 제3상한 공간에 놓고 정투상하는 방법으로, 눈과 물체 사이에 투상면이 있다. 위에서 본 평면도는 정면도 위에, 아래에서 본 저면도는 정면도 아래에, 왼쪽에서 본 좌측면도는 정면도 왼쪽에, 오른쪽에서 본 우측면도는 정면도 오른쪽에, 뒤쪽에서 본 배면도는 우측면도의 오른쪽이나 좌측면도의 왼쪽에 배치한다.

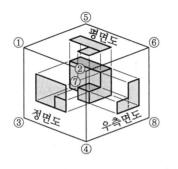

(a) 앞쪽, 위쪽, 오른쪽에서 본 그림

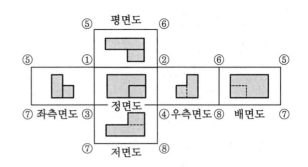

(b) 제3각법의 표준 배치

제3각법의 원리

참고

제1각법과 제3각법의 기호(KS A ISO 5456-2, 128-30)

도면에 그려진 투상도에서 투상법은 표제란 안에 기호로 나타내거나 '제1각법' 또는 '제3각법'을 기입한다.

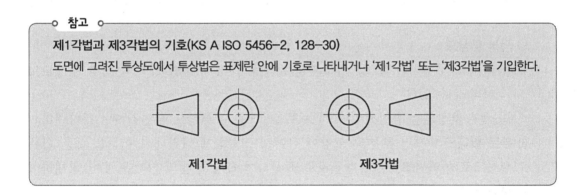

제1각법   **제3각법**

2 투상도의 선택

① 정면도에는 대상물의 형상과 기능을 가장 명확하게 나타내는 면을 그린다.

② 주투상도를 보충하는 다른 투상도는 되도록 적게 그리고, 주투상도만으로 표시할 수 있는 것에 대해서는 다른 투상도를 그리지 않는다.

③ 서로 관련된 그림을 배치한 경우는 되도록 숨은선을 쓰지 않도록 하며, 비교·대조하기 불편한 경우는 예외로 한다.

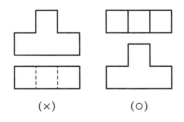

(×)   (○)

(a) 관련된 그림을 배치한 경우

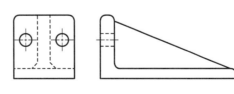

(b) 비교·대조하기 불편한 경우

관계도의 배치

3 투상도의 종류

① **주투상도**

  ㈎ 대상물의 모양이 가장 명확하게 표시되도록 그리는 투상도이다.

  ㈏ 3각법을 기준으로 정면도, 평면도, 우측면도를 배치하는 방법이 기본이지만 필요에 따라 좌측면도나 배면도 등을 추가할 수 있다.

② **보조 투상도** : 경사면이 있는 물체를 정투상도로 나타내면 실제 형상이 그대로 나타나지 않는다. 이때 필요한 부분만 실제 형상으로 나타낸다.

③ **회전 투상도** : 물체의 일부가 어떤 각도를 가지고 있기 때문에 실제 형상을 나타내지 못할 때는 그 부분을 회전시켜 실제 형상을 나타낸다.

④ **부분 투상도** : 물체의 일부를 그리는 것으로 충분할 때는 필요한 부분만 부분 투상도로 나타낸다.

⑤ **국부 투상도**

  ㈎ 물체의 구멍이나 홈 등 일부분의 모양은 특정 부분만 그려서 국부 투상도로 나타낼 수 있다.

  ㈏ 국부 투상도는 중심선이나 치수 보조선으로 주투상도에 연결하여 나타낸다.

⑥ **부분 확대도** : 특정 부분의 모양이 작아서 정확하게 나타내기 어려울 때는 가는 실선으로 둘러싸고, 영문 대문자로 표시하여 해당 부분의 가까운 곳에 확대하여 나타낸다.

예|상|문|제

1. 다음 입체도의 정면도(화살표 방향)로 적합한 것은?

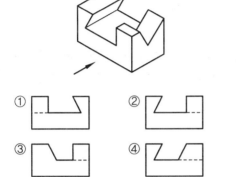

① ② ③ ④

해설 외형선과 숨은선의 구간과 투상 방향에 유의해야 한다.

2. 그림과 같은 등각투상도에서 화살표 방향이 정면을 나타낼 때의 우측면도로 가장 알맞은 것은?

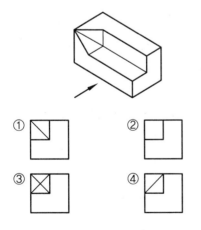

① ② ③ ④

3. 그림과 같이 제3각법으로 투상한 도면에서 "?" 부분에 해당하는 평면도로 가장 적합한 것은?

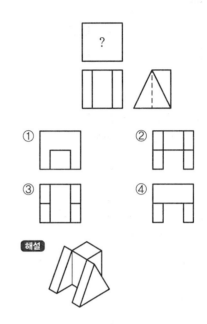

① ② ③ ④

해설

4. 다음 입체도에서 화살표 방향이 정면일 때의 평면도로 가장 적합한 것은?

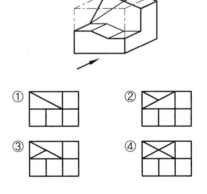

① ② ③ ④

5. 화살표 방향이 정면일 경우의 평면도는?

정답 1. ② 2. ① 3. ② 4. ① 5. ②

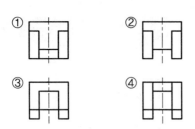

① 사투상법
② 등각투상법
③ 정투상법
④ 투시도법

> **해설** • 사투상법 : 캐비닛도, 카발리에도
> • 정투상법 : 제1각법, 제3각법
> • 축측투상법 : 등각투상도, 부등각투상도

6. 다음 입체도를 제3각법으로 나타낸 3면도 중 가장 옳게 투상한 것은?

정면도

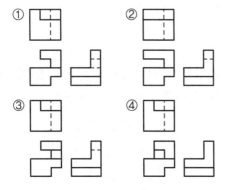

8. 다음 입체도를 제3각법에 의해 3면도로 옳게 투상한 것은? (단, 화살표 방향을 정면으로 한다.)

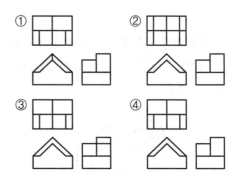

7. 그림과 같이 하나의 그림으로 정육면체의 세 면 중 한 면을 중점적으로 엄밀하고 정확하게 표현하는 것으로, 캐비닛도가 이에 해당하는 투상법은?

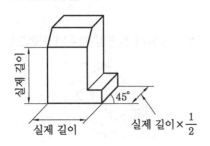

실제 길이

실제 길이

45°

실제 길이 × $\frac{1}{2}$

9. 그림과 같이 제3각법으로 정투상한 도면에서 A의 치수는?

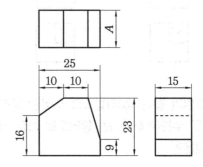

A

25

10 10

15

16

23

9

① 15   ② 16
③ 23   ④ 25

해설 평면도의 높이는 우측면도 폭의 치수와 동일하다.

10. 다음 중 제3각법에 의해 나타낸 그림과 같은 투상도에서 좌측면도로 가장 적합한 것은 어느 것인가?

①   ②

③   ④

해설

11. 제3각법으로 투상한 정면도와 우측면도가 그림과 같을 때 평면도로 가장 적합한 것은?

①   ②

③   ④

해설

12. 그림과 같은 입체도에서 제3각법에 의해 3면도로 적합하게 투상한 것은?

①   ②

③   ④

13. 제3각법으로 정투상한 다음 정면도와 평면도에 대한 우측면도로 적합한 것은?

①   ②

③   ④

해설

14. 그림과 같은 입체도에서 화살표 방향의 투상도가 정면도일 경우 평면도로 가장 적합한 것은?

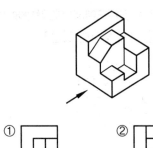

① 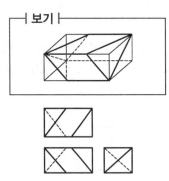 ② ③ ④

15. 다음 입체도를 아래와 같이 제3각법으로 정투상한 도면(정면도, 평면도, 우측면도)에 대한 설명으로 옳은 것은?

① 정면도만 틀림
② 모두 맞음
③ 우측면도만 틀림
④ 평면도만 틀림

16. 그림과 같은 평면도 A, B, C, D와 정면도 1, 2, 3, 4가 바르게 짝지어진 것은? (단, 제3각법을 적용한다.)

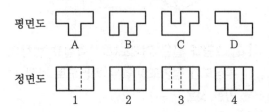

① A-2, B-4, C-3, D-1
② A-1, B-4, C-2, D-3
③ A-2, B-3, C-4, D-1
④ A-2, B-4, C-1, D-3

해설 평면도와 정면도를 비교하여 보이는 곳은 외형선, 보이지 않는 곳은 숨은선이다.

17. 그림과 같이 화살표 방향이 정면일 경우의 우측면도로 가장 적합한 투상도는?

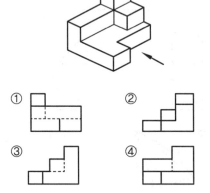

18. 제3각 투상법으로 정면도와 평면도를 그림과 같이 나타낼 때 가장 적합한 우측면도는 어느 것인가?

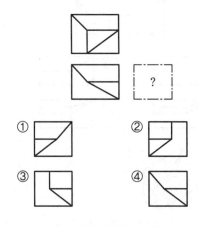

해설

19. 그림과 같은 입체도에서 화살표 방향을 정면도로 할 경우 우측면도로 가장 적합한 것은?

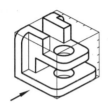

①   ②

③   ④

20. 제3각법으로 투상한 보기의 도면에 가장 적합한 입체도는?

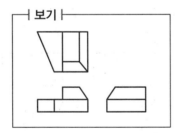

①   ②

③   ④

21. 그림과 같은 제3각 정투상도의 입체도로 가장 적합한 것은?

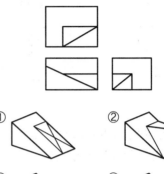

①    ②

③ ④

22. 그림과 같이 제3각법에 의해 투상한 3면도의 입체도로 가장 알맞은 것은?

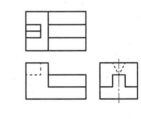

①   ②

③   ④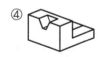

23. 그림과 같은 입체도에서 화살표 방향이 정면일 때 정투상법으로 나타낸 투상도 중 잘못된 도면은?

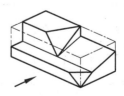

정답 **19.** ③ **20.** ② **21.** ④ **22.** ③ **23.** ③

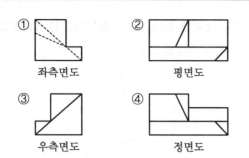

① 좌측면도

② 평면도

③ 우측면도

④ 정면도

24. 보기와 같이 제3각법으로 투상한 도면에 가장 적합한 입체도의 형상은?

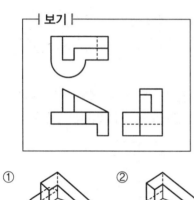

⊣ 보기 ├

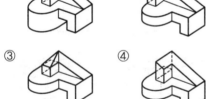

① ② ③ ④

25. 제3각법으로 투상된 다음 도면 중 잘못된 투상도가 있는 것은?

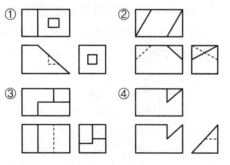

① ② ③ ④

26. 다음 입체도의 화살표 방향 투상도로 가장 적합한 것은?

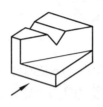

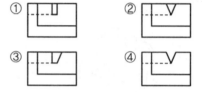

① ② ③ ④

27. 그림과 같은 입체도에서 화살표 방향을 정면으로 할 때 정투상도를 가장 바르게 나타낸 것은?

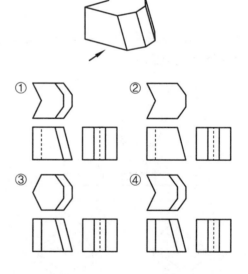

① ② ③ ④

28. 그림과 같은 입체도에서 화살표 방향에서 본 정면도를 가장 바르게 나타낸 것은?

정답 **24.** ④ **25.** ③ **26.** ② **27.** ① **28.** ①

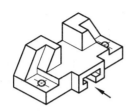

①   ②

③   ④

29. 그림과 같은 평면도와 정면도에 가장 적합한 우측면도는?

(평면도) (정면도)

①   ②

③ ④

해설

30. 투상도법에 대한 설명으로 올바른 것은?

① 제1각법은 물체와 눈 사이에 투상면이 있는 것이다.
② 제3각법은 평면도가 정면도 위에, 우측면도가 정면도 오른쪽에 있다.
③ 제1각법은 우측면도가 정면도 오른쪽에 있다.

④ 제3각법은 정면도 위에 배면도가 있고 우측면도는 왼쪽에 있다.

해설 • 제1각법은 물체가 눈과 투상면 사이에 있으며, 우측면도가 정면도 왼쪽에 있다.
• 제3각법은 정면도 위에 평면도가 있으며, 우측면도는 정면도 오른쪽에 있다.

31. 그림과 같이 제3각법으로 나타낸 정면도와 우측면도에 가장 적합한 평면도는?

(정면도) (우측면도)

①   ②

③   ④

해설

32. 제3각법으로 투상한 3면도 중에서 각 도면 사이의 관계를 가장 옳게 나타낸 것은?

①   ②

③ ④

33. 그림과 같은 정면도와 우측면도에 가장 적합한 평면도는?

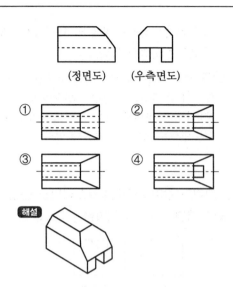

(정면도)　(우측면도)

① ② ③ ④

34. 그림과 같은 입체도의 제3각 정투상도로
가장 적합한 것은?

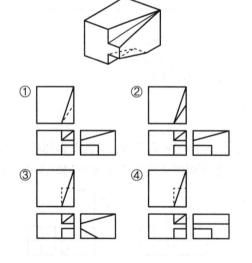

① ② ③ ④

35. 그림과 같은 입체도를 제3각법으로 바르
게 나타낸 것은?

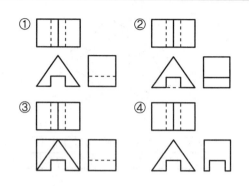

① ② ③ ④

36. 다음과 같이 투상된 정면도와 우측면도에
가장 적합한 평면도는?

(정면도)　(우측도)

① ② ③ ④

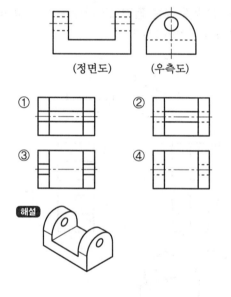

37. 그림과 같은 입체도의 제3각 정투상도를
나타낸 것이다. 누락된 우측면도로 가장 적
합한 것은?

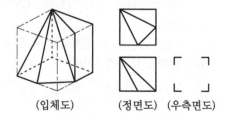

(입체도)　(정면도)　(우측면도)

① ②

③ ④

38. 그림은 제3각법 정투상도로 그린 그림이다. 정면도로 가장 알맞은 투상도는?

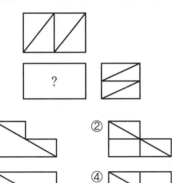

① ②

③ ④

39. 다음은 제3각법 정투상도로 그린 그림이다. 우측면도로 가장 적합한 것은?

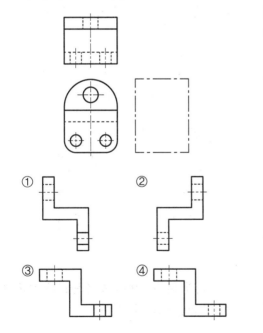

① ②

③ ④

해설

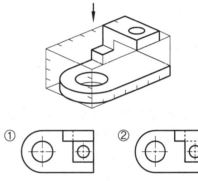

40. 다음 입체도에서 화살표 방향에서 본 투상도로 가장 적합한 것은?

① ②

③ ④

41. 다음과 같은 그림에서 A, B, C, D를 보고 화살표 방향에서 본 투상도를 옳게 짝지은 것은?

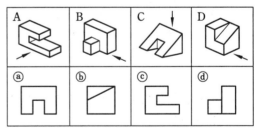

① A−ⓐ, B−ⓒ, C−ⓑ, D−ⓓ
② A−ⓒ, B−ⓓ, C−ⓐ, D−ⓑ
③ A−ⓐ, B−ⓑ, C−ⓓ, D−ⓒ
④ A−ⓓ, B−ⓒ, C−ⓐ, D−ⓑ

42. 그림과 같은 입체도에서 화살표 방향이 정면일 경우 평면도로 가장 적합한 투상도는?

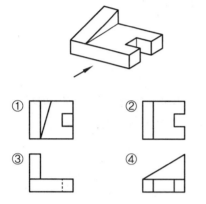

43. 그림과 같이 제3각법으로 나타낸 정면도와 평면도에 가장 적합한 우측면도는?

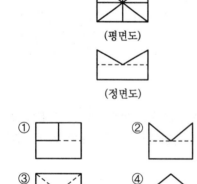

44. 다음 중 제3각법에 대해 나타낸 설명으로 틀린 것은?

① 눈 → 투상면 → 물체의 순으로 나타난다.
② 좌측면도는 정면도의 왼쪽에 그린다.
③ 저면도는 우측면도의 아래에 그린다.
④ 배면도는 우측면도의 오른쪽에 그린다.

해설 평면도는 정면도 위에, 저면도는 정면도 아래에, 좌측면도는 정면도 왼쪽에, 우측면도는 정면도 오른쪽에, 배면도는 우측면도의 오른쪽이나 좌측면도의 왼쪽에 배치한다.

45. V 블록을 제3각법으로 정투상한 그림과 같은 도면에서 "A" 부분의 치수는?

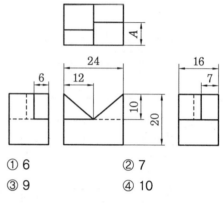

① 6   ② 7
③ 9   ④ 10

해설 $A = 16 - 7 = 9 \text{mm}$

46. 그림과 같은 정투상도(평면도와 정면도)에서 우측면도로 가장 적합한 것은?

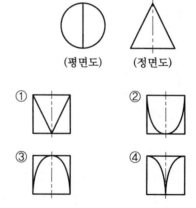

47. 그림과 같은 입체도의 정면도(화살표 방향)로 가장 적합한 것은?

정답 42. ② 43. ② 44. ③ 45. ③ 46. ② 47. ④

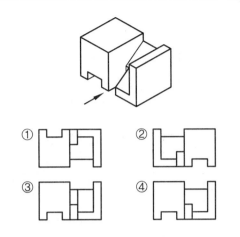

① 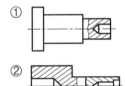 ②

③ ④

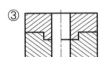

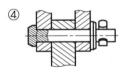

48. 다음 투상도 중 KS 제도 표준에 따라 가장 바르게 작도된 투상도는?

①

②

③

④

49. 오른쪽에 구멍을 나타낸 것과 같이 측면도의 일부분만 그리는 투상도의 명칭은?

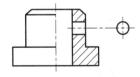

① 보조 투상도   ② 부분 투상도
③ 국부 투상도   ④ 회전 투상도

해설 국부 투상도 : 물체의 구멍이나 홈 등 일부분의 모양을 특정 부분만 그려서 나타내는 투상도이다. 이때 국부 투상도는 중심선이나 치수 보조선으로 주투상도에 연결한다.

50. 그림과 같은 등각투상도에서 화살표 방향이 정면일 때 3각법으로 투상한 평면도는?

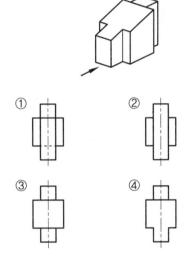

①   ②

③   ④

51. 다음은 제3각법으로 나타낸 정면도와 우측면도이다. 이에 대한 평면도를 가장 바르게 나타낸 것은?

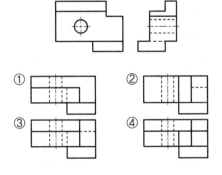

①   ②

③   ④

52. 그림의 입체도에서 화살표 방향이 정면일 경우 정면도로 가장 적합한 것은?

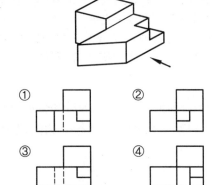

① ② ③ ④

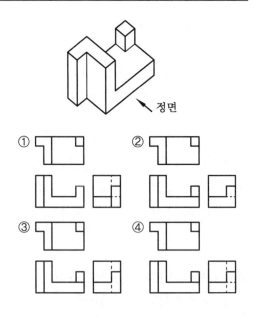

정면

① ② ③ ④

53. 그림은 제3각 정투상도로 나타낸 정면도와 우측면도이다. 이에 대한 평면도로 가장 적합한 것은?

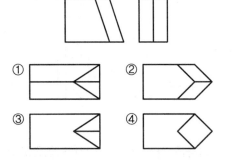

① ② ③ ④

54. 다음과 같이 제3각법으로 그린 투상도 중 옳지 않은 것은?

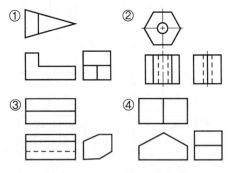

① ② ③ ④

55. 그림과 같은 입체도를 제3각법으로 나타낸 정투상도로 가장 적합한 것은?

56. 그림은 제3각법으로 투상한 정면도와 평면도를 나타낸 것이다. 여기에 가장 적합한 우측면도는?

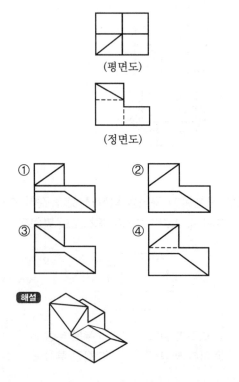

(평면도)

(정면도)

① ② ③ ④

해설

2-2 조립도 및 부품도

1 조립도 및 부품도

(1) 요소부품 파악

① 조립도는 여러 가지 부품이 조립되어 있는 형태로, 각 요소에 대한 개별적인 치수나 호칭 번호를 부여하기 어려우므로 조립도에서 요소부품의 확인은 부품란를 이용하는 것이 가장 효과적이다.

② 부품도는 각 부품에 대한 구체적인 치수나 공차 등을 표시하고 있지만, 직접 도면에 표기하기 어렵거나 별도 규격 사용과 같은 공지사항이 필요한 경우 부품란이나 지시사항 등을 통해 표기한다.

(2) 요소부품 품명과 재질 확인

① 조립도에서는 부품란을 이용하여 각 부품에 번호를 기입하고, 그 번호를 이용하여 부품란에서 부품이나 요소의 규격을 표시한다.

② 조립도와 달리 부품도에서는 각 부품에 대한 구체적인 치수나 공차 등을 표시한다.

> **참고**
> • 조립도와 부품도에 도시되는 요소부품은 각 요소의 치수 또는 호칭 번호를 이용하여 KS 규격에서 확인할 수 있다.
> • 기계나 설비의 용도에 따라 KS 규격을 사용하지 않는 경우에는 표제란이나 부품란 위쪽 등에 표기하는 지시사항을 통해 확인할 수 있다.

2 단면도

(1) 전단면도

① 물체의 기본 중심선에서 반으로 절단하여 물체의 특징을 가장 잘 나타낼 수 있도록 단면의 모양을 그리는 투상도로, 온단면도라고도 한다.

② 절단 부위의 위치와 보는 방향이 확실할 때는 절단선, 화살표, 문자 기호를 생략할 수 있다.

③ 필요한 경우 특정 부분의 모양을 잘 나타낼 수 있도록 절단면을 정해서 그리는 것이 좋다.

(2) 한쪽 단면도

① 상하 또는 좌우가 각각 대칭인 물체를 중심선을 기준으로 내부 모양과 외부 모양을 동시에 그리는 투상도로, 반단면도라고도 한다.

② 내부 모양과 외부 모양을 동시에 나타내므로 명확하게 투상할 수 있으며, 한쪽 단면도의 중심선은 가는 1점 쇄선으로 표시한다.

(3) 부분 단면도

① 물체의 일부분을 잘라내고 필요한 내부 모양을 그리는 투상도로, 파단선을 그어 단면인 부분의 경계를 표시한다.

② 대칭, 비대칭에 관계없이 사용한다.

(4) 회전 도시 단면도

① 일반 투상법으로 나타내기 어려운 물체를 수직으로 절단한 단면을 90°로 회전시킨 후 투상도의 안이나 밖에 그리는 단면도이다.

② 회전 도시 단면도를 그릴 때는 절단할 곳의 전후를 끊고 그 사이에 절단면을 그리거나 절단선의 연장선 위에 절단면을 그린다. 또는 도형 내의 절단한 곳에 겹쳐서 가는 실선으로 그린다.

③ 회전 도시 단면도는 핸들, 벨트 풀리, 기어, 림, 리브, 훅, 축, 형강 등의 단면도를 그릴 때 주로 사용한다.

(5) 얇은 물체의 단면도

개스킷, 박판, 형강처럼 얇은 물체의 단면은 한 개의 매우 굵은 실선으로 그린다.

○ 참고 ○

해칭 및 스머징
- 해칭(hatching)이란 단면 부분에 가는 실선으로 빗금을 긋는 방법이며, 스머징(smudging)이란 단면 주위를 색연필로 엷게 칠하는 방법이다.
- 중심선 또는 주요 외형선에 45°로 경사지게 긋지만 부득이한 경우 다른 각도(30°, 60°)로 긋는다.
- 해칭선의 간격은 도면의 크기에 따라 다르나 보통 2~3mm의 간격으로 하는 것이 좋다.
- 2개 이상의 부품이 인접할 경우에는 해칭의 방향과 간격을 다르게 하거나 각도를 다르게 한다.
- 간단한 도면에서 단면을 쉽게 알 수 있는 것은 해칭을 생략할 수 있다.
- 동일한 부품의 절단면을 해칭할 경우에는 동일한 모양으로 해칭해야 한다.
- 해칭 또는 스머징을 하는 부분 안에 문자, 기호 등을 기입할 경우에는 해칭 또는 스머징을 중단한다.

(6) 길이 방향으로 절단하지 않는 제품

① 길이 방향으로 단면을 해도 별 의미가 없거나 절단하여 도시하면 오히려 이해가
되지 않는 부품은 길이 방향으로 단면하지 않는다.

② **전체를 절단하면 안 되는 부품** : 축, 볼트, 너트, 와셔, 스핀들, 멈춤 나사, 작은
나사, 키, 코터, 핀(테이퍼 핀, 평행 핀, 분할 핀 등), 리벳, 볼, 밸브 등

③ **특정한 일부분을 절단하면 안 되는 부품** : 리브, 암, 기어의 이 등

3 스케치

① **프리핸드법** : 일반적인 방법으로 척도에 관계없이 적당한 크기로 부품을 그린 후
치수를 측정하여 기입하는 방법

② **프린트법** : 평면으로 되어 있는 부품의 표면에 광명단 등을 칠한 후 용지에 대고
눌러서 실제 모양을 뜨고 치수를 기입하는 방법

③ **본뜨기법** : 불규칙한 곡선이 있는 물체를 직접 용지에 대고 그리거나, 납선 또는
구리선을 물체의 윤곽에 대고 구부린 후, 그 선의 커브를 용지에 대고 그린 뒤
치수를 기입하는 방법

④ **사진촬영법** : 복잡한 기계의 조립상태나 부품을 앞에 놓고 여러 각도로 사진을
찍는 방법

4 전개도

① **평행선을 이용한 전개도법** : 원기둥, 삼각기둥, 사각기둥 등과 같은 각기둥을 평
행하게 전개하여 그리는 방법

② **삼각형을 이용한 전개도법** : 꼭짓점이 멀리 있는 각뿔, 원뿔 등을 몇 개의 삼각형
으로 나누어 전개도를 그리는 방법

③ **방사선을 이용한 전개도법** : 원뿔, 삼각뿔, 사각뿔 등과 같은 각뿔을 전개도의 테
두리 또는 테두리 연장선이 어느 한 점에서 만나게 되는 물체의 전개도를 그리
는 방법

예 | 상 | 문 | 제

1. 그림과 같은 물체(끝이 잘린 원뿔)를 전개할 때 방사선법을 사용하지 않는다면 다음 중 가장 적합한 방법은?

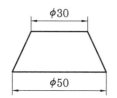

① 삼각형법　　② 평행선법
③ 종합선법　　④ 절단법

[해설] 꼭짓점이 너무 멀리 있어 방사선을 이용한 전개도법으로 그리기 어려운 경우 또는 전개용 공구가 부족한 경우에는 삼각형법의 전개가 가장 적합하다.

2. 다음 중 핸들이나 차바퀴 등의 암, 림, 리브 및 훅 등을 나타낼 때의 단면으로 가장 적합한 것은?

① 한쪽 단면도　　② 회전 도시 단면도
③ 부분 단면도　　④ 온단면도

[해설] 회전 도시 단면도 : 물체의 절단면을 그 자리에서 90° 회전시켜 투상하는 단면도로 바퀴, 리브, 형강, 훅 등의 절단면을 나타낼 때 주로 사용한다.

3. 전개도를 그리는 데 가장 중요한 것은?

① 투시도　　　② 축척도
③ 도형의 중량　④ 각부의 실제 길이

[해설] 전개도를 그리는 방법에는 평행선을 이용한 전개도법, 방사선을 이용한 전개도법, 삼각형을 이용한 전개도법이 있으며, 각부의 실제 길이로 그린다.

4. 그림과 같은 단면도의 형태는?

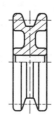

① 온단면도　　　　② 한쪽 단면도
③ 부분 단면도　　　④ 회전 도시 단면도

[해설] 한쪽 단면도 : 상하 또는 좌우가 각각 대칭인 물체를 중심선을 기준으로 내부 모양과 외부 모양을 동시에 그리는 투상도로, 반단면도라고도 한다.

5. 단면도의 절단된 부분을 나타내는 해칭선을 그리는 선은?

① 가는 2점 쇄선　② 가는 파선
③ 가는 실선　　　④ 가는 1점 쇄선

[해설] 해칭선은 가는 실선으로 그리며, 도형의 한정된 특정 부분을 다른 부분과 구별하는 데 사용한다.

6. 다음 그림에서 사용된 단면도의 명칭은?

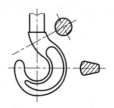

① 한쪽 단면도
② 부분 단면도
③ 회전 도시 단면도
④ 계단 단면도

정답 **1.** ① **2.** ② **3.** ④ **4.** ② **5.** ③ **6.** ③

해설 회전 도시 단면도 : 일반 투상법으로 나타내기 어려운 물체를 수직으로 절단한 단면을 90° 회전시킨 후 투상도의 안이나 밖에 그리는 단면도이다.

7. 도면에서 부분 확대도를 그리는 경우로 가장 적합한 것은?

① 특정 부분의 도형이 작아서 그 부분의 상세한 도시나 치수 기입이 어려울 때 사용한다.
② 도형의 크기가 클 때 사용한다.
③ 물체의 경사면을 실제 길이로 투상하고자 할 때 사용한다.
④ 대상물의 구멍, 홈 등과 같이 그 부분의 모양을 도시하는 것으로 충분할 때 사용한다.

해설 ② 축척   ③ 보조 투상법
④ 부분 단면도

8. 물체의 경사진 부분을 그대로 투상하면 이해가 곤란하므로 경사면에 평행한 별도의 투상면을 설정하여 나타낸 투상도의 명칭을 무엇이라 하는가?

① 회전 투상도
② 보조 투상도
③ 전개 투상도
④ 부분 투상도

해설 보조 투상도 : 경사면이 있는 물체를 정투상도로 나타내면 실제 형상이 그대로 나타나지 않으므로 필요한 부분만 실제 형상으로 나타내는 투상도이다.

9. 암, 리브, 핸들 등의 전단면을 그림과 같이 나타내는 단면도를 무엇이라 하는가?

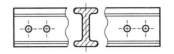

① 온단면도   ② 회전 도시 단면도
③ 부분 단면도   ④ 한쪽 단면도

10. 다음 도면에 대한 설명으로 옳은 것은?

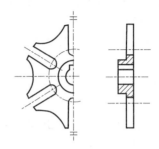

① 부분 확대하여 도시하였다.
② 반복되는 형상을 모두 나타내었다.
③ 대칭되는 도형을 생략하여 도시하였다.
④ 회전 도시 단면도를 이용하여 키 홈을 표현하였다.

해설 중심축에 대해 대칭인 경우에는 투상도의 대칭이 되는 중심선의 한쪽을 생략하여 도시할 수 있다.

11. 절단면의 표시 방법인 해칭에 대한 설명으로 틀린 것은?

① 같은 절단면상에 나타나는 같은 부품의 단면에는 같은 해칭을 한다.
② 해칭은 주된 중심선에 대해 45°로 하는 것이 좋다.
③ 인접한 단면의 해칭은 선의 방향 또는 각도를 변경하거나 그 간격을 변경하여 구별한다.
④ 해칭을 하는 부분에 글자 또는 기호를 기입할 경우에는 해칭선을 중단하지 말고 그 위에 기입한다.

정답 **7.** ① **8.** ② **9.** ② **10.** ③ **11.** ④

해설 치수, 문자, 기호는 해칭선보다 우선이므로 해칭이나 스머징을 중단하고, 그 위에 기입한다.

12. 빗줄 널링(knurling)의 표시 방법으로 가장 올바른 것은?

① 축선에 대하여 일정한 간격으로 평행하게 도시한다.
② 축선에 대하여 일정한 간격으로 수직으로 도시한다.
③ 축선에 대하여 30°로 엇갈리게 일정한 간격으로 도시한다.
④ 축선에 대하여 80°가 되도록 일정한 간격으로 평행하게 도시한다.

해설 • 널링은 축의 겉면 손잡이 부분에 미끄럼을 방지하기 위해 만든다.
• 축선에 대해 30°로 엇갈리게 일정한 간격으로 일부만 그린다.

13. 앵글 구조물을 그림과 같이 한쪽 각도가 30°인 직각 삼각형으로 만들려고 한다. A의 길이가 1500 mm일 때 B의 길이는 약 몇 mm인가?

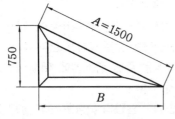

① 1299 　　　 ② 1100
③ 1131 　　　 ④ 1185

해설 $1500^2 = 750^2 + B^2$
$B^2 = 1500^2 - 750^2 = 1687500$
∴ $B \fallingdotseq 1299$ mm

14. 다음 원뿔을 전개하면 오른쪽의 전개도와 같을 때 θ는 약 몇 도(°)인가? (단, $r = 20$ mm, $h = 100$ mm이다.)

원뿔　　　　　　전개도

① 약 130° 　　　 ② 약 110°
③ 약 90° 　　　 ④ 약 70°

해설 밑면 원의 둘레＝부채꼴 호의 길이

$$2\pi r = 2\pi l \times \frac{\theta}{360°}$$

$l = \sqrt{20^2 + 100^2} \fallingdotseq 102$ mm이므로

$$2\pi \times 20 = 2\pi \times 102 \times \frac{\theta}{360°}$$

$$20 = 102 \times \frac{\theta}{360°}$$

$$\therefore \theta = \frac{20 \times 360°}{102} \fallingdotseq 70°$$

15. 그림과 같은 수직 원통형을 30° 정도 경사지게 일직선으로 자른 경우의 전개도로 가장 적합한 형상은?

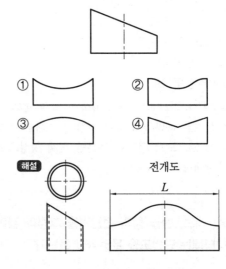

① 　　　② 　　　③ 　　　④

해설　　　　　　　　　전개도

16. 그림과 같은 물탱크의 측면도에서 원뿔 부분에 6mm 두께의 강판을 사용하여 판금 작업을 하고자 전개도를 작성하려고 한다. 이 원통의 바깥지름이 600mm일 때 필요한 마름질 길이는 약 몇 mm인가? (단, 두께를 고려하여 구한다.)

① 1903.8
② 1875.5
③ 1885
④ 1866.1

해설 원통의 마름질 치수(L) 구하기
• 원통 치수가 바깥지름으로 표시될 때
  L=(바깥지름−판 두께)$\times\pi$
  $=(600-6)\times\pi$
  $\fallingdotseq1866.1$mm
• 원통 치수가 안지름으로 표시될 때
  L=(안지름+판 두께)$\times\pi$

17. 다음의 원뿔을 전개했을 때 전개 각도 θ는 약 몇 도인가? (단, 전개도의 치수 단위는 mm이다.)

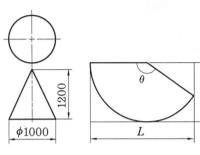

① 120°
② 128°
③ 138°
④ 150°

해설 $h=1200,\ r=500$
피타고라스 정리에 의해
$l^2=h^2+r^2$이므로
$l=\sqrt{h^2+r^2}$
$=\sqrt{1200^2+500^2}$
$=1300$mm

$2\pi r=2\pi l\times\dfrac{\theta}{360°}$

$\theta=r\times\dfrac{360°}{l}$

$=\dfrac{500\times360°}{1300}$

$\fallingdotseq138°$

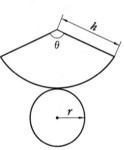

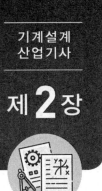
도면 검토 · 작업

1. 주요 치수 및 공차 검토

1-1 치수 기입

1 치수 기입 원칙

① 치수는 중복되지 않게 기입한다.
② 계산해서 구할 필요가 없도록 기입한다.
③ 각 투상도 간 비교나 대조가 쉽도록 기입한다.
④ 공정별로 배열하거나 분리하여 기입한다.
⑤ 정면도, 측면도, 평면도 순으로 기입한다.
⑥ 관련된 치수는 되도록 한곳에 모아서 보기 쉽게 기입한다.
⑦ 치수 중에서 참고 치수는 치수 수치에 괄호를 붙인다.
⑧ 전체 길이, 높이, 폭에 대한 치수는 반드시 기입한다.
⑨ 기능상 조립을 고려하여 필요한 치수의 허용 한계를 기입한다.
⑩ 필요에 따라 기준이 되는 점, 선 또는 면을 기준으로 하여 기입한다.
⑪ 주투상도에 기입하며 아래쪽과 오른쪽에서 읽을 수 있도록 한다.

2 치수 기입 방법

(1) 치수선과 치수 보조선

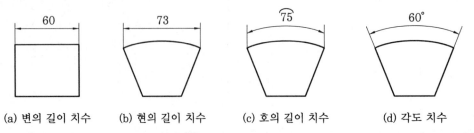

(a) 변의 길이 치수   (b) 현의 길이 치수   (c) 호의 길이 치수   (d) 각도 치수

길이와 각도의 치수 기입

① 치수는 치수선, 치수 보조선, 치수 보조 기호 등을 사용하여 기입한다.

② 치수선은 치수(길이, 각도)를 측정하는 방향에 평행하게 긋는다.

③ 치수 보조선은 지시하는 치수의 끝에 닿는 도형상의 점이나 선의 중심을 통과하도록 긋는다.

④ 치수 보조선은 치수선을 2~3mm(치수선 굵기의 8배) 지날 때까지 치수선에 직각이 되도록 가는 실선으로 그린다.

⑤ 치수선은 치수 보조선을 사용하여 기입하는 것을 원칙으로 하며, 치수 보조선과 다른 선이 겹칠 때는 선의 우선순위에 따라 표기한다.

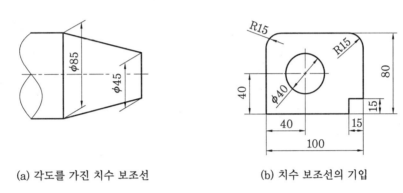

(a) 각도를 가진 치수 보조선   (b) 치수 보조선의 기입

치수 보조선을 사용한 치수 기입

(2) 치수선의 끝부분 기호

① 치수의 한계를 명확하게 하기 위해 치수선의 양 끝에 붙이는 기호는 화살표, 사선, 검은 둥근 점으로 표시하며, 문자 'a'는 서체용 면적을, 'h'는 서체의 높이를 나타낸다.

② 화살표는 끝이 열린 것, 끝이 닫힌 것, 속을 칠한 것이 있다.

③ 사선이나 검은 둥근 점은 좁은 간격의 치수를 지시할 때 사용한다.

(a) 보통 치수 기입   (b) 간격이 좁은 경우

치수선의 양 끝을 표시하는 방법   **화살표**

(3) 지시선

① 지시선은 구멍의 치수, 가공법 또는 품번 등을 기입하는 데 사용한다.

② 수평선에서 60°가 되도록 그어 지시되는 쪽에 화살표를 하고, 반대쪽은 수평으로 꺾어 그 위에 지시사항이나 치수를 기입한다.

(4) 치수에 사용되는 기호

치수에 사용되는 기호

기 호	설 명	기 호	설 명
ϕ	지름	C	45° 모따기
R	반지름	P	피치
$S\phi$	구의 지름	□	정사각형의 변
SR	구의 반지름	t	판의 두께

예 | 상 | 문 | 제

1. 도면에서 참고 치수를 나타내는 것은?

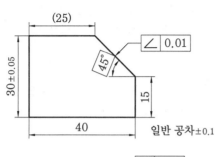

① (25) ② ∠ 0.01
③ 45° ④ 일반 공차±0.1

해설 ( )는 참고 치수로, 다른 부분을 통해 치수를 구할 수는 있지만 참고 사항으로 보여 주기 위해 표기해 놓은 치수이다.

2. 치수선과 치수 보조선에 대한 설명으로 틀린 것은?

① 치수선과 치수 보조선은 가는 실선으로 그린다.
② 치수 보조선은 치수를 기입하는 형상에 평행하게 그린다.
③ 외형선, 중심선, 기준선 및 이들의 연장선을 치수선으로 사용하지 않는다.
④ 치수 보조선과 치수선의 교차는 피해야 하나 불가피한 경우에는 끊김 없이 그린다.

해설 치수 보조선은 지시하는 치수의 끝에 닿는 도형상의 점이나 선의 중심을 통과하며, 치수선을 2~3mm 지날 때까지 치수선에 직각이 되도록 그린다.

3. 도면(위치도)에 치수가 다음과 같이 표시되어 있을 때 치수의 외곽에 표시된 직사각형은 무엇을 뜻하는가?

30

① 다듬질 전 소재 가공 치수
② 완성 치수
③ 이론적으로 정확한 치수
④ 참고 치수

해설 • (15) : 참고 치수
• 30 : 이론적으로 정확한 치수
• 마무리 치수(완성 치수) : 가공 여유를 포함하지 않은 완성된 제품의 치수

4. 호의 치수 기입을 나타낸 것은?

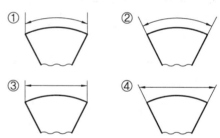

해설 치수 기입법

변의 치수 현의 치수 호의 치수 각도의 치수

5. 다음 중 치수 보조 기호에 대한 설명으로 틀린 것은?

① R15 : 반지름 15
② t15 : 판의 두께 15
③ (15) : 비례척이 아닌 치수 15
④ SR15 : 구의 반지름 15

해설 • (15) : 참고 치수
• 15 : 척도와 다름(비례척이 아님)

정답 1. ① 2. ② 3. ③ 4. ② 5. ③

6. 도면에 치수를 기입하는 방법을 설명한 것 중 옳지 않은 것은?

① 특별히 명시하지 않는 한, 그 도면에 도시된 대상물의 다듬질 치수를 기입한다.

② 길이의 단위는 mm이고, 도면에는 반드시 단위를 기입한다.

③ 각도의 단위로는 일반적으로 도(°)를 사용하고, 필요한 경우 분(') 및 초(")를 병용할 수 있다.

④ 치수는 될 수 있는 대로 주투상도에 집중해서 기입한다.

해설 길이 치수는 원칙적으로 mm 단위로 기입하며 단위 기호는 붙이지 않는다.

7. 강 구조물(steel structure) 등의 치수 표시에 대한 KS 기계 제도 규격의 설명으로 틀린 것은?

① 구조선도에서 접점 사이의 치수를 표시할 수 있다.

② 형강, 강관 등의 치수를 각각의 도형에 연하여 기입할 때 길이 치수도 반드시 나타내야 한다.

③ 구조선도에서 치수는 부재를 나타내는 선에 연하여 직접 기입할 수 있다.

④ 등변 ㄱ 형강의 경우 "L 100×100×5−1500"과 같이 나타낼 수 있다.

해설 형강, 각강 등의 치수는 각각의 표시 방법에 따라 도형에 연하여 기입할 수 있다.

8. 치수 기입의 원칙에 관한 설명으로 옳지 않은 것은?

① 치수는 되도록 주투상도에 집중하여 기입한다.

② 치수는 되도록 공정마다 배열을 분리하여 기입한다.

③ 치수는 기능, 제작, 조립을 고려하여 명료하게 기입한다.

④ 주요 치수는 확인하기 쉽도록 중복하여 기입한다.

해설 치수는 되도록 주투상도에 집중하여 기입하며, 중복되지 않도록 기입한다.

9. 치수 기입에 있어서 누진 치수 기입 방법으로 바르게 나타낸 것은?

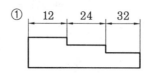

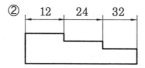

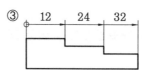

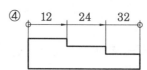

해설 누진 치수 기입법 : 치수의 기준점에 기점 기호(○)를 기입하고, 치수 보조선과 만나는 곳마다 화살표를 붙인다.

10. 다음 치수 보조 기호에 대한 설명으로 옳지 않은 것은?

① (50) : 데이터 치수 50 mm를 나타낸다.

② t=5 : 판재의 두께 5 mm를 나타낸다.

③ ⌒20 : 호의 길이 20 mm를 나타낸다.

④ SR30 : 구의 반지름 30 mm를 나타낸다.

해설 (50) : 참고 치수 50 mm

11. 다음과 같은 치수 120 위의 기호가 뜻하는 것은?

① 호의 길이 ② 참고 치수
③ 현의 길이 ④ 각도 치수

해설 호의 길이를 나타내는 기호는 치수값 위에 오도록 KS 규격이 개정되었다(⌒120).

12. 기계 제도에서 치수선을 나타내는 방법에 해당하지 않는 것은?

13. 축 중심의 센터 구멍 표현법으로 옳지 않은 것은?

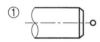
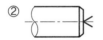

해설 ② 센터 구멍을 남겨둘 것
③ 센터 구멍의 유무에 상관없이 가공할 것
④ 센터 구멍이 남아 있지 않도록 가공할 것

14. 철골 구조물 도면에 2−L75×75×6−1800으로 표시된 형강을 올바르게 설명한 것은?

① 부등변 부등두께 ㄱ 형강이며 그 길이는 1800mm이다.
② 형강의 개수는 6개이다.
③ 형강의 두께는 75mm이며 그 길이는 1800mm이다.

④ ㄱ 형강 양 변의 길이는 75mm로 동일하며 두께는 6mm이다.

해설 ㄱ 형강의 치수 표기 방법
(수량)−L(높이)×(폭)×(두께)−(길이)

15. 그림과 같은 I 형강의 표시 방법으로 옳은 것은? (단, L은 형강의 길이이다.)

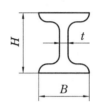

① $IH×B×t×L$
② $IB×H×t−L$
③ $IB×H×t×L$
④ $IH×B×t−L$

해설 I 형강의 치수 표기 방법
(형강 기호)(높이)×(폭)×(두께)−(길이)

16. 다음 도면에서 X 부분의 치수는?

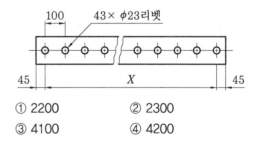

① 2200 ② 2300
③ 4100 ④ 4200

해설 $X=(43-1)×100$
    $=4200\,mm$

17. 축을 가공하기 위한 센터 구멍의 도시 방법 중 그림과 같은 도시 기호의 의미는?

① 센터의 규격에 따라 다르다.
② 다듬질 부분에서 센터 구멍이 남아 있어도 좋다.
③ 다듬질 부분에서 센터 구멍이 남아 있어서는 안 된다.
④ 다듬질 부분에서 반드시 센터 구멍을 남겨둔다.

해설 센터 구멍의 도시 방법

필요   남아 있어도 좋음   불필요

18. 그림과 같이 가공된 축의 테이퍼값은?

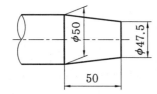

① $\dfrac{1}{5}$ ② $\dfrac{1}{10}$

③ $\dfrac{1}{20}$ ④ $\dfrac{1}{40}$

해설 $\dfrac{D-d}{l}=\dfrac{50-47.5}{50}=\dfrac{1}{20}$

19. 다음 그림에서 "C2"가 의미하는 것은?

① 크기가 2인 15° 모따기
② 크기가 2인 30° 모따기
③ 크기가 2인 45° 모따기
④ 크기가 2인 60° 모따기

해설 C는 45° 모따기(chamfer)를 나타내며, 숫자 2는 직각 변(빗변)의 길이가 2 mm임을 의미한다.

20. 다음 그림에서 "A"의 치수는 얼마인가?

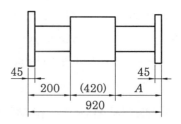

① 200   ② 225
③ 250   ④ 300

해설 $A=920-200-420$
$=300$mm

21. 다음 도면에서 대상물의 형상과 비교하여 치수 기입이 틀린 것은?

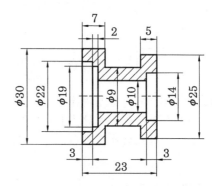

① 7   ② $\phi 9$
③ $\phi 14$ ④ $\phi 30$

해설 도면에서 구멍의 지름이 $\phi 10$이므로 바깥지름은 $\phi 10$보다 커야 한다.

22. 그림과 같은 도면에서 "L"의 치수는 몇 mm인가?

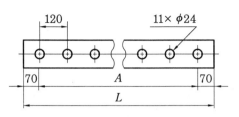

① 1200   ② 1320

③ 1340   ④ 1460

해설 $L = A + (70 \times 2)$

$= (120 \times 10) + 140 = 1340mm$

23. 그림과 같이 크기와 간격이 같은 여러 구멍의 치수 기입에서 (A)에 들어갈 치수로 옳은 것은?

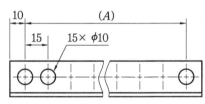

① 180   ② 195

③ 210   ④ 225

해설 $A = 간격 \times (개수 - 1)$

$= 15 \times (15 - 1) = 210mm$

24. 그림과 같은 부등변 ㄱ 형강의 치수 표시 방법은? (단, 형강의 길이는 L이고, 두께는 t로 동일하다.)

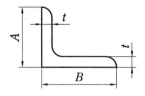

① $LA \times B \times t - L$ ② $Lt \times A \times B \times L$

③ $LB \times A + 2t - L$ ④ $LA + B \times \dfrac{t}{2} - L$

해설 부등변 ㄱ형강 치수의 표기 방법

$L(높이) \times (폭) \times (두께) - (길이)$

25. 다음 도면에서 A의 길이는?

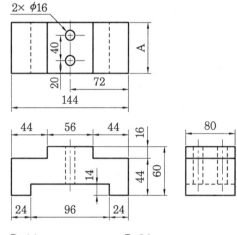

① 44   ② 80

③ 96   ④ 144

해설 A의 길이 = 우측면도의 폭

$= 80mm$

1-2 치수 공차

1 치수 공차

치수 공차는 최대 허용 치수와 최소 허용 치수의 차로, 설계 의도에 따라 부품 기능상 허용되는 치수의 오차 범위를 말한다.

(1) 치수 공차의 용어

① **실치수** : 가공이 완료되어 제품을 실제로 측정한 치수이며 mm를 단위로 한다.
② **허용 한계 치수** : 허용할 수 있는 실치수의 범위를 말하며, 허용 한계 치수에는 최대 허용 치수와 최소 허용 치수가 있다.
③ **최대 허용 치수** : 허용할 수 있는 가장 큰 실치수이다.
④ **최소 허용 치수** : 허용할 수 있는 가장 작은 실치수이다.
⑤ **기준 치수** : 위 치수 허용차 및 아래 치수 허용차를 적용하는 데 있어서 허용 한계 치수가 주어지는 기준이 되는 치수이다. 기준 치수는 정수 또는 소수이다.
⑥ **기준선** : 허용 한계 치수 또는 끼워맞춤을 지시할 때의 기준 치수를 말하며, 치수 허용차의 기준이 되는 직선이다.
⑦ **구멍** : 주로 원통형의 내측 형체를 말하며 원형 단면이 아닌 내측 형체도 포함한다.
⑧ **축** : 주로 원통형의 외측 형체를 말하며 원형 단면이 아닌 외측 형체도 포함한다.

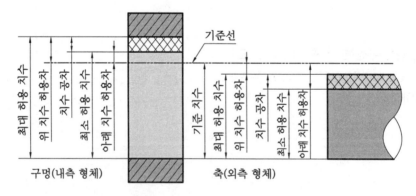

구멍과 축의 기준 치수와 치수 공차

(2) 치수 허용차

① **위 치수 허용차** : 최대 허용 치수 – 기준 치수
② **아래 치수 허용차** : 최소 허용 치수 – 기준 치수

2 기본 공차

기본 공차는 치수를 구분하여 공차를 적용하는 것으로, 각 구분에 대한 공차의 무리를 공차 계열이라 한다.

(1) IT(international tolerance) 기본 공차

① 치수 공차와 끼워맞춤에 있어서 정해진 모든 치수 공차를 의미한다.
② 국제표준화기구(ISO) 공차 방식에 따라 IT 01, IT 0, IT 1, IT 2, …, IT 18의 20등급으로 나누고, 정밀도에 따라 다음 표와 같이 적용한다.
③ 기준 치수가 클수록, IT 등급의 숫자가 높을수록 공차가 커진다.

IT 기본 공차의 적용

용 도	게이지 제작 공차	끼워맞춤 공차	끼워맞춤 이외의 공차
구멍	IT 01~IT 5	IT 6~IT 10	IT 11~IT 18
축	IT 01~IT 4	IT 5~IT 9	IT 10~IT 18
가공 방법	래핑, 호닝, 초정밀 연삭	연삭, 리밍, 밀링, 정밀 선삭	압연, 압출, 프레스, 단조
공차 범위	0.001 mm	0.01 mm	0.1 mm

(2) 구멍 및 축의 기초가 되는 치수 공차역의 위치

① 구멍의 기초가 되는 치수 허용차는 A부터 ZC까지 영문 대문자로 나타내고 축의 기초가 되는 치수 허용차는 a부터 zc까지 영문 소문자로 나타낸다.
② 구멍과 축의 위치는 기준선을 중심으로 대칭이다.

구멍과 축의 기초가 되는 치수 공차역

구멍 기호	최대 허용 치수는 기준 치수와 일치한다. ← 점점 커진다.　　　점점 작아진다. → A B C D E F G H JS K M N P R S T U V X Y Z ZA ZB ZC
축 기호	최대 허용 치수는 기준 치수와 일치한다. ← 점점 작아진다.　　　점점 커진다. → a b c d e f g h js k m n p r s t u v x y z za zb zc

예 | 상 | 문 | 제

1. ϕ100e7인 축에서 치수 공차 0.035, 위 치수 허용차 −0.072라면 최소 허용 치수는?

① 99.893
② 99.928
③ 99.965
④ 100.035

해설 아래 치수 허용차
=위 치수 허용차−치수 공차
=−0.072−0.035=−0.107
∴ 최소 허용 치수
=기준 치수+아래 치수 허용차
=100−0.107
=99.893

2. 기준 치수가 50 mm, 최대 허용 치수가 50.015mm, 최소 허용 치수가 49.990mm 일 때 치수 공차는 몇 mm인가?

① 0.025   ② 0.015
③ 0.005   ④ 0.010

해설 치수 공차
=최대 허용 치수−최소 허용 치수
=50.015−49.990
=0.025

3. 기준 치수 30, 최대 허용 치수 29.98, 최소 허용 치수 29.95일 때 아래 치수 허용차는?

① +0.05   ② +0.03
③ −0.05   ④ −0.03

해설 아래 치수 허용차
=최소 허용 치수−기준 치수
=29.95−30
=−0.05

4. 다음 중 치수 공차가 0.1이 아닌 것은?

① $50^{+0.1}_{0}$
② 50 ± 0.05
③ $50^{+0.07}_{-0.03}$
④ 50 ± 0.1

해설 치수 공차
=위 치수 허용차−아래 치수 허용차
① +0.1−0=+0.1
② +0.05−(−0.05)=+0.1
③ +0.07−(−0.03)=+0.1
④ +0.1−(−0.1)=+0.2

5. 지름 60mm, 공차 +0.001~+0.015인 구멍의 최대 허용 치수는?

① 59.85
② 59.985
③ 60.15
④ 60.015

해설 구멍의 최대 허용 치수=60+0.015
=60.015

6. 최대 틈새 0.075mm, 축의 최소 허용 치수 49.950mm일 때 구멍의 최대 허용 치수는?

① 50.075
② 49.875
③ 49.975
④ 50.025

해설 구멍의 최대 허용 치수
=최대 틈새+축의 최소 허용 치수
=0.075+49.950
=50.025

정답 1.① 2.① 3.③ 4.④ 5.④ 6.④

1-3 **기하 공차**

1 기하 공차의 필요성

(1) 기하 공차의 종류와 기호

기하 공차의 종류 및 기호

적용 형체	종 류		기 호	공차 기입 틀	특 성
단독 형체 (데이텀 없이 사용)	모양 공차	진직도	—	— 0.013 — φ0.013	공차값 앞에 φ를 붙여서 지시하면 지름의 원통 공차역으로 제한되며, 평면을 규제할 때는 φ를 붙이지 않는다.
		평면도	▱	▱ 0.013	평면상의 가로, 세로 방향의 진직도를 규제한다.
		진원도	○	○ 0.013	공차역은 반지름값이므로 공차값 앞에 φ를 붙이지 않는다.
		원통도	⌀	⌀ 0.011	원통면을 규제하므로 공차값 앞에 φ를 붙이지 않는다.
단독 또는 관련 형체		선의 윤곽도	⌒	⌒ 0.009 ⌒ 0.009 A	캠의 곡선과 같은 윤곽 곡선을 규제한다.
		면의 윤곽도	⌓	⌓ 0.009 ⌓ 0.009 A	캠의 곡면과 같은 윤곽 곡면을 규제한다.
관련 형체 (데이텀을 기준으로 사용)	자세 공차	평행도	//	// 0.015 A // φ0.015 A	공차역이 폭(평면) 공차일 때는 공차값 앞에 φ를 붙이지 않고, 지름 공차일 때는 φ를 붙인다.
		직각도	⊥	⊥ 0.013 A ⊥ φ0.013 A	중간면을 제어할 때는 공차값 앞에 φ를 붙이지 않고, 축 직선을 규제할 때는 φ를 붙인다.
		경사도	∠	∠ 0.011 A	이론적으로 정확한 각을 갖는 기하학적 직선 또는 평면을 규제한다.

적용 형체	종 류		기 호	공차 기입 틀	특 성
관련 형체 (데이텀을 기준으로 사용)	위치 공차	위치도	$\bigoplus$	$\boxed{\bigoplus\ \|\ 0.009\ \|\ \text{AB}}$ $\boxed{\bigoplus\ \|\ \phi0.009\ \|\ \text{AB}}$	공차역이 폭(평면) 공차일 때는 공차값 앞에 ϕ를 붙이지 않고, 지름 공차일 때는 ϕ를 붙인다.
		동심도 (동축도)	$\bigodot$	$\boxed{\bigodot\ \|\ \phi0.011\ \|\ \text{A}}$	데이텀 기준에 대한 중심축 직선을 제어하므로 공차값 앞에 ϕ를 붙인다.
		대칭도	$\equiv$	$\boxed{\equiv\ \|\ 0.011\ \|\ \text{A}}$	기능 또는 조립에 대칭이어야 하는 부분을 규제한다.
	흔들림 공차	원주 흔들림	$\nearrow$	$\boxed{\nearrow\ \|\ 0.011\ \|\ \text{A}}$	단면인 측정면이나 원통면을 규제하므로 공차값 앞에 ϕ를 붙이지 않는다.
		온 흔들림	$\nearrow\!\!\nearrow$	$\boxed{\nearrow\!\!\nearrow\ \|\ 0.011\ \|\ \text{A}}$	

📌 모양 공차는 규제하는 형체가 단독 형체이므로 문자 기호를 붙이지 않는다.

2 데이텀 도시 방법

(1) 데이텀

데이텀은 관련 형체의 자세, 위치, 흔들림 등의 공차를 정하기 위해 설정된 이론적으로 정확한 기하학적 기준이다.

(2) 데이텀 도시 방법

① 형체에 지정되는 공차가 데이텀과 관련될 때 데이텀은 데이텀을 지시하는 문자 기호로 나타낸다.

② 데이텀은 알파벳 대문자를 정사각형으로 둘러싸고 데이텀 삼각 기호에 지시선을 연결하여 나타낸다.

③ 선 또는 면 자체에 공차를 지시할 때는 외형선의 연장선 위에 데이텀 삼각 기호를 붙인다(그림 a).

④ 치수가 지정되어 있는 형체의 축선 또는 중심 평면에 공차를 지시할 때는 치수선의 연장선이 공차 기입 틀로부터의 지시선이 되도록 한다. 이때 지시선은 가는 실선으로 한다(그림 b).

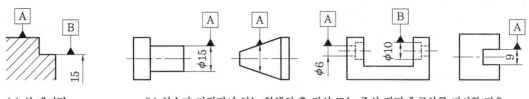

(a) 선 데이텀   (b) 치수가 지정되어 있는 형체의 축 직선 또는 중심 평면에 공차를 지시할 경우

데이텀 지시 방법

(3) 공차 기입 틀

① 공차에 대한 표시사항은 공차 기입 틀을 두 구획 또는 그 이상으로 구분하여 그
안에 기입하는데 왼쪽에서부터 오른쪽으로 내용을 기입한다.

② 데이텀을 지시하는 문자 기호는 그림 (b), (c)와 같이 나타내고 규제하는 형체가
단독 형체일 때는 그림 (a)와 같이 문자 기호를 붙이지 않는다.

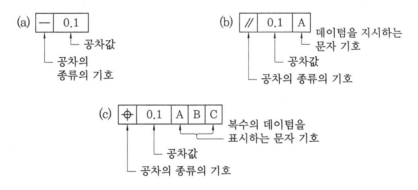

공차의 종류를 나타내는 기호와 공차값

예 | 상 | 문 | 제

기하 공차 ◀

1. 다음 기하 공차 중에서 자세 공차를 나타내는 것은?

① ─ ② ▱

③ ○ ④ ⊥

【해설】 자세 공차는 데이텀이 있어야 하는 관련 형체로 평행도, 직각도, 경사도가 있다.

2. 그림과 같은 도면에서 "가" 부분에 들어갈 가장 적절한 기하 공차 기호는?

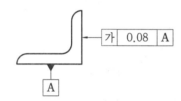

| 가 | 0.08 | A |

① // ② ⊥

③ □ ④ ⌖

【해설】 도면상에서 직각을 이루는 형상이므로 데이텀 A를 기준으로 직각도 공차로 지시하는 것이 적절하다.

3. 평행도가 데이텀 B에 대해 지정 길이 100mm마다 0.05mm 허용값을 가질 때, 그 기하 공차의 기호를 옳게 나타낸 것은?

① | // | 0.05/100 | B |

② | ▱ | 0.05/100 | B |

③ | ═ | 0.05/100 | B |

④ | ╱ | 0.05/100 | B |

【해설】 • 평행도 : // • 평면도 : ▱
• 대칭도 : ═ • 원주 흔들림 : ╱

4. 다음 중 데이텀(datum)에 관한 설명으로 틀린 것은?

① 데이텀을 표시하는 방법은 알파벳 소문자를 정사각형으로 둘러싸서 나타낸다.
② 지시선을 연결하여 사용하는 데이텀 삼각 기호는 빈틈없이 칠해도 좋고, 칠하지 않아도 좋다.
③ 형체에 지정되는 공차가 데이텀과 관련되는 경우, 데이텀은 원칙적으로 데이텀을 지시하는 문자 기호로 나타낸다.
④ 관련 형체에 기하학적 공차를 지시할 때, 그 공차 영역을 규제하기 위해 설정한 이론적으로 정확한 기하학적 기준을 데이텀이라 한다.

【해설】 데이텀은 알파벳 대문자를 정사각형으로 둘러싸고 데이텀 삼각 기호에 지시선을 연결하여 나타낸다.

5. KS에서 정의하는 기하 공차 기호 중에서 관련 형체의 위치 공차 기호만으로 짝지어진 것은?

① ▱ ○ ─ ② ∠ ⊥ ⁄
③ ⌖ ◎ ═ ④ ╱ ⌒ ◎

【해설】 • 위치도 : ⌖ • 동심도(동축도) : ◎
• 대칭도 : ═

6. 그림과 같은 기하 공차 기입 틀에서 "A"에 들어갈 기하 공차 기호는?

【정답】 1. ④ 2. ② 3. ① 4. ① 5. ③ 6. ②

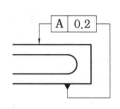

① ▱ ② //

③ ⊥ ④ =

해설 • 평면도 : ▱ • 평행도 : //
• 직각도 : ⊥ • 대칭도 : =

7. 다음과 같은 공차 기호에서 최대 실체 공차 방식을 표시하는 기호는?

① ◎ ② A

③ Ⓜ ④ φ

해설 • ◎ : 동축도(동심도)
• φ0.04 : 공차값 • A : 데이텀 기호
• Ⓜ : 최대 실체 공차 방식

8. 다음 기하 공차 기호 중 돌출 공차역을 나타내는 기호는?

① Ⓟ ② Ⓜ

③ A ④ Ⓐ

해설 • Ⓜ : 최대 실체 공차 방식
• Ⓟ : 돌출 공차역
• A : 데이텀

9. 그림과 같은 기하 공차 기호에 대한 설명으로 틀린 것은?

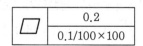

① 평면도 공차를 나타낸다.
② 전체 부위에 대해 공차값 0.2mm를 만족해야 한다.
③ 지정 넓이 100×100mm에 대해 공차값 0.1mm를 만족해야 한다.
④ 이 기하 공차 기호에서는 두 가지 공차 조건 중 하나만 만족하면 된다.

해설 단위 평면도는 기하 공차로, 지정 넓이 100×100mm에 대해 공차값이 0.1mm 이내이며, 전체 부위 공차값은 0.2mm로 두 가지 공차 조건 모두를 만족해야 한다.

10. 도면에 다음과 같은 기하 공차가 도시되어 있을 경우, 이에 대한 설명으로 알맞은 것은?

//	0.1	A
	0.05/100	

① 경사도 공차를 나타낸다.
② 전체 길이에 대한 허용값은 0.1mm이다.
③ 지정 길이에 대한 허용값은 $\frac{0.05}{100}$mm이다.
④ 위의 기하 공차는 데이텀 A를 기준으로 100mm 이내의 공간을 대상으로 한다.

해설 //는 평행도 공차를 나타내며, 전체 길이에 대한 허용값은 0.1mm이고, 지정 길이 100mm에 대한 허용값은 0.05m이다.

11. 평면도를 나타내는 기호는?

① ▱ ② //

③ ○ ④ ⊠

해설 • 평행도 : // • 진원도 : ○

12. 그림과 같은 도면의 기하 공차에 대한 설명으로 가장 옳은 것은?

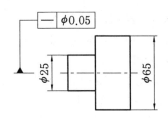

① $\phi25$ 부분만 중심축에 대한 평면도가 $\phi0.05$ 이내
② 중심축에 대한 전체의 평면도가 $\phi0.05$ 이내
③ $\phi25$ 부분만 중심축에 대한 진직도가 $\phi0.05$ 이내
④ 중심축에 대한 전체의 진직도가 $\phi0.05$ 이내

해설 중심축에 대한 축심이 0.05 mm 내에 있지 않으면 안 된다.

13. 최대 실체 공차 방식을 적용할 때 공차붙이 형체와 그 데이텀 형체 두 곳에 함께 적용하는 경우로 바르게 표현한 것은?

① ⊕ | $\phi0.04$Ⓜ | A
② ⊕ | $\phi0.04$ | AⓂ
③ ⊕ | $\phi0.04$ | Ⓜ | A
④ ⊕ | $\phi0.04$Ⓜ | AⓂ

해설 최대 실체 공차 방식(MMS) : 형체의 부피가 최소일 때를 고려하여 형상 공차 또는 위치 공차를 적용하는 방법이다. 적용하는 형체의 공차나 데이텀의 문자 뒤에 Ⓜ을 붙인다.

14. 다음과 같이 치수가 도시되었을 경우 그 의미로 옳은 것은?

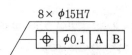

① 8개의 축이 $\phi15$에 공차 등급 H7이며, 원통도가 데이텀 A, B에 대하여 $\phi0.1$을 만족해야 한다.
② 8개의 구멍이 $\phi15$에 공차 등급 H7이며, 원통도가 데이텀 A, B에 대하여 $\phi0.1$을 만족해야 한다.
③ 8개의 축이 $\phi15$에 공차 등급 H7이며, 위치도가 데이텀 A, B에 대하여 $\phi0.1$을 만족해야 한다.
④ 8개의 구멍이 $\phi15$에 공차 등급 H7이며, 위치도가 데이텀 A, B에 대하여 $\phi0.1$을 만족해야 한다.

해설 • ⊕ : 위치도 • H7 : 구멍 기준

15. 기하 공차를 나타내는 데 있어서 대상면의 표면은 0.1 mm만큼 떨어진 두 개의 평행한 평면 사이에 있어야 한다는 것을 나타내는 것은?

① — | 0.1
② ▱ | 0.1
③ ⌀ | 0.1
④ ⊥ | 0.1 | A

해설 평면도는 공차역만큼 떨어진 두 개의 평행한 평면 사이에 끼인 영역으로, 단독 형체이므로 데이텀이 필요하지 않다.

16. 그림에서 나타낸 기하 공차 도시에 대해 가장 바르게 설명한 것은?

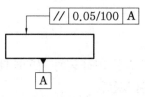

① 임의의 평면에서 평행도가 기준면 A에 대해 $\dfrac{0.05}{100}$ mm 이내에 있어야 한다.

② 임의의 평면 100×100mm에서 평행도가 기준면 A에 대해 $\frac{0.05}{100}$ mm 이내에 있어야 한다.

③ 지시하는 면 위에서 임의로 선택한 길이 100mm에서 평행도가 기준면 A에 대해 0.05mm 이내에 있어야 한다.

④ 지시한 화살표를 중심으로 100mm 이내에서 평행도가 기준면 A에 대해 0.05mm 이내에 있어야 한다.

해설 지정된 길이 100mm에서 허용값이 0.05mm이므로 기준면 A에 대해 0.05mm 이내에 있어야 한다.

17. 기하학적 형상의 특성을 나타내는 기호 중 자유 상태 조건을 나타내는 기호는?

① Ⓟ
② Ⓜ
③ Ⓕ
④ Ⓛ

해설 • Ⓟ : 돌출 공차역
• Ⓜ : 최대 실체 공차방식
• Ⓕ : 자유 상태 조건
• Ⓛ : 최소 실체 공차방식

18. 다음과 같은 데이텀 표적 도시기호의 의미에 대한 설명으로 옳은 것은?

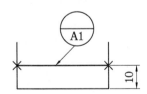

① 점의 데이텀 표적
② 선의 데이텀 표적
③ 면의 데이텀 표적
④ 구형의 데이텀 표적

해설 두 개의 ×를 연결한 선이 데이텀 표적이다.

19. 다음 그림과 같은 도면에서 구멍 지름을 측정한 결과 10.1일 때 평행도 공차의 최대 허용치는?

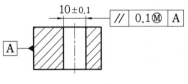

① 0
② 0.1
③ 0.2
④ 0.3

해설 이용 가능한 치수 공차
$= 10.1 - 9.9 = 0.2$

∴ 이용 가능한 평행도 공차
= 이용 가능한 치수 공차+평행도 공차
$= 0.2 + 0.1 = 0.3$

20. 기하 공차의 종류에서 위치 공차에 해당하지 않는 것은?

① 동축도 공차
② 위치도 공차
③ 평면도 공차
④ 대칭도 공차

해설 모양 공차에는 진직도, 평면도, 진원도, 원통도, 선의 윤곽도, 면의 윤곽도가 있다.

21. 축의 치수가 $\phi 20 \pm 0.1$이고, 그 축의 기하 공차가 다음과 같다면 최대 실체 공차 방식에서 실효 치수는 얼마인가?

⊥	$\phi 0.2$Ⓜ	A

① 19.6
② 19.7
③ 20.3
④ 20.4

해설 실효 치수
= 최대 허용 치수+직각도 공차
$= 20.1 + 0.2 = 20.3$

22. 다음 중 자세 공차에 속하는 기하 공차는?

① 평면도 공차   ② 평행도 공차
③ 원통도 공차   ④ 진원도 공차

[해설] 자세 공차 : 평행도, 직각도, 경사도

23. 그림과 같이 도면에 기입된 기하 공차에 관한 설명으로 옳지 않은 것은?

//	0.05	A
	0.011/200	

① 제한된 길이에 대한 공차값이 0.011이다.
② 전체 길이에 대한 공차값이 0.05이다.
③ 데이텀을 지시하는 문자 기호는 A이다.
④ 공차의 종류는 평면도 공차이다.

[해설] • 데이텀 A를 기준으로 단위 평행도는 기하 공차이며 200 mm에 대해 공차값이 0.011 mm 이내이다.
• 전체 부위 공차값은 0.05 mm로 두 가지 공차값을 모두 만족해야 한다.

24. 최대 실체 공차 방식으로 규제된 축의 도면이 다음과 같다. 실제 제품을 측정한 결과 축지름이 49.8mm일 경우 최대로 허용할 수 있는 직각도 공차는?

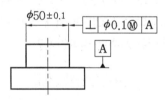

① 0.3mm   ② 0.4mm
③ 0.5mm   ④ 0.6mm

[해설] 최대로 허용할 수 있는 직각도 공차
＝치수 공차＋기하 공차
＝0.4+0.1＝0.5mm

25. 그림에 대한 설명 중 가장 옳은 것은?

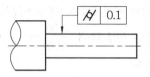

① 대상으로 하는 면은 0.1 mm만큼 떨어진 두 개의 동축 원통면 사이에 있어야 한다.
② 대상으로 하는 원통의 축선은 0.1 mm의 원통 안에 있어야 한다.
③ 대상으로 하는 원통의 축선은 0.1 mm만큼 떨어진 두 개의 평행한 평면 사이에 있어야 한다.
④ 대상으로 하는 면은 0.1 mm만큼 떨어진 두 개의 평행한 평면 사이에 있어야 한다.

[해설] 원통도는 진직도, 평행도, 진원도의 복합 공차로, 규제하는 원통 형체의 모든 표면의 공통 축선으로부터 같은 거리에 있는 두 개의 원통형 사이에 있어야 하는 공차이다.

26. 다음 설명에 적합한 기하 공차 기호는?

구 형상의 중심은 데이텀 평면 A로부터 30 mm, B로부터 25 mm 떨어져 있고, 데이텀 C의 중심선 위에 있는 점의 위치를 기준으로 지름 0.3 mm 구 안에 있어야 한다.

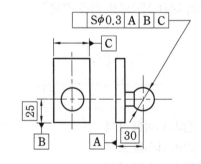

① ⌖   ② ∠   ③ ⊥   ④ ◎

[해설] • 위치도 : ⌖   • 경사도 : ∠
• 직각도 : ⊥   • 동심도 : ◎

1 끼워맞춤 공차

(1) 틈새

구멍의 치수가 축의 치수보다 클 때 구멍과 축과의 치수의 차를 틈새라 한다.

① **최소 틈새** : 헐거운 끼워맞춤에서 구멍의 최소 허용 치수와 축의 최대 허용 치수의 차

② **최대 틈새** : 헐거운 끼워맞춤에서 구멍의 최대 허용 치수와 축의 최소 허용 치수의 차

(2) 죔새

구멍의 치수가 축의 치수보다 작을 때 조립 전의 구멍과 축과의 치수의 차를 죔새라 한다.

① **최소 죔새** : 억지 끼워맞춤에서 조립 전의 구멍의 최대 허용 치수와 축의 최소 허용 치수의 차

② **최대 죔새** : 억지 끼워맞춤 또는 중간 끼워맞춤에서 조립 전 구멍의 최소 허용 치수와 축의 최대 허용 치수의 차

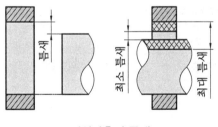
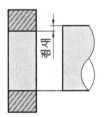

끼워맞춤의 틈새   끼워맞춤의 죔새

2 상용하는 끼워맞춤

(1) 구멍 기준 끼워맞춤

① 아래 치수 허용차가 0인 H등급의 구멍을 기준 구멍으로 하고, 이에 적합한 축을 선택하여 필요한 죔새나 틈새를 주는 끼워맞춤 방식이다.

② H6~H10의 5가지 구멍을 기준 구멍으로 사용한다.

상용하는 구멍 기준 끼워맞춤(KS B 0401)

기준구멍	축의 공차역 클래스																
	헐거운 끼워맞춤							중간 끼워맞춤			억지 끼워맞춤						
H6						g5	h5	js5	k5	m5							
					f6	g6	h6	js6	k6	m6	n6[1]	p6[1]					
H7					f6	g6	h6	js6	k6	m6	n6	p6[1]	r6[1]	s6	t6	u6	x6
				e7	f7		h7	js7									
H8					f7		h7										
				e8	f8		h8										
			d9	e9													
H9			d8	e8			h8										
		c9	d9	e9			h9										
H10	b9	c9	d9														

주 (1) 이들의 끼워맞춤은 치수의 구분에 따라 예외가 있다.

(2) 축 기준 끼워맞춤

① 위 치수 허용차가 0인 h등급의 축을 기준으로 하고, 이에 적합한 구멍을 선택하여 필요한 죔새나 틈새를 주는 끼워맞춤 방식이다.

② h5~h9의 5가지 축을 기준으로 사용한다.

상용하는 축 기준 끼워맞춤(KS B 0401)

기준축	구멍의 공차역 클래스																
	헐거운 끼워맞춤							중간 끼워맞춤			억지 끼워맞춤						
h5							H6	JS6	K6	M6	N6[1]	P6					
h6					F6	G6	H6	JS6	K6	M6	N6	P6[1]					
					F7	G7	H7	JS7	K7	M7	N7	P7[1]	R7	S7	T7	U7	X7
h7				E7	F7		H7										
					F8		H8										
h8			D8	E8	F8		H8										
			D9	E9			H9										
h9			D8	E8			H8										
		C9	D9	E9			H9										
	B10	C10	D10														

주 (1) 이들의 끼워맞춤은 치수의 구분에 따라 예외가 있다.

(3) 끼워맞춤 상태에 따른 분류

① **헐거운 끼워맞춤** : 구멍과 축을 조립했을 때 구멍의 지름이 축의 지름보다 크면 틈새가 생겨서 헐겁게 끼워맞춰지는데, 이를 헐거운 끼워맞춤이라 한다.

② **억지 끼워맞춤** : 구멍과 축을 조립했을 때 주어진 허용 한계 치수 범위 내에서 구멍이 최소, 축이 최대일 때도 죔새가 생겨 억지로 끼워맞춰지는데, 이를 억지 끼워맞춤이라 한다.

③ **중간 끼워맞춤** : 구멍과 축의 주어진 공차에 따라 틈새가 생길 수도 있고 죔새가 생길 수도 있도록 구멍과 축에 공차를 준 것을 중간 끼워맞춤이라 한다.

> **참고**
>
> • 끼워맞춤은 구멍을 기준으로 할 것인지 축을 기준으로 할 것인지에 따라 구멍 기준식과 축 기준식으로 나누며, 기준 치수는 500mm 이하에 적용한다.

예|상|문|제

1. 끼워맞춤의 치수가 ϕ40H7과 ϕ40G7일 때 치수 공차값을 비교한 설명으로 옳은 것은?

① ϕ40H7이 크다.

② ϕ40G7이 크다.

③ 치수 공차는 같다.

④ 비교할 수 없다.

해설 치수 공차역은 H와 G로 다르지만 기준 치수와 IT 공차 등급이 같으므로 치수 공차는 같다.

- ϕ40H7 : 구멍 기준식, IT 공차 7등급
- ϕ40G7 : 구멍 기준식, IT 공차 7등급

2. 끼워맞춤 중에서 구멍과 축 사이에 가장 원활한 회전 운동이 일어날 수 있는 것은?

① H7/f6

② H7/p6

③ H7/n6

④ H7/t6

해설 구멍 기준식 끼워맞춤

기준 구멍	헐거운 끼워맞춤			중간 끼워맞춤			억지 끼워맞춤		
H7	f6	g6	h6	js6	k6	m6	n6	p6	r6

- 구멍 기준식 끼워맞춤에서 가장 원활하게 회전하려면 헐거운 끼워맞춤일수록 좋으므로 알맞은 것은 f6이다.

3. 구멍 70H7($70^{+0.030}_{0}$), 축 70g6($70^{-0.010}_{-0.029}$)의 끼워맞춤이 있다. 끼워맞춤의 명칭과 최대 틈새를 바르게 설명한 것은?

① 중간 끼워맞춤이며 최대 틈새는 0.01이다.

② 헐거운 끼워맞춤이며 최대 틈새는 0.059 이다.

③ 헐거운 끼워맞춤이며 최대 틈새는 0.039 이다.

④ 억지 끼워맞춤이며 최대 틈새는 0.029이다.

해설 구멍의 치수가 축의 치수보다 항상 크므로 헐거운 끼워맞춤이다.

- 최대 틈새=70.030−69.971=0.059
- 최소 틈새=70.000−69.990=0.01

4. h6 공차인 축에 중간 끼워맞춤이 적용되는 구멍의 공차는?

① R7

② K7

③ G7

④ F7

해설 축 기준식 끼워맞춤

기준 축	헐거운 끼워맞춤			중간 끼워맞춤			억지 끼워맞춤		
h6	F6	G6	H6	JS6	K6	M6	N6	P6	
	F7	G7	H7	JS7	k7	M7	N7	P7	R7

5. 기준 치수가 ϕ50인 구멍 기준식 끼워맞춤에서 구멍과 축의 공차값이 다음과 같을 때 틀린 것은?

> - 구멍 : 위 치수 허용차 +0.025
>   아래 치수 허용차 0.000
> - 축 : 위 치수 허용차 −0.025
>   아래 치수 허용차 −0.050

① 축의 최대 허용 치수 : 49.975

② 구멍의 최소 허용 치수 : 50.000

③ 최대 틈새 : 0.050

④ 최소 틈새 : 0.025

해설 최대 틈새
=구멍의 최대 허용 치수−축의 최소 허용 치수
=50.025−49.950=0.075

정답 1. ③ 2. ① 3. ② 4. ② 5. ③

6. 구멍의 치수가 $\phi 50^{+0.05}_{0}$ 이고, 축의 치수가 $\phi 50^{0}_{-0.02}$일 때, 최대 틈새는?

① 0.02 ② 0.03
③ 0.05 ④ 0.07

해설 최대 틈새
=구멍의 최대 허용 치수−축의 최소 허용 치수
=50.05−49.98=0.07

7. $\phi 40^{-0.021}_{-0.037}$의 구멍과 $\phi 40^{0}_{-0.016}$의 축 사이의 최소 죔새는?

① 0.053 ② 0.037
③ 0.021 ④ 0.005

해설 최소 죔새
=축의 최소 허용 치수−구멍의 최대 허용 치수
=39.984−39.979=0.005

8. 기준 치수가 $\phi 50$인 구멍 기준식 끼워맞춤에서 구멍과 축의 공차값이 다음과 같을 때 옳지 않은 것은?

구멍	위 치수 허용차	+0.025
	아래 치수 허용차	+0.000
축	위 치수 허용차	+0.050
	아래 치수 허용차	+0.034

① 최소 틈새는 0.009이다.
② 최대 죔새는 0.050이다.
③ 축의 최소 허용 치수는 50.034이다.
④ 구멍과 축의 조립상태는 억지 끼워맞춤이다.

해설 억지 끼워맞춤에서
• 최대 죔새=축의 최대 허용 치수
−구멍의 최소 허용 치수
=0.050−0=0.050
• 최소 죔새=축의 최소 허용 치수
−구멍의 최대 허용 치수
=0.034−0.025=0.009

9. 구멍 기준식 억지 끼워맞춤을 바르게 표시한 것은?

① $\phi 50X7/h6$ ② $\phi 50H7/h6$
③ $\phi 50H7/s6$ ④ $\phi 50F7/h6$

해설 구멍 기준식 끼워맞춤

기준 구멍	헐거운 끼워맞춤	중간 끼워맞춤		억지 끼워맞춤		
H7	g6	h6	js6	k6	m6	n6	p6	r6	s6

10. 구멍 기준식 끼워맞춤에서 구멍 $\phi 50^{+0.025}_{0}$, 축 $\phi 50^{+0.050}_{+0.034}$일 때 최소 죔새값은?

① 0.009 ② 0.034
③ 0.050 ④ 0.075

해설 최소 죔새
=축의 최소 허용 치수−구멍의 최대 허용 치수
=50.034−50.025=0.009

11. 구멍의 최대 치수가 축의 최소 치수보다 작은 경우에 해당하는 끼워맞춤의 종류는?

① 헐거운 끼워맞춤
② 억지 끼워맞춤
③ 틈새 끼워맞춤
④ 중간 끼워맞춤

해설 구멍과 축을 조립했을 때 주어진 허용한계 치수 범위 내에서 구멍이 최소이고 축이 최대일 때 죔새가 생겨 억지로 끼워맞춰지는데, 이를 억지 끼워맞춤이라 한다.

12. 끼워맞춤 치수 $\phi 20H6/g5$는 어떤 끼워맞춤인가?

① 중간 끼워맞춤
② 헐거운 끼워맞춤
③ 억지 끼워맞춤
④ 중간 억지 끼워맞춤

해설 구멍 기준식 끼워맞춤

기준 구멍	헐거운 끼워맞춤			중간 끼워맞춤			억지 끼워맞춤		
H6		g5	h5	js5	k5	m5			
	f6	g6	h6	js6	k6	m6	n6	p6	

13. 축과 구멍의 끼워맞춤을 나타낸 도면이다. 중간 끼워맞춤에 해당하는 것은?

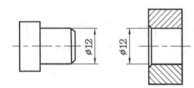

① 축 : ϕ12k6, 구멍 : ϕ12H7
② 축 : ϕ12h6, 구멍 : ϕ12G7
③ 축 : ϕ12e8, 구멍 : ϕ12H8
④ 축 : ϕ12h5, 구멍 : ϕ12N6

해설 구멍 기준식 끼워맞춤

기준 구멍	헐거운 끼워맞춤			중간 끼워맞춤			억지 끼워맞춤		
H7	f6	g6	h6	js6	k6	m6	n6	p6	r6
	f7		h7	js7					

14. 다음 끼워맞춤 중에서 헐거운 끼워맞춤인 것은?

① 25N6/h5
② 20P6/h5
③ 6JS7/h6
④ 50G7/h6

해설 축 기준식 끼워맞춤

기준 축	헐거운 끼워맞춤		중간 끼워맞춤			억지 끼워맞춤			
h6	G6	H6	JS6	K6	M6	N6	P6		
	G7	H7	JS	K7	M7	N7	P7	R7	S7

15. 끼워맞춤 관계에 있어서 헐거운 끼워맞춤에 해당하는 것은?

① $\dfrac{H7}{g6}$ ② $\dfrac{H7}{n6}$

③ $\dfrac{P6}{h6}$ ④ $\dfrac{N6}{h6}$

해설 • 구멍 기준식 : H   • 축 기준식 : h
A(a)에 가까울수록 헐거운 끼워맞춤, Z(z)에 가까울수록 억지 끼워맞춤이다.

1-5 표면 거칠기

부품 가공 시 절삭 공구의 날이나 숫돌 입자에 의해 제품의 표면에 생긴 가공 흔적 또는 가공 무늬로 형성된 요철(凹凸)을 표면 거칠기라 한다.

1 표면의 결 지시 기호

① 표면의 결은 60°로 벌어진, 길이가 다른 2개의 직선을 투상도의 외형선에 붙여 서 지시한다.

② 제거 가공이 불필요하다는 것을 지시할 때는 지시 기호에 내접원을 추가한다.

③ 제거 가공이 필요하다는 것을 지시할 때는 지시 기호 중 짧은 쪽의 다리 끝에 붙 여서 가로선을 추가한다.

④ 특별한 요구사항을 지시할 때는 지시 기호의 긴 쪽 다리에 가로선을 추가한다.

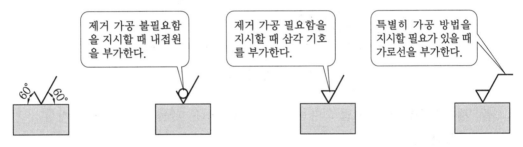

표면의 결 지시 기호

2 표면 거칠기의 지시 방법

① **산술 평균 거칠기(Ra)로 지시하는 경우**

㉮ 상한만 지시하는 경우 : 지시 기호의 위쪽이나 아래쪽에 기입한다.

㉯ 상한 및 하한을 지시하는 경우 : 상한을 위쪽에, 하한을 아래쪽에 기입한다.

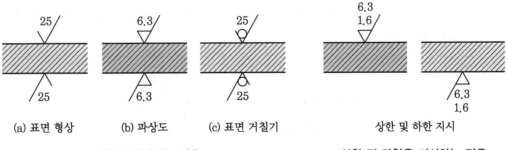

(a) 표면 형상	(b) 파상도	(c) 표면 거칠기	상한 및 하한 지시

상한만 지시하는 경우 | **상한 및 하한을 지시하는 경우**

② **최대 높이(Ry) 또는 10점 평균 거칠기(Rz)로 지시하는 경우** : 지시 기호의 긴 쪽 다리에 가로선을 붙이고, 그 아래쪽에 약호와 함께 기입한다.

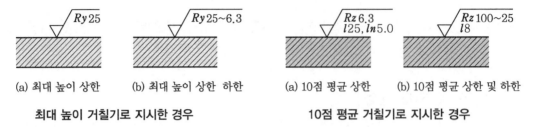

(a) 최대 높이 상한 (b) 최대 높이 상한 하한 (a) 10점 평균 상한 (b) 10점 평균 상한 및 하한

최대 높이 거칠기로 지시한 경우   **10점 평균 거칠기로 지시한 경우**

③ 면의 지시 기호에 대한 각 지시사항의 기입 위치는 다음과 같다.

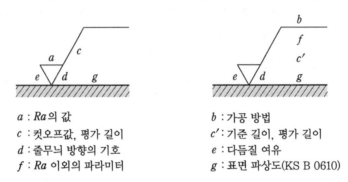

a : Ra의 값 b : 가공 방법
c : 컷오프값, 평가 길이 c' : 기준 길이, 평가 길이
d : 줄무늬 방향의 기호 e : 다듬질 여유
f : Ra 이외의 파라미터 g : 표면 파상도(KS B 0610)

지시사항의 기입 위치

④ **제거 가공의 지시 방법** : 다듬질 기호 표기법은 다음과 같이 표면 거칠기 기호를 사용한다.

$$\overset{}{\bigvee\!\!\!/} = \overset{}{\bigvee\!\!\!/} \qquad \overset{w}{\bigvee\!\!\!/} = \overset{25}{\bigvee\!\!\!/} \qquad \overset{x}{\bigvee\!\!\!/} = \overset{6.3}{\bigvee\!\!\!/} \qquad \overset{y}{\bigvee\!\!\!/} = \overset{1.6}{\bigvee\!\!\!/} \qquad \overset{z}{\bigvee\!\!\!/} = \overset{0.4}{\bigvee\!\!\!/}$$

표면 거칠기 및 다듬질 기호 표기법

3 특수한 요구사항의 지시 방법

① 어떤 표면의 결을 얻기 위해 특정한 가공 방법을 지시할 때 가공 방법의 지시 기호는 다음과 같다.

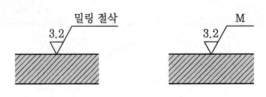

가공 방법 지시

가공 방법 및 약호(KS B 0107)

가공 방법	약 호	가공 방법	약 호	가공 방법	약 호
선반 가공	L	연삭 가공	G	스크레이퍼 다듬질	FS
드릴 가공	D	호닝 가공	GH	벨트 샌딩 가공	GR
보링 머신 가공	B	액체 호닝 가공	SPL	주조	C
밀링 가공	M	배럴 연마 가공	SPBR	용접	W
평삭반 가공	P	버프 다듬질	FB	압연	R
형삭반 가공	SH	블라스트 다듬질	SB	압출	E
브로치 가공	BR	래핑 다듬질	FL	단조	F
리머 가공	FR	줄 다듬질	FF	전조	RL

② 줄무늬 방향을 지시할 때는 기호를 면의 지시 기호의 오른쪽에 기입한다.

줄무늬 방향 지시 기호(KS A ISO 1302)

그림 기호	의 미	그 림
=	기호가 사용되는 투상면에 평행	커터의 줄무늬 방향
⊥	기호가 사용되는 투상면에 수직	커터의 줄무늬 방향
×	기호가 사용되는 투상면에 대해 2개의 경사면에 수직	커터의 줄무늬 방향
M	여러 방향	
C	기호가 적용되는 표면의 중심에 대해 대략 동심원 모양	
R	기호가 적용되는 표면의 중심에 대해 대략 반지름 방향	

예 | 상 | 문 | 제

1. 다음 중 래핑 다듬질면 등에 나타나는 줄무늬로 가공에 의한 커터의 줄무늬가 여러 방향으로 교차 또는 무방향일 때 줄무늬 방향 기호는?

① R   ② C
③ X   ④ M

[해설] • R : 중심에 대해 대략 방사 모양
• C : 중심에 대해 대략 동심원 모양
• X : 2개의 경사면에 수직
• M : 여러 방향으로 교차

2. 줄 다듬질 가공을 나타내는 약호는?

① FL   ② FF
③ FS   ④ FR

[해설] • FL : 래핑   • FS : 스크레이퍼
• FR : 리머

3. 그림과 같은 표면의 상태를 기호로 표시하기 위한 표면의 결 표시 기호에서 d는 무엇을 나타내는가?

① a에 대한 기준 길이 또는 컷오프값
② 기준 길이, 평가 길이
③ 줄무늬 방향의 기호
④ 가공 방법

[해설] • a : 산술평균 거칠기값
• b : 가공 방법   • c : 기준 길이
• d : 줄무늬 방향 기호   • e : 다듬질 여유

• f : Ra 이외의 파라미터값
• g : 표면 파상도

4. 줄무늬 방향의 기호에 대한 설명으로 틀린 것은?

① ＝ : 가공에 의한 컷의 줄무늬 방향이 기호를 기입한 그림의 투영면에 평행
② X : 가공에 의한 컷의 줄무늬 방향이 다방면으로 교차 또는 무방향
③ C : 가공에 의한 컷의 줄무늬가 기호를 기입한 면의 중심에 대해 거의 동심원 모양
④ R : 가공에 의한 컷의 줄무늬가 기호를 기입한 면의 중심에 대해 거의 방사 모양

[해설] X : 가공에 의한 컷의 줄무늬 방향이 두 방향으로 교차 또는 무방향

5. 보기와 같이 지시된 표면의 결 기호의 해독으로 옳은 것은?

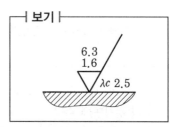

① 제거 가공 여부를 문제 삼지 않는 경우이다.
② 최대 높이 거칠기 하한값은 6.3μm이다.
③ 기준 길이는 1.6μm이다.
④ 2.5는 컷오프값이다.

[해설] • 제거 가공을 필요로 하는 가공면으로 가공 흔적이 거의 없는 중간 또는 정밀 다듬질이다.
• 가공면의 하한값은 1.6μm이고, 상한값은 6.3μm, 컷오프값은 2.5이다.

[정답] **1.** ④   **2.** ②   **3.** ③   **4.** ②   **5.** ④

6. 재료의 제거 가공으로 이루어진 상태든 아니든 제조 공정에서의 결과로 나온 표면상태가 그대로인 것을 지시하는 것은?

①   ②

③   ④

해설 표면의 결 도시

기본 기호   제거 가공 필요   제거 가공 불필요

7. 가공 방법의 표시 기호에서 "SPBR"은 무슨 가공인가?

① 기어 셰이빙   ② 액체 호닝
③ 배럴 연마   ④ 숏 블라스팅

해설 가공 방법의 표시 기호

가공 방법	약호
기어 셰이빙	TCSV
액체 호닝 가공	SPLH
배럴 연마 가공	SPBR
숏 블라스팅	SBSH

8. 가공 방법의 약호 중에서 래핑 가공은?

① FL   ② FR
③ FS   ④ FF

해설 • FR : 리밍   • FS : 스크레이핑
• FF : 줄 다듬질

9. 그림과 같은 환봉의 "A"면을 선반 가공할 때 생기는 표면의 줄무늬 방향의 기호로 가장 적합한 것은?

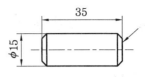

① C   ② M
③ R   ④ X

해설 줄무늬 방향의 기호 C는 기호가 적용되는 표면의 중심에 대해 대략 동심원 모양을 의미한다.

10. 가공 방법에 따른 KS 가공 방법의 기호가 바르게 연결된 것은?

① 방전 가공 : SPED
② 전해 가공 : SPU
③ 전해 연삭 : SPEC
④ 초음파 가공 : SPLB

해설 • 전해 가공 : SPEC
• 전해 연삭 : SPEG
• 초음파 가공 : SPU

11. 다음과 같은 표면의 결 도시 기호에서 C가 의미하는 것은?

① 가공에 의한 컷의 줄무늬가 투상면에 평행
② 가공에 의한 컷의 줄무늬가 투상면에 경사지고 두 방향으로 교차
③ 가공에 의한 컷의 줄무늬가 투상면의 중심에 대하여 동심원 모양
④ 가공에 의한 컷의 줄무늬가 투상면에 대해 여러 방향

해설 줄무늬 방향 지시 기호
• = : 투상면에 평행
• X : 투상면에 경사지고 두 방향으로 교차
• M : 투상면에 대해 여러 방향으로 교차

1-6 재료 선정 및 중량 산출

1 재료 선정

(1) 재료 선정 시 고려사항

① **설계 수명** : 설계 수명과 부식률을 고려하여 재료를 선정한다.

② **경제성** : 가능한 초기 투자비와 정비 비용이 최소가 되도록 한다.

③ **물리적 성질**

㈎ 강도 : 설계 조건에서 적절한 강도 유지

㈏ 부식 저항 : 시운전, 운전 정지, 재생 중 부식 저항 유지

㈐ 인성 : 적절한 충격 저항 유지

(2) 재료 기호의 표시

① **처음 부분** : 재질을 나타내는 기호로, 영문자나 로마자의 머리글자 또는 원소 기호로 나타낸다.

재질을 나타내는 기호

기 호	재 질	기 호	재 질	기 호	재 질
Al	알루미늄	WM	화이트 메탈	Cu	구리 또는 구리 합금
PB	인청동	Bs	황동	SM	기계 구조용 강
AlBr	알루미늄 청동	Zn	아연	F	철
MS	연강	Cr	크롬	CG	회주철
B	청동	S	강	HMn	고망간

② **중간 부분**

㈎ 재료의 규격명, 제품명을 나타내는 기호로 판, 관, 주조품, 단조품과 같은 제품의 형상이나 용도를 나타낸다.

㈏ 영문자나 로마자의 머리글자로 나타낸다.

③ **끝부분** : 금속의 종별 탄소 함유량, 최저 인장 강도, 종별 번호 또는 기호를 표시한다.

○ **참고** ○

• 세 번째 문자로 끝날 때도 있지만 필요에 따라 재료 기호의 끝부분에 열처리 기호나 제조법, 표면 마무리 기호 등을 표시할 수도 있다.

④ 기계 재료의 기호 표시

재료명	재 질	제품명	재료의 종류
일반 구조용 압연 강재 (SS400)	S	S	400
	강	일반 구조용 압연재	최저 인장 강도(N/mm^2)
기계 구조용 탄소강 강재 (SM45C)	S	M	45C
	강	기계 구조용	탄소 함유량(0.45%)
탄소용 주강품 (SC360)	S	C	360
	강	주조품	최저 인장 강도(N/mm^2)
비철 금속 황동판 2종 (BSP2)	BS	P	2
	황동	판	2종 동판

2 중량 산출

① **비중** : 금속의 중량을 계산하려면 먼저 금속의 비중을 알아야 한다.

원소 기호	비 중	원소 기호	비 중
Fe	7.87	Cu	8.96
Al	2.7	주철	7.2

② **중량**(W)=부피(V)×비중량(p)

   (가) 사각형의 경우 : 가로×세로×높이×비중

   (나) 원형의 경우 : 반지름×반지름×3.14×비중

예 ϕ500에 길이가 25인 SM45C의 중량은 얼마인가?

   해설 $\dfrac{250 \times 250 \times 3.14 \times 25 \times 7.87}{1000000} \fallingdotseq 38.6\,kg$

주 지름이나 길이는 단위가 mm이므로 ϕ500은 지름이 500mm이고 길이 25는 25mm를 나타낸다. 그리고 무게를 나타내는 단위는 kg이므로 계산된 중량값을 1000000으로 나눈다.

예 100×100×200인 Al의 중량은 얼마인가?

   해설 $\dfrac{100 \times 100 \times 200 \times 2.7}{1000000} = 5.4\,kg$

주 사각형의 경우 중량은 가로×세로×높이×비중이며 Al의 비중은 2.7이다.

예 | 상 | 문 | 제

1. 다음 KS 재료 기호 중 니켈 크로뮴 몰리브 데넘강에 속하는 것은?

① SMn 420
② SCr 415
③ SNCM 420
④ SFCM 590S

해설 니켈 : Ni, 크로뮴 : Cr, 몰리브데넘 : Mo, 강 : S, 크로뮴강 : SCr

2. 다음 KS 재료 기호 중 탄소 공구강 강재의 기호는?

① STC　　② STS
③ SF　　④ SPS

해설 • STS : 합금 공구강
• SF : 단조용 강
• SPS : 스프링강

3. 기계 재료 중 기계 구조용 탄소 강재에 해당하는 것은?

① SS 400　　② SCr 410
③ SM 40C　　④ SCS 55

해설 • SS : 일반 구조용 압연 강재
• SCr : 크로뮴 강재
• SCS : 스테인리스 주강품

4. "SPP"로 나타내는 재질의 명칭은?

① 일반 구조용 탄소 강관
② 냉간 압연 강재
③ 일반 배관용 탄소 강관
④ 보일러용 압연 강재

해설 • 일반 구조용 탄소 강관 : STK
• 냉간 압연 강판 및 강재 : SPC
• 보일러용 압연 강재 : SB

5. 재료 기호가 "STC 140"으로 되어 있을 때, 이 재료의 명칭으로 옳은 것은?

① 합금 공구강 강재
② 탄소 공구강 강재
③ 기계 구조용 탄소 강재
④ 탄소강 주강품

해설 • 합금 공구강 강재 : STS, STD
• 기계 구조용 탄소 강재 : SM
• 탄소강 주강 : SC

6. KS 기계 재료 기호 중 스프링 강재는?

① SPS　　② SBC
③ SM　　④ STS

해설 • SBC : 보일러 압력용 탄소 강재
• SM : 기계 구조용 탄소 강재
• STS : 합금 공구강 강재

7. 재료 기호 SS 400에 대한 설명 중 옳은 항을 모두 고른 것은? (단, KS D 3503을 적용한다.)

> ㄱ. SS의 첫 번째 S는 재질을 나타내는 기호로 강을 의미한다.
> ㄴ. SS의 두 번째 S는 재료의 이름, 모양, 용도를 나타내며 일반 구조용 압연재를 의미한다.
> ㄷ. 끝부분의 400은 재료의 최저 인장 강도이다.

① ㄱ   ② ㄱ, ㄴ
③ ㄱ, ㄷ   ④ ㄱ, ㄴ, ㄷ

해설 첫 번째 S는 강, 두 번째 S는 일반 구조용 압연재, 끝부분 400은 최저 인장 강도이며 $400\,N/mm^2$이다.

8. 지름이 10cm이고 길이가 20cm인 알루미늄 봉이 있다. 비중량이 2.7일 때 중량(kg)은 얼마인가?

① 0.4241 kg   ② 4.241 kg
③ 42.41 kg   ④ 4241 kg

해설 $V = \dfrac{\pi \times 10^2}{4} \times 20 \fallingdotseq 1570.8\,cm^3$

중량(m) = 부피(V) × 비중(p)

∴ $m = 1570.8 \times 2.7 \fallingdotseq 4241\,g$
$\qquad\qquad\qquad = 4.241\,kg$

다른해설 중량$(m) = \dfrac{\pi \times 반지름^2 \times 길이 \times 비중}{1000}$

$\qquad\qquad = \dfrac{\pi \times 5 \times 5 \times 20 \times 2.7}{1000}$

$\qquad\qquad \fallingdotseq 4.241\,kg$

9. KS 재료 기호 중 합금 공구강 강재에 해당하는 것은?

① STS   ② STC
③ SPS   ④ SBS

해설 • STS : 합금 공구강 강재
• STC : 탄소 공구강 강재
• SPS : 스프링 강재

10. 일반 구조용 압연 강재의 KS 재료 기호로 알맞은 것은?

① SPS   ② SBC
③ SS   ④ SM

해설 • SPS : 스프링 강재
• SS : 일반 구조용 압연 강재
• SM : 기계 구조용 압연 강재

11. 피아노 선재의 KS 재질 기호는?

① HSWR   ② STSY
③ MSWR   ④ SWRS

해설 • HSWR : 경강 선재
• SWRM : 연강 선재
• SWRS : 피아노 선재

12. 크로뮴 몰리브데넘강 단강품의 KS 재질 기호는?

① SCM   ② SNC
③ SFCM   ④ SNCM

해설 • SCM : 크로뮴 몰리브데넘강
• SNC : 니켈 크로뮴강
• SFCM : 크로뮴 몰리브데넘강 단강품
• SNCM : 니켈 크로뮴 몰리브데넘강

13. 도면에 표시된 재료 기호가 "SF 390A"일 때 "390"이 뜻하는 것은?

① 재질 번호
② 탄소 함유량
③ 최저 인장 강도
④ 제품 번호

해설 • S : 강
• F : 단강품
• 390 : 최저 인장 강도($390\,N/mm^2$)

14. 다음 중 니켈 크로뮴강의 KS 기호로 알맞은 것은?

① SCM 415

② SNC 415

③ SMnC 420

④ SNCM 420

> **해설** • SCM : 크로뮴 몰리브데넘강
> • SNC : 니켈 크로뮴강
> • SMnC : 망간 크로뮴강
> • SNCM : 니켈 크로뮴 몰리브데넘강

15. 다음 중 다이캐스팅용 알루미늄 합금에 해당하는 기호는?

① WM 1   ② ALDC 1

③ BC 1   ④ ZDC 1

> **해설** • WM 1 : 화이트 메탈 1종
> • ALDC 1 : 다이캐스팅용 알루미늄 합금 1종
> • ZDC 1 : 아연 합금 다이캐스팅 1종

16. SM20C의 재료 기호에서 탄소 함유량은 몇 % 정도인가?

① 0.18~0.23%

② 0.2~0.3%

③ 2.0~3.0%

④ 18~23%

> **해설** 기계 구조용 탄소강 강재 도면의 재질 예시

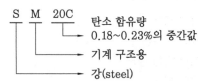

> S M 20C 탄소 함유량
> 0.18~0.23%의 중간값
> 기계 구조용
> 강(steel)

17. 합금 공구강의 재질 기호가 아닌 것은?

① STC 60

② STD 12

③ STF 6

④ STS 21

> **해설** STC : 탄소 공구강 강재

18. 스프링용 스테인리스 강선의 KS 재료 기호로 옳은 것은?

① STC   ② STD

③ STF   ④ STS

> **해설** 스프링용 스테인리스 강선(STS)은 KS D 3535에, 합금 공구 강재(STS)는 KS D 3735에 규정되어 있다.

19. 재료 기호를 "SS275"로 나타냈을 때, 이 재료의 명칭은?

① 탄소강 단강품

② 용접 구조용 주강품

③ 기계 구조용 탄소 강재

④ 일반 구조용 압연 강재

> **해설** SS 275는 최저 인장 강도가 $275\,\mathrm{N/mm^2}$인 일반 구조용 압연 강재이다.

20. 도면의 재질란에 "SPCC"로 표시된 재료 기호의 명칭으로 옳은 것은?

① 기계 구조용 탄소 강관

② 냉간 압연 강관 및 강대

③ 일반 구조용 탄소 강관

④ 열간 압연 강관 및 강대

> **해설** • 기계 구조용 탄소 강관 : STKM
> • 냉간 압연 강관 및 강대 : SPCC
> • 일반 구조용 탄소 강관 : SPS
> • 열간 압연 강관 및 강대 : SPHC

21. 크로뮴 몰리브데넘강의 KS 재료 기호는?

① SMn   ② SMnC

③ SCr   ④ SCM

> **해설** • SMn : 망간강
> • SMnC : 망간 크로뮴강
> • SCr : 크로뮴강
> • SCM : 크로뮴 몰리브데넘강

22. 두께 5.5mm인 강판을 사용하여 그림과 같은 물탱크를 만들려고 할 때 필요한 강판의 질량은 약 몇 kg인가? (단, 강판의 비중은 7.85로 계산하고, 탱크는 전체 6면의 두께가 동일하다.)

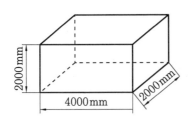

① 1638   ② 1727

③ 1836   ④ 1928

해설 • 앞뒤 부피 $=(400 \times 200 \times 0.55) \times 2$
$$=88000$$
• 좌우 부피 $=(200 \times 200 \times 0.55) \times 2$
$$=44000$$

• 위아래 부피 $=(400 \times 200 \times 0.55) \times 2$
$$=88000$$
• 전체 부피 $=88000+44000+88000$
$$=220000 \, \text{cm}^3$$
∴ 질량$(m)=$부피$(V) \times$비중(p)
$$=220000 \times 7.85$$
$$=1727000 \, \text{g}$$
$$=1727 \, \text{kg}$$

다른해설

• 앞뒤 질량 $=\dfrac{(400 \times 200 \times 0.55) \times 2 \times 7.85}{1000}$
$$=690.8$$
• 좌우 질량 $=\dfrac{(200 \times 200 \times 0.55) \times 2 \times 7.85}{1000}$
$$=345.4$$
• 위아래 질량 $=$ 앞뒤 질량
$$=690.8$$
∴ 질량$(m)=690.8+345.4+690.8$
$$=1727 \, \text{kg}$$

형상 모델링

1. 모델링 작업 준비

1-1 사용자 환경 설정

1 CAD 시스템 일반

(1) 컴퓨터의 기본 구성

CAD 시스템을 구성하는 하드웨어는 입출력장치, 중앙처리장치(CPU), 기억장치로 구성된다.

(2) 입출력장치

① **입력장치** : 키보드, 마우스, 디지타이저, 스캐너 등이 있다.
② **출력장치** : 모니터, 프린터, 플로터, 빔 프로젝트 등이 있다.

(3) 저장장치

① **주기억장치** : 자료를 중앙처리장치와 직접 교환할 수 있는 기억장치이다.
② **보조기억장치** : 자료를 중앙처리장치와 직접 교환할 수 없고, 주기억장치를 통해서만 자료 교환이 가능한 기억장치이다.

2 3D-2D 데이터 변환

(1) DXF(drawing exchange file)

① AutoCAD 데이터와의 호환성을 위해 재정한 ASCⅡ format이다.
② ASCⅡ 문자로 구성되어 있어 text editor에 의해 편집이 가능하고, 다른 컴퓨터 하드웨어에서도 처리가 가능하다.

③ header section, tables section, blocks section 및 entities section으로 구성되어 있으며, 데이터의 종류를 미리 알려주는 그룹 코드가 있다.

(2) IGES(initial graphics exchange specification)

① 기계, 전기·전자, 유한요소법(FEM), 솔리드 모델 등의 표현 및 3차원 곡면 데이터를 포함하여 CAD/CAM 데이터를 교환하는 세계적인 표준이다.

② IGES는 3차원 모델링 기법인 CSG(constructive solid geometry : 기본 입체의 집합 연산 표현 방식) 모델링과 B-rep(boundary representation : 경계 표현 방식)에 의한 모델을 정의할 수 있으며, ASCⅡ 파일로 한 라인이 구성된다.

(3) STEP(standard for the exchange of product model data)

① 제품의 모델과 이와 관련된 데이터의 교환에 관한 국제 표준(ISO 10303)으로, 정식 명칭은 "industrial automation system-product data representation and exchange-ISO 10303"이다.

② 개념 설계에서 상세 설계, 시제품 테스트, 생산, 생산지원 등 제품에 관련된 life cycle의 모든 부문에 적용되는 데이터를 뜻하므로, 형상 데이터뿐만 아니라 부품표(BOM), 재료, 관리 데이터, NC 가공 데이터 등 많은 종류의 데이터를 포함한다.

③ 이것이 CAD/CAM 시스템의 표준이 되고 있는 DXF나 IGES와의 차이점이다.

④ DXF나 IGES는 형상 데이터, 속성 데이터 등 CAD/CAM 시스템에서 사용하는 데이터만 교환할 수 있다.

○ 참고 ○

• CAD/CAM 시스템을 사용하여 도형을 구성한 경우, 구성된 자료에 대해 어떤 그래픽 소프트웨어를 사용하더라도 이미 구성된 자료를 사용할 수 있도록 소프트웨어가 표준화되어 있어야 한다.

---

③ 표준화된 그래픽 소프트웨어의 장점

① 개발된 CAD/CAM 시스템을 컴퓨터의 종류와 무관하게 사용할 수 있다.

② 응용 프로그램, API(application program interface)를 개발할 때 또는 사용자가 바뀌거나 새로운 주변장치를 개발할 때 처음부터 수정·설계하는 시간을 절약할 수 있다.

③ 구성된 표준안에 따라 주변장치를 개발할 때 프로그램 작성하는 일이 없어진다.

1. 컴퓨터에서 최소의 입출력 단위로, 물리적으로 읽기를 할 수 있는 레코드에 해당하는 것은?

① block ② field
③ word ④ bit

> **해설** • block : 최소의 입출력 단위이며, 레코드들의 집합이다.
> • field : 파일을 구성하는 기억 영역의 최소 단위이다.
> • word : 몇 개의 바이트가 모인 데이터 단위이다.
> • bit : 정보량의 최소 기본 단위로 1비트는 이진수 체계(0, 1)의 한 자리를 뜻하며, 8비트는 1바이트이다.

2. 다음 중 데이터의 전송 속도를 나타내는 단위는?

① BPS ② MIPS
③ DPI ④ RPM

> **해설** • BPS(bits per second) : 통신 속도의 단위로, 1초간 송수신할 수 있는 비트 수를 나타낸다.
> • MIPS(million instructions per second) : 컴퓨터 연산 속도를 나타내는 단위로, 초당 백만 연산의 약어이다.
> • RPM(revolutions per minute) : 분당 회전수를 의미하며, 하드디스크의 플래터가 1분당 회전하는 속도를 말한다.

3. CAD 시스템에서 디스플레이 장치가 아닌 것은?

① 곡면을 생성할 때 고차식에 비해 시간이 적게 걸린다.

② 4차로는 부드러운 곡선을 표현할 수 없기 때문이다.

③ CAD 시스템은 3차를 초과하는 차수의 곡선 방정식을 지원할 수 없다.

④ 3차식이 아니면 곡선의 연속성이 보장되지 않는다.

> **해설** 차수가 높아지면 계산 시간이 늘어나고 출력 속도가 느려진다.

4. CAD(computer aided design) 소프트웨어의 가장 기본적인 역할은?

① 기하 형상의 정의
② 해석 결과의 가시화
③ 유한 요소 모델링
④ 설계물의 최적화

> **해설** CAD 소프트웨어의 가장 기본적인 역할은 형상을 정의하여 정확한 도형을 그리는 것이다.

5. 일반적으로 컴퓨터의 주기억장치로 사용되는 것은?

① 자기테이프
② ROM
③ USB 메모리
④ 플로피 디스크

> **해설** 자기테이프, 자기디스크, USB 메모리, 플로피 디스크, DVD 등은 보조기억장치이다.

6. CAD 시스템 간에 상호 데이터를 교환할 수 있는 표준이 아닌 것은?

① DWG ② IGES
③ DXF ④ STEP

해설 DWG는 AutoCAD 작업 파일의 형태이다.

7. 속도가 빠른 중앙처리장치(CPU)와 이에 비해 상대적으로 속도가 느린 주기억장치 사이에서 원활한 정보 교환을 위해 주기억장치의 정보를 일시적으로 저장하는 기능을 가진 것은?

① cache memory
② coprocessor
③ BIOS(basic input output system)
④ channel

해설 • cache memory는 CPU가 데이터를 빨리 처리할 수 있도록 자주 사용되는 명령이나 데이터를 일시적으로 저장하는 고속 기억장치이다.
• 버퍼 메모리, 로컬 메모리라고도 한다.

8. 데이터 변환 파일 중 대표적인 표준 파일 형식이 아닌 것은?

① IGES ② ASCII
③ DXF   ④ STEP

해설 ASCII 코드는 128문자 표준 지정 코드이다.

9. CAD 데이터 교환 규격인 IGES에 대한 설명으로 틀린 것은?

① CAD/CAM/CAE 시스템 사이의 데이터 교환을 위한 최초의 표준이다.
② 1개의 IGES 파일은 6개의 섹션(section)으로 구성되어 있다.
③ directory entry 섹션은 파일에서 정의한 모든 요소(entity)의 목록을 저장한다.
④ 제품의 데이터 교환을 위한 표준으로서 CALS에서 채택되어 주목받고 있다.

해설 IGES는 서로 다른 CAD/CAM 시스템에서 설계와 가공 정보를 교환하기 위한 표준으로, 현재 ISO의 표준 규격으로 제정되어 사용되고 있다.

10. 중앙처리장치(CPU) 구성 요소에서 컴퓨터 내부장치 간의 상호 신호 교환과 입출력장치 간의 신호를 전달하고 명령어를 수행하는 장치는?

① 기억장치
② 입력장치
③ 제어장치
④ 출력장치

해설 제어장치 : 기억된 명령을 순서대로 처리하기 위해 주기억장치로부터의 명령을 해독·분석하여 회로를 설정함으로써 각 장치에 제어신호를 보내는 장치이다.

11. 다음 중 CAD/CAM 시스템의 데이터 교환을 위한 중간 파일(neutral file)의 형식이 아닌 것은?

① IGES ② DXF
③ STEP ④ CALS

해설 대표적인 데이터 교환 표준
IGES, STEP, DXF, GKS, PHIGS

12. 다음 중 CAD 시스템의 출력장치로 볼 수 없는 것은?

① 플로터
② 디지타이저
③ PDP
④ 프린터

해설 입력장치에는 키보드, 태블릿, 마우스, 조이스틱, 컨트롤 다이얼, 기능키, 트랙볼, 라이트 펜, 디지타이저 등이 있다.

정답 7. ① 8. ② 9. ④ 10. ③ 11. ④ 12. ②

13. 컴퓨터 그래픽 장치 중 입력장치가 아닌 것은?

① 음극관(CRT)
② 키보드(keyboard)
③ 스캐너(scanner)
④ 디지타이저(digitizer)

해설 • 출력장치 : 음극관(CRT), 평판 디스플레이, 플로터, 프린터 등
• 입력장치 : 키보드, 태블릿, 마우스, 조이스틱, 컨트롤 다이얼, 트랙볼, 라이트 펜 등

14. CAD를 이용한 설계 과정이 종래의 제도판에서 제도기를 이용하여 2차원적으로 작업하는 설계 과정과의 차이점에 해당하지 않는 것은?

① 개념 설계 단계를 거치는 점
② 전산화된 데이터베이스를 활용한다는 점
③ 컴퓨터에 의한 해석을 용이하게 할 수 있다는 점
④ 형상을 수치로 데이터화하여 데이터베이스에 저장한다는 점

해설 개념 설계는 종래의 설계 과정에서도 거쳐야 하는 단계이다.

15. CAD 시스템을 활용하는 방식에 따라 크게 3가지로 구분한다고 할 때, 이에 해당하지 않는 것은?

① 연결형 시스템(connected system)
② 독립형 시스템(stand alone system)
③ 중앙통제형 시스템(host based system)
④ 분산처리형 시스템(distributed based system)

해설 CAD 시스템을 활용하는 방식은 중앙통제형, 분산처리형, 독립형으로 구분한다.

16. 데이터 표시 방법 중 3개의 zone bit와 4개의 digit bit를 기본으로 하며, parity bit 적용 여부에 따라 총 7bit 또는 8bit로 한 문자를 표현하는 코드 체계는?

① FPDF   ② EBCDIC
③ ASCII   ④ BCD

해설 ASCII : 미국의 정보 교환 표준 부호로, 소형 컴퓨터에서 문자 데이터(문자, 숫자, 문장 부호)와 입출력장치 명령(제어 문자)을 나타내는 데 사용되는 표준 데이터 전송 부호이다.

17. 8비트 ASCII 코드는 몇 개의 패리티 비트를 사용하는가?

① 1개   ② 2개
③ 3개   ④ 4개

해설 8비트 ASCII 코드는 1개의 패리티 비트, 3개의 존 비트, 4개의 숫자 비트를 사용한다.

18. CAD 시스템의 출력장치로 알맞은 것은?

① light pen
② joystick
③ track ball
④ electrostatic plotter

해설 라이트 펜, 조이스틱, 트랙볼은 입력장치이지만 정전기식 플로터는 출력장치이다.

19. 설계 해석 프로그램의 결과에 따라 응력, 온도 등의 분포도나 변형도를 작성하거나, CAD 시스템으로 만들어진 형상 모델을 바탕으로 NC 공작기계의 가공 data를 생성하는 소프트웨어 프로그램이나 절차를 뜻하는 것은?

① Post-processor
② Pre-processor

③ Multi-processor

④ Co-processor

해설 포스트 프로세서 : NC 데이터를 읽고 특정 CNC 공작기계의 컨트롤러에 맞게 NC 데이터를 생성한다.

20. 컴퓨터 하드웨어의 기본적인 구성 요소라고 할 수 없는 것은?

① 중앙처리장치(CPU)

② 기억장치(memory unit)

③ 운영체제(operating system)

④ 입출력장치(input-output device)

해설 운영체제는 소프트웨어이다.

21. 서로 다른 CAD/CAM 프로그램 간의 데이터를 상호 교환하기 위한 데이터 표준이 아닌 것은?

① PHIGS ② DIN

③ DXF ④ STEP

해설 대표적인 데이터 교환 표준 DXF, IGES, STEP, PHIGS, GKS

22. 이진법 1011을 십진법으로 계산하면 얼마인가?

① 2 ② 4

③ 8 ④ 11

해설 $1011_{(2)} = (1 \times 2^3) + (0 \times 2^2) + (1 \times 2^1) + (1 \times 1)$
$= 8 + 0 + 2 + 1$
$= 11$

23. 플로터(plotter)의 일반적인 분류 방식에 속하지 않는 것은?

① 펜(pen)식

② 충격(impact)식

③ 래스터(raster)식

④ 포토(photo)식

해설 • 펜식 플로터 : 플랫 베드형, 드럼형, 리니어 모터식, 벨트형
• 래스터식 플로터 : 정전식, 잉크젯식, 열전사식
• 포토식 플로터 : 포토 플로터

24. CAD 데이터의 교환 표준 중 하나로 국제 표준화기구(ISO)가 국제 표준으로 지정하고 있으며, CAD의 형상 데이터뿐만 아니라 NC 데이터나 부품표, 재료 등도 표준 대상이 되는 규격은?

① IGES ② DXF

③ STEP ④ GKS

해설 STEP는 제품의 모델과 이와 관련된 데이터 교환에 관한 국제 표준(ISO 10303)이다.

25. CAD 정보를 이용한 공학적 해석 분야와 가장 거리가 먼 것은?

① 질량의 특성 분석

② 정밀한 도면의 제도

③ 공차 분석

④ 유한 요소 해석

해설 정밀한 도면의 제도는 어떠한 특성에 대한 분석이나 해석을 하는 것이 아니므로 CAD 정보를 이용한 공학적 해석 분야와 거리가 멀다.

26. IGES 파일 포맷에서 엔티티들에 관한 실제 데이터, 즉 직선 요소의 경우 두 끝점에 대한 6개의 좌푯값이 기록되어 있는 부분은 어느 것인가?

① 스타트 섹션(start section)

② 글로벌 섹션(global section)

③ 디렉토리 엔트리 섹션(directory entry section)

④ 파라미터 데이터 섹션(parameter data section)

해설 파라미터 데이터 섹션은 6개의 섹션으로 구성되어 있다.

27. DXF(data exchange file) 파일의 섹션 구성에 해당되지 않는 것은?

① header section

② library section

③ tables section

④ entities section

해설 DXF는 ASCⅡ 문자로 구성되어 있으므로 text editor에 의해 편집이 가능하며, header section, tables section, blocks section 및 entities section으로 구성되어 있다.

28. 다음 중 IGES 파일의 구조에 해당하지 않는 것은?

① start section

② local section

③ directory entry section

④ parameter data section

해설 global section, terminate section이 있다(①, ③, ④ 이외).

29. 국제표준화기구(ISO)에서 제정한 제품모델의 교환과 표현의 표준에 관한 줄인 이름으로, 형상 정보뿐만 아니라 제품의 가공, 재료, 공정, 수리 등 수명 주기 정보의 교환을 지원하는 것은?

① IGES

② DXF

③ SAT

④ STEP

해설 STEP은 제품의 모델과 이와 관련된 데이터의 교환에 관한 국제 표준이다.

30. 다음 중 기존 제품에 대한 치수를 측정하여 도면을 만드는 작업을 뜻하는 말로 적절한 것은?

① RE(reverse engineering)

② FMS(flexible manufacturing system)

③ EDP(electronic data processing)

④ ERP(enterprise resource planning)

해설 역설계(reverse engineering) : 실제 부품의 표면을 3차원으로 측정한 정보로, 부품의 형상 데이터를 얻어 모델을 만드는 방법이다.

31. 래스터 스캔 디스플레이에 직접적으로 관련된 용어가 아닌 것은?

① flicker ② refresh

③ frame buffer ④ RISC

해설 • flicker : 화면이 깜박거리는 현상이다.

• refresh : 화면을 다시 재생하는 작업이다.

• frame buffer : 데이터를 다른 곳으로 전송하는 동안 일시적으로 그 데이터를 보관하는 메모리 영역이다.

• RISC : reduced instruction set computer의 약어로, CPU에 관련된 용어이다.

32. 중앙처리장치(CPU)와 메인 메모리(RAM) 사이에서 처리될 자료를 효율적으로 이송할 수 있도록 하는 기능을 수행하는 것은?

① BIOS ② 캐시 메모리

③ CISC ④ 코프로세서

해설 캐시 메모리 : 중앙처리장치와 메인 메모리 사이에서 자주 사용되는 명령이나 데이터를 일시적으로 저장하는 보조기억장치를 말한다.

정답 27. ② 28. ② 29. ④ 30. ① 31. ④ 32. ②

1-2 　도형 처리

1 기본 도형

(1) 직선

　① 두 점에 의해 구성되는 선

　② 한 점과 수평선과의 각도로 표시

　③ 한 점에서 직선에 대한 평행선 또는 수직선

　④ 두 곡선에 대한 접선

　⑤ 한 곡선에 접하고 한 점을 지나는 직선

　⑥ 두 곡선의 최단 거리를 잇는 선분

(2) 원

　① 중심과 반지름으로 표시

　② 중심과 원주상의 한 점으로 표시

　③ 원주상의 세 점으로 표시

　④ 반지름과 두 개의 직선(곡선)에 접하는 원

　⑤ 세 개의 직선에 접하는 원

　⑥ 두 개의 점(지름) 지정

> **○ 참고 ○**
>
> • 2차원 형상은 점, 선, 원, 호로 구성되며, 이 도형이 서로 연결되어 자유 곡선이 정의된다.

2 도형의 식

(1) 직선의 방정식

　① 기울기가 a, y절편이 b인 경우 : $y = ax + b$

　② 기울기가 $-\dfrac{b}{a}$, y절편이 c인 경우 : $y = -\dfrac{b}{a}x + c$

　③ x절편이 a, y절편이 b인 경우 : $\dfrac{x}{a} + \dfrac{y}{b} = 1$

(2) 원뿔 곡선(원추 곡선)의 식

원뿔 곡선은 원뿔을 어느 방향에서 절단하느냐에 따라 생성되는 곡선이다.

① **원(circle)** : 원뿔을 일정한 높이에서 절단할 때 생성되는 곡선

$$x^2+y^2=r^2$$

② **타원(ellipse)** : 원뿔을 비스듬하게 절단할 때 생성되는 곡선

$$\frac{x^2}{a^2}+\frac{y^2}{b^2}=1$$

③ **포물선(parabola)** : 원뿔을 원뿔의 경사와 평행하게 절단할 때 생성되는 곡선

$$y^2-4ax=0$$

④ **쌍곡선(hyperbola)** : 원뿔을 x축 방향으로 절단할 때 생성되는 곡선

$$\frac{x^2}{a^2}-\frac{y^2}{b^2}=1$$

3 곡선

(1) 스플라인 곡선

① 스플라인은 가늘고 긴 박판을 의미하는 말이다.
② 곡선식은 구간별로 3차 다항식이 사용된다.
③ 연결점에서 위치, 접선, 곡률이 연속적이다.
④ 운형자를 사용하여 점들을 연결해 놓은 것과 같다.
⑤ 좌표상의 점들을 모두 지나도록 연결한 부드러운 곡선이다(보간 곡선).
⑥ 스플라인 곡선은 공학 시스템의 시뮬레이션과 같이 데이터 값이 정확하고 양이 많을 때 사용된다.

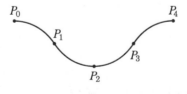

스플라인 곡선

> **참고**
>
> **스플라인 곡선**
> • 스플라인 곡선은 퍼거슨 곡선과 같이 이웃하는 곡선과의 연결성 문제를 해결하기 위해 도입된 곡선으로, 주어진 점들을 모두 통과하면서 곡선을 구성한다.
> • 베지어 곡선이나 B-스플라인 곡선과 비교할 때 굴곡이 가장 심한 곡선이다.

(2) 베지어 곡선

① 베지어 곡선은 곡선을 근사하는 조정점들을 이용하며(근사 곡선), 그 조정점들을 이용하여 곡선을 조절할 수 있다.

② 중간 조정점들은 곡선을 자신의 방향으로 당기는 역할을 한다.

③ 유연성을 향상시키기 위해 조정점을 증가시키면 곡선의 차수가 높아져 곡선에 진동이 생긴다.

④ n개의 정점에 의해 정의된 곡선은 $(n-1)$차 곡선이다.

⑤ 처음 두 조정점과 마지막 두 조정점을 각각 잇는 직선에 접한다.

⑥ 베지어 곡선은 한 개의 조정점의 움직임이 곡선의 전 구간에 영향을 미친다(전역 조정 특성).

⑦ 곡선 전체가 조정점에 의해 생성된 다각형인 볼록 껍질(convex hull)의 내부에 위치하며, 곡선은 양 끝 조정점을 통과한다.

(3) B-스플라인 곡선

① 베지어 곡선과 같이 곡선을 근사하는 조정점들을 이용한다.

② 전역 조정 특성을 없애기 위해 베지어 곡선을 여러 개의 세그먼트로 나누고, 각 접점(knot)에서 연속성을 준 것이다.

③ 한 개의 조정점이 움직여도 몇 개의 곡선 세그먼트만 영향을 받는다(국부 조정 특성).

④ 곡선식의 차수는 조정점의 개수와 관계없이 연속성에 따라 결정된다.

⑤ 곡선식의 차수에 따라 곡선의 형태가 변한다.

⑥ 양 끝의 조정점은 반드시 통과한다.

⑦ 조정점의 개수와 곡선의 차수는 무관하다.

⑧ 조정점의 개수가 많아도 원하는 차수를 지정할 수 있다.

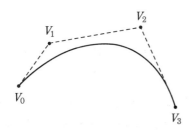

베지어 곡선

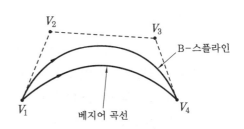

B-스플라인 곡선

■ **B-스플라인 곡선의 특징**

⑺ 연속성 : 베지어 곡선은 하나의 꼭짓점을 움직이면 자유도가 매우 제한되나, b-spline 곡선은 꼭짓점을 아무리 움직여도 연속성이 보장된다.

⑷ 다각형에 따른 형상의 직관 제공 : 베지어 곡선과 같이 다각형이 정해지면 형상 예측이 가능하다.

⑸ 국부적 조정 기능 : 꼭짓점 중 하나를 이용하면 그 꼭짓점이 수정됨에 따라 정해진 구간의 곡선 형상만 변경된다.

⑹ 역변환의 용이성 : 곡선상의 몇 개의 점만 알고 있으면 그에 따른 b-spline 곡선을 쉽게 알 수 있는데, 이것을 역변환이라 한다.

(4) NURBS(non-uniform rational B-spline) 곡선

① 3차원 곡선을 수학적으로 표현하는 가장 진보된 방식이다.

② 모든 베지어 곡선과 B-스플라인 곡선을 표현할 수 있다.

③ 원이나 타원과 같은 2차 곡선(원뿔 곡선)을 정확하게 표현할 수 있다.

④ 조정점들의 가중치에 따라 곡선의 형태가 변한다.

⑤ 비주기적 B-스플라인 곡선과 유사하므로 양 끝점을 통과한다.

⑥ 공간상의 NURBS 곡선을 평면에 원근 투영시킨 곡선은 평면상에 투영된 조정점으로 그린 NURBS 곡선과 일치한다(투영 불변성).

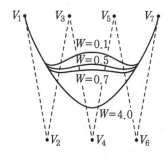

NURBS 곡선

(5) 퍼거슨 곡선

① 2개 이상의 곡선으로 복잡한 곡선을 만들 때 곡선이 3차식이면 연결점에서 2차 미분까지 할 수 있으므로 3차식 이상의 곡선의 방정식이 이용된다.

② 단위곡선의 양 끝점에서의 위치와 접선 벡터를 이용한 3차 매개변수식에 의한 방법으로, 5개의 점 P_1, P_2, P_3, P_4, P_5가 주어지면 5개의 점을 모두 통과하는 부드러운 곡선이 만들어지는데, 이를 퍼거슨 곡선·곡면이라 한다.

③ 퍼거슨이 곡선과 곡면을 매개변수로 표현한 후부터는 매개변수에 의한 곡선과 곡면의 표현이 일반화되었다. 이를 허밋(Hermite) 곡선·곡면이라고 한다.

■ **퍼거슨 곡선의 특징**

① 퍼거슨 곡선은 곡선뿐만 아니라 3차원 공간에 있는 형상도 평면에 간단히 표현할 수 있다.

② 곡선이나 곡면의 일부를 표현하려고 할 때는 매개변수의 범위를 정하여 간단히 표현할 수 있다.

③ 곡선이나 곡면의 좌표 변환이 필요하면 단순히 주어진 벡터만 좌표 변환하여 원하는 결과를 얻을 수 있다.

④ 일반 대수식에 비해 곡선의 생성은 쉽지만 벡터의 변화에 따라 벡터 중간부의 곡선 형태를 예측하기가 쉽지 않은 단점이 있어, 원하는 특정 형상을 표현하는 데 어려움이 있다.

⑤ 자동차의 외관과 같이 곡률의 변화율이 중요한 경우에는 곡면의 품질을 저하시킨다.

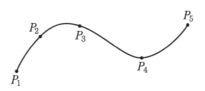

퍼거슨 곡선

４ 곡면

① **회전 곡면** : 회전축을 중심으로 곡선이 회전할 때 생성되는 곡면을 회전 곡면이라고 한다.

② **쿤스 곡면** : 4개의 모서리 점과 4개의 경계 곡선을 부드럽게 연결한 것으로, 퍼거슨 곡면을 발전시킨 것이다.

③ **베지어 곡면** : 베지어 곡선을 확장한 것으로, 매개변수인 u, v의 변환율에 의해 곡면의 형상을 정의한 것이다.

④ **B−스플라인 곡면** : B−스플라인 곡선을 확장한 것으로, 조정점의 직사각형 집합으로서 곡면의 형상을 조정, 근사하는 다면체의 꼭짓점을 형성한다.

⑤ **NURBS 곡면** : NURBS 곡선을 확장한 것으로, 조정점에 곱해지는 블렌딩 함수가 u, v 양 방향이라는 것이 NURBS 곡선과 다르다.

예│상│문│제

1. $y=3x^2$에서 접선의 기울기는?

① 1 ② 3
③ 6 ④ 9

해설 $y=3x^2$, $y'=6x$
$x=1$이면 $y'=6\times1=6$
∴ 접선의 기울기 : 6

2. B-spline 곡선에 대한 특징을 설명한 것으로 틀린 것은?

① 하나의 꼭짓점을 움직여도 이웃하는 단위 곡선과의 연속성이 보장된다.
② 1개의 정점 변화가 곡선 전체에 영향을 준다.
③ 다각형에 따른 형상 예측이 가능하다.
④ 곡선상의 점 몇 개만 알고 있으면 B-spline 곡선을 쉽게 알 수 있다.

해설 B-스플라인 곡선의 특징
• 연속성
• 다각형에 따른 형상의 직관 제공
• 국부적 조정 기능
• 역변환의 용이성

3. 다음 중 Bezier 곡선에 관한 특징으로 잘못된 것은?

① 곡선을 국부적으로 수정하기 용이하다.
② 생성되는 곡선은 다각형의 시작점과 끝점을 통과한다.
③ 곡선은 주어진 조정점들에 의해 만들어지는 볼록 껍질(convex hull)의 내부에 존재한다.
④ 다각형의 꼭짓점 순서를 거꾸로 하여 곡선을 생성해도 동일한 곡선이 생성된다.

해설 Bezier 곡선 : 한 개의 조정점을 움직이면 곡선 전체의 모양에 영향을 주므로 국부적으로 수정하기 곤란하다.

4. 그림과 같이 2개의 경계 곡선(위 그림)에 의해서 하나의 곡면(아래 그림)을 구성하는 기능을 무엇이라고 하는가?

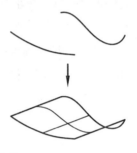

① revolution
② twist
③ loft
④ extrude

해설 loft 명령은 서피스 형태를 정의하는 선택된 프로파일 커브에 서피스를 맞춘다.

5. B-spline 곡선이 Bezier 곡선에 비해 갖는 특징을 설명한 것으로 옳은 것은?

① 곡선을 국소적으로 변형할 수 있다.
② 한 조정점을 이동하면 모든 곡선의 형상에 영향을 준다.
③ 자유 곡선을 표현할 수 있다.
④ 곡선은 반드시 첫 번째 조정점과 마지막 조정점을 통과한다.

해설 B-spline 곡선 : 곡선식의 차수가 조정점의 개수와 관계없이 연속성에 따라 결정되며, 국부적으로 변형 가능하다.

정답 1. ③ 2. ② 3. ① 4. ③ 5. ①

6. NURBS 곡선에 대한 설명으로 틀린 것은?

① 일반적인 B-spline 곡선에서는 원, 타원, 포물선, 쌍곡선 등의 원뿔 곡선을 근사적으로 밖에 표현하지 못하지만, NURBS 곡선은 이들 곡선을 정확하게 표현할 수 있다.

② 일반 베지어 곡선과 B-spline 곡선을 모두 표현할 수 있다.

③ NURBS 곡선에서 각 조정점은 x, y, z좌표 방향으로 하여 3개의 자유도를 가진다.

④ NURBS 곡선은 자유 곡선은 물론 원뿔 곡선까지 통일된 방정식의 형태로 나타낼 수 있으므로 프로그램 개발 시 그 작업량을 줄여준다.

해설 NURBS 곡선 : 4개의 좌표 조정점을 사용하여 4개의 자유도를 가짐으로써 곡선의 변형이 자유롭다.

7. CAD 시스템에서 많이 사용하는 Hermite 곡선의 방정식에서는 일반적으로 몇 차식을 많이 이용하는가?

① 1차식
② 2차식
③ 3차식
④ 4차식

해설 Hermite 곡선 : 양 끝점의 위치와 양 끝점에서의 접선 벡터를 이용한 3차원 곡선이다.

8. CAD-CAM 시스템에서 컵 또는 병 등의 형상을 만들 경우 회전 곡면(revolution surface)을 이용한다. 회전 곡면을 만들 때 반드시 필요한 자료로 거리가 먼 것은?

① 회전 각도
② 중심축
③ 단면 곡선
④ 옵셋(offset)량

해설 모델링한 물체를 회전할 경우 선을 일정한 양만큼 떨어뜨리는 옵셋(offset) 명령은 사용하지 않는다.

9. 그림과 같은 꽃병 도형을 그리기에 가장 적합한 방법은?

① 오프셋 곡면
② 원뿔 곡면
③ 회전 곡면
④ 필렛 곡면

해설 꽃병과 같은 형상의 도형은 축을 기준으로 회전시켜 생성하는 회전 곡면이 적합하이다.

10. 베지어 곡면의 특징이 아닌 것은?

① 곡면을 부분적으로 수정할 수 있다.
② 곡면의 코너와 코너 조정점이 일치한다.
③ 곡면이 조정점들의 볼록 껍질(convex hull)의 내부에 포함된다.
④ 곡면이 일반적인 조정점의 형상을 따른다.

해설 베지어 곡면은 베지어 곡선에서 발전한 것으로, 1개의 정점의 변화가 곡면 전체에 영향을 미친다.

11. 3차 베지어 곡면을 정의하기 위해 최소 몇 개의 점이 필요한가?

① 4   ② 8
③ 12   ④ 16

정답   6. ③   7. ③   8. ④   9. ③   10. ①   11. ④

해설 베지어 곡면은 4개의 조정점에 곡면 내부의 볼록한 정도를 나타내며, 3차 곡면의 패치 4개의 꼬임 막대와 같은 역할을 하므로 16개의 점이 필요하다.

12. CAD의 형상 모델링에서 곡면을 나타낼 수 있는 방법이 아닌 것은?

① Coons 곡면
② Bezier 곡면
③ B−spline 곡면
④ Repular 곡면

해설 • 곡면은 하나 이상의 패치가 모여서 일정한 형상을 이루는 것을 말한다.
• CAD 형상 모델링에서 곡면을 나타낼 수 있는 방법에는 회전 곡면, 쿤스 곡면, 베지어 곡면, B−스플라인 곡면, NURBS 곡면이 있다.

13. 주어진 양 끝점만 통과하고 중간에 있는 점은 조정점의 영향에 따라 근사하고 부드럽게 연결되는 선은?

① Bezier 곡선
② spline 곡선
③ polygonal line
④ 퍼거슨 곡선

해설 스플라인 곡선 : 이웃하는 단위곡선·곡면과의 연결성에 문제가 있는 퍼거슨 곡선·곡면이나 쿤스 곡면과 달리, 지정된 모든 점을 통과하면서도 부드럽게 연결되는 곡선이다.

14. CAD 시스템에서 이용되는 2차 곡선 방정식에 대한 설명을 나타낸 것이다. 다음 중 거리가 먼 것은?

① 매개변수식으로 표현하는 것이 가능하기도 하다.

② 곡선식에 대한 계산 시간이 3차식, 4차식보다 적게 걸린다.
③ 연결된 여러 개의 곡선 사이에서 곡률의 연속이 보장된다.
④ 여러 개의 곡선을 하나의 곡선으로 연결하는 것이 가능하다.

해설 2차 곡선 방정식은 연결된 여러 개의 곡선 사이에서 곡률의 연속이 보장되지 않는다.

15. 순서가 정해진 여러 개의 점들을 입력하면 이 모두를 지나는 곡선을 생성하는 것을 무엇이라 하는가?

① 보간(interpolation)
② 근사(approximation)
③ 스무딩(smoothing)
④ 리메싱(remeshing)

해설 보간은 두 점을 연결하는 방법을 의미한다.

16. 원호를 정의하는 방법으로 틀린 것은?

① 시작점, 중심점, 각도를 지정
② 시작점, 중심점, 끝점을 지정
③ 시작점, 중심점, 현의 길이를 지정
④ 시작점, 끝점, 현의 길이를 지정

해설 원호를 정의하는 방법
• 세 점
• 시작점, 중심점, 끝점
• 시작점, 중심점, 각도
• 시작점, 중심점, 현의 길이
• 시작점, 끝점, 각도
• 시작점, 끝점, 반지름
• 시작점, 끝점, 호의 접선 방향

17. 일반적인 CAD 시스템의 2차원 평면에서 정해진 하나의 원을 그리는 방법으로 알맞지 않은 것은?

정답 12. ④ 13. ④ 14. ③ 15. ① 16. ④ 17. ③

① 원주상의 세 점을 알 경우

② 원의 반지름과 중심점을 알 경우

③ 원주상의 한 점과 원의 반지름을 알 경우

④ 원의 반지름과 2개의 접선을 알 경우

해설 ①, ②, ④ 외에 원을 그리는 방법

• 중심과 원주상의 한 점으로 표시

• 세 개의 직선에 접하는 원

• 두 개의 점(지름) 지정

18. 2차원 평면에서 두 개의 점이 정의되었을 때, 이 두 점을 포함하는 원은 몇 개로 정의할 수 있는가?

① 1개   ② 2개

③ 3개   ④ 무수히 많다.

해설 두 개의 점으로 무수히 많은 원을 정의할 수 있다.

19. 모든 유형의 곡선(직선, 스플라인, 호 등) 사이를 경사지게 자른 코너를 말하는 것으로, 각진 모서리나 꼭짓점을 경사 있게 깎아내리는 작업은?

① hatch

② fillet

③ rounding

④ chamfer

해설 • fillet : 모서리나 꼭짓점을 둥글게 깎는 작업

• chamfer : 모서리나 꼭짓점을 경사지게 평면으로 깎는 작업

• rounding : 모서리 부분을 둥글게 처리하는 작업

20. 다음 중 평면에서 x축과 이루는 각도가 150°이며 원점으로부터 거리가 1인 직선의 방정식은?

① $\sqrt{3}x+y=2$

② $\sqrt{3}x+y=1$

③ $x+\sqrt{3}y=2$

④ $x+\sqrt{3}y=1$

해설 기울기 $=\tan 150° = -\dfrac{1}{\sqrt{3}}$

$y = -\dfrac{1}{\sqrt{3}}x+b,\ x+\sqrt{3}y=\sqrt{3}b$

직선의 방정식을 $x+\sqrt{3}y=c$라 하면

$(0, 0)$으로부터 거리가 1이므로

$\dfrac{|0+0+c|}{\sqrt{1^2+(\sqrt{3})^2}}=1$

$\dfrac{|c|}{2}=1,\ c=2$

$\therefore\ x+\sqrt{3}y=2$

21. (x, y) 평면에서 두 점 $(-5, 0)$, $(4, -3)$을 지나는 직선의 방정식은?

① $y=-\dfrac{2}{3}x-\dfrac{5}{3}$ ② $y=-\dfrac{1}{2}x-\dfrac{5}{2}$

③ $y=-\dfrac{1}{3}x-\dfrac{5}{3}$ ④ $y=-\dfrac{3}{2}x-\dfrac{4}{3}$

해설 기울기 $=\dfrac{-3-0}{4+5}=\dfrac{-3}{9}=-\dfrac{1}{3}$

기울기가 $-\dfrac{1}{3}$이고 $(-5, 0)$을 지나므로

$y-0=-\dfrac{1}{3}(x+5)$

$\therefore\ y=-\dfrac{1}{3}x-\dfrac{5}{3}$

22. $(x+7)^2+(y-4)^2=64$인 원의 중심 좌표와 반지름을 구하면?

① 중심 좌표 $(-7, 4)$, 반지름 8

② 중심 좌표 $(7, -4)$, 반지름 8

③ 중심 좌표 $(-7, 4)$, 반지름 64

④ 중심 좌표 $(7, -4)$, 반지름 64

정답 18. ④   19. ④   20. ③   21. ③   22. ①

해설 • 원의 방정식의 기본형

$: (x-a)^2+(y-b)^2=r^2$

• 원의 방정식의 일반형

$: x^2+y^2+Ax+By+C=0$

• 원의 방정식의 기본형과 비교하면

$a=-7,\ b=4,\ r=8$

23. $x^2+y^2-25=0$인 원이 있다. 원 위의 점 (3, 4)에서 접선의 방정식으로 옳은 것은?

① $3x+4y-25=0$

② $3x+4y-50=0$

③ $4x+3y-25=0$

④ $4x+3y-50=0$

해설 원 $x^2+y^2=r^2$ 위의 점 $(x_1,\ y_1)$을 지나는 접선의 방정식은 $x_1x+y_1y=r^2$이므로

원 $x^2+y^2=25$ 위의 점 (3, 4)를 지나는 접선의 방정식은 $3x+4y=25$이다.

$\therefore\ 3x+4y-25=0$

24. 원점에 중심이 있는 타원이 있다. 이 타원 위에 있는 2개의 점 P(x, y)가 각각 P$_1$(2, 0), P$_2$(0, 1)이다. 이 점들을 지나는 타원의 식으로 옳은 것은?

① $(x-2)^2+y^2=1$

② $x^2+(y-1)^2=1$

③ $x^2+\dfrac{y^2}{4}=1$

④ $\dfrac{x^2}{4}+y^2=1$

해설 타원의 방정식 : $\dfrac{x^2}{a^2}+\dfrac{y^2}{b^2}=1$

P$_1$(2, 0), P$_2$(0, 1)이므로 $a^2=4,\ b^2=1$

$\therefore\ \dfrac{x^2}{4}+y^2=1$

25. 다음 중 반지름이 3이고, 중심이 (1, 2)인 원의 방정식은?

① $(x-1)^2+(y-2)^2=3$

② $(x-3)^2+(y-1)^2=2$

③ $x^2-2x+y^2-4y-4=0$

④ $x^2-2x+y^2-4y+4=0$

해설 중심이 (1, 2)이고 원의 반지름이 3인 원의 방정식은

$(x-1)^2+(y-2)^2=3^2$이다.

원의 방정식의 일반형으로 나타내면

$x^2-2x+1+y^2-4y+4=3^2$

$\therefore\ x^2-2x+y^2-4y-4=0$

2. 모델링 작업

2 - 1 **좌표계**

1 좌표계의 종류

(1) 직교 좌표계

① **2차원 직교 좌표계** : x, y로 표시

② **3차원 직교 좌표계** : x, y, z로 표시

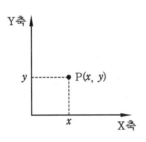

2차원 직교 좌표계

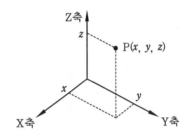

3차원 직교 좌표계

(2) 극좌표계 : r, θ로 표시

$$x=r\cos\theta \qquad y=r\sin\theta \qquad r=\sqrt{x^2+y^2} \qquad \theta=\tan^{-1}\left(\frac{y}{x}\right)$$

(3) 원통 좌표계 : r, θ, h로 표시

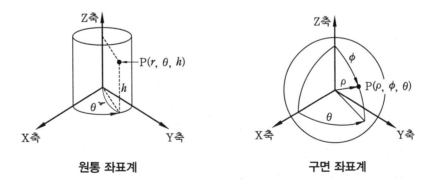

원통 좌표계

구면 좌표계

(4) 구면 좌표계 : ρ, θ, ϕ로 표시

$$x=\rho\sin\theta\cos\phi \qquad y=\rho\sin\theta\sin\phi \qquad z=\rho\cos\theta$$

예 | 상 | 문 | 제

1. 점 (1, 1)과 점 (3, 2)를 잇는 선분에 대하여 y축 대칭인 선분이 지나는 두 점은?

① $(-1, -1)$과 $(3, 2)$
② $(1, 1)$과 $(-3, -2)$
③ $(-1, 1)$과 $(-3, 2)$
④ $(1, -1)$과 $(3, 2)$

해설 y축 대칭이므로 x값의 부호가 바뀐다.
∴ $(-1, 1)$과 $(-3, 2)$

2. 다음 중 CAD 시스템에서 점을 정의하기 위해 r, θ, h로 표시하는 좌표계는?

① 직교 좌표계
② 원통 좌표계
③ 구면 좌표계
④ 동차 좌표계

해설 원통 좌표계는 r, θ, h로 표시하고 구면 좌표계는 ρ, ϕ, θ로 표시한다.

3. 구면 좌표계(ρ, θ, ϕ)를 직교 좌표계(x, y, z)로 변경할 때 x의 값으로 옳은 것은?

① $x = \rho\sin\theta\cos\phi$
② $x = \rho\sin\theta$
③ $x = \rho\sin\theta\cos\theta$
④ $x = \rho\cos\theta$

해설 $y = \rho\sin\theta\sin\phi$ 이고 $z = \rho\cos\theta$ 이다.

4. 3차원 좌표계를 표현할 때 P(r, θ, z_1)로 표현되는 좌표계는? (단, r은 (x, y) 평면에서의 직선의 거리, θ는 (x, y) 평면에서의 각도, z_1은 z축 방향에서의 거리이다.)

① 직교 좌표계   ② 극좌표계

③ 원통 좌표계   ④ 구면 좌표계

해설 원통 좌표계 : 평면상에 있는 하나의 점 P를 나타내기 위해 사용하는 극좌표계에 공간 개념을 적용한 것으로, 평면에서 사용한 극좌표에 z축 좌푯값을 적용시킨 경우이다. 원통 좌표계의 공간 개념으로 점 P(r, θ, z_1)를 직교 좌표계로 표기한다.

5. CAD 시스템에서 점을 정의하기 위해 사용하는 좌표계가 아닌 것은?

① 직교 좌표계
② 원통 좌표계
③ 구면 좌표계
④ 동차 좌표계

해설 CAD 시스템에서 사용하는 좌표계는 직교 좌표계, 원통 좌표계, 구면 좌표계가 있다.

6. 좌푯값 (x, y)에서 x, y가 다음과 같은 식으로 주어질 때 그리는 궤적의 모양은? (단, r은 일정한 상수이다.)

$$x = r\cos\theta, \quad y = r\sin\theta$$

① 원   ② 타원
③ 쌍곡선   ④ 포물선

해설 $x = r\cos\theta$, $y = r\sin\theta$를
원의 방정식 $x^2 + y^2 = r^2$에 대입하면
$r^2\cos^2\theta + r^2\sin^2\theta = r^2$
$r^2(\cos^2\theta + \sin^2\theta) = r^2$
$\cos^2\theta + \sin^2\theta = 1$이므로
$r^2 = r^2$으로 식이 성립한다.
∴ 알맞은 자취(궤적)의 모양은 원이다.

정답 1. ③ 2. ② 3. ① 4. ③ 5. ④ 6. ①

2-2 **도형의 좌표 변환**

1 행렬

(1) 행렬의 표현

① 행렬은 수의 배열을 양쪽에 괄호를 붙여 한 묶음으로 나타낸 것이다.

② 행렬을 이루는 각각의 수나 문자를 원 또는 원소라 하며, 행렬의 가로줄을 행(row), 세로줄을 열(column)이라 한다.

③ m개의 행과 n개의 열로 된 행렬을 m행 n열의 행렬 또는 $m \times n$행렬이라 하며, 행의 수와 열의 수가 모두 n인 $n \times n$행렬을 n차 정사각행렬이라 한다.

④ 행렬 A의 i행과 j열의 교점에 있는 원소(성분), 즉 ij성분을 a_{ij}라고 쓰며, 행렬 A를 다음과 같이 나타낸다.

$$A = \begin{bmatrix} a_{11} & a_{12} & a_{13} & \cdots & a_{1j} & \cdots & a_{1n} \\ a_{21} & a_{22} & a_{23} & \cdots & a_{2j} & \cdots & a_{2n} \\ \vdots & \vdots & \vdots & \vdots & \vdots & \vdots & \vdots \\ a_{i1} & a_{i2} & a_{i3} & \cdots & a_{ij} & \cdots & a_{in} \\ \vdots & \vdots & \vdots & \vdots & \vdots & \vdots & \vdots \\ a_{m1} & a_{m2} & a_{m3} & \cdots & a_{mj} & \cdots & a_{mn} \end{bmatrix} = [a_{ij}]$$

예를 들어 행렬 Q가 2×3행렬일 때는 다음과 같이 나타낸다.

$$Q = \begin{bmatrix} a_{11} & a_{12} & a_{13} \\ a_{21} & a_{22} & a_{23} \end{bmatrix}$$

또는

$$Q = [a_{ij}] \qquad i=1, 2 \quad j=1, 2, 3$$

⑤ **행렬의 덧셈, 뺄셈, 실수배, 영행렬**

㈎ A, B가 같은 꼴의 행렬일 때 A와 B의 대응하는 원소의 합(차)을 원소로 하는 행렬을 A와 B의 합(차)이라 하고, $A+B\,(A-B)$로 나타낸다.

$$A = \begin{bmatrix} a_{11} & a_{12} \\ a_{21} & a_{22} \end{bmatrix}, \quad B = \begin{bmatrix} b_{11} & b_{12} \\ b_{21} & b_{22} \end{bmatrix}$$

$$A+B = \begin{bmatrix} a_{11}+b_{11} & a_{12}+b_{12} \\ a_{21}+b_{21} & a_{22}+b_{22} \end{bmatrix}, \quad A-B = \begin{bmatrix} a_{11}-b_{11} & a_{12}-b_{12} \\ a_{21}-b_{21} & a_{22}-b_{22} \end{bmatrix}$$

㈏ 실수 k에 대하여 행렬 A의 모든 원소를 k배 한 것을 원소로 하는 행렬을 A의 k배라 하고, kA로 나타낸다.

$$kA = \begin{bmatrix} ka_{11} & ka_{12} \\ ka_{21} & ka_{22} \end{bmatrix}$$

㈐ 행렬 A에 대하여 $A-A$의 모든 원소가 0일 때, 이와 같은 행렬을 영행렬이라 하고, O로 나타낸다.

⑥ 행렬 A, B, C가 임의의 $m \times n$행렬이고 h, k가 임의의 수라고 할 때 다음 식이 성립한다.

- $A+B=B+A$ (교환법칙)
- $(A+B)+C=A+(B+C)$ (결합법칙)
- $A+O=O+A=A$ (덧셈에 대한 항등원은 O)
  $A+(-A)=O$ (덧셈에 대한 A의 역원은 $-A$)
- $k(hA)=(kh)A$ (결합법칙)
- $(k+h)A=kA+hA$, $k(A+B)=kA+kB$ (분배법칙)

⑦ 행렬의 곱

㈎ 행렬의 곱은 다음과 같이 생각하면 기억하기 쉽다.

$$\begin{bmatrix} ① \\ ② \end{bmatrix} \begin{bmatrix} ③ & ④ \end{bmatrix} = \begin{bmatrix} ①×③ & ①×④ \\ ②×③ & ②×④ \end{bmatrix}$$

㈏ 행렬의 곱에서는 결합법칙과 분배법칙이 성립하며, 일반적으로 교환법칙은 성립하지 않는다.

- $AB \neq BA$
- $(AB)C=A(BC)$ (결합법칙)
- $A(B+C)=AB+AC$, $(A+B)C=AC+BC$ (분배법칙)
- $(kA)B=A(kB)=k(AB)$

⑧ 행렬의 거듭제곱

㈎ 행렬의 거듭제곱은 정사각행렬 A에 대해서도 실수의 거듭제곱과 같다.

$$A^1=A, \quad A^2=AA, \quad A^3=A^2A, \quad \cdots, \quad A^m=A^{m-1}A$$

㈏ A가 정사각행렬이고 m, n이 자연수일 때 다음과 같이 나타낸다.

$$\cdot A^m A^n = A^{m+n} \qquad \cdot (A^m)^n = A^{mn}$$

⑨ **역행렬**

행렬 $A = \begin{bmatrix} a & b \\ c & d \end{bmatrix}$ 에서 $D = ad - bc$라 할 때

㈎ A의 역행렬이 존재할 조건 : $D \neq 0$

㈏ $D \neq 0$이면 $A^{-1} = \dfrac{1}{D} \begin{bmatrix} d & -b \\ -c & a \end{bmatrix}$

㈐ $D = 0$이면 A의 역행렬은 존재하지 않는다.

⑩ 같은 치수의 두 정사각행렬 A, B의 역행렬이 존재할 때 다음 식이 성립한다.

$$\cdot (A^{-1})^{-1} = A$$
$$\cdot E^{-1} = E$$
$$\cdot (AB)^{-1} = B^{-1} A^{-1}$$
$$\cdot (A^m)^{-1} = (A^{-1})^m \ (단, \ m은 \ 자연수)$$

⑪ **일차 연립 방정식과 행렬**

행렬을 이용하여 일차 연립 방정식을 나타내면 다음과 같다.

$$\begin{cases} ax + by + cz = p \\ dx + ey + fz = q \\ gx + hy + iz = r \end{cases} \Leftrightarrow \begin{bmatrix} a & b & c \\ d & e & f \\ g & h & i \end{bmatrix} \begin{bmatrix} x \\ y \\ z \end{bmatrix} = \begin{bmatrix} p \\ q \\ r \end{bmatrix}$$

(2) 공간상의 한 점의 표현

n차원 공간상에서의 한 점은 임의의 n차원 벡터로 나타낼 수 있다.

$$\begin{bmatrix} x & y & \cdots & n \end{bmatrix} \quad (1 \times n)행렬$$

또는

$$\begin{bmatrix} x \\ y \\ \vdots \\ n \end{bmatrix} \quad (n \times 1)행렬$$

(3) 동차 좌표에 의한 표현

① 2차원에서 동차 좌표에 의한 행렬 : 2차원에서 동차 좌표의 일반적인 행렬은 3×3 변환행렬이며, 다음과 같이 나타낼 수 있다.

$$T_H = \begin{bmatrix} a & b & \vdots & p \\ c & d & \vdots & q \\ \hline m & n & \vdots & s \end{bmatrix}$$

여기서, a, b, c, d : 스케일링, 회전, 전단, 대칭

$\quad\quad\quad m, n$: x축, y축의 평행이동

$\quad\quad\quad p, q$: 투영(투사)

$\quad\quad\quad s$: 전체적인 스케일링

② 3차원에서 동차 좌표에 의한 행렬 : 3차원 변환행렬은 2차원 변환행렬에 z축의 개념을 추가한 것으로, 다음과 같이 나타낼 수 있다.

$$T_H = \begin{bmatrix} a & b & c & \vdots & p \\ d & e & f & \vdots & q \\ g & h & i & \vdots & r \\ \hline l & m & n & \vdots & s \end{bmatrix}$$

여기서, $a, b, c, d, e, f, g, h, i$: 스케일링, 회전, 전단, 대칭

$\quad\quad\quad l, m, n$: x축, y축, z축의 평행이동

$\quad\quad\quad p, q, r$: 투영(투사)

$\quad\quad\quad s$: 전체적인 스케일링

(4) 동차 좌표에 의한 2, 3차원 좌표 변환 행렬

① 평행이동 변환

$$[x'\ y'\ 1] = [x\ y\ 1] \begin{bmatrix} 1 & 0 & 0 \\ 0 & 1 & 0 \\ m & n & 1 \end{bmatrix}$$

$$= [(x+m)\ (y+n)\ 1]$$

(a) 2차원 평행이동

$$[x'\ y'\ z'\ 1] = [x\ y\ z\ 1] \begin{bmatrix} 1 & 0 & 0 & 0 \\ 0 & 1 & 0 & 0 \\ 0 & 0 & 1 & 0 \\ l & m & n & 1 \end{bmatrix}$$

$$= [(x+l)\ (y+m)\ (z+n)\ 1]$$

(b) 3차원 평행이동

평행이동 변환

② 스케일링 변환

$$[x'\ y'\ 1] = [x\ y\ 1]\begin{bmatrix} S_x & 0 & 0 \\ 0 & S_y & 0 \\ 0 & 0 & 1 \end{bmatrix}$$

2차원 스케일링 변환

$$[x'\ y'\ z'\ 1] = [x\ y\ z\ 1]\begin{bmatrix} a & 0 & 0 & 0 \\ 0 & e & 0 & 0 \\ 0 & 0 & i & 0 \\ 0 & 0 & 0 & 1 \end{bmatrix} \qquad [x'\ y'\ z'\ 1] = [x\ y\ z\ 1]\begin{bmatrix} 1 & 0 & 0 & 0 \\ 0 & 1 & 0 & 0 \\ 0 & 0 & 1 & 0 \\ 0 & 0 & 0 & s \end{bmatrix}$$

3차원 국부적인 스케일링 변환   3차원 전체적인 스케일링 변환

③ 전단 변환

$$[x'\ y'\ z'\ 1] = [x\ y\ z\ 1]\begin{bmatrix} 1 & b & c & 0 \\ d & 1 & f & 0 \\ g & h & 1 & 0 \\ 0 & 0 & 0 & 1 \end{bmatrix}$$

④ 반전 변환(대칭 변환)

$$[x'\ y'\ 1] = [x\ y\ 1]\begin{bmatrix} -1 & 0 & 0 \\ 0 & 1 & 0 \\ 0 & 0 & 1 \end{bmatrix} \qquad [x'\ y'\ 1] = [x\ y\ 1]\begin{bmatrix} 1 & 0 & 0 \\ 0 & -1 & 0 \\ 0 & 0 & 1 \end{bmatrix}$$

2차원 y축 대칭 변환   2차원 x축 대칭 변환

$$T_{xy} = \begin{bmatrix} 1 & 0 & 0 & 0 \\ 0 & 1 & 0 & 0 \\ 0 & 0 & -1 & 0 \\ 0 & 0 & 0 & 1 \end{bmatrix} \qquad T_{yz} = \begin{bmatrix} -1 & 0 & 0 & 0 \\ 0 & 1 & 0 & 0 \\ 0 & 0 & 1 & 0 \\ 0 & 0 & 0 & 1 \end{bmatrix} \qquad T_{xz} = \begin{bmatrix} 1 & 0 & 0 & 0 \\ 0 & -1 & 0 & 0 \\ 0 & 0 & 1 & 0 \\ 0 & 0 & 0 & 1 \end{bmatrix}$$

3차원 xy평면 대칭 변환   3차원 yz평면 대칭 변환   3차원 xz평면 대칭 변환

⑤ **회전 변환** : 회전각 θ는 양의 x축상의 한 점에서 원점을 볼 때 반시계 방향을 +, 시계 방향을 −로 한다.

$$[x'\,y'\,1]=[x\,y\,1]\begin{bmatrix} \cos\theta & \sin\theta & 0 \\ -\sin\theta & \cos\theta & 0 \\ 0 & 0 & 1 \end{bmatrix}$$

2차원 반시계 방향 회전 변환

$$[x'\,y'\,1]=[x\,y\,1]\begin{bmatrix} \cos\theta & -\sin\theta & 0 \\ \sin\theta & \cos\theta & 0 \\ 0 & 0 & 1 \end{bmatrix}$$

2차원 시계 방향 회전 변환

$$T_x=\begin{bmatrix} 1 & 0 & 0 & 0 \\ 0 & \cos\theta & \sin\theta & 0 \\ 0 & -\sin\theta & \cos\theta & 0 \\ 0 & 0 & 0 & 1 \end{bmatrix}$$

3차원 x축 회전 변환

$$T_y=\begin{bmatrix} \cos\theta & 0 & -\sin\theta & 0 \\ 0 & 1 & 0 & 0 \\ \sin\theta & 0 & \cos\theta & 0 \\ 0 & 0 & 0 & 1 \end{bmatrix}$$

3차원 y축 회전 변환

$$T_z=\begin{bmatrix} \cos\theta & \sin\theta & 0 & 0 \\ -\sin\theta & \cos\theta & 0 & 0 \\ 0 & 0 & 1 & 0 \\ 0 & 0 & 0 & 1 \end{bmatrix}$$

3차원 z축 회전 변환

2 스칼라와 벡터

벡터는 힘, 속도, 가속도와 같이 크기와 방향으로 상태를 충분히 표현할 수 있는 양이며, 스칼라는 길이, 시간, 속력, 면적과 같이 크기만으로 표현할 수 있는 양이다.

(1) 벡터의 표현

① 그림의 $\overrightarrow{AB}$와 같이 크기와 방향을 갖는 선분을 유향 선분이라 한다.

② 벡터를 그림으로 나타낼 때는 유향 선분으로 나타낸다.

③ 벡터 $\overrightarrow{AB}$에서 화살표는 벡터의 방향을, $\overrightarrow{AB}$의 길이는 벡터의 크기를 나타낸다. 이때 A는 벡터의 시점, B는 벡터의 종점이라 한다.

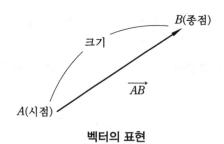

벡터의 표현

④ 벡터를 한 문자로 나타낼 때는 $\vec{a}$, $\vec{b}$, $\vec{c}$, … 또는 a, b, c, …와 같이 나타내며 벡터 $\overrightarrow{AB}$, $\vec{a}$, a의 크기는 $|\overrightarrow{AB}|$, $|\vec{a}|$, $|a|$와 같이 나타낸다.

○ **참고** ○

• 벡터의 경우 방향과 크기만 같으면 벡터가 어느 위치에 있든지 모든 벡터는 동일한 벡터이다.

(2) 벡터의 계산

① **벡터의 합** : 두 벡터 $\vec{a}$, $\vec{b}$에 대하여 $\vec{a}$와 같은 벡터 $\overrightarrow{OA}$의 종점 A를 시점으로 $\vec{b}$와 같은 벡터 $\overrightarrow{AC}$를 그을 때 $\overrightarrow{OC}$와 같은 벡터 $\vec{c}$를 $\vec{a}$와 $\vec{b}$의 합이라 한다.

$$\vec{c} = \vec{a} + \vec{b}$$

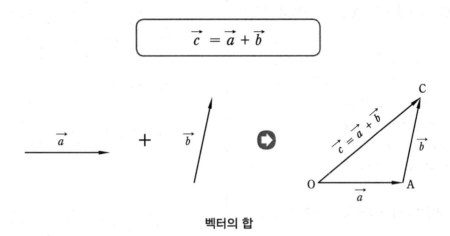

벡터의 합

② **벡터의 차** : 두 벡터 $\vec{a}$, $\vec{b}$에 대하여 $\vec{b} + \vec{x} = \vec{a}$를 만족하는 벡터 $\vec{x}$를 $\vec{a}$에서 $\vec{b}$를 뺀 벡터의 차라 한다.

$$\vec{x} = \vec{a} - \vec{b}$$

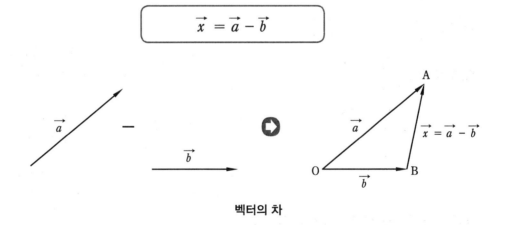

벡터의 차

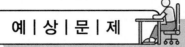

1. 다음 2차원 데이터의 변환 행렬은 어떠한 변환을 나타내는가? (단, S_x는 1보다 크다.)

$$\begin{bmatrix} x' & y' & 1 \end{bmatrix} = \begin{bmatrix} x & y & 1 \end{bmatrix} \begin{bmatrix} S_x & 0 & 0 \\ 0 & S_x & 0 \\ 0 & 0 & 1 \end{bmatrix}$$

① 이동(translation) 변환
② 스케일링(scaling) 변환
③ 반사(reflection) 변환
④ 회전(rotation) 변환

2. 다음 행렬의 곱 AB를 옳게 구한 것은?

$$A = \begin{bmatrix} 2 & 4 \\ 1 & 3 \end{bmatrix} \quad B = \begin{bmatrix} 6 & -1 \\ 3 & 5 \end{bmatrix}$$

① $\begin{bmatrix} 24 & 18 \\ 14 & 15 \end{bmatrix}$ ② $\begin{bmatrix} 18 & 24 \\ 15 & 14 \end{bmatrix}$

③ $\begin{bmatrix} 24 & 18 \\ 15 & 14 \end{bmatrix}$ ④ $\begin{bmatrix} 18 & 24 \\ 14 & 15 \end{bmatrix}$

해설 $AB = \begin{bmatrix} 2 & 4 \\ 1 & 3 \end{bmatrix} \begin{bmatrix} 6 & -1 \\ 3 & 5 \end{bmatrix}$

$$= \begin{bmatrix} 12+12 & -2+20 \\ 6+9 & -1+15 \end{bmatrix}$$

$$= \begin{bmatrix} 24 & 18 \\ 15 & 14 \end{bmatrix}$$

3. 공간의 한 물체는 세계 좌표계의 x축에 평행하면서 세계 좌표 (0, 2, 4)를 통과하는 축에 관하여 90° 회전한다. 그 물체의 한 점이 모델 좌표 (0, 1, 1)을 가지는 경우, 회전 후에 같은 점의 세계 좌표를 구하는 식으로 적절한 것은?

① $\begin{bmatrix} X_w & Y_w & Z_w & 1 \end{bmatrix}^T$

$$= \begin{bmatrix} 1 & 0 & 0 & 0 \\ 0 & 1 & 0 & 2 \\ 0 & 0 & 1 & 4 \\ 0 & 0 & 0 & 1 \end{bmatrix} \begin{bmatrix} \cos90° & 0 & \sin90° & 0 \\ 0 & 1 & 0 & 0 \\ -\sin90° & 0 & \cos90° & 0 \\ 0 & 0 & 0 & 1 \end{bmatrix} \begin{bmatrix} 1 & 0 & 0 & 0 \\ 0 & 1 & 0 & -2 \\ 0 & 0 & 1 & -4 \\ 0 & 0 & 0 & 1 \end{bmatrix} \begin{bmatrix} 0 \\ 1 \\ 1 \\ 1 \end{bmatrix}$$

② $\begin{bmatrix} X_w & Y_w & Z_w & 1 \end{bmatrix}^T$

$$= \begin{bmatrix} 1 & 0 & 0 & 0 \\ 0 & 1 & 0 & -2 \\ 0 & 0 & 1 & -4 \\ 0 & 0 & 0 & 1 \end{bmatrix} \begin{bmatrix} \cos90° & 0 & \sin90° & 0 \\ 0 & 1 & 0 & 0 \\ -\sin90° & 0 & \cos90° & 0 \\ 0 & 0 & 0 & 1 \end{bmatrix} \begin{bmatrix} 1 & 0 & 0 & 0 \\ 0 & 1 & 0 & 2 \\ 0 & 0 & 1 & 4 \\ 0 & 0 & 0 & 1 \end{bmatrix} \begin{bmatrix} 0 \\ 1 \\ 1 \\ 1 \end{bmatrix}$$

③ $\begin{bmatrix} X_w & Y_w & Z_w & 1 \end{bmatrix}^T$

$$= \begin{bmatrix} 1 & 0 & 0 & 0 \\ 0 & 1 & 0 & 2 \\ 0 & 0 & 1 & 4 \\ 0 & 0 & 0 & 1 \end{bmatrix} \begin{bmatrix} 1 & 0 & 0 & 0 \\ 0 & \cos90° & -\sin90° & 0 \\ 0 & \sin90° & \cos90° & 0 \\ 0 & 0 & 0 & 1 \end{bmatrix} \begin{bmatrix} 1 & 0 & 0 & 0 \\ 0 & 1 & 0 & -2 \\ 0 & 0 & 1 & -4 \\ 0 & 0 & 0 & 1 \end{bmatrix} \begin{bmatrix} 0 \\ 1 \\ 1 \\ 1 \end{bmatrix}$$

④ $\begin{bmatrix} X_w & Y_w & Z_w & 1 \end{bmatrix}^T$

$$= \begin{bmatrix} 1 & 0 & 0 & 0 \\ 0 & 1 & 0 & -2 \\ 0 & 0 & 1 & -4 \\ 0 & 0 & 0 & 1 \end{bmatrix} \begin{bmatrix} 1 & 0 & 0 & 0 \\ 0 & \cos90° & -\sin90° & 0 \\ 0 & \sin90° & \cos90° & 0 \\ 0 & 0 & 0 & 1 \end{bmatrix} \begin{bmatrix} 1 & 0 & 0 & 0 \\ 0 & 1 & 0 & 2 \\ 0 & 0 & 1 & 4 \\ 0 & 0 & 0 & 1 \end{bmatrix} \begin{bmatrix} 0 \\ 1 \\ 1 \\ 1 \end{bmatrix}$$

4. 행렬 $A = \begin{bmatrix} 1 & 2 \\ 0 & 1 \\ 1 & 1 \end{bmatrix}$, $B = \begin{bmatrix} 0 & 1 & 2 \\ 1 & 0 & 3 \end{bmatrix}$의 곱 AB는?

① $\begin{bmatrix} 1 & 1 \\ 0 & 0 \\ 1 & 2 \end{bmatrix}$ ② $\begin{bmatrix} 1 & 2 & 0 \\ 3 & 1 & 1 \end{bmatrix}$

③ $\begin{bmatrix} 2 & 3 \\ 3 & 5 \end{bmatrix}$ ④ $\begin{bmatrix} 2 & 1 & 8 \\ 1 & 0 & 3 \\ 1 & 1 & 5 \end{bmatrix}$

해설 3×2행렬과 2×3행렬을 곱하면 3×3행렬이 되므로 해당하는 것은 ④이다.

5. 2차원 변환 행렬이 다음과 같을 때 좌표 변환 H는 무엇을 의미하는가?

$$H = \begin{bmatrix} 3 & 0 & 0 \\ 0 & 3 & 0 \\ 0 & 0 & 1 \end{bmatrix}$$

① 확대   ② 회전
③ 이동   ④ 반사

해설 • 이동 행렬 $= \begin{bmatrix} 1 & 0 & 0 \\ 0 & 1 & 0 \\ p_x & p_y & 1 \end{bmatrix}$

• x축 회전 행렬 $= \begin{bmatrix} 1 & 0 & 0 \\ 0 & \cos\theta & -\sin\theta \\ 0 & \sin\theta & \cos\theta \end{bmatrix}$

• y축 회전 행렬 $= \begin{bmatrix} \cos\theta & 0 & \sin\theta \\ 0 & 1 & 0 \\ -\sin\theta & 0 & \cos\theta \end{bmatrix}$

• 확대 행렬 $= \begin{bmatrix} p_x & 0 & 0 \\ 0 & p_y & 0 \\ 0 & 0 & 1 \end{bmatrix}$

6. 동차 좌표를 이용하여 2차원 좌표를 $P = [x\ y\ 1]$로 표현하고, 동차 변환 매트릭스 연산을 $P' = pT$로 표현할 때 다음 변환 매트릭스에 대한 설명으로 옳은 것은?

$$T = \begin{bmatrix} 1 & 0 & 0 \\ 0 & 1 & 0 \\ 1 & 1 & 1 \end{bmatrix}$$

① x축으로 1만큼 이동
② y축으로 1만큼 이동
③ x축으로 1만큼, y축으로 1만큼 이동
④ x축으로 2만큼, y축으로 2만큼 이동

7. 다음 식은 3차원 공간상에서 좌표 변환 시 X축을 중심으로 θ만큼 회전하는 행렬식 (matrix)을 나타낸다. ⓐ에 알맞은 값은? (단, 반시계 방향을 +방향으로 한다.)

$$\begin{bmatrix} 1 & 0 & 0 & 0 \\ 0 & \cos\theta & \sin\theta & 0 \\ 0 & ⓐ & \cos\theta & 0 \\ 0 & 0 & 0 & 1 \end{bmatrix}$$

① $\sin\theta$ ② $-\sin\theta$
③ $\cos\theta$ ④ $-\cos\theta$

해설 3차원 X축 회전 변환

$$T_x = \begin{bmatrix} 1 & 0 & 0 & 0 \\ 0 & \cos\theta & \sin\theta & 0 \\ 0 & -\sin\theta & \cos\theta & 0 \\ 0 & 0 & 0 & 1 \end{bmatrix}$$

8. 다음 중 CAD에서의 기하학적 데이터 (점, 선 등)의 변환 행렬과 관계가 먼 것은?

① 이동   ② 복사
③ 회전   ④ 반사

해설 변환 행렬은 두 좌표계의 변환에 사용되는 행렬을 의미하며, CAD 시스템에서 도형의 이동, 축소 및 확대, 대칭, 회전 등의 변환에 의해 이루어진다.

9. 3차원 CAD에서 최대 변환 매트릭스는?

① 2×3 ② 3×2
③ 3×3 ④ 4×4

해설 • 2차원 CAD에서 최대 변환 행렬 : 3×3
• 3차원 CAD에서 최대 변환 행렬 : 4×4

10. 다음 중 기본적인 2차원 동차 좌표 변환으로 볼 수 없는 것은?

① extrusion
② translation
③ rotation
④ reflection

정답 6. ③   7. ②   8. ②   9. ④   10. ①

해설 동차 좌표에 의한 좌표 변환 행렬

- 평행 이동(translation)
- 스케일링(scaling)
- 전단(shearing)
- 반전(reflection)
- 회전(rotation)

11. 3차원 좌표계에서 물체의 크기를 각각 x축 방향으로 2배, y축 방향으로 3배, z축 방향으로 4배의 크기 변환을 하고자 할 때, 사용되는 좌표 변환 행렬식은?

① $\begin{bmatrix} 1 & 0 & 0 & 0 \\ 0 & 1 & 0 & 0 \\ 0 & 0 & 1 & 0 \\ 2 & 3 & 4 & 1 \end{bmatrix}$ ② $\begin{bmatrix} 1 & 1 & 2 & 1 \\ 1 & 3 & 1 & 1 \\ 4 & 1 & 1 & 1 \\ 1 & 1 & 1 & 1 \end{bmatrix}$

③ $\begin{bmatrix} 1 & 0 & 0 & 2 \\ 0 & 1 & 0 & 3 \\ 0 & 0 & 1 & 4 \\ 0 & 0 & 0 & 1 \end{bmatrix}$ ④ $\begin{bmatrix} 2 & 0 & 0 & 0 \\ 0 & 3 & 0 & 0 \\ 0 & 0 & 4 & 0 \\ 0 & 0 & 0 & 1 \end{bmatrix}$

해설 크기 변환 행렬 $\begin{bmatrix} x & 0 & 0 & 0 \\ 0 & y & 0 & 0 \\ 0 & 0 & z & 0 \\ 0 & 0 & 0 & 1 \end{bmatrix}$

여기서, x : x축 변환값
y : y축 변환값
z : z축 변환값

12. 점 (1, 1)을 x 방향으로 2 이동, y 방향으로 −1 이동한 후 원점을 중심으로 30도 회전시켰을 때의 좌표는?

① $x=\dfrac{3\sqrt{3}}{2}$, $y=\dfrac{3}{2}$ ② $x=\dfrac{3}{2}$, $y=\dfrac{3\sqrt{3}}{2}$

③ $x=3\sqrt{3}$, $y=3$ ④ $x=3$, $y=3\sqrt{3}$

해설 • 이동 변환

$$\begin{bmatrix} x' & y' \end{bmatrix} = \begin{bmatrix} 1+2 & 1-1 \end{bmatrix} = \begin{bmatrix} 3 & 0 \end{bmatrix}$$

• 회전 변환

$$\begin{bmatrix} x'' & y'' \end{bmatrix} = \begin{bmatrix} 3 & 0 \end{bmatrix} \begin{bmatrix} \cos30° & \sin30° \\ -\sin30° & \cos30° \end{bmatrix}$$

$$= \begin{bmatrix} 3 & 0 \end{bmatrix} \begin{bmatrix} \dfrac{\sqrt{3}}{2} & \dfrac{1}{2} \\ -\dfrac{1}{2} & \dfrac{\sqrt{3}}{2} \end{bmatrix}$$

$$= \begin{bmatrix} \dfrac{3\sqrt{3}}{2} & \dfrac{3}{2} \end{bmatrix}$$

3D 형상 모델링

1 3차원 모델링

(1) 와이어 프레임 모델링

① 3차원 모델의 가장 기본적인 표현 방식으로 점, 선, 원, 호 형태의 철사 프레임으로 구조물을 표현한다.

② **장점**

　　㈎ 처리 속도가 빠르다.　　　　㈏ 데이터 구성이 간단하다.

　　㈐ 모델 작성을 쉽게 할 수 있다.　　㈑ 3면 투시도 작성이 용이하다.

③ **단점**

　　㈎ 은선 제거가 불가능하다.

　　㈏ 단면도 작성이 불가능하다.

　　㈐ 체적의 계산 및 물질의 특성에 대한 자료를 얻지 못한다.

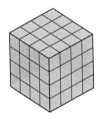  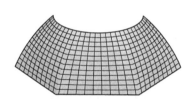 

와이어 프레임 모델링

(2) 서피스 모델링

① 면을 곡면의 방정식으로 표현한 것으로, 모서리 대신 면을 사용한다.

② **장점**

　　㈎ 은선 제거가 가능하다.

　　㈏ 단면도를 작성할 수 있다.

　　㈐ 복잡한 형상의 표현이 가능하다.

　　㈑ NC 데이터에 의한 NC 가공이 가능하다.

③ **단점**

　　㈎ 물리적 성질을 계산하기 곤란하다.

　　㈏ 면만 존재하므로 물체의 내부 정보가 없다.

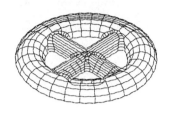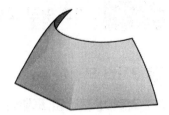

서피스 모델링

(3) 솔리드 모델링

① 표면뿐만 아니라 속이 채워진 부피로 표현하며, 질량이나 무게중심과 같은 기계적인 특성을 표현할 수 있어 3차원 모델 작업에 가장 많이 사용한다.

② 입체의 경계면을 평면에 근사시킨 다면체로 취급하여 컴퓨터가 면, 변, 꼭짓점의 수를 관리하며, 다면체에서 오일러 지수는 다음과 같다.

오일러 지수 = 꼭짓점의 수 − 변의 수 − 면의 수

③ **장점**

㉮ 은선 제거가 가능하다.

㉯ 간섭 체크가 용이하다.

㉰ 물리적 성질의 계산이 가능하다.

㉱ 형상을 절단한 단면도 작성이 용이하다.

㉲ 이동ㆍ회전 등을 통해 정확한 형상을 파악할 수 있다.

㉳ 불 연산(boolean operation)을 통해 복잡한 형상 표현이 가능하다.

④ **단점**

㉮ 컴퓨터 메모리의 양이 많아진다.

㉯ 데이터 처리시간이 많이 걸린다.

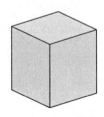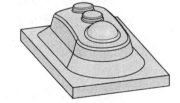

솔리드 모델링

(4) 솔리드 모델링의 표현 방식

① **B-rep 방식**(boundary representation : 경계 표현) : 하나의 입체를 둘러싸고 있는 면을 표현한 것으로, 형상을 구성하고 있는 면과 면 사이의 위상 기하학적인 결합 관계를 정의함으로써 3차원 물체를 표현하는 방법이다.

② **CSG**(constructive solid geometry) **방식** : 기본 입체의 집합의 연산 표현으로 합, 차, 적의 연산을 제공한다.

③ **하이브리드 방식** : 경계 표현과 집합의 연산 표현을 혼용하는 방법이다.

B-rep와 CSG의 특성 비교

구 분		B-rep	CSG
데이터의 특성	데이터 작성	곤란	용이 (프리미티브 직접 입력)
	데이터 구조	복잡	단순
	필요한 메모리 영역	용량이 큼 (복잡한 토폴로지컬 구조)	용량이 작음
	데이터 수정	약간 곤란	용이
사용자의 적용 기능	3면도, 투시도 작성	비교적 용이	곤란
	전개도 작성	용이	곤란
	중량 계산	약간 곤란 (적분 계산법)	용이 (몬테카를로법)
	표면적 계산	용이	곤란
	유한 요소법의 적용 솔리드	곤란	용이
	유한 요소법의 적용 표면	용이	곤란
	패턴의 인식을 수반하는 응용	곤란	비교적 용이
	NC 테이프의 작성	비교적 용이	용이

2 3D 형상 모델링 작업

(1) 스케치 작업

3D 형상의 기본이 되는 밑그림을 프로파일이라 하며, 프로파일을 만드는 작업을 스케치라 한다.

(2) 형상 편집

① **미러(mirror)** : 기존에 작업된 솔리드 모델을 참조 평면을 기준으로 대칭 이동 및 복사를 한다.

② **선형 패턴** : 기존에 작업된 솔리드 모델을 일정한 거리, 각도, 방향으로 작업자가 원하는 수량만큼 나열한다.

③ **원형 패턴** : 솔리드 모델을 기준 축에 의해 원주상으로 복사하여 나열한다.

④ **사용자 패턴** : 선형 및 원형이 아닌 작업자가 정의하는 임의의 스케치 형상을 따라 복사 배열한다.

예 | 상 | 문 | 제

1. 3D 형상 모델링 작업 중 돌출 명령을 사용하기 전에 반드시 해야 하는 것은?

① 3D 필렛 　　　② 3D 챔퍼
③ 스케치 작업 　　④ 선형 패턴

해설 3D 형상의 기본이 되는 밑그림을 프로파일이라고 하며, 프로파일을 만드는 작업을 스케치라고 한다.

2. 3D 형상 모델링 작업 중 솔리드 모델을 기준 축에 의해 원주상으로 복사하여 나열하는 명령은?

① 회전 돌출 　　② 돌출 빼기
③ 미러 　　　　④ 원형 패턴

해설 • 미러 : 작업된 솔리드 모델을 참조하여 평면을 기준으로 대칭 이동 및 복사하는 명령이다.
• 원형 패턴 : 기준 축에 의해 솔리드 모델을 원주상으로 복사하여 나열하는 명령이다.

3. 다음 설명에 해당하는 3차원 모델링에 해당하는 것은?

- 데이터의 구성이 간단하다.
- 처리 속도가 빠르다.
- 단면도의 작성이 불가능하다.
- 은선 제거가 불가능하다.

① 서피스 모델링
② 솔리드 모델링
③ 시스템 모델링
④ 와이어 프레임 모델링

해설 와이어 프레임 모델링의 장점(보기 외)
• 모델 작성을 쉽게 할 수 있다.
• 3면 투시도 작성이 용이하다.

4. 그림은 공간상의 선을 이용하여 3차원 물체의 가장자리 능선을 표시한 모델이다. 이러한 모델링은?

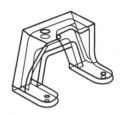

① 서피스 모델링
② 와이어 프레임 모델링
③ 솔리드 모델링
④ 이미지 모델링

해설 와이어 프레임 모델링 : 3차원 모델의 가장 기본적인 표현 방식으로 점, 선, 원, 호 형태의 철사 프레임으로 구조물을 표현한다.

5. 다음과 같은 3차원 모델링 중 은선 처리가 가능하고 면의 구분이 가능하여 일반적인 NC 가공에 가장 적합한 모델링은?

① 이미지 모델링
② 솔리드 모델링
③ 서피스 모델링
④ 와이어 프레임 모델링

해설 서피스 모델링 : 면을 곡면의 방정식으로 표현한 것으로, 모서리 대신 면을 사용한다.

정답 1. ③　2. ④　3. ④　4. ②　5. ③

6. 서피스 모델을 임의의 평면으로 절단했을 때 어떤 도형으로 나타나는가?

① 점(point)   ② 선(line)

③ 면(face)   ④ 평면(surface)

해설 서피스 모델은 와이어 프레임 모델의 선으로 둘러싸인 면을 정의한 것이다.

7. CAD 시스템에서 3차원 모델링 중 솔리드 (solid) 모델링의 특징으로 틀린 것은?

① 데이터의 구성이 간단하다.

② 데이터의 메모리 양이 많다.

③ 정확한 형상을 파악할 수 있다.

④ 물리적 성질의 계산이 가능하다.

해설 솔리드 모델링은 컴퓨터 메모리의 양이 많아 데이터의 구성이 복잡하다.

8. 형상 구속 조건과 치수 조건을 입력하여 모델링하는 기법으로 옳은 것은?

① 파라메트릭 모델링

② wire frame 모델링

③ B−rep(boundary representation)

④ CSG(constructive solid geometry)

해설 파라메트릭 모델링

- 사용자가 형상 구속 조건과 치수 조건을 입력하여 형상을 모델링하는 방식이다.
- 3차원 모델 생성이라는 사용자의 업무 부담을 줄이고, 업무의 효율성을 높일 수 있다.

9. 서로 만나는 2개의 평면 또는 곡면에서 만나는 모서리를 곡면으로 바꾸는 작업을 무엇이라 하는가?

① blending   ② sweeping

③ remeshing   ④ trimming

해설 블렌딩은 서로 만나는 모서리를 부드러운 곡면 모서리로 연결되게 하는 곡면 처리를 말한다.

10. 다음 모델링 기법 중에서 숨은선 제거가 불가능한 모델링 기법은?

① CGS 모델링

② B−rep 모델링

③ 와이어 프레임 모델링

④ 서피스 모델링

해설 와이어 프레임 모델링은 은선 제거가 불가능하다는 단점이 있다.

11. 솔리드 모델링에서 사용하는 일반적인 기본 형상(primitive)이 아닌 것은?

① 곡면   ② 실린더

③ 구   ④ 원뿔

해설 • 솔리드 모델링 시스템에서 사용하는 일반적인 기본 형상은 구, 원뿔, 원기둥, 블록, 회전체 등이다.

- 곡면은 서피스 모델링 시스템에서 사용하는 요소이다.

12. CAD 시스템을 이용하여 제품에 대한 기하학적 모델링 후 체적, 무게중심, 관성 모멘트 등의 물리적 성질을 알아보려고 한다면 필요한 모델링은?

① 와이어 프레임 모델링

② 서피스 모델링

③ 솔리드 모델링

④ 시스템 모델링

해설 솔리드 모델링 : 질량이나 무게중심과 같은 기계적인 특성을 표현할 수 있어 3차원 모델 작업에 가장 많이 사용한다. 그러나 파일 용량이 커서 고성능 컴퓨터가 필요하다는 단점이 있다.

13. 서피스 모델링(surface modeling)의 특징을 설명한 것 중 틀린 것은?

① 복잡한 형상의 표현이 가능하다.

② 단면도를 작성할 수 없다.

③ 물리적 성질을 계산하기가 곤란하다.

④ NC 가공 정보를 얻을 수 있다.

해설 와이어 프레임 모델은 단면도 작성이 불가능하지만 서피스 모델은 가능하다.

14. 솔리드 모델의 특징에 대한 설명으로 틀린 것은?

① 두 모델 간의 간섭체크가 용이하다.

② 물리적 성질 등의 계산이 가능하다.

③ 이동 · 회전 등을 통한 정확한 형상 파악이 곤란하다.

④ 컴퓨터의 메모리 용량이 많아진다.

해설 이동 · 회전 등을 통해 정확한 형상 파악을 할 수 있으며, 형상을 절단한 단면도 작성이 용이하다.

15. 다음 중 3차원 형상을 표현하는 것으로 틀린 것은?

① 솔리드 모델링

② 곡선 모델링

③ 와이어 프레임 모델링

④ 서피스 모델링

해설 3차원 모델링은 크게 와이어 프레임 모델링, 서피스 모델링, 솔리드 모델링이 있다.

16. 모델링과 관련이 있는 용어의 설명으로 틀린 것은?

① 스위핑(sweeping) : 하나의 2차원 단면 형상을 입력하고, 이를 안내 곡선에 따라 이동시켜 입체를 생성하는 것

② 스키닝(skinning) : 원하는 경로에 여러 개의 단면 형상을 위치시키고, 이를 덮는 입체를 생성하는 것

③ 리프팅(lifting) : 주어진 물체에서 특정 면의 전부 또는 일부를 원하는 방향으로 움직여서 물체가 그 방향으로 늘어난 효과를 갖도록 하는 것

④ 블렌딩(blending) : 주어진 형상을 국부적으로 변화시키는 방법으로, 접하는 곡면을 예리한 모서리로 처리하는 것

해설 블렌딩

• 주어진 형상을 국부적으로 변화시키는 방법이다.

• 서로 만나는 모서리를 부드러운 곡면 모서리로 연결되게 하는 곡면 처리를 말한다.

참고 ④는 모따기에 관한 설명이다.

17. CAD에서 사용되는 모델링 방식에 대한 설명 중 잘못된 것은?

① wire frame model : 음영 처리하기에 용이하다.

② surface model : NC 데이터를 생성할 수 있다.

③ solid model : 정의된 형상의 질량을 구할 수 있다.

④ surface model : tool path를 구할 수 있다.

해설 wire frame model은 음영 처리, 숨은선 제거, 단면도 작성 등이 불가능하다.

18. 일반적인 3차원 표현 방법 중에서 와이어 프레임 모델의 특징을 설명한 것으로 틀린 것은?

① 은선 제거가 불가능하다.

② 유한 요소법에 의한 해석이 가능하다.

③ 저장되는 정보의 양이 적다.

④ 3면 투시도 작성이 용이하다.

해설 유한 요소법에 의한 해석은 솔리드 모델링에서 가능하다.

19. 3차원 형상의 모델링 방식에서 B-rep 방식과 비교한 CGS 방식의 장점은?

① 중량 계산이 용이하다.
② 표면적 계산이 용이하다.
③ 전개도 작성이 용이하다.
④ B-rep 방식보다 복잡한 형상을 나타내는 데 유리하다.

해설 CSG 방식
• 전개도 작성이나 표면적 계산이 곤란하다.
• 데이터 작성이나 수정이 용이하다.
• 데이터의 구조가 간단하며 필요한 메모리 용량이 적다.

20. 서피스 모델에서 사용되는 기본 곡면의 종류에 속하지 않는 것은?

① revolved surface
② topology surface
③ sweep surface
④ bezier surface

해설 서피스 모델에 사용되는 기본 곡면은 룰드 곡면, 스윕 곡면, 베지어 곡면, 회전 곡면, 테이퍼 곡면 등이 있다.

21. 서피스 모델의 특징을 잘못 설명한 것은?

① 단면을 구할 수 있다.
② 유한 요소법(FEM)의 적용을 위한 요소 분할이 쉽다.
③ NC 가공 정보를 얻을 수 있다.
④ 은선 제거가 가능하다.

해설 유한 요소법(FEM)의 적용은 솔리드 모델의 특징이다.

22. 솔리드 모델링(solid modeling)에서 면의 일부 혹은 전부를 원하는 방향으로 당겨서 물체가 늘어나도록 하는 모델링 기능은?

① 트위킹(tweaking)
② 리프팅(lifting)
③ 스위핑(sweeping)
④ 스키닝(skinning)

해설 리프팅과 트위킹
• 리프팅(lifting) : 솔리드의 한 면을 들어 올려 형상을 수정한다.
• 트위킹(tweaking) : 수정하고자 하는 솔리드 모델 혹은 곡면의 모서리, 꼭짓점의 위치를 변화시켜 모델을 수정한다.

23. 폐쇄된 평면 영역이 단면이 되어 직진 이동 또는 회전 이동하여 솔리드 모델을 만드는 모델링 기법은?

① 스키닝(skinning)
② 리프팅(lifting)
③ 스위핑(sweeping)
④ 트위킹(tweaking)

해설 스위핑 : 하나의 2차원 단면 곡선(이동 곡선)이 미리 정해진 안내 곡선을 따라 이동하면서 입체를 생성하는 방법이다.

24. 다음 중 CSG 방식 모델링에서 기초 형상(primitive)에 대한 가장 기본적인 조합 방식에 속하지 않는 것은?

① 합집합
② 차집합
③ 교집합
④ 여집합

해설 • CSG는 도형의 단위 요소를 조합하여 물체를 표현하는 방식으로 크게 합집합, 차집합, 교집합의 3가지로 이루어진다.
• 도형을 불러와 내부까지 연산을 처리하므로 물체의 내부 정보(중량, 체적, 무게중심 등)를 구하기에 좋다.

25. 솔리드 모델링의 일종인 특징 형상 모델링 기법에 대한 설명으로 옳지 않은 것은?

① 모델링 입력을 설계자 또는 제작자에게 익숙한 형상 단위로 하는 것이다.

② 각각의 형상 단위는 주요 치수를 파라미터로 입력하도록 되어 있다.

③ 전형적인 특징 현상은 모따기(chamfer), 구멍(hole), 필릿(fillet), 슬롯(slot) 등이 있다.

④ 사용 분야와 사용자에 관계없이 특징 형상의 종류가 항상 일정하다는 것이 장점이다.

해설 특징 형상 모델링

- 설계자들이 빈번하게 사용하는 임의의 형상을 정의해 놓고, 변숫값만 입력하여 원하는 형상을 쉽게 얻는 기법이다.
- 구멍, 슬롯, 포켓 등의 형상 단위를 라이브러리에 미리 갖추어 놓고, 필요시 치수를 변화시켜 설계에 사용한다.

26. CAD 용어 중 회전 특징 형상 모양으로 잘려나간 부분에 해당하는 특징 형상은?

① 홀(hole)　　　② 그루브(groove)
③ 챔퍼(chamfer)　④ 라운드(round)

해설 • 홀 : 물체에 진원으로 파인 구멍 형상
- 챔퍼 : 모서리를 45° 모따기하는 형상
- 라운드 : 모서리를 둥글게 블렌드하는 형상

27. 다음 그림과 같이 곡면 모델링 시스템에 의해 만들어진 곡면을 불러들여 기존 모델의 평면을 바꿀 수 있는 모델링 기능은?

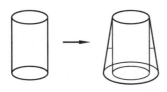

① 네스팅(nesting)

② 트위킹(tweaking)

③ 돌출하기(extruding)

④ 스위핑(sweeping)

해설 트위킹 : 솔리드 모델링 기능 중에서 하위 구성 요소들을 수정하여 직접 조작하고, 주어진 입체의 형상을 변화시켜가면서 원하는 형상을 모델링하는 기능이다.

28. 다음 중 특징 형상 모델링(feature-based modeling)의 특징으로 거리가 먼 것은?

① 기본적인 형상의 구성 요소와 형상의 단위에 관한 정보를 함께 포함하고 있다.

② 전형적인 특징 형상으로 모따기(chamfer), 구멍(hole), 슬롯(slot) 등이 있다.

③ 특징 형상 모델링 기법을 응용하여 모델로부터 공정 계획을 자동으로 생성시킬 수 있다.

④ 주로 트위킹(tweaking) 기능을 이용하여 모델링을 수행한다.

해설 트위킹은 수정하고자 하는 솔리드 모델 혹은 곡면의 모서리, 꼭짓점의 위치를 변화시켜 모델을 수정하는 기법이다.

29. CSG 모델링 방식에서 불 연산(boolean operation)이 아닌 것은?

① union(합)　　② subtract(차)
③ intersect(적)　④ project(투영)

해설 불 연산에 사용하는 기호

논리합 A or B	논리곱 A and B	부정 not A
A+B A∪B A∨B	A·B AB A∩B A∧B A&B	A´ ~A

30. CSG 트리 자료 구조에 대한 설명으로 틀린 것은?

① 자료 구조가 간단하여 데이터 관리가 용이하다.

② 리프팅이나 라운딩과 같이 편리한 국부 변형 기능들을 사용하기에 좋다.

③ CSG 표현은 항상 대응되는 B-rep 모델로 치환이 가능하다.

④ 파라메트릭 모델링을 쉽게 구현할 수 있다.

해설 CSG 방식은 리프팅이나 라운딩과 같이 국부 변형의 기능들을 사용하기 어렵다.

31. 꼭짓점 개수 v, 모서리 개수 e, 면 또는 외부 루프의 개수 f, 면상에 있는 구멍 루프의 개수 h, 독립된 셀의 개수 s, 입체를 관통하는 구멍(passage)의 개수가 p인 B-rep 모델에서 이들 요소 간의 관계를 나타내는 오일러-포앙카레 공식으로 옳은 것은?

① $v-e+f-h=(s-p)$

② $v-e+f-h=2(s-p)$

③ $v-e+f-2h=(s-p)$

④ $v-e+f-2h=2(s-p)$

해설 오일러-포앙카레 공식 : 꼭짓점의 개수+면의 개수-모서리의 개수=2의 식을 만족하며 $v-e+f-h=2(s-p)$로 나타낸다.

32. 다음 중 3차원 형상의 모델링 방식에서 CSG(constructive solid geometry) 방식을 설명한 것은?

① 투시도 작성이 용이하다.

② 전개도 작성이 용이하다.

③ 기본 입체 형상을 만들기 어려울 때 사용되는 모델링 방법이다.

④ 기본 입체 형상의 boolean operation(불 연산)에 의해 모델링한다.

해설 ①, ②, ③은 B-rep 방식에 대한 설명이다. CSG 방식은 복잡한 형상을 단순한 형상(기본 입체)의 조합으로 표현한다.

33. 그림과 같이 중간에 원형 구멍이 관통되어 있는 모델에 대하여 토폴로지 요소를 분석하고자 한다. 여기서 면(face)은 몇 개로 구성되어 있는가?

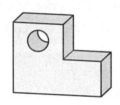

① 7

② 8

③ 9

④ 10

해설 구멍의 면을 1개의 면으로 간주하여 총 면의 수를 세면 모두 9개이다.

34. 그림과 같이 여러 개의 단면의 형상을 생성하고, 이들을 덮어 싸는 곡면을 생성하였다. 이는 어떤 모델링 방법인가?

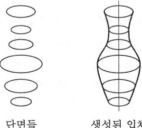

단면들　　　　　생성된 입체

① 스위핑

② 리프팅

③ 블렌딩

④ 스키닝

해설 스키닝(skinning) : 원하는 경로에 여러 개의 단면 형상을 위치시키고, 이를 덮는 입체를 생성하는 기능이다.

정답 **30.** ② **31.** ② **32.** ④ **33.** ③ **34.** ④

기계설계
산업기사

제 **2** 편

기계요소 설계

체결요소 설계

1. 요구기능 파악 및 설계

기계설계의 기초

1 SI 기본 단위

서로 독립된 차원을 가지는 단위로 정의하며, 7가지이다.

SI 기본 단위

양	명칭	기호	양	명칭	기호
길이	미터	m	온도	켈빈	K
질량	킬로그램	kg	물질량	몰	mol
시간	초	s	광도	칸델라	cd
전류	암페어	A			

2 응력과 변형률

(1) 응력

① 인장 응력(σ_t)

$$\sigma_t = \frac{P_t}{A}$$

여기서, P_t : 인장 하중 A : 하중에 수직인 단면적

② 압축 응력(σ_c)

$$\sigma_c = \frac{P_c}{A}$$

여기서, P_c : 압축 하중 A : 하중에 수직인 단면적

③ **전단 응력(τ)**

$$\tau = \frac{P_s}{A}$$

여기서, P_s : 전단 하중 A : 하중에 평행인 단면적

(2) 변형률

① **세로 변형률** : 인장 하중(P_t)이나 압축 하중(P_c)이 작용하면 하중의 방향으로 늘어나거나 줄어들어 변형이 생긴다.

$$세로\ 변형률(\varepsilon) = \frac{\lambda}{l} = \frac{l'-l}{l}$$

여기서, l : 최초의 재료 길이(mm) l' : 변형 후의 재료 길이(mm)
        λ : 변형량(늘어난 양)

② **가로 변형률** : 하중의 방향과 직각이 되는 방향의 변형률을 가로 변형률이라 한다.

$$가로\ 변형률(\varepsilon') = \frac{\delta}{d}$$

여기서, d : 최초의 막대 지름(mm) δ : 지름의 변화량(mm)

③ **전단 변형률** : 전단력(P_s)에 의해 재료가 A′B′CD로 변형되었을 때, 즉 λ_s만큼 밀려났을 때 평행면의 거리 l의 단위 높이당 밀려남을 전단 변형률이라 한다.

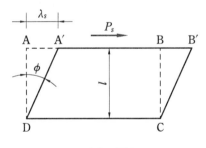

전단 변형률

④ **응력과 변형률의 관계**

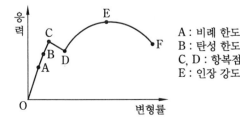

A : 비례 한도
B : 탄성 한도
C, D : 항복점
E : 인장 강도

연강의 응력과 변형률

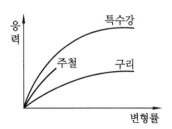

기타 재료의 응력과 변형률

⑤ 훅의 법칙과 탄성계수

㈎ 훅의 법칙 : 비례 한도 범위 내에서 응력과 변형률은 정비례한다는 법칙

㈏ 세로탄성계수(E)

$$\frac{\sigma}{\varepsilon}=E \quad \text{또는} \quad \sigma=E\cdot\varepsilon$$

여기서, ε : 세로 변형률 σ : 축 하중을 받는 재료에 생기는 수직 응력

○─ **참고** ─○

푸아송의 비
- 탄성 한도 내에서 가로 변형률(ε')과 세로 변형률(ε)의 비는 재료에 관계없이 일정한 값이 되는데, 이 비율을 푸아송의 비(μ)라 한다.

---

(3) 허용 응력과 안전율

① **허용 응력** : 기계나 구조물에 실제로 허용할 수 있는 최대 응력을 허용 응력이라 한다.

② **안전율** : 재료의 기준 강도와 허용 응력과의 비를 안전율이라 한다.

$$\text{안전율} = \frac{\text{기준 강도}}{\text{허용 응력}}$$

예 | 상 | 문 | 제

1. 다음 중 재료를 인장 시험할 때 재료에 작용하는 하중을 변형 전의 원래 단면적으로 나눈 응력은?

① 인장 응력
② 압축 응력
③ 공칭 응력
④ 전단 응력

해설 공칭 응력 : 재료에 작용하는 하중을 최초의 단면적으로 나눈 응력값으로, 복잡한 응력 분포나 변형은 고려하지 않고 무시한다.

2. 하중의 크기 및 방향이 주기적으로 변화하는 하중으로 양진 하중을 의미하는 것은?

① 변동 하중(variable load)
② 반복 하중(repeated load)
③ 교번 하중(alternate load)
④ 충격 하중(impact load)

해설 • 반복 하중 : 방향이 변하지 않고 계속하여 반복 작용하는 하중으로, 진폭은 일정하고 주기는 규칙적인 하중이다.
• 교번 하중 : 하중의 크기와 방향이 주기적으로 변화하는 하중으로, 인장과 압축을 교대로 반복하는 하중이다.
• 충격 하중 : 비교적 단시간에 충격적으로 작용하는 하중으로, 순간적으로 작용하는 하중이다.

3. 재료의 기준 강도(인장 강도)가 400N/mm^2 이고 허용 응력이 100N/mm^2일 때 안전율은 얼마인가?

① 0.25
② 1.0
③ 4.0
④ 16.0

해설 안전율 $=\dfrac{\text{인장 강도}}{\text{허용 응력}}=\dfrac{400}{100}=4$

4. 높이 50mm의 사각봉이 압축 하중을 받아 0.004의 변형률이 생겼다고 하면 이 봉의 높이는 얼마가 되었는가?

① 49.8mm
② 49.9mm
③ 49.96mm
④ 49.99mm

해설 $\varepsilon=\dfrac{\lambda}{l}$, $\lambda=l\times\varepsilon=50\times0.004=0.2$

∴ $50-0.2=49.8\,\text{mm}$

5. 허용 전단 응력이 60N/mm^2인 리벳이 있다. 이 리벳에 15kN의 전단 하중을 작용시킬 때 리벳의 지름은 약 몇 mm 이상이어야 안전한가?

① 17.85
② 20.50
③ 25.25
④ 30.85

해설 $d=\sqrt{\dfrac{4W}{\pi\tau}}=\sqrt{\dfrac{4\times15000}{\pi\times60}}≒17.85\,\text{mm}$

6. 단면 50mm×50mm, 길이 100mm인 탄소 강재가 있다. 여기에 10kN의 인장력을 길이 방향으로 주었을 때 0.4mm가 늘어났다면, 이때 변형률은?

① 0.0025
② 0.004
③ 0.0125
④ 0.025

해설 $\varepsilon'=\dfrac{\delta}{d}=\dfrac{0.4}{100}=0.004$

7. 재료의 파손이론 중 취성 재료에 잘 일치하는 것은?

① 최대 주응력설
② 최대 전단응력설
③ 최대 주변형률설
④ 변형률 에너지설

> **해설** • 최대 주응력설 : 최대 인장 응력의 크기가 인장 항복 강도보다 클 경우 또는 최대 압축 응력의 크기가 압축 항복 강도보다 클 경우 재료의 파손이 일어난다는 이론으로, 인장 응력과 압축 응력에 의해 재료가 파손된다는 것이다.
>
> • 최대 전단 응력설 : 최대 전단 응력이 항복 전단 응력에 도달하여 재료의 파손이 일어난다는 것이다.

8. 지름 4cm인 봉재에 인장 하중이 1000N으로 작용할 때 발생하는 인장 응력은 약 얼마인가?

① 127.3N/cm^2
② 105.3N/mm^2
③ 80N/cm^2
④ 60N/mm^2

> **해설** $\tau = \dfrac{W}{A} = \dfrac{W}{\dfrac{\pi d^2}{4}} = \dfrac{1000}{\dfrac{\pi \times 4^2}{4}} \fallingdotseq 80 \text{N/cm}^2$

9. 기계재료에 반복 하중을 무한한 횟수로 연속적으로 가할 때 재료가 파괴되지 않고 견딜수 있는 최대 응력의 한계를 무엇이라 하는가?

① 탄성 한계
② 크리프 한계
③ 피로 한도
④ 인장 강도

> **해설** 피로 한도 : 작은 힘의 하중을 무한한 횟수로 연속적으로 가할 때 재료가 파괴되지 않고 견딜 수 있는 최대 응력의 한계이다.

10. 연강봉이 인장 하중 200kg을 받아 인장 응력 4200kg/cm²가 발생하였다. 안전율 $S=6$으로 할 때 안전하게 사용하기 위해 지름을 몇 mm로 하면 되는가?

① 4
② 5
③ 6
④ 7

> **해설** $S = \dfrac{\sigma_s}{\sigma_a}$, $\sigma_a = \dfrac{\sigma_s}{S} = \dfrac{4200}{6}$
> $\qquad\qquad = 700 \text{kg/cm}^2$
>
> $\therefore \sigma_a = \dfrac{P}{\dfrac{\pi d^2}{4}}$, $d = \sqrt{\dfrac{4P}{\pi \sigma_a}} = \sqrt{\dfrac{4 \times 200}{\pi \times 700}}$
> $\qquad\qquad \fallingdotseq 0.60 \text{cm}$
> $\qquad\qquad = 6 \text{mm}$

11. 사각형 단면(100mm×60mm)의 기둥에 1N/mm²의 압축 응력이 발생할 때 압축 하중은 약 얼마인가?

① 6000N
② 600N
③ 60N
④ 60000N

> **해설** $\sigma = \dfrac{W}{A}$, $W = A\sigma$
>
> $\therefore W = (100 \times 60) \times 1 = 6000 \text{N}$

12. 각속도가 30rad/s인 원 운동을 rpm 단위로 환산하면 얼마인가?

① 157.1 rpm
② 186.5 rpm
③ 257.1 rpm
④ 286.5 rpm

> **해설** 각속도 $w = \dfrac{2\pi N}{60}$
>
> $\therefore N = \dfrac{60 \times w}{2\pi} = \dfrac{60 \times 30}{2\pi}$
> $\qquad \fallingdotseq 286.5 \text{rpm}$

13. 지름이 10mm인 시험편에 600N의 인장력이 작용한다고 할 때, 이 시험편에 발생하는 인장 응력은 약 몇 MPa인가?

① 95.2 　　② 76.4
③ 7.64 　　④ 9.52

해설 $\sigma = \dfrac{W}{A} = \dfrac{W}{\dfrac{\pi d^2}{4}} = \dfrac{600}{\dfrac{\pi \times 100}{4}}$

$\fallingdotseq 7.64\,\mathrm{MPa}$

14. 공업 제품에 대한 표준화 시행 시 여러 장점이 있다. 다음 중 공업 제품의 표준화와 관련된 장점으로 거리가 먼 것은?

① 부품의 호환성이 유지된다.
② 능률적인 부품 생산을 할 수 있다.
③ 부품의 품질 향상이 용이하다.
④ 표준화 규격 제정 시 소요되는 시간과 비용이 적다.

해설 표준화를 하므로 비용 절감, 생산 시스템 간소화, 품질 향상 등의 목표를 달성할 수 있지만 표준화 규격 제정 시 소요되는 시간과 비용이 많다.

15. 응력-변형률 선도에서 재료가 저항할 수 있는 최대의 응력을 무엇이라 하는가? (단, 공칭 응력을 기준으로 한다.)

① 비례 한도(proportional limit)
② 탄성 한도(elastic limit)
③ 항복점(yield point)
④ 극한 강도(ultimate strength)

해설 • 극한 강도는 재료가 감당할 수 있는 최대의 응력을 말하며, 재료의 극한 강도와 허용 응력과의 비를 안전율이라고 한다.

• 안전율 = $\dfrac{\text{극한 강도(인장 강도)}}{\text{허용 응력}}$

= 기준 강도

16. 일반적으로 안전율을 가장 크게 잡는 하중은? (단, 동일 재질에서 극한 강도 기준의 안전율을 대상으로 한다.)

① 충격 하중
② 편진 반복 하중
③ 정하중
④ 양진 반복 하중

해설 충격 하중
• 비교적 단시간에 급격히 작용하는 하중으로, 순간적으로 작용하는 하중이다.
• 충격 하중일 때 안전율을 가장 크게 잡는다.

17. 변형률(strain, ε)에 관한 식으로 옳은 것은? (단, l : 재료의 원래 길이, λ : 줄거나 늘어난 길이, A : 단면적, σ : 작용 응력)

① $\varepsilon = \lambda \times l^2$ 　　② $\varepsilon = \dfrac{\sigma}{l}$
③ $\varepsilon = \dfrac{\lambda}{A}$ 　　④ $\varepsilon = \dfrac{\lambda}{l}$

해설 • 세로 변형률$(\varepsilon) = \dfrac{\lambda}{l} = \dfrac{l'-l}{l}$
• 가로 변형률$(\varepsilon') = \dfrac{\delta}{d} = \dfrac{d'-d}{d}$

1-2	나사

1 나사의 각부 명칭

① 나사의 원리

㈎ 일반적으로 나사에는 암나사와 숫나사가 있으며, 숫나사를 회전시켜 암나사의 내부에 직선으로 이동하면서 체결된다.

㈏ 회전 운동을 직선 운동으로 바꾸는 원리이다.

② 나사의 각부 명칭

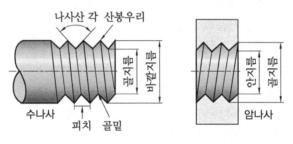

나사의 각부 명칭

㈎ 바깥지름 : 수나사의 산봉우리에 접하거나 암나사의 골밑에 접하는 가상의 원통 표면의 지름

㈏ 골지름 : 수나사의 골밑에 접하거나 암나사의 산봉우리에 접하는 가상의 원통 표면의 지름

㈐ 유효지름 : 피치 원통의 지름

㈑ 피치 : 서로 인접하여 만나는 나사산과 인접한 나사산의 축 방향의 거리

㈒ 리드 : 나사가 1회전하여 축 방향으로 이동한 거리

$$리드(l) = 줄수(n) \times 피치(p)$$

2 나사의 종류

① **삼각나사** : 나사산의 모양이 정삼각형에 가까운 나사로 미터나사, 유니파이 나사, 관용나사가 있으며, 특히 미터나사는 체결용으로 가장 많이 사용된다.

② **사각나사** : 나사산의 모양이 4각이며 동력 전달용으로 사용된다.

③ **사다리꼴나사** : 사각나사보다 강력한 동력 전달용으로 사용되며, 미터 사다리꼴 나사의 기호는 Tr로 KS B 0229에 규정되어 있다.

④ **톱니나사** : 힘을 한쪽 방향으로만 전달하는 곳에 사용된다. 힘을 받는 면은 축에 직각, 받지 않는 면은 30°와 45°로 경사져 있다(잭, 프레스, 바이스 등에 사용).

⑤ **둥근나사** : 나사산과 골이 둥글기 때문에 먼지나 모래가 들어가기 쉬운 전구, 호스 등에 사용되며, 너클 나사라고도 한다.

⑥ **볼나사** : 수나사와 암나사의 홈에 강구(steel ball)가 들어 있어 일반 나사보다 마찰계수가 매우 작고 운동의 전달이 가벼워 CNC 공작기계에 사용된다.

삼각나사의 종류

나사의 종류	미터나사	유니파이 나사 (ABC 나사)	관용 나사 (관 나사)
단위	mm	in	in
호칭 기호	M	UNC : 보통 나사 UNF : 가는 나사	R : 테이퍼 수나사 Rc : 테이퍼 암나사 Rp : 평행 암나사
나사산의 크기	피치	산수/인치	산수/인치
나사산의 각도	60°	60°	55°

3 나사의 효율

① **하중을 밀어 올릴 때**

$$나사의 효율(\eta) = \frac{마찰이 \ 없는 \ 경우의 \ 회전력}{마찰이 \ 있는 \ 경우의 \ 회전력} = \frac{\tan\lambda}{\tan(\rho+\lambda)}$$

여기서, λ : 리드각 $\quad \rho$: 나사면의 마찰각

② **하중을 밀어 내릴 때**

$$나사의 효율(\eta) = \frac{\tan\lambda}{\tan(\rho-\lambda)}$$

4 나사의 자립 조건

① $\rho < \lambda$일 때는 $P < 0$이 되어 너트에 힘을 가하지 않아도 나사가 풀어진다.

② 자립 상태를 유지하려면 $\rho \geq \lambda$, 즉 마찰각이 나사의 리드각보다 크거나 같아야 한다.

$$\rho \geq \lambda$$

여기서, ρ : 나사면의 마찰각 $\quad \lambda$: 리드각 또는 나선각

$\quad\quad\quad P$: 나사 회전력 $\quad \mu$: 나사면의 마찰계수($\mu = \tan\rho$)

예 | 상 | 문 | 제

1. 볼나사(ball screw)의 장점에 해당되지 않는 것은?

① 미끄럼 나사보다 내충격성 및 감쇠성이 우수하다.

② 예압에 의해 치면 높이(backlash)를 작게 할 수 있다.

③ 마찰이 매우 적고 기계효율이 높다.

④ 시동 토크 또는 작동 토크의 변동이 작다.

해설 볼나사의 특징

• 마찰이 매우 적고 백래시가 작아 정밀하다.

• 미끄럼 나사보다 기계효율이 높다.

• 시동 토크 또는 작동 토크의 변동이 작다.

• 미끄럼 나사에 비해 내충격성과 감쇠성이 떨어진다.

2. 리드각이 α, 마찰계수가 $\mu(=\tan\rho)$인 나사의 자립 조건으로 옳은 것은? (단, ρ는 마찰각이다.)

① $2\alpha<\rho$ ② $\alpha<2\rho$

③ $\alpha<\rho$ ④ $\alpha>\rho$

해설 나사의 자립 조건 : 나사가 저절로 풀리지 않고 체결되어 있는 상태를 자립 상태라고 하며, 이 상태를 유지하기 위해서는 마찰각(ρ)이 리드각(α)보다 커야 한다.

3. 다음과 같은 나사산의 각도 중 틀린 것은?

① 미터 보통 나사 60°

② 관용 평행 나사 55°

③ 유니파이 보통 나사 60°

④ 미터 사다리꼴나사 35°

해설 미터 사다리꼴나사는 나사산의 각도가 30°이다.

4. 유니파이 보통 나사 "$\frac{1}{4}$ −20UNC"의 바깥지름은?

① 0.25mm   ② 6.35mm

③ 12.7mm   ④ 20mm

해설 바깥지름 $=\dfrac{1}{4}$ in $=\dfrac{25.4}{4}$ mm

$\qquad\qquad =6.35$ mm

5. 지름 20mm, 피치 2mm인 3줄 나사를 1/2 회전했을 때, 이 나사의 진행거리는 몇 mm인가?

① 1   ② 3

③ 4   ④ 6

해설 $l=np=3\times2=6$ mm

$\therefore L=l\times$ 회전수 $=6\times\dfrac{1}{2}=3$ mm

6. 30° 미터 사다리꼴나사(1줄 나사)의 유효지름이 18mm이고, 피치가 4mm이며 나사 접촉부 마찰계수가 0.15일 때, 이 나사의 효율은 약 몇 %인가?

① 24%   ② 27%

③ 31%   ④ 35%

해설 $\rho=\tan^{-1}0.15\fallingdotseq8.53°$

$\lambda=\tan^{-1}\dfrac{4}{\pi\times18}\fallingdotseq4.04°$

$\therefore \eta=\dfrac{\tan\lambda}{\tan(\lambda+\rho)}=\dfrac{\tan4.04°}{\tan(4.04°+8.53°)}$

$\qquad\fallingdotseq0.31=31\%$

7. 피치가 2mm인 3줄 나사에서 90° 회전시키면 나사가 움직인 거리는 몇 mm인가?

① 0.5   ② 1
③ 1.5   ④ 2

해설 • $l=np=3\times2=6\,\text{mm}$

• 90° 회전했다면 리드값의 $\frac{1}{4}$에 해당한다.

∴ 나사가 움직인 거리 $=6\times\frac{1}{4}=1.5\,\text{mm}$

8. 사각나사의 유효지름이 63 mm, 피치가 3 mm인 나사잭으로 5t의 하중을 들어올리려면 레버의 유효 길이는 약 몇 mm 이상이어야 하는가? (단, 레버의 끝에 작용시키는 힘은 200 N이며 나사 접촉부 마찰계수는 0.1이다.)

① 891   ② 958
③ 1024   ④ 1168

해설 • $\lambda=\tan^{-1}\dfrac{3}{\pi\times63}\fallingdotseq0.87°$

• 하중을 kg에서 N으로 변환하면
$5t=5000\,\text{kg}\times9.8=49000\,\text{N}$

• 마찰력=나사면에 걸리는 수직력×마찰계수
$=(49000\times\cos0.87°)\times0.1$
$\fallingdotseq48994\times0.1=4899.4$

• 면에 걸리는 분력 $=49000\times\sin0.87°$
$\fallingdotseq752.4$

• 마찰력+면에 걸리는 분력
$=4899.4+752.4$
$=5651.8$

• 지렛대 원리에 의해
$5651.4\times31.5=200\times\text{레버 길이}$
∴ 레버 길이 $\fallingdotseq890.15\fallingdotseq891$

9. 나사의 표기를 "L 2줄 M50×3-6H"로 나타냈을 때, 이 나사에 대한 설명으로 틀린 것은?

① 나사의 감김 방향이 왼쪽이다.

② 수나사 등급이 6H이다.
③ 미터나사이고 피치는 3 mm이다.
④ 2줄 나사이다.

해설 수나사는 소문자, 암나사는 대문자를 사용하므로 6H는 암나사의 등급이다.

10. 나사 표기가 TM18이라 되어 있을 때, 이는 무슨 나사인가?

① 관용 평행나사
② 29° 사다리꼴나사
③ 관용 테이퍼 나사
④ 30° 사다리꼴나사

해설 • 관용 평행나사 : G
• 29° 사다리꼴나사 : TW
• 관용 테이퍼 수나사 : R
• 관용 테이퍼 암나사 : Rc
• 30° 사다리꼴나사 : TM

11. 다음 나사 기호 중 관용 평행나사를 나타내는 것은?

① Tr   ② E
③ R   ④ G

해설 나사의 기호
• Tr : 미터 사다리꼴나사
• E : 전구 나사
• R : 관용 테이퍼 수나사

12. 나사의 제도 방법을 설명한 것으로 틀린 것은?

① 수나사에서 골지름은 가는 실선으로 도시한다.
② 불완전 나사부를 나타내는 골지름 선은 축선에 대해 평행하게 표시한다.
③ 암나사의 측면도에서 호칭지름에 해당하는 선은 가는 실선이다.

④ 완전 나사부란 산봉우리와 골밑 모양의 양쪽 모두 완전한 산형으로 이루어지는 나사부이다.

해설 불완전 나사부를 나타내는 골지름 선은 축선에 대해 30°의 가는 실선으로 그린다.

13. 미터나사에 관한 설명으로 잘못된 것은?

① 기호는 M으로 표기한다.
② 나사산의 각은 60°이다.
③ 호칭 지름은 인치(in)로 나타낸다.
④ 부품의 결합 및 위치 조정 등에 사용된다.

해설 미터나사의 호칭 지름은 mm로 나타낸다.

14. Tr 40×7-6H로 표시된 나사의 설명 중 틀린 것은?

① Tr : 미터 사다리꼴나사
② 40 : 나사의 호칭 지름
③ 7 : 나사산의 수
④ 6H : 나사의 등급

해설 • 7 : 피치
• 6H : 암나사 등급

15. 나사의 표기를 "No.8-36UNF"로 나타냈을 때 나사의 종류는?

① 유니파이 보통 나사
② 유니파이 가는 나사
③ 관용 테이퍼 수나사
④ 관용 테이퍼 암나사

해설 • 유니파이 보통 나사 : UNC
• 관용 테이퍼 수나사 : R
• 관용 테이퍼 암나사 : Rc

16. 나사의 종류를 표시하는 기호 중 미터 사다리꼴나사의 기호는?

① M ② SM
③ PT ④ Tr

해설 • M : 미터나사
• SM : 미싱 나사
• PT : 관용 테이퍼 나사

17. KS 나사가 다음과 같이 표기될 때 이에 대한 설명으로 옳은 것은?

> "왼 2줄 M50×2-6H"

① 나사산의 감긴 방향은 왼쪽이고, 2줄 나사이다.
② 미터 보통 나사로 피치가 6mm이다.
③ 수나사이고, 공차 등급은 6급, 공차 위치는 H이다.
④ 이 기호만으로는 암나사인지 수나사인지 알 수 없다.

해설 • M50×2 : 미터 가는 나사, 피치 2mm
• 6H : 암나사 6급

18. 호칭 지름이 3/8인치이고, 1인치 사이에 나사산이 16개인 유니파이 보통나사의 표기로 옳은 것은?

① UNF 3/8-16
② 3/8-16 UNF
③ UNC 3/8-16
④ 3/8-16 UNC

해설 3/8-16 UNC
• 3/8 : 나사의 지름
• 16 : 나사산의 수
• UNC : 나사의 종류(유니파이 보통나사)

정답 13. ③ 14. ③ 15. ② 16. ④ 17. ① 18. ④

19. 나사의 표기법 중 관용 평행나사 "A"급을 나타내는 방법으로 옳은 것은?

① Rc 1/2 A
② G 1/2 A
③ A Rc 1/2
④ A G 1/2

해설 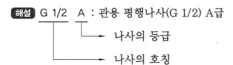 G 1/2 A : 관용 평행나사(G 1/2) A급
　　　　　　　└─→ 나사의 등급
　　　　└─────→ 나사의 호칭

20. 나사를 다음과 같이 나타낼 때, 이에 대한 설명으로 틀린 것은?

> L 2N M10-6H/6g

① 나사의 감김 방향은 오른쪽이다.
② 나사의 종류는 미터나사이다.
③ 암나사 등급은 6H, 수나사 등급은 6g이다.

④ 2줄 나사이며 나사의 바깥지름은 10mm 이다.

해설 L 2N M10-6H/6g
• L : 왼나사
• 2N : 2줄 나사
• M10 : 미터나사, 바깥지름은 10mm
• 6H/6g : 암나사 등급은 6H, 수나사 등급은 6g

21. 나사의 종류 중 ISO 규격에 있는 관용 테이퍼 나사에서 테이퍼 암나사를 표시하는 기호는?

① PT　　　　　② PS
③ Rp　　　　　④ Rc

해설 • PT : ISO 규격에 없는 관용 테이퍼 나사
• PS : ISO 규격에 없는 관용 평행 암나사
• Rp : ISO 규격에 있는 관용 평행 암나사

정답 **19.** ②　**20.** ①　**21.** ④

1-3 키

1 키의 종류

키의 종류 및 특징

키의 종류		모양	특징
묻힘 키 (성크 키)	때려박음 키 (드라이빙 키)		• 축과 보스에 같이 홈을 파는 것으로 가장 많이 쓴다. • 머리붙이와 머리가 없는 것이 있으며, 해머로 박는다. • 키에 테이퍼$\left(\dfrac{1}{100}\right)$가 있다.
	평행키		• 축과 보스에 같이 홈을 파는 것으로 가장 많이 쓴다. • 키는 축심에 평행으로 끼우고 보스를 밀어 넣는다. • 키의 양쪽 면에 조임 여유를 붙여 상하 면은 약간 간격이 있다.
미끄럼 키 (페더 키)			• 묻힘 키의 일종으로 키는 테이퍼가 없이 길다. • 축 방향으로 보스의 이동이 가능하며, 회전 중 이탈을 막기 위해 고정하는 경우가 많다.
반달 키			• 축의 원호상에 홈을 파고 키를 끼워 넣은 다음 보스를 밀어 넣는다. • 축이 약해지는 단점이 있으나, 공작기계 핸들축과 같은 테이퍼축에 사용된다.
평 키 (플랫 키)			• 축은 자리만 편편하게 다듬고 보스에 홈을 판다. • 경하중용이며 키에 테이퍼$\left(\dfrac{1}{100}\right)$가 있다. • 안장 키보다 강하다.
안장 키 (새들 키)			• 축은 절삭하지 않고 보스에만 홈을 판다. • 축의 임의의 부분에 설치 가능하다. • 극경하중용이며 키에 테이퍼$\left(\dfrac{1}{100}\right)$가 있다.
접선 키			• 축과 보스에 축의 접선 방향으로 홈을 파고 서로 반대의 테이퍼$\left(\dfrac{1}{60}\sim\dfrac{1}{100}\right)$를 가진 2개의 키를 조합하여 끼워 넣는다. • 중하중용이며 역전하는 경우는 120°로 두 군데 홈을 판다.
원뿔 키			• 축과 보스에 홈을 파지 않는다. • 한 군데가 갈라진 원뿔통을 끼우고 고정시킨다. • 축의 어느 곳에도 장치가 가능하다.

키의 종류	모 양	특 징
둥근 키(핀 키)	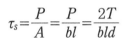	• 축과 보스에 드릴로 구멍을 내어 홈을 판다. • 구멍에 테이퍼핀을 끼우고 축 끝에 고정시킨다. • 경하중용이며 핸들에 널리 사용된다.
스플라인		• 축 둘레에 4~20개의 턱을 만들어 큰 회전력을 전달할 경우에 사용된다.
세레이션		• 축에 작은 삼각형의 작은 이를 만들어 축과 보스를 고정시킨 것으로, 전동력이 크다. • 자동차의 핸들 고정용, 전동기의 전기자 축에 사용된다.

2 키(sunk key)의 전단 응력

$$\tau_s = \frac{P}{A} = \frac{P}{bl} = \frac{2T}{bld}$$

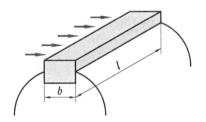

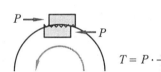

$$T = P \cdot \frac{d}{2}$$

여기서, τ_s : 키의 전단 응력 $\qquad$ T : 키에 의한 회전력

$\quad\quad\quad$ P : 키에 작용하는 접선력 $\qquad$ b : 키의 너비(폭)

$\quad\quad\quad$ l : 키의 길이 $\qquad\qquad\qquad$ d : 축의 지름

3 키의 길이

① 키에 의한 회전력과 축에 작용하는 회전력은 같으므로 다음 식이 성립한다.

$$T = (bl\tau) \cdot \frac{d}{2} = \frac{\pi d^3}{16} \cdot \tau_a$$

여기서, τ_a = 축의 전단 응력

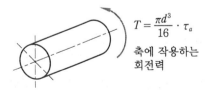

$$T = \frac{\pi d^3}{16} \cdot \tau_a$$

축에 작용하는 회전력

② 일반적으로 축과 키는 같은 재질로 사용하므로 $\tau = \tau_a$ 라 하면 다음 식이 성립한다.

$$\frac{bld}{2} = \frac{\pi d^3}{16} \qquad l = \frac{\pi d^2}{8b}$$

예 | 상 | 문 | 제

1. 키 재료의 허용 전단 응력이 $60\,\text{N/mm}^2$, 키의 폭×높이가 $16\,\text{mm}\times10\,\text{mm}$인 성크 키를 지름이 $50\,\text{mm}$인 축에 사용하여 $250\,\text{rpm}$으로 $40\,\text{kW}$를 전달시킬 때, 성크 키의 길이는 몇 mm 이상이어야 하는가?

① 51　　　　　② 64
③ 78　　　　　④ 93

해설 $T=9.55\times10^6\times\dfrac{H}{N}=9.55\times10^6\times\dfrac{40}{250}$

$\qquad =1528000\,\text{N}\cdot\text{mm}$

$\therefore l=\dfrac{2T}{b\tau d}=\dfrac{2\times1528000}{16\times60\times50}$

$\qquad \fallingdotseq 64\,\text{mm}$

2. 묻힘 키(sunk key)에서 키의 폭 10mm, 키의 유효 길이 54mm, 키의 높이 8mm, 축의 지름 45mm일 때 최대 전달 토크는 약 몇 N·m인가? (단, 키(key)의 허용 전단 응력은 $35\,\text{N/mm}^2$이다.)

① 425　　　　　② 643
③ 846　　　　　④ 1024

해설 $l=\dfrac{2T}{bd\tau}$, $T=\dfrac{bdl\tau}{2}$

$\therefore T=\dfrac{10\times45\times54\times35}{2}$

$\qquad =425250\,\text{N}\cdot\text{mm}$

$\qquad \fallingdotseq 425\,\text{N}\cdot\text{m}$

3. 지름 50mm 연강축을 사용하여 350rpm으로 40kW를 전달할 수 있는 묻힘 키의 길이는 몇 mm 이상인가? (단, 키의 허용 전단 응력은 49.05MPa, 키의 폭과 높이는 $b\times h=15\times10\,\text{mm}$, 전단 저항만 고려한다.)

① 38　　　　　② 46
③ 60　　　　　④ 78

해설 $T=9.55\times10^6\times\dfrac{H}{N}=9.55\times10^6\times\dfrac{40}{350}$

$\qquad \fallingdotseq 1091429\,\text{N}\cdot\text{mm}$

$\therefore l=\dfrac{2T}{b\tau d}=\dfrac{2\times1091429}{15\times49.05\times50}$

$\qquad \fallingdotseq 60\,\text{mm}$

4. $942\,\text{N}\cdot\text{m}$의 토크를 전달하는 지름 50mm인 축에 사용할 묻힘 키(폭×높이$=12\times8\,\text{mm}$)의 길이는 최소 몇 mm 이상이어야 하는가? (단, 키의 허용 전단 응력은 $78.48\,\text{N/mm}^2$이다.)

① 30　　　　　② 40
③ 50　　　　　④ 60

해설 $l=\dfrac{2T}{bd\tau}=\dfrac{2\times942000}{12\times50\times78.48}$

$\qquad \fallingdotseq 40\,\text{mm}$

5. 축에는 가공을 하지 않고 보스 쪽만 홈을 가공하여 조립하는 키는?

① 안장 키(saddle key)
② 납작 키(flat key)
③ 묻힘 키(sunk key)
④ 둥근 키(round key)

해설 안장 키(새들 키) : 축에는 홈을 파지 않고 보스에만 홈을 파서 박는 것으로, 축의 강도를 감소시키지 않고 보스를 축의 임의의 위치에 설치할 수 있다.

6. 묻힘 키에서 키에 생기는 전단 응력을 τ, 압

축 응력을 σ_c라 할 때, $\dfrac{\tau}{\sigma_c}=\dfrac{1}{4}$이면 키의 폭 b와 높이 h와의 관계식은? (단, 키 홈의 높이는 키 높이의 1/2이라고 한다.)

① $b=h$
② $b=2h$

③ $b=\dfrac{h}{4}$
④ $b=\dfrac{h}{2}$

해설 $\tau=\dfrac{2T}{bld}$, $\sigma_c=\dfrac{4T}{dhl}$

$\dfrac{\tau}{\sigma_c}=\dfrac{2T}{bld}\div\dfrac{4T}{dhl}=\dfrac{2T}{bld}\times\dfrac{dhl}{4T}=\dfrac{h}{2b}$

$\dfrac{\tau}{\sigma_c}=\dfrac{h}{2b}$이고 $\dfrac{\tau}{\sigma_c}=\dfrac{1}{4}$이므로

$\dfrac{h}{2b}=\dfrac{1}{4}$, $2b=4h$

$\therefore b=2h$

7. 축 방향으로 보스를 미끄럼 운동시킬 필요가 있을 때 사용하는 키는?

① 페더(feather) 키
② 반달(woodruff) 키
③ 성크(sunk) 키
④ 안장(saddle) 키

해설 페더 키(미끄럼 키)
• 축 방향으로 보스의 이동이 가능하다.
• 보스와 간격이 있어 회전 중 이탈을 막기 위해 고정하는 경우가 많다.
• 묻힘 키의 일종으로 테이퍼없이 길다.

8. 폭$(b)\times$높이$(h)=10\times8$mm인 묻힘 키가 전동축에 고정되어 0.25 kN·m의 토크를 전달할 때, 축지름은 약 몇 mm 이상이어야 하는가? (단, 키의 허용 전단 응력은 36MPa이며, 키의 길이는 47mm이다.)

① 29.6
② 35.3
③ 41.7
④ 50.2

해설 $\tau=\dfrac{2T}{bld}$

$\therefore d=\dfrac{2T}{\tau bl}=\dfrac{2\times0.25}{36\times10\times47}\times10^6$

$\fallingdotseq29.6\,\mathrm{mm}$

9. 축의 홈 속에서 자유롭게 기울어질 수 있어 키가 자동적으로 축과 보스에 조정되는 장점이 있지만, 키 홈의 깊이가 깊어서 축의 강도가 약해지는 단점이 있는 키는?

① 반달키
② 원뿔 키
③ 묻힘 키
④ 평행키

해설 • 원뿔 키 : 축과 보스에 홈을 파지 않고 갈라진 원뿔통의 마찰력으로 고정시킨다.
• 묻힘 키, 평행키 : 축과 보스에 같이 홈을 파는 것으로, 가장 많이 사용한다.
• 반달 키 : 축의 원호상에 홈을 파고, 키를 끼워 넣은 다음 보스를 밀어 넣는다. 축이 약해지는 단점이 있다.

10. 2405 N·m의 토크를 전달시키는 지름 85mm의 전동축이 있다. 이 축에 사용되는 묻힘키(sunk key)의 길이는 전단과 압축을 고려하여 최소 몇 mm 이상이어야 하는가? (단, 키의 폭은 24mm, 높이는 16mm, 키 재료의 허용 전단 응력은 68.7MPa, 허용 압축 응력은 147.2Mpa, 키 홈의 깊이는 키 높이의 1/2로 한다.)

① 12.4
② 20.1
③ 28.1
④ 48.1

해설 $P=\dfrac{2T}{d}=\dfrac{2\times2405000}{85}$

$\fallingdotseq56588.23$

정답 **6.** ② **7.** ① **8.** ① **9.** ① **10.** ④

$$\therefore \; l = \frac{P}{h\sigma} \times 2 = \frac{56588.23}{16 \times 147.2} \times 2$$

$$\fallingdotseq 48.1 \, \text{mm}$$

11. 950N·m의 토크를 전달하는 지름이 50mm인 축에 안전하게 사용할 키의 최소 길이는 약 몇 mm인가? (단, 묻힘 키의 폭과 높이는 모두 8mm이고, 키의 허용 전단 응력은 80N/mm²이다.)

① 45 　　　　　② 50
③ 65 　　　　　④ 60

해설 $\tau = \dfrac{2T}{bld}$, $l = \dfrac{2T}{b\tau d}$

$$\therefore \; l = \frac{2 \times 950000}{8 \times 80 \times 50}$$

$$\fallingdotseq 60 \, \text{mm}$$

12. 다음 중 전달할 수 있는 회전력의 크기가 가장 큰 키(key)는?

① 접선 키
② 안장 키
③ 평행 키
④ 둥근 키

해설 접선 키

- 한 개소에 두 개의 키가 서로 구배를 반대 방향으로 하고 있으므로 강력한 힘이 작용되는 부분에 사용되는 체결법이다.
- 관성 바퀴와 같은 무거운 것이나 급격한 속도 변화가 있는 부분의 체결에 사용된다.

13. 축의 원주에 여러 개의 키를 가공한 것으로, 큰 토크를 전달할 수 있고 내구력이 크며 축과 보스와의 중심축을 정확하게 맞출 수 있는 것은?

① 스플라인
② 미끄럼 키
③ 묻힘 키
④ 반달 키

해설 스플라인 : 축으로부터 직접 여러 줄의 키(key)를 절삭하여 축과 보스가 슬립 운동을 할 수 있도록 한 것으로, 큰 동력을 전달할 수 있다.

1-4 **핀**

1 핀의 용도

2개 이상의 부품을 결합시킬 때 사용하며 나사 및 너트의 이완 방지, 핸들을 축에 고정하거나 분해·조립할 부품의 위치를 결정할 때 많이 사용한다.

2 핀의 종류

① **평행 핀** : 분해·조립하는 부품의 위치를 결정하고 부품을 결합시킬 때 사용한다.

② **테이퍼 핀** : 테이퍼값은 $\dfrac{1}{50}$이며 호칭 지름은 작은 쪽의 지름으로 표시한다.

③ **분할 핀** : 두 갈래로 갈라지기 때문에 너트의 풀림 방지에 사용한다.

④ **스프링 핀** : 세로 방향으로 쪼개져 있어 구멍 크기가 정확하지 않을 때 사용한다.

⑤ **너클 핀** : 한쪽 포크(fork)에 아이(eye) 부분을 연결하고 구멍에 수직으로 평행 핀을 끼워 두 부분이 상대적으로 운동할 수 있도록 연결한 것이다.

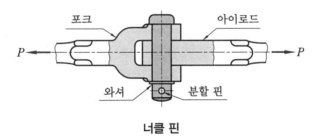

포크   아이로드

P P

와셔   분할 핀

너클 핀

예 | 상 | 문 | 제

핀 ◀

1. 너클 핀 이음에서 인장력 50kN인 핀의 허용 전단 응력이 50MPa이다. 핀의 지름 d는?

① 22.8mm   ② 25.2mm

③ 28.2mm   ④ 35.7mm

해설 $d = \sqrt{\dfrac{2P}{\pi\tau}} = \sqrt{\dfrac{2 \times 50000}{\pi \times 50}}$

$\fallingdotseq 25.2\text{mm}$

2. 너클 핀 이음에서 인장 하중 $P = 20$kN을 지지하기 위한 핀의 지름(d_1)은 약 몇 mm 이상이어야 하는가? (단, 핀의 전단 응력은 50N/mm²이며 전단 응력만 고려한다.)

① 10   ② 16   ③ 20   ④ 28

해설 $d_1 = \dfrac{\sqrt{2 \times 20000}}{\pi \times 50} \fallingdotseq 16\text{mm}$

정답 **1.** ②   **2.** ②

1-5	리벳

1 리벳 이음

① 리벳 이음은 유체의 누설을 막기 위해 코킹(caulking)이나 풀러링(fullering)을 하며, 판재 두께의 5 mm 이상에서 하고 판 끝은 75~85°로 깎는다.

② 보일러, 철교, 구조물, 탱크와 같은 영구 결합에 널리 쓰인다.

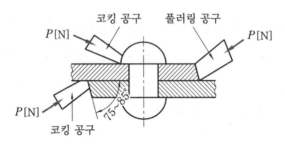

코킹과 풀러링

2 리벳 이음의 종류

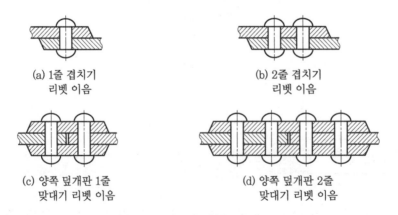

리벳 이음의 종류

3 리벳 이음의 특징

① 강판의 두께에 한계가 있으며 이음 효율이 낮다.

② 구조물 등에서 현지 조립할 때는 용접 이음보다 쉽다.

③ 경합금과 같이 용접이 곤란한 재료에 신뢰성이 있다.

④ 초응력에 의한 잔류 변형률이 생기지 않으므로 취약 파괴가 일어나지 않는다.

4 리벳 이음의 강도

① 리벳이 전단될 때(그림 a) : $W = A\tau = \dfrac{\pi d^2}{4}\tau$, $\tau = \dfrac{4W}{\pi d^2}$

② 리벳 사이의 판이 인장 파괴될 때(그림 b) : $W = (p-d)t\sigma_t$, $\sigma_t = \dfrac{W}{(p-d)t}$

③ 판의 앞쪽이 전단될 때(그림 c) : $W = 2et \cdot \tau_p$, $\tau_p = \dfrac{W}{2et}$

④ 리벳 또는 판이 압축 파괴될 때(그림 d) : $W = dt\sigma_c$, $\sigma_c = \dfrac{W}{dt}$

여기서, W : 1피치당 하중(kN) t : 판 두께(mm)

d : 리벳 구멍의 지름(mm) p : 리벳의 피치(mm)

e : 리벳 중심에서 판 끝까지의 거리(mm) $e \geq 1.5d$, 박판이나 경합금은 $e \geq 3d$

σ_c : 리벳 또는 판의 압축 응력(kPa) σ_t : 판에 생기는 인장 응력(kPa)

τ_p : 판에 생기는 전단 응력(kPa) τ : 리벳에 생기는 전단 응력(kPa)

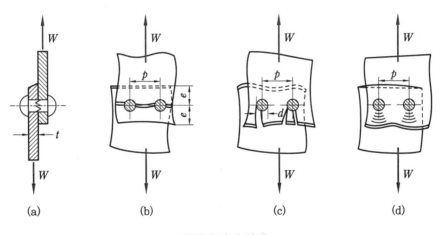

(a)   (b)   (c)   (d)

리벳의 파괴 상태

5 리벳 효율

① 판의 효율(η_1) : 리벳 구멍이 있는 판과 구멍이 없는 판의 강도의 비

$$\eta_1 = \frac{(p-d)t\sigma_t}{pt\sigma_t} = \frac{p-d}{p} = 1 - \frac{d}{p}$$

② 리벳의 효율(η_2) : 리벳의 전단 강도에 대해 구멍이 없는 판의 강도의 비

$$\eta_2 = \frac{\dfrac{\pi d^2 \tau}{4}}{pt\delta_t} \quad \text{(1면 전단면의 경우)}$$

1. 허용 전단 응력 60N/mm^2의 리벳이 있다. 이 리벳에 15kN의 전단 하중을 작용시킬 때 리벳의 지름은 약 몇 mm 이상이어야 안전한가?

① 17.85   ② 20.50
③ 25.25   ④ 30.85

[해설] $d=\sqrt{\dfrac{4W}{\pi\tau}}=\sqrt{\dfrac{4\times15000}{\pi\times60}}$
$\qquad\qquad \fallingdotseq 17.85\,\text{mm}$

2. 1줄 리벳 겹치기 이음에서 강판의 효율 (η)을 나타내는 식은? (단, p : 리벳의 피치, d : 리벳 구멍의 지름, t : 강판의 두께, σ_t : 강판의 인장 응력이다.)

① $\dfrac{d-p}{d}$ ② $\dfrac{p-d}{p}$

③ $(p-d)t\sigma_t$ ④ $pt\sigma_t$

[해설] $\eta=\dfrac{\text{구멍이 있을 때의 인장 응력}}{\text{구멍이 없을 때의 인장 응력}}$
$\qquad\quad =\dfrac{p-d}{p}$
$\qquad\quad =1-\dfrac{d}{p}$

3. 판의 두께 15mm, 리벳의 지름 20mm, 피치 60mm인 1줄 겹치기 리벳 이음을 하고자 할 때, 강판의 인장 응력과 리벳 이음 판의 효율은 각각 얼마인가? (단, 12.26kN의 인장 하중이 작용한다.)

① 20.43MPa, 66%
② 20.43MPa, 76%
③ 32.96MPa, 66%
④ 32.96MPa, 76%

[해설] $\cdot\ \sigma=\dfrac{W}{A}=\dfrac{12260}{15(60-20)}$
$\qquad\qquad \fallingdotseq 20.43\,\text{MPa}$

$\cdot\ \eta=\dfrac{p-d}{p}=\dfrac{60-20}{60}$
$\qquad\quad \fallingdotseq 0.66=66\%$

4. 두께 10mm 강판을 지름 20mm 리벳으로 1줄 겹치기 리벳 이음을 할 때 리벳에 발생하는 전단력과 판에 작용하는 인장력이 같도록 할 수 있는 피치는 약 몇 mm인가? (단, 리벳에 작용하는 전단 응력과 판에 작용하는 인장 응력은 동일하다고 본다.)

① 51.4   ② 73.6
③ 163.6   ④ 205.6

[해설] $\sigma_t=\dfrac{W}{t(p-d)}$ 에서

$p-d=\dfrac{W}{t\sigma_t}=\dfrac{\dfrac{\pi d^2}{4}\tau}{t\sigma_t}=\dfrac{\pi d^2\tau}{4t\sigma_t}$

$\tau=\sigma_t$ 이므로 $p-d=\dfrac{\pi d^2}{4t}$

$\therefore\ p=d+\dfrac{\pi d^2}{4t}=20+\dfrac{\pi\times20^2}{4\times10}\fallingdotseq 51.4\,\text{mm}$

5. 1줄 겹치기 리벳 이음에서 리벳 구멍의 지름은 12mm이고, 리벳의 피치는 45mm일 때 판의 효율은 약 몇 %인가?

① 80   ② 73
③ 55   ④ 42

[해설] $\eta=\dfrac{p-d}{p}=\dfrac{45-12}{45}$
$\qquad\quad \fallingdotseq 0.73=73\%$

6. 정(chilsel) 등의 공구를 사용하여 리벳머리의 주위와 강판의 가장자리를 두드리는 작업을 코킹(caulking)이라 한다. 이러한 작업을 실시하는 목적으로 적절한 것은?

① 리벳 작업에 있어서 강판의 강도를 크게 하기 위하여
② 리벳 작업에 있어서 기밀을 유지하기 위하여
③ 리벳 작업 중 파손된 부분을 수정하기 위하여
④ 리벳이 들어갈 구멍을 뚫기 위하여

해설 리벳 이음 작업
• 유체의 누설을 막기 위해 코킹이나 풀러링을 한다.
• 코킹이나 풀러링은 판재 두께 5mm 이상에서 하며, 판 끝은 75~85°로 깎아준다.

7. 두께 10mm의 강판에 지름 24mm 리벳을 사용하여 1줄 겹치기 이음을 할 때 피치는 약 몇 mm인가? (단, 리벳에서 발생하는 전단 응력은 35.5MPa이고, 강판에 발생하는 인장 응력은 42.2MPa이다.)

① 43mm
② 62mm
③ 55mm
④ 4mm

해설 • 리벳이 전단될 경우
$$W = A\tau = \frac{\pi d^2}{4}\tau = \frac{\pi \times 24^2}{4} \times 35.5$$
$$\fallingdotseq 16052$$
• 리벳 사이의 판이 인장 파괴될 경우
$$W = (p-d)t\sigma_t$$
$$\therefore p = \frac{W}{t\sigma_t} + d = \frac{16052}{10 \times 42.2} + 24$$
$$\fallingdotseq 62mm$$

8. 다음 중 리벳 이음의 특징에 대한 설명으로 옳은 것은?

① 용접 이음에 비해 응력에 의한 잔류 변형이 많이 생긴다.
② 리벳 길이 방향으로의 인장 하중을 지지하는 데 유리하다.
③ 경합금에서 용접 이음보다 신뢰성이 높다.
④ 철골 구조물, 항공기 동체 등에는 적용하기 어렵다.

해설 리벳 이음의 특징
• 잔류 변형이 생기지 않으므로 취약 파괴가 일어나지 않는다.
• 구조물 등에서 현지 조립할 때는 용접 이음보다 쉽다.
• 경합금과 같이 용접이 곤란한 재료에는 용접 이음보다 신뢰성이 높다.
• 강판의 두께에 한계가 있으며 이음 효율이 낮다.

9. 10kN의 인장 하중을 받는 1줄 겹치기 이음이 있다. 리벳의 지름이 16mm라 하면 몇 개 이상의 리벳을 사용해야 되는가? (단, 리벳의 허용 전단 응력은 6.3MPa이라고 한다.)

① 5   ② 6
③ 7   ④ 8

해설 $\tau = \dfrac{P}{A} = \dfrac{P}{\dfrac{\pi d^2}{4}} = \dfrac{4P}{\pi d^2}$

$$10 = \frac{4P}{\pi \times 16^2}, \quad 4P = 10 \times 16^2 \times \pi$$
$$P = \frac{10 \times 16^2 \times \pi}{4} \fallingdotseq 2009.6\,MPa$$
$$\therefore \text{리벳 수}(n) = \frac{10000}{2009.6 \times 6.3}$$
$$\fallingdotseq 8개$$

정답 6. ② 7. ② 8. ③ 9. ④

10. 다음 도면과 같은 이음의 종류로 가장 적합한 설명은?

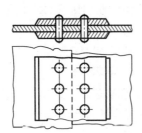

① 2열 겹치기 평행형 둥근머리 리벳 이음
② 양쪽 덮개판 1열 맞대기 둥근머리 리벳 이음
③ 양쪽 덮개판 2열 맞대기 둥근머리 리벳 이음
④ 1열 겹치기 평행형 둥근머리 리벳 이음

11. 다음 그림은 리벳 이음 보일러의 간략도와 부분 상세도이다. ㉠판의 두께는?

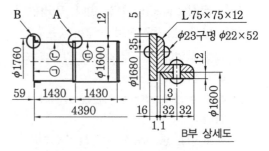

① 11 mm   ② 12 mm
③ 16 mm   ④ 32 mm

해설 • B부 상세도에서
㉠의 두께는 16 mm, ㉡의 두께는 12 mm
• L 75×75×12에서
가로 75 mm, 세로 75 mm, 두께 12 mm

정답 **10.** ② **11.** ③

1-6 　용접

1 용접 이음

(1) 장점

① 사용 재료의 두께에 제한이 없다.

② 기밀 유지에 용이하며 작업할 때 소음이 작다.

③ 작업의 자동화가 용이하다.

④ 이음 효율을 100%까지 할 수 있다.

⑤ 다른 이음에 비해 제작물의 무게를 경감시킬 수 있다.

(2) 단점

① 사용 재료에 제한이 있다.

② 용접 부분이 취성 파손될 수 있다.

③ 진동을 감쇠하는 능력이 부족하며 용접 부분의 강도가 저하될 수 있다.

④ 작업 시 고열에 대한 안전 대책이 필요하다.

⑤ 작업자의 기능에 따라 용접부의 강도가 좌우된다.

⑥ 열에 의한 수축이나 변형 및 잔류 응력으로 인한 변형의 위험이 있다.

2 맞대기 용접 이음의 강도

① 판 두께가 같은 경우 : $P = \sigma_t t l = \sigma_t a l$

② 판 두께가 다른 경우 : $P = \sigma_t t_1 l = \sigma_t a l$

　　여기서, P : 인장 하중　　　　t 와 t_1 : 판 두께　　　a : 목 두께

　　　　　　σ_t : 인장 응력　　　l : 용접 길이

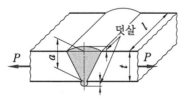

(a) 판 두께가 같은 경우

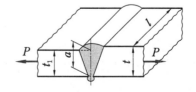

(b) 판 두께가 다른 경우

맞대기 용접 이음의 강도

예 | 상 | 문 | 제

1. 볼트 이음이나 리벳 이음 등과 비교하여 용접 이음의 일반적인 장점으로 틀린 것은?

① 잔류 응력이 거의 발생하지 않는다.

② 기밀 및 수밀성이 양호하다.

③ 공정 수를 줄일 수 있고 제작비가 저렴한 편이다.

④ 전체적인 제품의 중량을 적게 할 수 있다.

[해설] 용접 이음은 용접 후 잔류 응력이 발생하여 치수가 변형된다.

2. 용접 기호가 그림과 같이 도시되었을 때의 설명으로 틀린 것은?

$$\frac{a5}{a5} \triangleright \frac{5 \times 200}{5 \times 200} \diagup \begin{array}{c}(100)\\(100)\end{array}$$

① 지그재그 용접이다.

② 인접한 용접부의 간격은 100mm이다.

③ 목 길이가 5mm인 필릿 용접이다.

④ 용접부의 길이는 200mm이다.

[해설] • a5 : 목 두께

• 5 : 용접부의 개수

• 200 : 용접부의 길이

• (100) : 인접한 용접부의 간격

3. 용접 이음의 단점에 속하지 않는 것은?

① 내부 결함이 생기기 쉽고 정확한 검사가 어렵다.

② 용접공의 기능에 따라 용접부의 강도가 좌우된다.

③ 다른 이음 작업과 비교하여 작업 공정이 많은 편이다.

④ 잔류 응력이 발생하기 쉬워서 이를 제거해야 하는 작업이 필요하다.

[해설] 용접 이음의 특징

• 사용 재료의 두께에 제한이 없다.

• 기밀 유지에 용이하고 이음 효율이 좋다.

• 작업할 때 소음이 작고 자동화가 용이하다.

• 작업자의 기능에 따라 용접부의 강도가 좌우된다.

• 수축 및 잔류 응력으로 인한 변형 위험이 있다.

• 다른 이음에 비해 작업 공정이 적어 제작비를 줄일 수 있다.

4. 그림과 같은 맞대기 용접 이음에서 인장 하중을 W[N], 강판의 두께를 h[mm]라 할 때 용접 길이 l[mm]을 구하는 식으로 가장 옳은 것은? (단, 상하의 용접부 목 두께가 각각 t_1[mm], t_2[mm]이고, 용접부에서 발생하는 인장 응력은 σ_t[N/mm²]이다.)

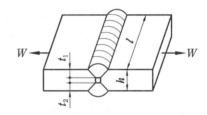

① $l = \dfrac{0.707W}{h\sigma_t}$

② $l = \dfrac{0.707W}{(t_1+t_2)\sigma_t}$

③ $l = \dfrac{W}{h\sigma_t}$

④ $l = \dfrac{W}{(t_1+t_2)\sigma_t}$

[해설] $\sigma_t = \dfrac{W}{A} = \dfrac{W}{(t_1+t_2) \cdot l}$

$\therefore l = \dfrac{W}{(t_1+t_2)\sigma_t}$

5. 도면의 KS 용접 기호를 가장 올바르게 설명한 것은?

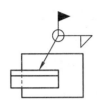

① 전체 둘레 현장 연속 필릿 용접
② 현장 연속 필릿 용접(화살표가 있는 한 변만 용접)
③ 전체 둘레 현장 단속 필릿 용접
④ 현장 단속 필릿 용접(화살표가 있는 한 변만 용접)

해설 KS 용접 기호

현장 용접	필릿 용접	전체 둘레 용접
⚑	◺	○

6. 용접 이음의 장점으로 틀린 것은?

① 사용 재료의 두께에 제한이 없다.
② 용접 이음은 기밀 유지가 불가능하다.
③ 이음 효율을 100%까지 할 수 있다.
④ 리벳, 볼트 등의 기계 결합 요소가 필요 없다.

해설 용접 이음의 장점
• 사용 재료의 두께에 제한이 없다.
• 기밀 유지에 용이하다.
• 이음 효율을 100%까지 할 수 있다.
• 사용 기계가 간단하고 작업할 때 소음이 작다.
• 다른 이음에 비해 무게를 줄일 수 있다.

7. 이면 용접의 KS 기호로 옳은 것은?

① ◡   ② ◺
③ ⊓   ④ ○

해설 • ◺ : 필릿 용접
• ⊓ : 플러그 용접
• ○ : 점 용접

8. 그림은 필릿 용접 부위를 나타낸 것이다. 필릿 용접의 목 두께를 나타내는 치수는?

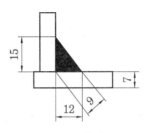

① 7   ② 9
③ 12   ④ 15

해설 • 목 길이 : 15mm
• 목 두께 : 9mm

9. 그림과 같이 기입된 KS 용접 기호의 해석으로 옳은 것은?

① 화살표 쪽 필릿 용접, 목 두께 6mm
② 화살표 반대쪽 필릿 용접, 목 두께 6mm
③ 화살표 쪽 필릿 용접, 목 길이 6mm
④ 화살표 반대쪽 필릿 용접, 목 길이 6m

해설

양면 대칭 용접   화살표 쪽의 용접

화살표 반대쪽의 용접

필릿 용접   목 길이 z 목 두께 a

10. 다음과 같은 용접 보조 기호 중 전체 둘레 현장 용접 기호는?

①　　　　　　　②

③　　　　　　　④

> **해설** • : 현장 용접
>
> • ○ : 전체 둘레 용접

11. 그림과 같은 KS 용접 기호의 해독으로 올바른 것은?

① 루트 간격은 5 mm
② 홈 각도는 150°
③ 용접 피치는 150 mm
④ 화살표 쪽 용접을 의미

> **해설** • 화살표 쪽 용접을 의미한다.
> • 용접부 표면에서 용입 바닥까지의 최소 거리는 5 mm이다.
> • 용접 길이는 150 mm를 요구한다.

12. 맞대기 용접 이음에서 압축 하중을 W, 용접부의 길이를 l, 판 두께를 t라 할 때, 용접부의 압축 응력을 계산하는 식으로 옳은 것은?

① $\sigma = \dfrac{Wl}{t}$　　　② $\sigma = \dfrac{W}{tl}$

③ $\sigma = Wtl$　　　④ $\sigma = \dfrac{tl}{W}$

> **해설** 2개의 모재를 맞대고 용접하는 것이므로
> $$압축\ 응력 = \frac{압축\ 하중}{판\ 두께 \times 용접부\ 길이}$$

13. KS 용접 기호와 용접 명칭이 잘못 나열된 것은?

① ⌐ : 플러그 용접
② ○ : 점 용접
③ ‖ : 플러그 용접
④ ◺ : 필릿 용접

> **해설** • ‖ : 평행 맞대기 이음 용접
> • ⫴ : 가장자리 용접

14. 그림과 같은 도시 기호에 대한 설명으로 틀린 것은?

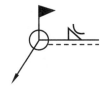

① 용접하는 곳이 화살표 쪽이다.
② 온둘레 현장 용접이다.
③ 필릿 용접을 오목하게 작업한다.
④ 한쪽 플랜지형으로 필릿 용접 작업한다.

> **해설** • : 현장 용접
> • ◺ : 오목한 필릿 용접
> • : 전체 둘레 현장 용접

15. 필릿 용접 기호 중 화살표 반대쪽에 필릿 용접을 지시하는 것은?

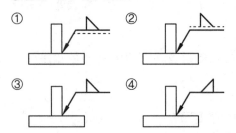

①　　　　　　②

③　　　　　　④

해설 용접 기호를 점선상에 도시하면 용접할 부분이 화살표의 반대쪽이라는 의미이다.

16. 다음 중 배관 결합 방식의 표현으로 옳지 않은 것은?

① ──┼── 일반 결합

② ──✕── 용접식 결합

③ ──╫── 플랜지식 결합

④ ──╫── 유니언식 결합

해설 관의 결합 방법의 도시 기호

연결 상태	도시 기호
이음	──┼──
용접식 이음	──●──
플랜지식 이음	──╫──
턱걸이식 이음	──→
유니언식 이음	──╫──

17. 다음 용접 기호가 나타내는 용접 작업의 명칭은?

① 가장자리 용접

② 표면 육성

③ 개선 각이 급격한 V형 맞대기 용접

④ 표면 접합부

해설 ⌢⌢는 표면 육성 또는 서페이싱 (surfacing, 덧쌓기) 기호이다.

18. 그림과 같이 용접 기호가 도시되었을 때 그 의미로 옳은 것은?

① 양면 V형 맞대기 용접으로 표면 모두 평면 마감 처리

② 이면 용접이 있으며 표면 모두 평면 마감 처리한 V형 맞대기 용접

③ 토를 매끄럽게 처리한 V형 용접으로 제거 가능한 이면 판재 사용

④ 넓은 루트면이 있고 이면 용접된 필릿 용접이며 윗면을 평면 처리

해설 ・── : 평면 기호
・∨ : V형 맞대기 용접
・⌣ : 이면 용접

19. 용접 가공에 대한 일반적인 특징으로 틀린 것은?

① 공정 수를 줄일 수 있으므로 제작비가 저렴하다.

② 기밀 및 수밀성이 양호하다.

③ 열 영향에 의한 재료의 변질이 거의 없다.

④ 잔류 응력이 발생하기 쉽다.

해설 용접 이음은 열에 의한 수축이나 변형 및 잔류 응력으로 인한 변형 위험이 있다.

20. 다음 그림과 같이 도시된 용접 기호에 대한 설명으로 옳은 것은?

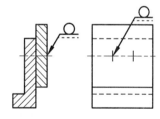

① 화살표 쪽의 점 용접

② 화살표 반대쪽의 점 용접

③ 화살표 쪽의 플러그 용접

④ 화살표 반대쪽의 플러그 용접

해설 플러그 용접 기호는 ⊓이다.

21. 다음 용접 기호에 대한 설명으로 옳지 않은 것은?

① ⦨ : 매끄럽게 처리한 필릿 용접

② ⦨ : 넓은 루트면이 있고 이면 용접된 V형 맞대기 용접

③ ▽ : 평면 마감 처리한 V형 맞대기 용접

④ ⦨ : 볼록한 필릿 용접

해설 ⦨ : 오목한 필릿 용접

22. 다음과 같은 용접 기호의 설명으로 옳은 것은?

① 화살표 쪽에서 50mm 용접 길이의 맞대기 용접

② 화살표 반대쪽에서 50mm 용접 길이의 맞대기 용접

③ 화살표 쪽에서 두께가 6mm인 필릿 용접

④ 화살표 반대쪽에서 두께가 6mm인 필릿 용접

해설 ∥는 평면형 평행 맞대기 이음이고 용접 길이는 50mm이다.

23. 다음과 같은 필릿 용접부 기호에 대한 설명으로 틀린 것은?

$$a \triangle n \times l(e)$$

① l : 용접부의 길이
② (e) : 인접한 용접부의 간격
③ n : 용접부의 개수
④ a : 용접부 목 길이

해설 a : 목 두께

1-7   볼트 · 너트

1 볼트의 지름

$$d=\sqrt{\frac{2W}{\sigma_t}}$$

여기서, W : 하중 σ_t : 허용 인장 응력(kPa) d : 볼트의 지름

2 너트의 높이

$$H=np=\frac{Wp}{\pi D_2\, h_1 q_a}=\frac{Wp}{\pi(d_2{}^2-d_1{}^2)\, q_a}$$

여기서, H : 너트의 높이(mm) n : 나사산 수

h_1 : 결합된 나사산의 높이$\left(=\dfrac{d_2-d_1}{2}\right)$[mm] p : 피치

D_2 : 유효지름$\left(=\dfrac{d_1+d_2}{2}\right)$[mm] q_a : 허용 접촉면 압력(kPa)

1-8   와셔

1 와셔의 종류

와셔는 볼트 머리 밑면에 끼우는 것으로 볼트 머리 부분의 압력을 넓게 분산시킨다.

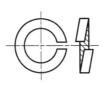 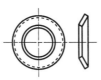 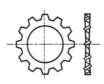

      (a) 스프링 와셔   (b) 접시 와셔   (c) 이붙이 와셔   (d) 혀붙이 와셔

와셔의 종류

① **스프링 와셔** : 반복 사용으로 절단 부분이 마모되거나 탄력성이 저하되면 풀림 방지 효과가 감소하므로 고속회전이나 고진동체 기기에는 적합하지 않다.

② **혀붙이 와셔** : 볼트 · 너트 체결 후 이 부위를 접어서 고정하는 타입의 와셔로, 회전에 의한 풀림을 방지하는 데 주로 사용한다.

③ **사각 와셔** : 평와셔와 동일한 목적으로 건축 구조물에 사용되는 와셔이다.

2 와셔가 사용되는 경우

① 볼트 머리의 지름보다 볼트 구멍이 클 때

② 볼트와 너트의 머리 접촉면이 고르지 않고 경사졌을 때

③ 자리가 다듬어지지 않았을 때

④ 너트가 재료를 파고 들어갈 염려가 있을 때

⑤ 너트의 풀림을 방지할 때

1-9 코터

1 코터의 자립 조건

① 양쪽 구배인 경우 : $\alpha \leq \rho$　　　　② 한쪽 구배인 경우 : $\alpha \leq 2\rho$

　　여기서, ρ : 마찰각　　　　α : 구배

2 코터의 강도

① 코터는 2개의 전단면을 가지므로 하중을 받는 단면적은 $2bh$이고, 전단 응력은 $\tau = \dfrac{W}{2bh}$이다.

② 코터의 기울기는 보통 $\dfrac{1}{20}$이며, 분해하기 쉬운 것은 $\dfrac{1}{5} \sim \dfrac{1}{10}$, 반영구적인 것은 $\dfrac{1}{100}$이다.

○ 참고 ○

• 코터는 인장력 또는 압축력이 작용하는 두 축을 연결하는 것으로, 두 축을 분해할 필요가 있는 곳에 사용하는 결합용 기계요소이다.

예|상|문|제

1. 10kN의 축 하중이 작용하는 볼트에서 볼트 재료의 허용 인장 응력이 60MPa일 때 축 하중을 견디기 위한 볼트의 최소 골지름은 약 몇 mm인가?

① 14.6   ② 18.4
③ 22.5   ④ 25.7

해설 $d = \sqrt{\dfrac{2W}{\sigma_t}} = \sqrt{\dfrac{2 \times 10000}{60}} \fallingdotseq 18.26\,\mathrm{mm}$

∴ $d_1 = 0.8d = 0.8 \times 18.26 \fallingdotseq 14.6\,\mathrm{mm}$

2. 3000kgf의 수직 방향 하중이 작용하는 나사 잭을 설계할 때, 나사 잭 볼트의 바깥지름은? (단, 허용 응력은 6kgf/mm², 골지름은 바깥지름의 0.8배이다.)

① 12mm   ② 32mm
③ 74mm   ④ 126mm

해설 $d = \sqrt{\dfrac{2W}{\sigma_t}} = \sqrt{\dfrac{2 \times 3000}{6}} \fallingdotseq 32\,\mathrm{mm}$

3. 0.45t 물체를 지지하는 아이볼트에서 볼트의 허용 인장 응력이 48MPa일 때, 다음 미터나사 중 가장 적합한 것은 어느 것인가? (단, 나사 바깥지름은 골지름의 1.25배로 가정하고, 적합한 사양 중 가장 작은 크기를 선정한다.)

① M14   ② M16
③ M18   ④ M20

해설 $d = \sqrt{\dfrac{4W}{\pi\sigma}} = \sqrt{\dfrac{4 \times 450 \times 9.8}{\pi \times 48 \times 10^6}} \fallingdotseq 0.011\,\mathrm{m}$

∴ $D = 1.25 \times d = 1.25 \times 0.011$
$\qquad \fallingdotseq 0.014\,\mathrm{m} = 14\,\mathrm{mm}$

4. M22볼트(골지름 19.294mm)가 그림과 같이 2장의 강판을 고정하고 있다. 체결 볼트의 허용 전단 응력이 36.15MPa이라면 최대 몇 kN까지의 하중(P)을 견딜 수 있는가?

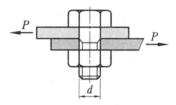

① 3.21   ② 7.54
③ 10.57   ④ 11.48

해설 $\tau = \dfrac{P}{A} = \dfrac{P}{\dfrac{\pi d^2}{4}}$

∴ $P = \dfrac{\pi d^2 \tau}{4} = \dfrac{\pi \times 19.294^2 \times 36.15}{4}$

$\qquad \fallingdotseq 10570\,\mathrm{N} = 10.57\,\mathrm{kN}$

5. 연강제 볼트가 축 방향으로 8kN의 인장 하중을 받고 있을 때, 이 볼트의 골지름은 약 몇 mm 이상이어야 하는가? (단, 볼트의 허용 인장 응력은 100MPa이다.)

① 7.4   ② 8.3
③ 9.2   ④ 10.1

해설 $d = \sqrt{\dfrac{2W}{\sigma_t}} = \sqrt{\dfrac{2 \times 8000}{100}} \fallingdotseq 12.65\,\mathrm{mm}$

∴ $d_1 = 0.8d = 0.8 \times 12.65 \fallingdotseq 10.1\,\mathrm{mm}$

6. 축 방향으로 10000N의 인장 하중이 작용하는 볼트에서 골지름은 약 몇 mm 이상이어야 하는가? (단, 볼트의 허용 인장 응력은 48N/mm²이다.)

정답 1. ①   2. ②   3. ①   4. ③   5. ④   6. ④

① 13.2   ② 14.6
③ 15.4   ④ 16.3

해설 $d = \sqrt{\dfrac{2W}{\sigma_t}} = \sqrt{\dfrac{2 \times 10000}{48}} \fallingdotseq 20.4$

∴ $d_1 = 0.8 d = 0.8 \times 20.4 \fallingdotseq 16.3 \,\text{mm}$

7. 안지름 300mm, 내압 100N/cm²가 작용하고 있는 실린더 커버를 12개의 볼트로 체결하려고 한다. 볼트 1개에 작용하는 하중 W는 약 몇 N인가?

① 3257   ② 5890
③ 8976   ④ 11245

해설 $P = \dfrac{\pi \times (300)^2}{4} = 70650 \,\text{N}$

∴ $W = \dfrac{P}{12} = \dfrac{70650}{12} \fallingdotseq 5890 \,\text{N}$

8. 전단력이 많이 작용하는 곳에 주로 사용하는 볼트는?

① 스터드 볼트   ② 탭 볼트
③ 리머 볼트   ④ 스테이 볼트

해설 • 스터드 볼트 : 볼트 머리가 없고 양쪽이 수나사로 된 형태
• 탭 볼트 : 조립할 부품에 탭으로 암나사를 내고 육각 머리 볼트를 조립한 형태
• 스테이 볼트 : 일정하게 거리를 두고 조립하기 위해 부시를 넣고 조립한 형태
• 리머 볼트 : 볼트가 끼워지는 구멍은 볼트 지름보다 크기 때문에 전단력이 발생하여 볼트가 파손될 우려가 있는데, 이를 방지하기 위해 사용하는 볼트

9. 볼트 · 너트의 풀림 방지법 중 틀린 것은?

① 로크 너트에 의한 방법
② 스프링 와셔에 의한 방법

③ 플라스틱 플러그에 의한 방법
④ 아이볼트에 의한 방법

해설 아이볼트는 주로 기계 설비 등 큰 중량물을 크레인으로 들어 올리거나 이동할 때 사용한다.

10. 축 방향으로 32MPa의 인장 응력과 21MPa의 전단 응력이 동시에 작용하는 볼트에서 발생하는 최대 전단 응력은 약 몇 MPa인가?

① 23.8   ② 26.4
③ 29.2   ④ 31.4

해설 $Z_{\max} = \dfrac{\sqrt{\sigma^2 + 4Z}}{2} = \dfrac{\sqrt{32^2 + 4 \times 21^2}}{2}$

$\fallingdotseq 26.4 \,\text{MPa}$

11. 다음 그림과 같은 와셔의 명칭은? (단, d는 볼트의 지름이다.)

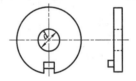

① 혀붙이 와셔   ② 클로 와셔
③ 스프링 와셔   ④ 둥근평 와셔

해설 클로 와셔(claw washer) : 둥근 와셔의 일부를 절개하고, 그 부분을 접어 구부려서 회전을 방지한 와셔이다.

12. 너트의 풀림 방지를 위해 사용되는 와셔로 적절하지 않은 것은?

① 사각 와셔
② 스프링 와셔
③ 이붙이 와셔
④ 혀붙이 와셔

해설 • 스프링 와셔, 이붙이 와셔, 혀붙이 와셔, 클로 와셔는 너트의 풀림 방지용으로 사용한다.
• 사각 와셔는 평와셔와 동일한 목적으로 건축 구조물에 사용한다.

13. 와셔를 기계용과 너트의 풀림 방지용으로 분류할 때 기계용으로 사용되는 것은?

① 혀붙이 와셔   ② 클로 와셔
③ 둥근 평와셔   ④ 스프링 와셔

해설 둥근 평와셔는 체결을 하고자 하는 대상이 연한 물체이거나 결합물의 변형이 예상될 때 면압을 낮추는 역할을 한다.

14. 다음 중 와셔의 사용 용도가 아닌 것은?

① 내압력이 낮은 고무면일 때
② 너트에 맞지 않는 볼트일 때
③ 볼트 구멍이 볼트의 호칭용 규격보다 클 때
④ 너트와 볼트의 머리 접촉면이 고르지 않을 때

해설 와셔가 사용되는 경우(①, ③, ④ 외)
• 자리가 다듬어지지 않았을 때
• 너트가 재료를 파고 들어갈 염려가 있을 때
• 너트의 풀림을 방지할 때

15. 코터의 두께를 b, 폭을 h라 하고, 축 방향의 힘 F를 받을 때 코터 내에 생기는 전단응력(τ)에 대한 식을 나타낸 것으로 알맞은 것은? (단, 축 방향의 힘에 의해 2개의 전단면이 발생한다.)

① $\tau = \dfrac{F}{bh}$ ② $\tau = \dfrac{hb}{F}$

③ $\tau = \dfrac{F}{2bh}$ ④ $\tau = \dfrac{2bh}{F}$

해설 전단면이 2군데이므로 2로 나눈다.
$$\therefore \tau = \frac{\text{힘}}{2 \times \text{단면적}} = \frac{F}{2bh}$$

16. 양쪽 기울기를 가진 코터에서 저절로 빠지지 않기 위한 자립 조건으로 옳은 것은? (단, α는 코터 중심에 대한 기울기 각도이고, ρ는 코터와 로드 엔드와의 접촉부 마찰계수에 대응하는 마찰각이다.)

① $\alpha \leq \rho$ ② $\alpha \geq \rho$
③ $\alpha \leq 2\rho$ ④ $\alpha \geq 2\rho$

해설 코터의 자립 조건
• 양쪽 구배 : $\alpha \leq \rho$ • 한쪽 구배 : $\alpha \leq 2\rho$
여기서, ρ : 마찰각, α : 구배

17. 코터의 기울기 중 분해하기 쉬운 것은 얼마 정도인가?

① $\dfrac{1}{5} \sim \dfrac{1}{10}$ ② $\dfrac{1}{10} \sim \dfrac{1}{20}$

③ $\dfrac{1}{50}$ ④ $\dfrac{1}{100}$

해설 코터의 기울기 : 분해하기 쉬운 것은 $\dfrac{1}{5} \sim \dfrac{1}{10}$, 일반적인 것은 $\dfrac{1}{20}$, 반영구적인 것은 $\dfrac{1}{100}$ 이다.

18. 그림과 같이 축 방향으로 인장력이나 압축력이 작용하는 두 축을 연결하거나 풀 필요가 있을 때 사용하는 기계요소는?

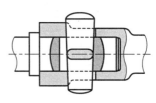

① 핀   ② 키
③ 코터   ④ 플랜지

해설 코터 : 평평한 쐐기 모양의 부품으로, 인장력 또는 압축력이 축 방향으로 작용하는 축과 여기에 조립되는 소켓을 연결하는 데 사용하는 기계요소이다.

동력전달요소 설계

1. 요구기능 파악 및 설계

1-1 축

1 축의 종류(작용하는 힘에 의한 분류)

① **차축** : 주로 휨을 받는 정지 또는 회전축을 말한다.

② **스핀들** : 주로 비틀림 모멘트를 받으며, 길이가 짧아 선반, 밀링 등 공작기계의 주축으로 사용한다.

③ **전동축** : 주로 비틀림과 휨을 받으며, 동력 전달이 주목적이다.

2 축의 강도

① **굽힘 모멘트(M)만 받는 축**

⑺ 중실축의 경우

$$M = \sigma_b Z = \sigma_b \frac{\pi d^3}{32}$$

$$d = \sqrt[3]{\frac{32M}{\pi \sigma_b}} = \sqrt[3]{\frac{10.2M}{\sigma_b}}$$

여기서, σ_b : 굽힘 응력

Z : 축의 단면 형상 계수

d : 축의 지름(cm)

⑷ 중공축의 경우

$x = \dfrac{d_1}{d_2}$(안지름과 바깥지름의 비)라 하면

$$M = \sigma_b Z = \sigma_b \frac{\pi}{32} \left(\frac{d_2{}^4 - d_1{}^4}{d_2} \right) = \sigma_b \frac{\pi d_2{}^3}{32} (1 - x^4) = \sigma_b \frac{d_2{}^3}{10.2} (1 - x^4)$$

$$d_2 = \sqrt[3]{\frac{32M}{\pi \sigma_b (1 - x^4)}} = \sqrt[3]{\frac{10.2M}{\sigma_b (1 - x^4)}} \quad \text{또는} \quad d_1 = \sqrt[4]{d_2{}^4 - \frac{32M d_2}{\pi \sigma_b}} = \sqrt[4]{d_2{}^4 - \frac{10.2M d_2}{\sigma_b}}$$

여기서, d : 둥근 축의 지름(cm) $\qquad$ M : 축에 작용하는 휨 모멘트(kJ)

$\qquad$ d_1 : 중공축의 안지름(cm) $\qquad$ d_2 : 중공축의 바깥지름(cm)

$\qquad$ σ_b : 축에 생기는 휨 응력(kPa) $\qquad$ Z : 축의 단면 계수(cm³)

② 비틀림 모멘트(T)만 받는 축

㈎ 중실축의 경우

$$T=\tau Z_p=\tau\frac{\pi d^3}{16}=\tau\frac{d^3}{5.1}$$

$$d\fallingdotseq\sqrt[3]{\frac{5.1T}{\tau}}\ [\text{cm}]$$

여기서, T : 축에 작용하는 토크(kJ) $\qquad$ τ : 축에 생기는 전단 응력(kPa)

$\qquad$ Z_p : 축의 극단면계수(cm³)

㈏ 중공축의 경우

$$T=\tau Z_p=\tau\frac{\pi(d_2{}^4-d_1{}^4)}{16d_2}=\tau\frac{\pi d_2{}^3(1-x^4)}{16}$$

$$d_2=\sqrt[3]{\frac{5.1T}{\tau(1-x^4)}}\ [\text{cm}]\qquad 여기서,\ x=-\frac{d_1}{d_2}$$

③ 굽힘과 비틀림을 동시에 받는 축 : 상당 굽힘 모멘트 M_e 또는 상당 비틀림 모멘트 T_e를 생각하여 축의 지름을 계산하고, 큰 쪽의 값을 취한다.

$$T_e=\sqrt{M^2+T^2}=M\sqrt{1+\left(\frac{T}{M}\right)^2}\ [\text{kJ}]$$

$$M_e=\frac{1}{2}(M+\sqrt{M^2+T^2})=\frac{1}{2}(M+T_e)\ [\text{kJ}]$$

$$d_t=\sqrt[3]{\frac{5.1T_e}{\tau_a}}\ [\text{cm}]\quad 또는\quad d_m=\sqrt[3]{\frac{10.2M_e}{\sigma_a}}\ [\text{cm}]$$

④ 전동축

$$d=K\sqrt[3]{\frac{H}{N}}\ [\text{cm}]$$

여기서, H : 전달 마력 $\qquad$ N : 축의 매분 회전수(rpm)

$\qquad$ $K=71.5\sqrt[3]{\tau}$

예 | 상 | 문 | 제   축 ◀

1. 굽힘 모멘트만을 받는 중공축의 허용 굽힘 응력을 σ_b, 중공축의 바깥지름을 D, 여기에 작용하는 굽힘 모멘트가 M일 때, 중공축의 안지름 d를 구하는 식은?

① $d = \sqrt[4]{\dfrac{D(\pi\sigma_b D^3 - 16M)}{\pi\sigma_b}}$

② $d = \sqrt[4]{\dfrac{D(\pi\sigma_b D^3 - 32M)}{\pi\sigma_b}}$

③ $d = \sqrt[3]{\dfrac{D(\pi\sigma_b D^3 - 16M)}{\pi\sigma_b}}$

④ $d = \sqrt[3]{\dfrac{D(\pi\sigma_b D^3 - 32M)}{\pi\sigma_b}}$

해설 $d = \sqrt[4]{D^4 - \dfrac{32MD}{\pi\sigma_b}}$

$= \sqrt[4]{\dfrac{D(\pi\sigma_b D^3 - 32M)}{\pi\sigma_b}}$

2. 300 rpm으로 2.5 kW의 동력을 전달시키는 축에 발생하는 비틀림 모멘트는 약 몇 N·m인가?

① 80   ② 60

③ 45   ④ 35

해설 $T = 9.55 \times 10^6 \times \dfrac{H}{N} = 9.55 \times 10^6 \times \dfrac{2.5}{300}$

$≒ 79583 \,\text{N·mm} ≒ 80 \,\text{N·m}$

3. 지름 5 cm 축이 300 rpm으로 회전할 때, 최대 전달 동력은 약 몇 kW인가? (단, 축의 허용 비틀림 응력은 39.2 MPa이다.)

① 8.59   ② 16.84

③ 30.23   ④ 181.38

해설 $d = \sqrt[3]{\dfrac{5.1T}{\tau}}$, $T = \dfrac{d^3\tau}{5.1}$

$T = \dfrac{50^3 \times 39.2}{5.1} ≒ 960784 \,\text{N·mm}$

$T = 9.55 \times 10^6 \times \dfrac{H}{N}$, $H = \dfrac{TN}{9.55 \times 10^6}$

$\therefore H = \dfrac{960784 \times 300}{9550000} ≒ 30 \,\text{kW}$

4. 어떤 축이 굽힘 모멘트 M과 비틀림 모멘트 T를 동시에 받고 있을 때, 최대 주응력설에 의한 상당 굽힘 모멘트 M_e는?

① $M_e = \dfrac{1}{2}(M + \sqrt{M + T})$

② $M_e = \dfrac{1}{2}(M^2 + \sqrt{M + T})$

③ $M_e = \dfrac{1}{2}(M + \sqrt{M^2 + T^2})$

④ $M_e = \dfrac{1}{2}(M^2 + \sqrt{M^2 + T^2})$

해설 $M_e = \dfrac{M + \sqrt{M^2 + T^2}}{2}$ [N·m]

$T_e = \sqrt{M^2 + T^2}$ [N·m]

5. 400 rpm으로 4 kW의 동력을 전달하는 중실축의 최소 지름은 약 몇 mm인가? (단, 축의 허용 전단 응력은 20.60 MPa이다.)

① 22   ② 13

③ 29   ④ 36

해설 $T = 9.55 \times 10^6 \times \dfrac{H}{N} = 9.55 \times 10^6 \times \dfrac{4}{400}$

$= 95500 \,\text{N·mm}$

$\therefore d = \sqrt[3]{\dfrac{5.1T}{\tau}} = \sqrt[3]{\dfrac{5.1 \times 95500}{20.60}}$

$≒ 29 \,\text{mm}$

정답 1. ② 2. ① 3. ③ 4. ③ 5. ③

6. 전달 동력 2.4kW, 회전수 1800rpm을 전달하는 축의 지름은 약 몇 mm 이상으로 해야 하는가? (단, 축의 허용 전단 응력은 20MPa이다.)

① 20 ② 12
③ 15 ④ 17

해설 $T = 9.55 \times 10^6 \times \dfrac{H}{N}$

$\qquad = 9.55 \times 10^6 \times \dfrac{2.4}{1800} \fallingdotseq 12733\,\text{N}\cdot\text{mm}$

$\therefore\ d = \sqrt[3]{\dfrac{5.1T}{\tau}} = \sqrt[3]{\dfrac{5.1 \times 12733}{20}}$

$\qquad \fallingdotseq 15\,\text{mm}$

7. 지름 45mm의 축이 200rpm으로 회전하고 있다. 이 축은 길이 1m에 대하여 1/4°의 비틀림각이 발생한다고 할 때, 약 몇 kW의 동력을 전달하고 있는가? (단, 축 재료의 가로탄성계수는 84GPa이다.)

① 2.1 ② 2.6
③ 3.1 ④ 3.6

해설 $1\text{rad} \fallingdotseq 57.3°,\ 1/4° = 4.363 \times 10^{-3}\text{rad}$

토크 $T = \dfrac{\theta G Z_p}{l}$ 이고 $Z_p = \dfrac{\pi d^4}{32}$ 이므로

$T = \dfrac{(4.363 \times 10^{-3})(84 \times 10^9) \times \dfrac{\pi (0.045)^4}{32}}{1}$

$\qquad \fallingdotseq 147.47\,\text{N}\cdot\text{m/s}$

$W = \dfrac{2\pi N}{60} = \dfrac{2\pi \times 200}{60} \fallingdotseq 20.94\,\text{rad/s}$

$\therefore\ P = T \cdot W$

$\qquad = 147.47 \times 20.94 \fallingdotseq 3088\,\text{W}$

$\qquad \fallingdotseq 3.1\,\text{kW}$

8. 4kN·m의 비틀림 모멘트를 받는 전동축의 지름은 약 몇 mm인가? (단, 축에 작용하는 전단 응력은 60MPa이다.)

① 70 ② 80
③ 90 ④ 100

해설 $d = \sqrt[3]{\dfrac{5.1T}{\tau}} = \sqrt[3]{\dfrac{5.1 \times 4000000}{60}}$

$\qquad \fallingdotseq 70\,\text{mm}$

9. 비틀림 모멘트를 받는 회전축으로 치수가 정밀하고 변형량이 적어 주로 공작기계의 주축에 사용하는 것은?

① 차축
② 스핀들
③ 플렉시블축
④ 크랭크축

해설 축은 베어링에 의해 지지되며 주로 회전력을 전달하는 기계요소를 말하는데, 공작기계의 주축에 사용하는 축은 스핀들이다.

10. 6000N·m의 비틀림 모멘트를 받는 연강제 중실축 지름은 몇 mm 이상이어야 하는가? (단, 축의 허용 전단 응력은 30N/mm² 로 한다.)

① 81 ② 91
③ 101 ④ 111

해설 $d = \sqrt[3]{\dfrac{5.1T}{\tau}} = \sqrt[3]{\dfrac{5.1 \times 6000000}{30}}$

$\qquad \fallingdotseq 101\,\text{mm}$

1-2 축이음

1 커플링의 종류

커플링의 종류 및 특징

종류	모양	특징
플랜지 커플링		• 가장 널리 쓰이며 주철, 주강, 단조 강재의 플랜지를 사용한다. • 플랜지 연결은 볼트 또는 리머 볼트로 조인다. • 축지름 50~150 mm에서 사용되며 강력 전달용이다. • 플랜지 지름이 커져서 축심이 어긋나면 원심력으로 인해 진동되기 쉽다.
슬리브 커플링		• 가장 간단한 방법으로, 주철제의 원통 또는 분할 원통 속에 양 축을 끼우고 키로 고정한다. • 30 mm 이하의 작은 축에 사용된다. • 축 방향으로 인장이 걸리는 것에 부적합하다.
플렉시블 커플링	부시	• 두 축의 중심선을 완전히 일치시키기 어려울 때, 고속 회전으로 진동을 일으킬 때, 내연기관 등에 사용한다. • 가죽, 고무, 연철금속 등을 플랜지 중간에 끼워 넣는다. • 탄성체에 의해 진동과 충격을 완화시킨다. • 양 축의 중심이 다소 엇갈려도 상관없다.
올덤 커플링	원판	• 두 축의 거리가 짧고 평행하며 중심이 어긋나 있을 때 사용한다. • 진동과 마찰이 많아서 고속에는 부적합하며 윤활이 필요하다.
유니버설 조인트		• 두 축이 서로 만나거나 평행해도 그 거리가 멀 때 사용한다. • 회전하면서 축의 중심선 위치가 달라지는 경우 동력을 전달할 때 사용한다. • 원동축이 등속 회전해도 종동축은 부등속 회전한다. • 축의 각도는 30° 이내이다.

2 클러치의 종류

① **맞물림 클러치** : 턱을 가진 한 쌍의 플랜지를 원동축과 종동축의 끝에 붙여 만든 것으로, 종동축의 플랜지를 축 방향으로 이동시켜 단속하는 클러치이다.

② **마찰 클러치** : 양 축단에 부착한 부품을 접촉시키고, 그 면의 마찰력에 의해 토크를 전달하거나 잘라서 떼어내는 데 사용하는 클러치이다.

③ **유체 클러치**

    ㈎ 펌프와 터빈으로 구성되어 있으며, 유체를 매체로 하여 동력을 구동축으로부터 피구동축으로 전달하는 클러치이다.

    ㈏ 양 축의 회전 속도비를 연속적으로 바꿀 수 있는 클러치이다.

④ **일방향 클러치**

    ㈎ 한 방향으로만 회전력을 전달하고 반대 방향으로는 전달하지 못하는 비역전 클러치이다.

    ㈏ 원동축이 종동축보다 속도가 늦어졌을 때 종동축이 공전할 수 있도록 일방향에만 동력을 전달한다.

> **참고**
> • 클러치는 엔진과 변속기 사이에 위치하여 엔진 동력을 구동바퀴에 전달하거나 단속하기 위한 장치이다.

1. 유연성(flexible) 커플링이 아닌 것은?

① 기어 커플링   ② 셀러 커플링

③ 롤러 체인 커플링   ④ 벨로스 커플링

해설 플렉시블(유연성) 커플링에는 기어형, 체인형, 벨로스형, 고무형, 다이어프램형이 있다.

2. 커플링에 대한 설명으로 옳은 것은?

① 플랜지 커플링은 축심이 어긋나 진동하기 쉬운 데 사용한다.

② 플렉시블 커플링은 양 축의 중심선이 일치하는 경우에만 사용한다.

③ 올덤 커플링은 두 축이 평행으로 있으면서 축심이 어긋났을 때 사용한다.

④ 원통 커플링의 지름은 축 중심선이 임의의 각도로 교차되었을 때 사용한다.

해설 올덤 커플링은 두 축의 거리가 짧고 평행이며 중심이 어긋나 있을 때 사용한다.

3. 자전거의 래칫 휠에 사용되는 클러치는?

① 맞물림 클러치   ② 마찰 클러치

③ 일방향 클러치   ④ 원심 클러치

해설 일방향 클러치 : 원동축이 종동축보다 속도가 늦어졌을 때 종동축이 공전할 수 있도록 일방향에만 동력을 전달하는 클러치이다.

4. 유체 클러치의 일종인 유체 토크 컨버터의 특징을 설명한 것 중 틀린 것은?

① 부하에 의한 원동기의 정지가 없다.

② 장치 내에 스테이터가 있을 경우 작동 효율을 97% 수준까지 올릴 수 있다.

③ 무단 변속이 가능하다.

④ 진동 및 충격을 완충하기 때문에 기계에 무리가 없다.

해설 토크 컨버터 : 펌프에서 유출되는 액체가 터빈을 통해 날개바퀴를 지나 펌프로 되돌아가는 원리이며, 토크의 변환이 수반되는 변속장치이다.

5. 두 축의 중심선이 어느 각도로 교차되고, 그 사이 각도가 운전 중 다소 변하여도 자유로이 운동을 전달할 수 있는 축이음은?

① 플랜지 이음   ② 셀러 이음

③ 올덤 이음   ④ 유니버설 이음

해설 유니버설 이음은 회전하면서 축의 중심선 위치가 달라지는 것에 동력을 전달할 때 사용한다.

6. 원통 커플링에 속하지 않는 커플링은?

① 머프 커플링   ② 올덤 커플링

③ 클램프 커플링   ④ 셀러 커플링

해설 원통 커플링 : 머프 커플링, 마찰 원통 커플링, 셀러 커플링, 반중첩 커플링, 클램프 커플링의 5종류가 있다.

7. 두 축을 주철 또는 주강제로 이루어진 2개의 반원통에 넣고 두 반원통의 양쪽을 볼트로 체결하여 조립이 용이한 커플링은?

① 클램프 커플링   ② 셀러 커플링

③ 퍼프 커플링   ④ 플랜지 커플링

해설 클램프 커플링 : 2개로 분할한 원통을 두 축의 연결 단에 덮어씌우고 볼트로 체결하여 토크를 전달하는 커플링으로, 분할 원통 커플링이라고도 한다.

정답 1. ② 2. ③ 3. ③ 4. ② 5. ④ 6. ② 7. ①

1-3 **베어링**

회전축 또는 왕복 운동하는 축을 지지하여 축에 작용하는 하중을 부담하는 요소를 베어링(bearing)이라 하고, 베어링에 접촉된 축 부분을 저널(journal)이라 한다.

1 저널의 종류

① **레이디얼 저널** : 하중이 축선, 즉 축 중심선에 직각으로 작용한다.
② **스러스트 저널** : 축선 방향으로 하중이 작용하며, 피벗 저널과 칼라 저널이 있다.
③ **원뿔 저널** : 축선과 축선의 직각 방향으로 동시에 하중이 작용한다.
④ **구면 저널** : 축을 임의의 방향으로 기울어지게 할 수 있다.

2 베어링의 종류

① **하중의 작용에 따른 분류** : 레이디얼 베어링, 스러스트 베어링, 원뿔 베어링
② **접촉면에 따른 분류** : 미끄럼 베어링, 구름 베어링

3 롤러 베어링의 수명 계산

① $L_n = \left(\dfrac{C}{P}\right)^r \times 10^6\,[\text{rev}]$

② $L_n = N \times 60 \times L_h$

③ $L_h = 500\left(\dfrac{C}{P}\right)^r \dfrac{33.3}{N} = 500 f_h^r\,[\text{시간}]$

여기서, L_n : 베어링 수명(10^6 회전 단위) L_h : 베어링 수명 시간(h)

P : 베어링 하중(kN) C : 기본 동정격 하중(kN)

N : 회전수

f_h : 수명계수, $f_h = f_n \cdot \dfrac{C}{P} = \sqrt[r]{\dfrac{33.3}{N}} \cdot \dfrac{C}{P}$

f_n : 속도계수, $f_n = \sqrt[r]{\dfrac{33.3}{N}}$

r : 베어링의 내·외륜과 전동체와의 접촉 상태에서 결정되는 정수

• 볼 베어링인 경우 : $r = 3$ • 롤러 베어링인 경우 : $r = \dfrac{10}{3}$

예 | 상 | 문 | 제

1. 400rpm으로 전동축을 지지하고 있는 미끄럼 베어링에서 저널의 지름은 6cm이고 길이는 10cm라고 한다. 4.2kN의 레이디얼 하중이 작용할 때 베어링 압력은 약 몇 MPa인가?

① 0.5   ② 0.6

③ 0.7   ④ 0.8

해설 $p = \dfrac{W}{dl} = \dfrac{4200}{60 \times 100} = 0.7\,\text{MPa}$

2. 미끄럼 베어링 재료에 요구되는 성질로 거리가 먼 것은?

① 하중 및 피로에 대한 충분한 강도를 가질 것
② 내부식성이 강할 것
③ 유막의 형성이 용이할 것
④ 열전도율이 작을 것

해설 미끄럼 베어링 재료의 구비 조건
• 축의 재료보다 연하면서 마모에 견딜 것
• 축과의 마찰계수가 작고 내마멸성이 높을 것
• 내식성과 내열성이 높을 것
• 마찰열의 발산이 잘 되도록 열전도율이 클 것
• 가공성이 좋으며 유지 및 보수가 쉬울 것

3. 다음 중 볼 베어링의 수명에 대한 설명으로 맞는 것은?

① 베어링에 작용하는 하중의 3승에 비례한다.
② 베어링에 작용하는 하중의 3승에 반비례한다.
③ 베어링에 작용하는 하중의 10/3승에 비례한다.
④ 베어링에 작용하는 하중의 10/3승에 반비례한다.

해설 $L_h = 500\left(\dfrac{C}{P}\right)^3 \dfrac{33.3}{N}$

∴ 수명(L_h)은 하중(P)의 3승에 반비례한다.

4. 축 중심선에 직각 방향과 축 방향으로 힘을 동시에 받는 데 쓰이는 베어링으로 가장 적합한 것은?

① 앵귤러 볼 베어링
② 원통 롤러 베어링
③ 스러스트 볼 베어링
④ 레이디얼 볼 베어링

해설 • 레이디얼 베어링은 축선에 직각 방향으로, 스러스트 베어링은 축선 방향(세로 방향)으로 하중을 받는 데 쓴다.
• 앵귤러 베어링은 축선에 직각 방향과 축 방향의 힘을 동시에 받는 데 쓰인다.

5. 보통 운전으로 회전수 300rpm, 베어링 하중 110N을 받는 단열 레이디얼 볼 베어링의 기본 동정격 하중은? (단, 수명은 6만 시간이고 하중계수는 1.50이다.)

① 1693N   ② 169.3N
③ 1650N   ④ 165.0N

해설 실제 베어링 하중 $P = 1.5 \times 110 = 165\,\text{N}$

수명계수 $f_h = \sqrt[3]{\dfrac{L_h}{500}} = \sqrt[3]{\dfrac{60000}{500}} \fallingdotseq 4.9324$

속도계수 $f_n = \sqrt[3]{\dfrac{33.3}{N}} = \sqrt[3]{\dfrac{33.3}{300}} \fallingdotseq 0.4806$

∴ $C = \dfrac{f_h}{f_n} \times P = \dfrac{4.9324}{0.4806} \times 165$

$\fallingdotseq 1693\,\text{N}$

6. 반지름 방향 하중 6.5kN, 축 방향 하중

3.5 kN을 받고, 회전수 600 rpm으로 지지하는 볼 베어링이 있다. 이 베어링에 30000시간의 수명을 주기 위한 기본 동정격 하중으로 가장 적합한 것은? (단, 반지름 방향 동하중계수(X)는 0.35, 축 방향 동하중계수(Y)는 1.8로 한다.)

① 43.3 kN ② 54.6 kN
③ 65.7 kN ④ 88.0 kN

해설 $P = 0.35 \times 6.5 + 1.8 \times 3.5 = 8.575\,\text{kN}$

$L_h = 500 \left(\dfrac{C}{P}\right)^r \dfrac{33.3}{N}$, $r = 3$(볼 베어링)

$30000 = 500 \times \left(\dfrac{C}{8.575}\right)^3 \times \dfrac{33.3}{600}$

$\left(\dfrac{C}{8.575}\right)^3 = \dfrac{600}{33.3} \times 60$

$C^3 = 681649$

$\therefore\ C = 88\,\text{kN}$

7. 원통 롤러 베어링 N206(기본 동정격 하중 14.2 kN)이 600 rpm으로 1.96 kN의 베어링 하중을 받치고 있다. 이 베어링의 수명은 약 몇 시간인가? (단, 베어링 하중계수(f_w)는 1.5를 적용한다.)

① 4200 ② 4800
③ 5300 ④ 5900

해설 $P = 1.5 \times 1.96 = 2.94\,\text{kN}$

$L_h = 500 \left(\dfrac{C}{P}\right)^r \dfrac{33.3}{N}$, $r = \dfrac{10}{3}$(롤러 베어링)

$\therefore\ L_h = 500 \times \left(\dfrac{14.2}{2.94}\right)^{\frac{10}{3}} \times \dfrac{33.3}{600}$

$= 5300$시간

8. 구름 베어링에서 실링(sealing)의 주목적으로 가장 적합한 것은?

① 구름 베어링에 주유 주입을 돕는다.
② 구름 베어링의 발열을 방지한다.

③ 윤활유 유출과 유해물 침입을 방지한다.
④ 축에 구름 베어링을 끼울 때 삽입을 돕는다.

해설 실링은 틈새를 밀봉하는 것으로, 윤활유의 유출과 유해 물질의 침입을 방지한다.

9. 420 rpm으로 16.20 kN의 하중을 받고 있는 엔드 저널의 지름(d)과 길이(l)는? (단, 베어링의 작용 압력은 1 N/mm²이고, 폭 지름비는 $l/d = 2$이다.)

① $d = 90\,\text{mm}$, $l = 180\,\text{mm}$
② $d = 85\,\text{mm}$, $l = 170\,\text{mm}$
③ $d = 80\,\text{mm}$, $l = 160\,\text{mm}$
④ $d = 75\,\text{mm}$, $l = 150\,\text{mm}$

해설 $P = \dfrac{W}{dl}$, $dl = \dfrac{W}{P}$

$\therefore\ d \times l = \dfrac{W}{P} = \dfrac{16200}{1} = 90 \times 180$

10. 베어링 설치 시 고려해야 할 예압(preload)에 관한 설명으로 옳지 않은 것은?

① 예압은 축의 흔들림을 적게 하고 회전 정밀도를 향상시킨다.
② 베어링 내부 틈새를 줄이는 효과가 있다.
③ 예압량이 높을수록 예압 효과가 커지고, 베어링 수명에 유리하다.
④ 적절한 예압을 적용할 경우 베어링의 강성을 높일 수 있다.

해설 예압을 크게 하면 베어링의 수명이 단축되고 베어링 온도가 상승한다.

11. 작용 하중의 방향에 따른 베어링의 분류 중에서 축선에 직각으로 작용하는 하중과 축선 방향으로 작용하는 하중이 동시에 작용하는 데 사용하는 베어링은?

① 레이디얼 베어링(radial bearing)

② 스러스트 베어링(thrust bearing)

③ 테이퍼 베어링(taper bearing)

④ 칼라 베어링(collar bearing)

[해설] 칼라 베어링은 축에 설치한 칼라에 의해 축 방향의 힘을 받는 베어링이다.

12. 볼 베어링에서 작용 하중은 5kN, 회전수는 4000rpm, 이 베어링의 기본 동정격 하중이 63kN이면 수명은 약 몇 시간인가?

① 6300시간   ② 8300시간

③ 9500시간   ④ 10200시간

[해설] $L_h = 500\left(\dfrac{C}{P}\right)^r \dfrac{33.3}{N}$, $r=3$(볼 베어링)

$$= 500 \times \left(\dfrac{63}{5}\right)^3 \times \dfrac{33.3}{4000}$$

$$\fallingdotseq 8300\text{시간}$$

13. 길이에 비해 지름이 5mm 이하인 아주 작은 롤러를 사용하는 베어링으로, 리테이너가 없으면 단위 면적당 부하 용량이 큰 베어링은?

① 니들 롤러 베어링

② 원통 롤러 베어링

③ 구면 롤러 베어링

④ 플렉시블 롤러 베어링

[해설] 니들 베어링은 지름에 비해 얇고 긴 원통형 롤러가 있는 롤러 베어링으로, 작은 단면을 가지고 있음에도 불구하고 높은 하중 지지력을 가지고 있다.

14. 레이디얼 볼 베어링 '6304'에서 한계속도 계수(dN, mm·rpm)값을 1200000이라 하면, 이 베어링의 최고 사용 회전수는 약 몇 rpm인가?

① 4500   ② 6000

③ 6500   ④ 8000

[해설] • 끝번호가 04이므로 04×5=20으로, 안지름 $d=20$mm이다.

• 한계속도계수$=d \times n$, $1200000=20 \times n$

$n=6000$rpm

15. 구름 베어링의 안지름 번호에 대하여 베어링의 안지름 치수를 잘못 나타낸 것은?

① 안지름 번호 : 01 – 안지름 : 12mm

② 안지름 번호 : 02 – 안지름 : 15mm

③ 안지름 번호 : 03 – 안지름 : 18mm

④ 안지름 번호 : 04 – 안지름 : 20mm

[해설] 00 : 10mm, 01 : 12mm, 02 : 15mm, 03 : 17mm, 04부터는 5배하면 된다.

16. 구름 베어링의 호칭 번호가 6001일 때 안지름은 몇 mm인가?

① 12   ② 11

③ 10   ④ 13

[해설] 끝번호가 01이므로 안지름 치수는 12mm이다.

17. 구름 베어링의 상세한 간략 도시에서 복렬 자동 조심 볼 베어링의 도시 기호는?

[해설] ① 복렬 깊은 홈 볼 베어링

③ 복렬 앵귤러 볼 베어링

18. 다음 중 단열 앵귤러 볼 베어링 간략 도시 기호는?

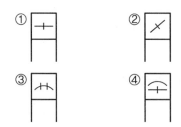

해설 ① 단열 깊은 홈 볼 베어링
③ 복렬 자동 조심 볼 베어링
④ 자동 조심 니들 롤러 베어링

19. 베어링 호칭 번호 NA 4916 V의 설명 중 틀린 것은?

① NA 49는 니들 롤러 베어링, 치수 계열 49
② V는 리테이너 기호로서 리테이너가 없음
③ 베어링 안지름은 80mm
④ A는 실드 기호

해설 NA49 16 V

리테이너 기호
(리테이너 없음)

안지름 번호
(베어링 안지름 80mm)

베어링 계열 기호
(니들 롤러 베어링, 치수 계열 49)

20. 다음과 같은 구름 베어링 호칭 번호 중 안지름이 22mm인 것은?

① 622　　② 6222
③ 62/22　　④ 62-22

해설 ① 2mm　　② 22×5=110mm
③ 62 : 깊은 홈 볼 베어링, 22 : 안지름 22mm

21. 베어링 기호 608C2P6에서 P6이 의미하는 것은?

① 정밀도 등급 기호　② 계열 기호
③ 안지름 번호　　④ 내부 틈새 기호

해설 •60 : 베어링 계열 번호
•8 : 안지름 번호(8×5=40mm)
•C2 : 내부 틈새 기호
•P6 : 정밀도 등급 기호(6급)

22. 다음과 같이 도면에 지시된 베어링 호칭 번호의 설명으로 옳지 않은 것은?

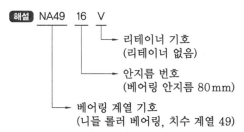

① 단열 깊은 홈 볼 베어링
② 한쪽 실드 붙이
③ 베어링 안지름 312mm
④ 멈춤 링 붙이

해설 6312ZNR
•63 : 베어링 계열 번호(단열 깊은 홈 볼 베어링)
•12 : 안지름 번호(12×5=60mm)
•Z : 실드 기호(편측)
•NR : 궤도륜 형식 번호

23. 구름 베어링 기호 중 안지름이 10mm인 것은?

① 7000　　② 7001
③ 7002　　④ 7010

해설 00 : 10mm, 01 : 12mm, 02 : 15mm, 03 : 17mm, 04부터는 5배한다.

1-4 마찰차

마찰차에는 원통 마찰차, 원뿔 마찰차, 홈 붙이 마찰차, 무단 변속 마찰차가 있으며, 특히 무단 변속 마찰차에서는 원판 마찰차, 원뿔 마찰차, 구면 마찰차 등을 사용한다.

1 마찰차의 응용 범위

① 속도비가 중요하지 않을 때   ② 전달 힘이 크지 않아도 될 때
③ 두 축 사이를 단속할 필요가 있을 때   ④ 무단 변속을 해야 할 때
⑤ 회전 속도가 커서 보통의 기어를 사용하지 못할 때

2 마찰차의 전달력

2개의 마찰차를 힘 P로 누르면 접촉점에서 $F=\mu P$의 마찰력이 생긴다. 이때 생긴 힘 F로 피동차를 회전시킬 수 있다.

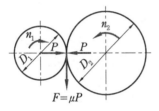

마찰차의 전달력

여기서, μ : 마찰계수
H : 전달 마력(kW)
P : 누르는 힘(N)
D_1, D_2 : 원동차와 피동차의 지름(mm)
n_1, n_2 : 원동차와 피동차의 회전수(rpm)

① 속도비 $\qquad\qquad i=\dfrac{n_2}{n_1}=\dfrac{D_1}{D_2}$

② 2축 간 중심 거리 $\qquad C=\dfrac{D_1 \pm D_2}{2}$ (+는 외접, −는 내접)

③ 원주 속도 $\qquad\qquad v=\dfrac{\pi D_1 n_1}{60 \times 10^3}=\dfrac{\pi D_2 n_2}{60 \times 10^3}\,[\text{m/s}]$

④ 전달 마력 $\qquad\qquad H=\dfrac{Fv}{1000}=\dfrac{\mu Pv}{1000}\,[\text{kW}]$

◦ 참고 ◦

전동 효율
• 원통 마찰차의 전동 효율은 주철 마찰차와 비금속 마찰차에서는 90%가 되고, 2개의 주철 마찰차에서는 80%가 된다.

예 | 상 | 문 | 제

1. 마찰차의 응용 범위에 대한 설명으로 옳지 않은 것은?

① 전달해야 할 힘이 그다지 크지 않고 정확한 속도비를 중요시하지 않는 경우
② 양 축 사이를 빈번하게 단속할 필요가 없는 경우
③ 회전 속도가 커서 보통의 기어를 사용할 수 없는 경우
④ 무단 변속을 하는 경우

해설 양 축 사이를 빈번하게 단속할 필요가 있을 경우 마찰차를 사용한다.

2. 다음 마찰차 중 무단 변속장치로 이용할 수 없는 것은?

① 홈 마찰차
② 에반스 마찰차
③ 원판 마찰차
④ 구면 마찰차

해설 홈 마찰차는 크레인, 윈치 등의 물건을 감아 올릴 때 사용한다.

3. 다음 중 동력 전달장치로서 운전이 조용하고, 무단 변속을 할 수 있으나 일정한 속도비를 얻기가 힘든 것은?

① 마찰차　　　　② 기어
③ 체인　　　　　④ 플라이 휠

해설 작은 힘을 전달하거나 정확한 회전 운동을 하지 않는 곳에 쓰이는 동력 전달장치는 마찰차이다.

4. 마찰차에 대한 설명 중 틀린 것은?

① 원통 마찰차는 두 축이 직교한다.
② 홈 붙이 마찰차는 두 축이 평행한다.
③ 원뿔 마찰차는 두 축이 만난다.
④ 변속 마찰차는 변속이 가능하다.

해설 원통 마찰차는 두 축이 평행한다.

5. 축간 거리 $C=240\,mm$, $n_1=120$, $n_2=60$인 마찰차의 D_1, D_2는? (단, $D_1=\dfrac{1}{2}D_2$)

① $D_1=400\,mm$, $D_2=200\,mm$
② $D_1=160\,mm$, $D_2=320\,mm$
③ $D_1=150\,mm$, $D_2=300\,mm$
④ $D_1=250\,mm$, $D_2=500\,mm$

해설 $D_1=\dfrac{1}{2}\times D_2$이므로

$$C=\frac{D_1+D_2}{2}=\frac{\frac{1}{2}D_2+D_2}{2}=\frac{3}{4}D_2$$

$$C=\frac{3}{4}D_2,\ 3D_2=4C,\ D_2=\frac{4}{3}C$$

$C=240$이므로 $D_2=\dfrac{4}{3}\times240=320\,mm$

$$D_1=\frac{1}{2}D_2=\frac{1}{2}\times320=160\,mm$$

6. 마찰차의 전동력이 3200N이고 원주 속도가 40m/s일 때 전달 마력은?

① 16PS
② 174.08PS
③ 160PS
④ 17.1PS

해설 $H=\dfrac{Fv}{1000}=\dfrac{3200\times40}{1000}=128\,kW$

kW=1.36PS이므로

$\therefore H=128\times1.36=174.08\,PS$

7. 원동차의 지름이 90mm, 종동차의 지름이 140mm, 원동차의 회전수가 300rpm일 때, 종동차의 회전수는?

① 375rpm   ② 340rpm
③ 245rpm   ④ 193rpm

해설 $i = \dfrac{n_2}{n_1} = \dfrac{D_1}{D_2}$

$\therefore n_2 = \dfrac{D_1}{D_2} \times n_1 = \dfrac{90}{140} \times 300$

$\qquad \fallingdotseq 193 \, \text{rpm}$

8. 지름이 30cm이고, 1분간에 250회전하는 원통 마찰차를 3200N의 힘으로 누르면, 몇 kW를 전달할 수 있는가? (단, $\mu = 0.2$)

① 18.8   ② 2.52
③ 23.5   ④ 2.35

해설 $v = \dfrac{\pi D N}{60 \times 10^3} = \dfrac{\pi \times 300 \times 250}{60 \times 10^3}$

$\qquad \fallingdotseq 3.93 \, \text{m/s}$

$\therefore H = \dfrac{\mu P v}{1000} = \dfrac{0.2 \times 3200 \times 3.93}{1000}$

$\qquad \fallingdotseq 2.52 \, \text{kW}$

9. 다음 중 마찰차의 마찰계수가 가장 큰 것은 어느 것인가?

① 주철과 가죽
② 주철과 목재
③ 주철과 종이
④ 주철과 주철

해설 마찰차
- 금속과 비금속 사이의 마찰계수는 금속과 금속의 마찰계수보다 훨씬 크다.
- 마찰차의 재질은 주철, 청동, 황동 및 목재, 가죽 등이다.

10. 마찰차의 바깥지름이 600mm 이하일 때 암의 개수는?

① 1~3개
② 4~5개
③ 5~6개
④ 9~10개

해설 마찰차의 바깥지름이 600~1500mm인 경우의 암의 개수는 5~6개이다.

1-5   기어

1 기어의 특징

① 잇수가 많은 것을 기어, 적은 것을 피니언이라 한다.
② 전동 효율이 좋고 사용 범위가 넓으며 감속비가 크다.
③ 큰 동력을 일정한 속도비로 전할 수 있다.
④ 충격에 약하고 사용 시 소음과 진동이 발생한다.

2 기어의 종류

① 두 축이 서로 평행한 경우 : 스퍼 기어(spur gear), 헬리컬 기어(helical gear), 더블 헬리컬 기어(double helical gear), 내접 기어(internal gear), 랙과 피니언(rack and pinion)

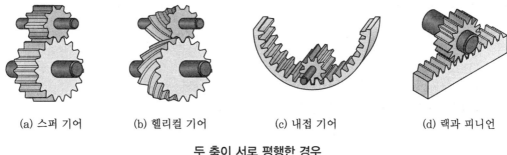

(a) 스퍼 기어   (b) 헬리컬 기어   (c) 내접 기어   (d) 랙과 피니언

두 축이 서로 평행한 경우

② 두 축이 서로 만나는(교차하는) 경우 : 베벨 기어(bevel gear), 마이터 기어(miter gear), 스파이럴 베벨 기어(spiral bevel gear)

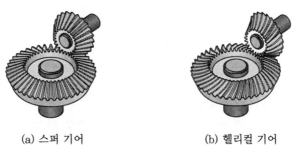

(a) 스퍼 기어   (b) 헬리컬 기어

두 축이 서로 만나는 경우

③ 두 축이 만나지도 평행하지도 않는(어긋난) 경우 : 나사 기어(screw gear), 하이포
이드 기어(hypoid gear), 웜 기어(worm gear)

(a) 나사 기어   (b) 하이포이드 기어   (c) 웜과 웜 기어

두 축이 만나지도 평행하지도 않는(어긋난) 경우

③ 기어의 각부 명칭과 이의 크기

(1) 기어의 각부 명칭

① **피치원** : 피치면의 축에 수직인 단면상의 원
② **이끝 높이** : 피치원에서 이끝원까지의 거리
③ **이뿌리 높이** : 피치원에서 이뿌리원까지의 거리
④ **이높이** : 이끝에서 이뿌리까지 총 이의 높이

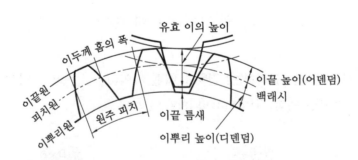

기어의 각부 명칭

(2) 이의 크기

모듈과 지름 피치 및 원주 피치 사이에는 다음과 같은 관계가 있다.

$$p = \pi m, \qquad p_d = \frac{25.4}{m} \, [\text{mm}]$$

모듈과 지름 피치 및 원주 피치

모듈 (module, m)	지름 피치 (p_d)	원주 피치 (p)
피치원의 지름(mm)을 잇수로 나눈 값	잇수를 피치원의 지름(inch)으로 나눈 값	피치원의 원둘레를 잇수로 나눈 값
$m = \dfrac{\text{피치원의 지름}}{\text{잇수}}$ $= \dfrac{D}{Z} \, [\text{mm}]$	$p_d = \dfrac{\text{잇수}}{\text{피치원의 지름}}$ $= \dfrac{Z}{D} \, [\text{in}]$	$p = \dfrac{\text{피치원의 원둘레}}{\text{잇수}}$ $= \dfrac{\pi D}{Z} \, [\text{mm}]$

4 기어열(gear train)과 속도비

(1) 기어열

① **기어열** : 기어의 속도비가 6 : 1 이상이 되면 전동 능력이 저하되므로 원동차와 피동차 사이에 1개 이상의 기어를 넣는데, 이것을 기어열이라 한다.

② **아이들 기어** : 2개의 기어 사이에 있는 기어로, 속도비에 관계없이 회전 방향만 변한다.

③ **중간 기어** : 3개 이상의 기어 사이에 있는 기어로, 회전 방향과 함께 속도비도 변한다.

(2) 기어의 속도비와 중심 거리

① **속도비** $\qquad\qquad i = \dfrac{n_2}{n_1} = \dfrac{D_1}{D_2} = \dfrac{mZ_1}{mZ_2} = \dfrac{Z_1}{Z_2}$

② **중심 거리** $\qquad\quad C = \dfrac{D_1 + D_2}{2} = \dfrac{m(Z_1 + Z_2)}{2}$

여기서, n_1, n_2 : 원동차, 종동차의 회전수(rpm)　　　m : 모듈

　　　　D_1, D_2 : 피치원의 지름(mm)　　　　　　Z_1, Z_2 : 잇수

1. 속도비 3 : 1, 모듈 3, 피니언(작은 기어) 잇수가 30인 한 쌍의 표준 스퍼 기어에서 축간 거리는 몇 mm인가?

① 60   ② 100

③ 140   ④ 180

해설 $i = \dfrac{n_2}{n_1} = \dfrac{Z_1}{Z_2} = \dfrac{30}{Z_2} = \dfrac{1}{3}$, $Z_2 = 90$

$\therefore C = \dfrac{m(Z_1 + Z_2)}{2} = \dfrac{3(30+90)}{2} = 180\,mm$

2. 웜을 구동축으로 할 때 웜의 줄수를 3, 웜휠의 잇수를 60이라 하면 웜 기어 장치의 감속 비율은?

① 1/10   ② 1/20

③ 1/30   ④ 1/60

해설 $i = \dfrac{Z_n}{Z} = \dfrac{3}{60} = \dfrac{1}{20}$

3. 이끝원 지름이 104mm, 잇수가 50인 표준 스퍼 기어의 모듈은?

① 5   ② 4

③ 3   ④ 2

해설 $D_0 = m(Z+2)$

$\therefore m = \dfrac{D_0}{Z+2} = \dfrac{104}{50+2} = 2$

4. 표준 스퍼 기어에서 모듈 4, 잇수 21개, 압력각이 20°라고 할 때, 법선 피치(P_n)는 약 몇 mm인가?

① 11.8   ② 14.8

③ 15.6   ④ 18.2

해설 $P_n = \pi m \cos\alpha = \pi \times 4 \times \cos 20° ≒ 11.8\,mm$

5. 축간 거리 55cm인 평행한 두 축 사이에 회전을 전달하는 한 쌍의 스퍼 기어에서 피니언이 124회전할 때 기어를 96회전시키려면 피니언의 피치원 지름은?

① 48cm   ② 62cm

③ 96cm   ④ 124cm

해설 $C = \dfrac{D_1 + D_2}{2} = 55$에서 $D_1 = 110 - D_2$

$\dfrac{n_2}{n_1} = \dfrac{D_1}{D_2}$에서 $D_1 = \dfrac{n_2}{n_1} \times D_2$

$110 - D_2 = \dfrac{96}{124} \times D_2$, $D_2 = 62\,cm$

$\therefore D_1 = 110 - 62 = 48\,cm$

6. 두 축이 서로 교차하면서 회전력을 전달하는 기어는?

① 스퍼 기어(spur gear)

② 헬리컬 기어(helical gear)

③ 랙과 피니언(rack and pinion)

④ 스파이럴 베벨 기어(spiral bevel gear)

해설 • 두 축이 평행한 기어 : 스퍼 기어, 헬리컬 기어, 랙과 피니언

• 두 축이 교차하는(만나는) 기어 : 스퍼 베벨 기어, 헬리컬 베벨 기어, 스파이럴 베벨 기어, 크라운 기어, 앵귤러 베벨 기어

• 두 축이 만나지도 평행하지도 않는(어긋난) 기어 : 나사 기어, 하이포이드 기어, 웜 기어, 헬리컬 크라운 기어

7. 2.2kW의 동력을 1800rpm으로 전달시키는 표준 스퍼 기어가 있다. 이 기어에 작용하는 회전력은 약 몇 N인가? (단, 스퍼 기어 모듈은 4이고 잇수는 25이다.)

① 163 　　　　② 195
③ 233 　　　　④ 289

해설 $D = mZ = 4 \times 25 = 100$

$$v = \frac{\pi D N}{60 \times 1000} = \frac{\pi \times 100 \times 1800}{60 \times 1000} = 9.42\,\text{m/s}$$

$$\therefore F = \frac{100 \times H}{v} = \frac{100 \times 2.2}{9.42}$$

$$\fallingdotseq 233\,\text{N}$$

8. 피치원의 지름이 무한대인 기어는?

① 랙(rack) 기어
② 헬리컬(helical) 기어
③ 하이포이드(hypoid) 기어
④ 나사(screw) 기어

해설 피치원의 지름이 무한대이면 직선이 되고, 직선인 기어는 랙 기어이다.

9. 잇수는 54, 바깥지름은 280mm인 표준 스퍼 기어에서 원주 피치는 약 몇 mm인가?

① 15.7 　　　　② 31.4
③ 62.8 　　　　④ 125.6

해설 $D_0 = m(Z+2)$
$280 = m(54+2),\ m = 5$
$\therefore p = \pi m = \pi \times 5 \fallingdotseq 15.7\,\text{mm}$

10. 다음 중 기어의 피치원 지름이 회전 운동을 직선 운동으로 무한대로 바꿀 때 사용하는 기어는?

① 베벨 기어
② 헬리컬 기어
③ 랙과 피니언
④ 웜 기어

해설 랙 기어는 원통형 기어에서 피치원 지름이 무한대인 직선 기어로, 피니언과 함께 사용하여 회전 운동을 직선 운동으로 변환시킨다.

11. 맞물린 한 쌍의 인벌류트 기어에서 피치원의 공통접선과 맞물리는 부위에 힘이 작용하는 작용선이 이루는 각도를 무엇이라고 하는가?

① 중심각 　　　　② 접선각
③ 전위각 　　　　④ 압력각

해설 압력각은 기어 잇면의 한 점에서 그 반지름과 치형으로의 접선이 이루는 각을 말한다.

12. 랙 공구로 모듈은 5, 압력각은 20°, 잇수는 15인 인벌류트 치형의 전위 기어를 가공하려 한다. 이때 언더컷을 방지하기 위해 필요한 이론 전위량은 약 몇 mm인가?

① 0.124 　　　　② 0.252
③ 0.510 　　　　④ 0.613

해설 $x = 1 - \dfrac{Z}{2}\sin^2\alpha$

$$= 1 - \frac{15}{2}\sin^2 20° \fallingdotseq 1 - \frac{15}{2} \times (0.342)^2$$

$$\fallingdotseq 0.122$$

$$\therefore m \times x = 5 \times 0.122 \fallingdotseq 0.61$$

13. 기어에서 이의 크기를 나타내는 방법이 아닌 것은?

① 피치원 지름
② 원주 피치
③ 모듈
④ 지름 피치

해설 피치원 지름은 기어를 제작할 원통의 값에 대한 척도이며, 이의 크기에 관한 내용이 아니다.

14. 헬리컬 기어에서 잇수가 50, 비틀림각이 20°일 경우 상당 평기어의 잇수는 약 몇 개인가?

① 40   ② 50

③ 60   ④ 70

[해설] $Z_e = \dfrac{Z}{\cos^3\beta} = \dfrac{50}{\cos^3 20°} \fallingdotseq 60$개

15. 두 축이 평행하거나 교차하지 않으며 자동차 차동 기어장치의 감속 기어로 주로 사용되는 것은?

① 스퍼 기어

② 랙과 피니언

③ 스파이럴 베벨 기어

④ 하이포이드 기어

[해설] 하이포이드 기어

- 베벨 기어의 축을 엇갈리게 한 것으로, 엇갈린 축의 끼인각이 90°를 이룬다.
- 자동차의 차동 기어 장치의 감속 기어로 이용된다.

16. 그림과 같이 외접하는 A, B, C 3개의 기어 잇수는 각각 20, 10, 40이다. 기어 A가 매분 10회전하면 C는 매분 몇 회전하는가?

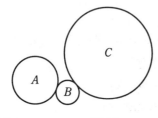

① 2.5   ② 5

③ 10   ④ 12.5

[해설] 기어의 잇수와 회전수는 반비례하므로

$A : C = x : 10$

$20 : 40 = x : 10$

$\therefore x = \dfrac{20 \times 10}{40} = 5$회전

17. 기어 감속기에서 소음이 심하여 분해해

보니 이뿌리 부분이 깎여나간 것을 발견하였다. 이것을 방지하기 위한 대책으로 틀린 것은?

① 압력각이 작은 기어로 교체한다.

② 깎이는 부분의 치형을 수정한다.

③ 이끝을 깎아 이의 높이를 줄인다.

④ 전위 기어를 만들어 교체한다.

[해설] 압력각을 20° 또는 그 이상으로 크게 한다.

18. 그림과 같은 기어열에서 각각의 잇수가 Z_A는 16, Z_B는 60, Z_C는 12, Z_D는 64인 경우 A 기어가 있는 I축이 1500rpm으로 회전할 때, D 기어가 있는 III축의 회전수는 얼마인가?

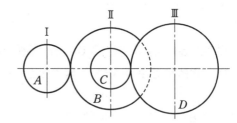

① 56 rpm   ② 60 rpm

③ 75 rpm   ④ 85 rpm

[해설] $\dfrac{Z_A}{Z_B} = \dfrac{N_B}{N_A}$이므로 $\dfrac{16}{60} = \dfrac{N_B}{1500}$

$\therefore N_B = 400\,\text{rpm}$

$\dfrac{Z_C}{Z_D} = \dfrac{N_D}{N_C}$이므로 $\dfrac{12}{64} = \dfrac{N_D}{400}$

$\therefore N_D = 75\,\text{rpm}$

19. 스퍼 기어에서 피치원의 지름이 150mm 이고 잇수가 50일 때 모듈(module)은?

① 5   ② 4

③ 3   ④ 2

[해설] $m = \dfrac{D}{Z} = \dfrac{150}{50} = 3$

정답 15. ④   16. ②   17. ①   18. ③   19. ③

20. 다음 중 표준 스퍼 기어 항목표에는 기입되지 않지만 헬리컬 기어 항목표에는 기입되는 것은?

① 모듈
② 비틀림각
③ 잇수
④ 기준 피치원 지름

해설 헬리컬 기어 요목표에는 비틀림각, 치형 기준면, 리드, 비틀림 방향을 추가로 기입한다.

21. 모듈이 2인 한 쌍의 외접하는 표준 스퍼 기어의 잇수가 각각 20과 40으로 맞물려 회전할 때 두 축 간의 중심 거리는 척도가 1:1인 도면에 몇 mm로 그려야 하는가?

① 30mm
② 40mm
③ 60mm
④ 120mm

해설 $C = \dfrac{m(Z_1 + Z_2)}{2} = \dfrac{2(20 + 40)}{2}$
$= 60\,mm$

22. 그림은 맞물리는 어떤 기어를 나타낸 간략도이다. 이 기어는 무엇인가?

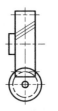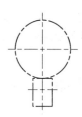

① 스퍼 기어
② 헬리컬 기어
③ 나사 기어
④ 스파이럴 베벨기어

해설 나사 기어

• 비틀림각이 45°이면서 같은 비틀림 방향을 가지는 평행축도 교차축도 아닌 한 쌍의 기어이다.
• 동력 전달효율이 낮으므로 큰 동력 전달에는 적합하지 않다.

23. 표준 스퍼 기어의 모듈이 2이고 이끝원 지름이 84mm일 때, 이 스퍼 기어의 피치원 지름(mm)은?

① 76   ② 78
③ 80   ④ 82

해설 $D_0 = m(Z + 2)$, $D = mZ$이므로
$D_0 = D + 2m$
$\therefore D = D_0 - 2m$
$= 84 - (2 \times 2) = 80\,mm$

1-6 캠

1 캠

① 캠(cam)은 미끄럼면의 접촉으로 운동을 전달하는 장치이다.
② 링크장치로 얻을 수 없는 왕복 운동이나 간헐적인 운동을 종동절에 전달할 때 캠을 사용한다.

2 캠의 종류

① **평면 캠** : 원동절과 종동절의 궤적이 한 평면상에 있는 캠으로 판 캠, 정면 캠, 직동(직선 운동) 캠 등이 있다.
② **입체 캠** : 원동절과 종동절의 접촉점 궤적이 공간 곡선으로 된 캠으로 실체 캠, 원통 캠, 경사판 캠, 원뿔 캠 등이 있다.

1-7 벨트

1 평벨트

(1) 평벨트의 특징

① 가죽 벨트, 고무벨트, 천 벨트, 띠강 벨트 등이 있다. 가죽 벨트는 마찰계수가 크고 고무벨트는 인장 강도가 크며 수명이 길지만 기름에 약하다.
② 벨트의 미끄러짐을 적게 하기 위해 풀리와 벨트의 접촉각을 크게 하며, 인장 풀리를 사용하여 벨트의 장력을 증가시키고 접촉각을 크게 한다.

(2) 벨트의 길이

① 평행 걸기(바로 걸기)
$$L = 2C + \frac{\pi(D_2+D_1)}{2} + \frac{(D_2-D_1)^2}{4C} \, [\text{mm}]$$

② 엇 걸기
$$L = 2C + \frac{\pi(D_2+D_1)}{2} + \frac{(D_2+D_1)^2}{4C} \, [\text{mm}]$$

여기서, D_1, D_2 : 두 풀리의 지름 C : 중심 거리
L : 벨트의 길이

2 V 벨트

(1) V 벨트의 종류

V 벨트는 M형, A형, B형, C형, D형, E형의 6종류가 있으며 E형 쪽으로 갈수록 단면이 커진다.

(2) V 벨트의 특징

① 축간 거리가 짧고 속도비가 큰 경우에 적합하다.
② 평벨트와 같이 벗겨지는 일이 없다.
③ 운전이 조용하고 진동이나 충격의 흡수 효과가 있다.

(3) V 벨트의 전달 동력

① 원심력을 고려하는 경우

$$H = \frac{T_e v}{1000}$$

② 원심력을 무시하는 경우

$$H = \frac{T_1 v}{1000} \times \frac{e^{\mu\theta} - 1}{e^{\mu\theta}}$$

여기서, H : 전달 동력(kW) T_e : 유효 장력($= T_1 - T_2$)
T_1 : 긴장 측 장력(N) T_2 : 이완 측 장력(N)
$e^{\mu\theta}$: 장력비($= T_1/T_2$)

참고

벨트
- 축간 거리가 10m 이하이고 속도비가 1:6, 속도가 10~30m/s이며 벨트의 전동 효율이 96~98%이다.
- 충격에 대한 안전장치의 역할을 하므로 원활한 전동이 가능하다.

예 | 상 | 문 | 제

1. 주로 회전 운동을 왕복으로 변환시키는 데 사용하는 기계요소로, 내연기관의 밸브 개폐기구 등에 사용되는 것은?

① 마찰차(friction wheel)

② 클러치(clutch)

③ 기어(gear)

④ 캠(cam)

해설 캠 : 미끄럼면의 접촉으로 운동을 전달하는데, 특히 링크장치로 얻을 수 없는 왕복 운동이나 간헐적인 운동을 종동절에 전달하는 데 사용한다.

2. 입체 캠의 종류에 해당하지 않는 것은?

① 원통 캠

② 정면 캠

③ 경사판 캠

④ 원뿔 캠

해설 정면 캠은 평면 캠의 한 종류이다.

3. 캠에 대한 설명으로 맞는 것은?

① 평면 캠에는 판 캠, 원뿔 캠, 정면 캠이 있다.

② 입체 캠에는 원통 캠, 정면 캠, 직선 운동 캠이 있다.

③ 캠 기구는 원동절(캠), 종동절, 고정절로 구성되어 있다.

④ 캠을 작도할 때는 캠 윤곽, 기초원, 캠 선도 순으로 완성한다.

해설 캠

• 다양한 형태를 가진 면 또는 홈에 의해 회전 운동 또는 왕복 운동을 함으로써 주기적인 운동을 발생시키는 장치이다.

• 내연기관의 밸브 개폐장치 등에 이용되며 원동절(캠), 종동절, 고정절로 구성된다.

• 캠을 작도할 때는 기초원, 캠 윤곽, 캠 선도 순으로 작성한다.

4. 평벨트 전동장치와 비교하여 V 벨트 전동장치에 대한 설명으로 옳지 않은 것은?

① 접촉 넓이가 넓으므로 비교적 큰 동력을 전달한다.

② 장력이 커서 베어링에 걸리는 하중이 큰 편이다.

③ 미끄럼이 작고 속도비가 크다.

④ 바로 걸기로만 사용 가능하다.

해설 평벨트 전동장치와 비교하여 V 벨트 전동장치는 동력 전달상태가 원활하고 정숙하며, 베어링에 걸리는 하중도 작다.

5. 미끄럼을 방지하기 위해 접촉면에 치형을 붙이고 맞물림에 의해 전동하도록 조합한 벨트는?

① 평벨트

② V 벨트

③ 가는 너비 V 벨트

④ 타이밍 벨트

해설 타이밍 벨트는 기어와 같이 벨트 풀리의 홈에 정확히 맞물리도록 안쪽에 같은 간격의 홈을 가진 벨트로 정확하게 회전을 전달할 수 있다.

6. 평벨트 전동에서 유효 장력을 의미하는 것은 어느 것인가?

정답 1. ④ 2. ② 3. ③ 4. ② 5. ④ 6. ①

① 벨트 긴장 측 장력과 이완 측 장력과의 차를 말한다.

② 벨트 긴장 측 장력과 이완 측 장력과의 비를 말한다.

③ 벨트 긴장 측 장력과 이완 측 장력을 평균한 값이다.

④ 벨트 긴장 측 장력과 이완 측 장력의 합을 말한다.

해설 유효 장력(T_e)＝긴장 측 장력(T_1)
$\qquad\qquad\qquad$ －이완 측 장력(T_2)

7. 평벨트와 비교한 V 벨트의 특징으로 틀린 것은?

① 전동 효율이 좋다.

② 고속 운전이 가능하다.

③ 정숙한 운전이 가능하다.

④ 축간 거리를 더 멀리 할 수 있다.

해설 V 벨트의 특징

• 속도비는 1 : 7이다.

• 미끄럼이 적고 전동 회전비가 크다.

• 수명이 길다.

• 운전이 조용하고 진동이나 충격을 흡수하는 효과가 있다.

• 축간 거리가 5 m 이하로 짧은 경우 사용한다.

8. V 벨트의 사다리꼴 단면의 각도(θ)는 몇 도인가?

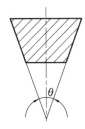

① 30°　　　　② 35°

③ 40°　　　　④ 45°

해설 • V 벨트의 사다리꼴 단면의 각도는 40°이다.

• 크기가 작은 것부터 나타내면 M, A, B, C, D, E형이 있다.

9. 일반용 V 고무벨트(표준 V 벨트)의 각도는?

① 30°　　　　② 40°

③ 60°　　　　④ 90°

해설 • 일반용 V 고무벨트(표준 V 벨트) 홈의 각도는 40°이다.

• 주철제 V 벨트 홈의 각도는 34°, 36°, 38°의 3가지가 있다.

10. 벨트의 접촉각을 변화시키고 벨트의 장력을 증가시키는 역할을 하는 풀리는?

① 원동 풀리

② 인장 풀리

③ 종동 풀리

④ 원뿔 풀리

해설 벨트 전동에서 원동차와 종동차의 지름 차가 크면 전동 효율이 떨어지므로 전동 효율을 높이고 접촉각을 크게 하기 위해 벨트의 이완 측에 인장 풀리를 사용한다.

11. 벨트의 형상을 치형으로 하여 미끄럼이 거의 없고 정확한 회전비를 얻을 수 있는 벨트는?

① 직물 벨트

② 강 벨트

③ 가죽 벨트

④ 타이밍 벨트

해설 타이밍 벨트 : 미끄럼을 방지하기 위해 안쪽 표면에 이가 있는 벨트로, 정확한 속도가 요구되는 경우의 전동 벨트로 사용된다.

12. 회전 속도가 8m/s로 전동되는 평벨트 전동장치에서 가죽 벨트의 폭(b)×두께(t)=116mm×8mm인 경우 최대 전달 동력은 약 몇 kW인가? (단, 벨트의 허용 인장 응력은 2.35MPa, 장력비($e^{\mu\theta}$)는 2.5이며, 원심력은 무시하고 벨트의 이음 효율은 100%이다.)

① 7.45
② 10.47
③ 12.08
④ 14.46

해설 $T_1 = \sigma \times A$
$= (2.35 \times 10^6) \times (0.116 \times 0.008)$
$= 2180.8\,\text{N}$

$\therefore H = \dfrac{T_1 v}{1000} \times \dfrac{e^{\mu\theta}-1}{e^{\mu\theta}}$

$= \dfrac{2180.8 \times 8}{1000} \times \dfrac{2.5-1}{2.5}$

$\fallingdotseq 10.47\,\text{kW}$

13. 긴장 측의 장력이 3800N, 이완 측 장력이 1850N일 때 전달 동력은 약 몇 kW인가? (단, 벨트의 속도는 3.4m/s이다.)

① 2.3
② 4.2
③ 5.5
④ 6.6

해설 $e^{\mu\theta} = \dfrac{T_1}{T_2} = \dfrac{3800}{1850} \fallingdotseq 2.054$

$\therefore H = \dfrac{T_1 v}{1000} \times \dfrac{e^{\mu\theta}-1}{e^{\mu\theta}}$

$= \dfrac{3800 \times 3.4}{1000} \times \dfrac{2.054-1}{2.054}$

$\fallingdotseq 6.6\,\text{kW}$

14. 원주 속도는 5m/s로 2.2kW의 동력을 전달하는 평벨트 전동장치에서 긴장 측 장력은 약 몇 N인가? (단, 벨트의 장력비($e^{\mu\theta}$)는 2이다.)

① 450　　　　② 660
③ 750　　　　④ 880

해설 $H = \dfrac{T_1 v}{1000} \times \dfrac{e^{\mu\theta}-1}{e^{\mu\theta}}$

$2.2 = \dfrac{5T_1}{1000} \times \dfrac{1}{2}$

$\therefore T_1 = \dfrac{2.2 \times 1000 \times 2}{5} \fallingdotseq 880\,\text{N}$

15. 다음 V 벨트의 종류 중 단면의 크기가 가장 작은 것은?

① M형　　　　② A형
③ B형　　　　④ E형

해설 V 벨트 단면의 크기
M형 < A형 < B형 < C형 < D형 < E형

| 1-8 | 로프 |

1 로프 전동

(1) 장점

① 벨트에 비해 미끄럼이 적고, 큰 동력 전달에 있어서 벨트보다 유리하다.
② 와이어 로프는 50~100 m, 섬유질 로프는 10~30 m 정도의 동력 전달이 가능하다.
③ 원동축에서 종동축으로 동력을 분배하는 경우에 적합하다.
④ 고속 운전에 적합하며, 전동 경로가 직선이 아닌 경우도 사용 가능하다.

(2) 단점

① 장치가 복잡하여 벨트와 같이 자유롭게 로프를 감아서 걸거나 벗길 수 없다.
② 조정이 어렵고 절단되었을 때 수리가 곤란하다.
③ 미끄럼은 적으나 전동이 불확실하다.

예 | 상 | 문 | 제

로프 ◀

1. 로프 전동의 특징에 대한 설명이 틀린 것은?

① 전동 경로가 직선이 아닌 경우도 사용 가능하다.
② 벨트 전동과 비교하여 큰 동력을 전달하는 데 불리하다.
③ 장거리 동력 전달이 가능하다.
④ 정확한 속도비의 전동이 불확실하다.

해설 로프 전동의 특징
• 벨트에 비해 미끄럼이 적고, 큰 동력 전달에 유리하다.
• 와이어 로프는 50~100 m 정도로 먼 거리의 동력 전달이 가능하다.
• 고속 운전에 적합하며, 전동 경로가 직선이 아닌 경우도 사용 가능하다.

2. 로프 전동의 단점으로 알맞은 것은?

① 벨트에 비해 미끄럼이 적다.
② 고속 운전에 적합하다.
③ 큰 동력 전달에 있어서 벨트보다 유리하다.
④ 장치가 복잡하고, 절단되었을 때 수리가 곤란하다.

해설 로프 전동은 장치가 복잡하여 벨트와 같이 자유롭게 로프를 감아서 걸거나 벗길 수 없고, 수리가 곤란하다.

정답 1. ② 2. ④

1-9 체인

1 체인의 종류

① **롤러 체인** : 강철재의 링크를 핀으로 연결하고 핀에는 부시와 롤러를 끼워 만든 것으로, 고속일 때 소음이 나는 단점이 있다.

② **사일런트 체인** : 링크의 바깥면이 스프로킷의 이에 접촉하여 물리며, 마모가 생겨도 체인과 바퀴 사이에 틈이 없어 진동이 작다.

2 체인 전동장치의 특징

① 큰 동력이 전달된다.

② 미끄럼 없이 속도비가 정확하다.

③ 체인의 탄성으로 어느 정도 충격이 흡수된다.

④ 고속 회전에는 부적합하며, 수리 및 유지하기 쉬우나 진동과 소음이 심하다.

⑤ 내열성, 내유성, 내습성이 있다.

3 체인 전동장치의 주요 공식

① 속도비(i)

$$i = \frac{n_2}{n_1} = \frac{Z_1}{Z_2}$$

여기서, n_1, n_2 : 원동차, 종동차의 회전수(rpm)

Z_1, Z_2 : 원동차, 종동차의 잇수

② 체인의 평균 속도(v)

$$v = \frac{p n_1 Z_1}{60 \times 10^3} = \frac{p n_2 Z_2}{60 \times 10^3}$$

여기서, p : 체인의 피치(mm) v : 체인의 평균 속도(m/s)

③ 전달 동력(H)

$$H = \frac{Fv}{1000}[\text{kW}]$$

여기서, F : 체인의 인장 측 장력(N) H : 체인의 전달 동력(kW)

예ㅣ상ㅣ문ㅣ제

1. 정숙하고 원활한 운전을 하며, 특히 고속 회전이 필요할 때 적합한 체인은?

① 사일런트 체인(silent chain)

② 코일 체인(coil chain)

③ 롤러 체인(roller chain)

④ 블록 체인(block chain)

해설 사일런트 체인 : 운전이 원활하고 전동 효율이 98 % 이상까지 도달하며, 가격이 고가 이다.

2. 체인 전동장치의 일반적인 특징이 아닌 것은?

① 미끄럼이 없는 일정한 속도비를 얻을 수 있다.

② 진동과 소음이 없고 회전각의 전달 정확 도가 높다.

③ 초기 장력이 필요 없어 베어링 마멸이 적다.

④ 전동 효율이 95 % 이상으로 좋은 편이다.

해설 체인 전동장치의 특징

• 미끄럼 없이 속도비가 정확하다.

• 내열성, 내유성, 내습성이 있다.

• 수리 및 유지가 쉽다.

• 고속 회전에는 적합하지 않다.

• 진동이나 소음이 심하다.

3. 체인 피치가 15.875 mm, 잇수가 40, 회전 수가 500 rpm이면 체인의 평균 속도는 약 몇 m/s인가?

① 4.3 　　　　② 5.3

③ 6.3 　　　　④ 7.3

해설 $v = \dfrac{pZN}{60 \times 10^3} = \dfrac{15.875 \times 40 \times 500}{60 \times 10^3}$

$\quad \fallingdotseq 5.3 \, \text{m/s}$

4. 잇수 32, 피치 12.7 mm, 회전수 500 rpm 인 스프로킷 휠에 50번 롤러 체인을 사 용하였을 경우 전달 동력은 약 몇 kW인 가? (단, 50번 롤러 체인의 파단 하중은 22.10 kN, 안전율은 15이다.)

① 7.8 　　　　② 6.4

③ 5.6 　　　　④ 5.0

해설 $v = \dfrac{pZ_1 N_1}{60 \times 1000} = \dfrac{12.7 \times 32 \times 500}{60 \times 1000}$

$\quad \fallingdotseq 3.39 \, \text{m/s}$

$H = Fv = 22.10 \times 3.39 \fallingdotseq 74.92 \, \text{kW}$

$\therefore \ H_a = \dfrac{H}{S} = \dfrac{74.92}{15} \fallingdotseq 5.0 \, \text{kW}$

5. 롤러 체인 전동에서 체인의 파단 하중이 1.96 kN이고 체인의 회전 속도가 3 m/s이 며, 안전율(safety factor)을 10으로 할 때 전달 동력은 약 몇 W인가?

① 467 　　　　② 588

③ 712 　　　　④ 843

해설 $H = Fv = 1.96 \times 3$

$\quad = 5.88 \, \text{kW}$

$\therefore \ H_a = \dfrac{H}{S} = \dfrac{5.88}{10} = 0.588 \, \text{kW} = 588 \, \text{W}$

정답 1. ① 　2. ② 　3. ② 　4. ④ 　5. ②

1-10 브레이크와 스프링

1 브레이크

브레이크는 기계의 운동 에너지를 흡수하여 속도를 낮추거나 정지시키는 장치이다.

(1) 종류

① **반지름 방향으로 밀어붙이는 형식** : 블록 브레이크, 밴드 브레이크, 팽창 브레이크

② **축 방향으로 밀어붙이는 형식** : 원판 브레이크, 원추 브레이크, 축압 다판식 브레이크

③ **자동 브레이크** : 웜 브레이크, 나사 브레이크, 캠 브레이크, 원심력 브레이크

④ **전자 브레이크** : 2장의 마찰 원판을 사용하여 두 원판의 탈착 조작이 전자력에 의해 이루어짐으로써 브레이크 작용을 하는 것이다.

(2) 블록 브레이크의 힘

마찰 브레이크는 마찰계수가 μ인 마찰면에 수직으로 작용하는 드럼이 블록을 밀어붙이는 힘 $P[\text{N}]$에 의해 생기는 제동력(마찰력) $Q[\text{N}]$가 브레이크 작용을 하는 것이다.

$$Q = P$$

단식 블록 브레이크의 힘

형 식	(a) 내작용선형	(b) 외작용선형	(c) 중작용선형
그 림			
우회전	$F = Q(l_2 + \mu l_3)/\mu l_1$	$F = Q(l_2 - \mu l_3)/\mu l_1$	$F = Ql_2/\mu l_1$
좌회전	$F = Q(l_2 - \mu l_3)/\mu l_1$	$F = Q(l_2 + \mu l_3)/\mu l_1$	

(3) 블록 브레이크의 용량

드럼의 원주 속도를 $v[\text{m/s}]$, 블록이 밀어 붙이는 힘을 $P[\text{N}]$, 블록의 접촉 면적을 $A[\text{mm}^2]$라 하면 브레이크 용량, 즉 단위면적당 마찰 일량 w_f는 다음과 같다.

$$w_f = \frac{H}{A} = \frac{Qv}{A} = \frac{\mu P v}{A} = \frac{\mu p v A}{A} = \mu p v \, [\text{N/mm}^2 \cdot \text{m/s}]$$

$$p = \frac{P}{A} = \frac{P}{eb} \, [\text{Pa}]$$

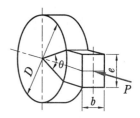

브레이크 용량

여기서, $\mu p v$: 브레이크 용량　　D : 드럼의 지름
　　　　p : 제동 압력　　　　　b : 블록의 폭
　　　　e : 블록의 높이　　　　θ : 접촉각

---

2 스프링

(1) 용도

① 진동 흡수, 충격 완화(철도, 차량), 에너지 축적(시계 태엽)
② 압력의 제한(안전밸브) 및 힘의 측정(압력 게이지, 저울)
③ 기계 부품의 운동 제한 및 운동 전달(내연기관의 밸브 스프링)

(2) 종류

① **재료에 의한 분류** : 금속 스프링, 비금속 스프링, 유체 스프링
② **하중에 의한 분류** : 인장 스프링, 압축 스프링, 토션 바, 구부림을 받는 스프링
③ **용도에 의한 분류** : 완충 스프링, 가압 스프링, 측정용 스프링, 동력 스프링
④ **모양에 의한 분류** : 코일 스프링, 스파이럴 스프링, 겹판 스프링, 토션 바

(3) 스프링의 휨과 하중

① 스프링에 하중을 걸면 하중에 비례하여 인장 또는 압축, 휨 등이 일어난다.

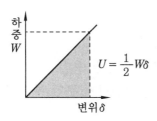

스프링의 변위와 하중

$$W = k\delta, \ \delta = \frac{W}{k}$$

여기서, W : 하중(N)
　　　　k : 스프링 상수(N/mm)
　　　　δ : 변위(mm)

② 스프링에 저장된 탄성 에너지 U는 $W=k\delta$의 직선과 가로축 사이의 면적으로 나타낸다.

$$U=\frac{1}{2}W\delta=\frac{1}{2}k\delta^2$$

③ 스프링 상수 k_1, k_2의 2개를 접속시켰을 때 스프링 상수는

  ㈎ 병렬의 경우 : $k=k_1+k_2$ (그림 a, b)

  ㈏ 직렬의 경우 : $\frac{1}{k}=\frac{1}{k_1}+\frac{1}{k_2}$ (그림 c)

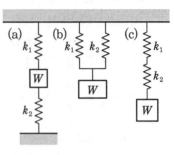

스프링 상수

(4) 스프링 지수와 종횡비

① **스프링 지수(C)** : 코일의 평균 지름과 재료 지름의 비(보통 4~10)

$$C=\frac{D}{d}$$

② **스프링의 종횡비(λ)** : 자유 길이와 코일의 평균 지름의 비(보통 0.8~4)

$$\lambda=\frac{H}{D}$$

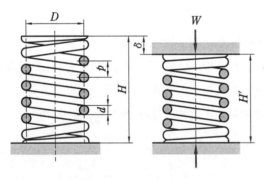

코일 스프링의 각부 명칭

여기서, D : 코일의 평균 지름

      W : 하중

      d : 재료 지름(소선 지름)

      p : 피치

      δ : 처짐

      H : 자유 길이(하중이 없을 때 길이)

      H' : 하중이 걸렸을 때 길이

③ **코일의 감김 수**

  ㈎ **총 감김 수(n_t)** : 코일 끝에서 끝까지의 감김 수

  ㈏ **유효 감김 수(n_a)** : 스프링의 기능을 가진 부분의 감김 수

  ㈐ **무효 감김 수(x_1+x_2)** : 스프링으로서의 기능을 발휘하지 못한 부분의 감김 수

$$n_a=n_t-(x_1+x_2)$$

예|상|문|제

1. 브레이크 제동 동력이 3kW, 브레이크 용량(brake capacity)이 $0.8N/mm^2 \cdot m/s$라 할 때 브레이크 마찰 면적의 크기는 약 몇 mm^2인가?

① 3200   ② 2250
③ 5500   ④ 3750

해설 $w_f = \dfrac{H}{A}$, $0.8 = \dfrac{3 \times 1000}{A}$

$\therefore A = \dfrac{3 \times 1000}{0.8} \fallingdotseq 3750 \, mm^2$

2. 고무 스프링의 일반적인 특징에 관한 설명으로 틀린 것은?

① 1개의 고무로 2축 또는 3축 방향의 하중에 대한 흡수가 가능하다.
② 형상을 자유롭게 할 수 있고 다양한 용도가 가능하다.
③ 방진 및 방음 효과가 우수하다.
④ 인장 하중에 대한 방진 효과가 우수하다.

해설 고무 스프링은 인장 하중보다 충격 흡수 효과가 우수하다.

3. 지름 300mm인 브레이크 드럼을 가진 밴드 브레이크의 접촉 길이가 706.5mm, 밴드 폭이 20mm일 때 제동 동력이 3.7kW라고 하면, 이 밴드 브레이크의 용량(brake capacity)은 약 몇 $N/mm^2 \cdot m/s$인가?

① 26.50   ② 0.324
③ 0.262   ④ 32.40

해설 $w_f = \mu p v = \dfrac{H}{A} = \dfrac{3.7 \times 1000}{20 \times 706.5}$

$\fallingdotseq 0.262 \, N/mm^2 \cdot m/s$

4. 그림과 같은 스프링 장치에서 $W = 200N$의 하중을 매달면 처짐은 몇 cm가 되는가? (단, 스프링 상수 $k_1 = 15N/cm$, $k_2 = 35N/cm$이다.)

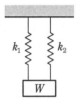

① 1.25   ② 2.50
③ 4.00   ④ 4.50

해설 $\delta = \dfrac{W}{k} = \dfrac{200}{15 + 35} = \dfrac{200}{50} = 4 \, cm$

5. 공기 스프링에 대한 설명 중 틀린 것은?

① 공기량에 따라 스프링계수의 크기를 조절할 수 있다.
② 감쇠 특성이 크므로 작은 진동을 흡수할 수 있다.
③ 측면 방향으로의 강성도 좋은 편이다.
④ 구조가 복잡하고 제작비가 비싸다.

해설 공기 스프링은 측면 방향으로 하중이 발생하면 실링(밀폐)이 어렵고 취약하다.

6. 자동 하중 브레이크가 아닌 것은?

① 웜 브레이크
② 나사 브레이크
③ 원통 브레이크
④ 캠 브레이크

해설 자동 하중 브레이크에는 웜 브레이크, 나사 브레이크, 캠 브레이크, 원심 브레이크가 있다.

정답 1. ④   2. ④   3. ③   4. ③   5. ③   6. ③

7. 코일 스프링에서 유효 감김 수를 2배로 하면 같은 축 하중에 대해 처짐량은 몇 배가 되는가?

① 0.5 　　　　　　② 2

③ 4 　　　　　　　④ 8

[해설] $\delta = \dfrac{8n_a D^3 W}{G d^4}$

δ : 코일 스프링 처짐량, n_a : 유효 감김 수

∴ 코일 스프링에서 유효 감김 수를 2배로 하면 축 하중의 처짐량도 2배가 된다.

8. 다음 중 브레이크 용량을 표시하는 식으로 옳은 것은? (단, μ는 마찰계수, p는 브레이크 압력, v는 브레이크륜의 주속이다.)

① $Q = \mu p v$ 　　　　② $Q = \mu p v^2$

③ $Q = \dfrac{\mu p}{v}$ 　　　　④ $Q = \dfrac{\mu}{pv}$

[해설] $Q = \dfrac{\mu P v}{A} = \dfrac{\mu p v A}{A}$
$= \mu p v \,[\mathrm{N/mm^2 \cdot m/s}]$

9. 스프링의 자유 길이 H와 코일의 평균 지름 D의 비를 무엇이라 하는가?

① 스프링 지수 　　　② 스프링 변위량

③ 스프링 상수 　　　④ 스프링 종횡비

[해설] 스프링 종횡비 $\lambda = \dfrac{H}{D}$

H : 자유 길이, D : 코일의 평균 지름

10. 원형 봉에 비틀림 모멘트를 가하면 비틀림 변형이 생기는 원리를 이용한 스프링은?

① 겹판 스프링 　　　② 토션 바

③ 벌류트 스프링 　　④ 래칫 휠

[해설] • 겹판 스프링 : 여러 장의 판재를 겹쳐서 사용하는 것으로 보의 굽힘을 받는다.

• 벌류트 스프링 : 태엽 스프링을 축 방향으로 감아 올려 사용하는 것으로, 용적에 비해 매우 큰 에너지를 흡수할 수 있다.

• 래칫 휠 : 기계의 역회전을 방지하고, 한쪽 방향 가동 클러치 및 분할 작업 시 사용한다.

11. 밴드 브레이크에서 밴드에 생기는 인장 응력과 관련하여 다음 중 옳은 관계식은? (단, σ : 밴드에 생기는 인장 응력, F_1 : 밴드의 인장 측 장력, t : 밴드의 두께, b : 밴드의 너비이다.)

① $\sigma = \dfrac{b}{F_1 \times t}$ 　　② $b = \dfrac{t \times \sigma}{F_1}$

③ $b = \dfrac{F_1}{t \times \sigma}$ 　　④ $\sigma = \dfrac{F_1 \times t}{b}$

[해설] $\sigma = \dfrac{F_1}{b \times t}$ ∴ $b = \dfrac{F_1}{t \times \sigma}$

12. 판 스프링(leaf spring)의 특징에 관한 설명으로 거리가 먼 것은?

① 판 사이의 마찰에 의해 진동이 감쇠한다.

② 내구성이 좋고 유지 보수가 용이하다.

③ 트럭 및 철도 차량의 현가장치로 주로 이용된다.

④ 판 사이의 마찰작용으로 인해 미소 진동의 흡수에 유리하다.

[해설] 판 스프링

• 흡수 능력이 크기 때문에 좁은 공간에서 큰 하중을 받을 때 사용한다.

• 미소 진동에는 코일 스프링을 사용한다.

13. 블록 브레이크 드럼이 20 m/s의 속도로 회전하는데 블록을 500N의 힘으로 가압할 경우 제동 동력은 약 몇 kW인가? (단, 접촉부 마찰계수는 0.30이다.)

① 1.0 ② 1.7
③ 2.3 ④ 3.0

해설 $H = \mu P v = 0.3 \times 500 \times 20 = 3000 \, W$
$= 3.0 \, kW$

14. 제동용 기계요소에 해당하는 것은?

① 웜 ② 코터
③ 래칫 휠 ④ 스플라인

해설 제동용 기계요소 : 래칫 휠, 브레이크, 플라이휠 등

15. 하중이 2.5kN만큼 작용했을 때 처짐이 100mm 발생하는 코일 스프링의 소선 지름은 10mm이다. 이 스프링의 유효 감김 수는 약 몇 권인가? (단, 스프링 지수(C)는 10, 스프링 선재의 전단탄성계수는 80GPa 이다.)

① 3 ② 4
③ 5 ④ 6

해설 $\delta = \dfrac{8 n_a D^3 W}{G d^4}$ 에서 $n_a = \dfrac{\delta G d^4}{8 D^3 W}$

$C = \dfrac{D}{d}$, $D = Cd = 10 \times 10 = 100$

$\therefore n_a = \dfrac{100 \times (80 \times 10^3) \times 10^4}{8 \times 100^3 \times 2500} = 4$권

16. 폴(pawl)과 결합하여 사용되며, 한쪽 방향으로는 간헐적인 회전 운동을 하고, 반대쪽으로는 회전을 방지하는 역할을 하는 장치는 어느 것인가?

① 플라이휠 ② 드럼 브레이크
③ 블록 브레이크 ④ 래칫 휠

해설 래칫 휠 : 휠의 주위에 특별한 형태의 이를 가지고, 이것에 스토퍼를 물려 축의 역회전을 막기도 하고 축을 회전시키기도 한다.

17. 기계의 운동 에너지를 마찰에 따른 열 에너지 등으로 변환 · 흡수하여 속도를 감소시키는 장치는?

① 기어 ② 브레이크
③ 베어링 ④ V 벨트

해설 브레이크 : 기계의 운동 에너지를 흡수하여 속도를 느리게 하거나 정지시키는 장치이다.

18. 드럼의 지름이 600mm인 브레이크 시스템에서 98.1N · m의 제동 토크를 발생시킬 때 블록을 드럼에 밀어붙이는 힘은 약 몇 kN인가? (단, 접촉부 마찰계수는 0.30이다.)

① 0.54 ② 1.09
③ 1.51 ④ 1.96

해설 $P = \dfrac{2T}{\mu D} = \dfrac{2 \times 98.1}{0.3 \times 600} = 1.09 \, kN$

19. 스프링에 150N의 하중을 가했을 때 발생하는 최대 전단 응력이 400MPa이었다. 스프링 지수(C)가 10이라 할 때 스프링 소선 지름은 약 몇 mm인가? (단, 응력 수정계수 $K = \dfrac{4C-1}{4C-4} + \dfrac{0.615}{C}$를 적용한다.)

① 3.3 ② 4.8
③ 7.5 ④ 12.6

해설 $K = \dfrac{4C-1}{4C-4} + \dfrac{0.615}{C}$

$= \dfrac{4 \times 10 - 1}{4 \times 10 - 4} + \dfrac{0.615}{10} ≒ 1.14$

$\tau = K \dfrac{8WD}{\pi d^3} = K \dfrac{8WCd}{\pi d^3} = K \dfrac{8WC}{\pi d^2}$

$400 = 1.14 \times \dfrac{8 \times 150 \times 10}{\pi d^2}$

$d^2 = \dfrac{1.14 \times 12000}{\pi \times 400} ≒ 10.89$

$\therefore d ≒ 3.3 \, mm$

정답 14. ③ 15. ② 16. ④ 17. ② 18. ② 19. ①

20. 그림과 같은 스프링 장치에서 전체 스프링 상수 K는?

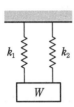

① $K=k_1+k_2$　　② $K=\dfrac{1}{k_1}+\dfrac{1}{k_2}$

③ $K=\dfrac{\mu p}{v}$　　④ $K=k_1\times k_2$

해설 스프링 상수

• 병렬 연결 : $k=k_1+k_2$

• 직렬 연결 : $\dfrac{1}{k}=\dfrac{1}{k_1}+\dfrac{1}{k_2}$

21. 다음 스프링 장치에서 각 스프링 상수 k_1 =40N/cm, k_2=50N/cm, k_3=60N/cm이다. 하중 방향의 처짐이 150mm일 때 작용하는 하중 P는 약 몇 N인가?

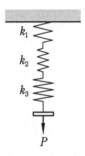

① 2250　　② 964

③ 389　　④ 243

해설 $\dfrac{1}{k}=\dfrac{1}{k_1}+\dfrac{1}{k_2}+\dfrac{1}{k_3}$

$=\dfrac{1}{40}+\dfrac{1}{50}+\dfrac{1}{60}=\dfrac{37}{600}$

$\delta=\dfrac{P}{k},\ P=\delta k,\ \delta=150\,\mathrm{mm}=15\,\mathrm{cm}$

$\therefore\ P=15\times\dfrac{600}{37}\fallingdotseq243\,\mathrm{N}$

22. 브레이크 드럼축에 754N·m의 토크가 작용한다면 축을 정지하는 데 필요한 제동력은 약 몇 N인가? (단, 브레이크 드럼의 지름은 400mm이다.)

① 1920　　② 2770

③ 3310　　④ 3770

해설 $Q=\dfrac{2T}{D}=\dfrac{2\times754}{400}=3.77\,\mathrm{N}\cdot\mathrm{m}$

$=3770\,\mathrm{N}\cdot\mathrm{mm}$

23. 그림과 같은 블록 브레이크에서 막대 끝에 작용하는 조작력 F와 브레이크의 제동력 Q와의 관계식은? (단, 드럼은 반시계 방향으로 회전을 하고, 마찰계수는 μ이다.)

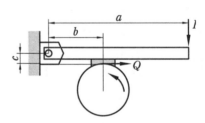

① $F=\dfrac{Q}{a}(b-\mu c)$

② $F=\dfrac{Q}{\mu a}(b-\mu c)$

③ $F=\dfrac{Q}{\mu a}(b+\mu c)$

④ $F=\dfrac{Q}{a}(b+\mu c)$

해설 • 우회전 $F=\dfrac{P(b-\mu c)}{a}=\dfrac{Q(b-\mu c)}{\mu a}$

• 좌회전 $F=\dfrac{P(b+\mu c)}{a}=\dfrac{Q(b+\mu c)}{\mu a}$

정답 **20.** ①　**21.** ④　**22.** ④　**23.** ②

24. 압축 코일 스프링의 소선 지름이 5mm, 코일의 평균 지름이 25mm이고, 200N의 하중이 작용할 때 스프링에 발생하는 최대 전단 응력은 약 몇 MPa인가? (단, 스프링 소재의 가로탄성계수(G)는 80GPa이고 다음의 Wahl의 응력 수정계수식을 적용한다.)

$$K = \frac{4C-1}{4C-4} + \frac{0.615}{C}, \; C\text{는 스프링 지수}$$

① 82   ② 98
③ 133   ④ 152

해설 $C = \dfrac{D}{d} = \dfrac{25}{5} = 5$

$$K = \frac{4C-1}{4C-4} + \frac{0.615}{C}$$

$$= \frac{4\times5-1}{4\times5-4} + \frac{0.615}{5} = 1.31$$

$$\therefore \tau = K\frac{8WD}{\pi d^3} = 1.31 \times \frac{8\times200\times25}{\pi\times5^3}$$

$$= 133\,\text{MPa}$$

25. 다음 중 스프링에 대한 설명 중 거리가 먼 것은?

① 하중과 변형을 이용하여 스프링 저울에 사용
② 에너지를 축적하고 이것을 동력으로 이용
③ 진동이나 충격을 완화하는 데 사용
④ 운전 중인 회전축의 속도 조절이나 정지에 이용

해설 스프링은 기계 부품의 운동을 제한하거나 운동을 전달하는 데 이용한다.

26. 그림과 같은 단식 블록 브레이크에서 드럼을 제동하기 위해 레버(lever) 끝에 가할 힘(F)을 비교하고자 한다. 드럼이 좌회전할 경우 필요한 힘을 F_1, 우회전할 경우 필요한 힘을 F_2라고 할 때, 이 두 힘의 차($F_1 - F_2$)는? (단, P는 블록과 드럼 사이에서 블록의 접촉면에 수직 방향으로 작용하는 힘이며, μ는 접촉부 마찰계수이다.)

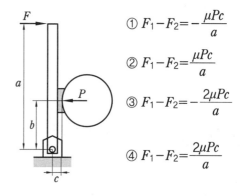

① $F_1 - F_2 = -\dfrac{\mu Pc}{a}$

② $F_1 - F_2 = \dfrac{\mu Pc}{a}$

③ $F_1 - F_2 = -\dfrac{2\mu Pc}{a}$

④ $F_1 - F_2 = \dfrac{2\mu Pc}{a}$

27. 다음 중 마찰력을 이용하는 브레이크가 아닌 것은?

① 블록 브레이크
② 밴드 브레이크
③ 폴 브레이크
④ 내부 확장식 브레이크

해설 폴 브레이크는 기중기 축의 역전 방지 기구로 사용한다.

28. 다음 중 스프링의 용도와 관련없는 것은?

① 하중의 측정
② 진동 흡수
③ 동력 전달
④ 에너지 축적

해설 스프링의 용도
• 진동 흡수, 충격 완화(철도, 차량)
• 에너지 축적(시계 태엽)
• 압력의 제한(안전 밸브) 및 힘의 측정(압력 게이지, 저울)
• 기계 부품의 운동 제한 및 운동 전달(내연 기관의 밸브 스프링)

정답 24. ③   25. ④   26. ③   27. ③   28. ③

치공구요소 설계

1. 요구기능 파악

1-1 치공구의 기능과 특성

1 치공구

① **지그(jig)** : 기계 가공에서 공작물을 고정, 지지하거나 부착할 때 사용하는 특수 장치로, 공작물의 위치 결정뿐만 아니라 공구를 공작물에 안내하는 안내 장치 (부시)를 포함한다.

② **고정구(fixture)** : 공작물의 위치 결정 및 고정하는 것은 지그와 같지만 공구를 공작물에 안내하는 부시 기능이 없는 대신 세팅 블록과 틈새 게이지에 의한 공구의 정확한 위치 장치를 포함한다.

2 치공구의 사용 목적

① 공작물의 장착·탈착시간 단축　② 작업시간 단축

③ 정밀도 향상으로 제품의 균일화　④ 공정의 단순화로 비숙련공의 작업 용이

⑤ 공정 개선으로 원가 절감　⑥ 작업의 단순화로 안전 사고 감소

3 치공구의 3요소

① **위치 결정면** : 공작물의 이동을 방지하기 위해 위치를 결정하는 기준면으로, 밑면이 기준이 된다.

② **위치 결정구** : 공작물의 회전을 방지하기 위한 위치 및 자세로, 측면 및 구멍에 해당된다.

③ **클램프(clamp)** : 공작물의 변형없이 초기상태로 고정되어야 하며, 위치 결정면의 반대쪽에 클램프가 설치되어야 한다.

예 | 상 | 문 | 제

1. 치공구를 사용하는 목적으로 틀린 것은?

① 복잡한 부품의 경제적인 생산
② 작업자의 피로 증가 및 안전성 감소
③ 제품의 정밀도 및 호환성 향상
④ 제품의 불량이 적고 생산 능력 향상

해설 치공구는 작업자의 피로를 줄여 작업 능률을 올리고 안전을 확보하는 데 그 목적이 있다.

2. 지그와 고정구의 기능에 대한 설명으로 틀린 것은?

① 공작물의 위치 결정
② 절삭 공구의 안내
③ 공작물의 지지 및 고정
④ 공작물의 정밀도 유지

해설 지그와 고정구의 기능
• 공작물의 지지 및 고정
• 공작물의 위치 결정
• 절삭 공구의 안내
• 작업의 능률성과 경제성
• 공작물의 정밀도 향상

3. 치공구의 3요소가 아닌 것은?

① 위치 결정면   ② 위치 결정구
③ 클램프   ④ 공작물

해설 치공구의 3요소
• 위치 결정면 : 공작물의 이동 방지를 위해 위치를 결정하는 면으로, 밑면이 기준이 된다.
• 위치 결정구 : 공작물의 회전 방지를 위한 위치 및 자세로, 측면 및 구멍에 해당된다.
• 클램프 : 공작물의 변형 없이 초기상태로 고정되어야 하며, 위치 결정면의 반대쪽에 클램프가 설치되어야 한다.

4. 치공구 선정 시 고려할 사항이 아닌 것은?

① 제품의 정밀도
② 제품의 수량
③ 제품의 형상
④ 제품의 가격

해설 치공구 설계 및 선정에 영향을 주는 요소
• 부품의 전반적인 치수와 형상
• 부품 제작에 사용될 재료의 재질과 상태
• 적합한 기계 가공 작업의 종류
• 요구되는 정밀도 및 형상 공차
• 생산할 부품의 수량
• 위치 결정면과 클램핑 할 수 있는 면의 선정
• 각종 공작기계의 형식과 크기
• 커터의 종류와 치수
• 작업 순서

5. 다음과 같은 경우 치공구 제작의 손익 분기점은?

• 제작비 : 100만 원
• 시간당 가공비 : 2000원
• 치공구 사용 시 1개당 가공시간 : 2.4초
• 치공구 미사용 시 1개당 가공시간 : 18초

① 1923개   ② 2923개
③ 3923개   ④ 4923개

해설 치공구의 손익분기점

$$N = \frac{Y}{(H - H_j) - y}$$

$$\therefore N = \frac{1000000}{(0.3 - 0.04) \times 2000} = 1923개$$

6. 다음 중 치공구의 사용에 대한 장단점으로 틀린 것은?

① 작업의 숙련도 요구가 감소한다.
② 가공 정밀도 향상으로 불량품을 방지한다.
③ 가공시간을 단축하여 제조 비용을 절감할 수 있다.
④ 호환성이 낮아지므로 일체형 단일 제품 제작에만 사용한다.

해설 치공구의 사용으로 호환성이 있는 제품을 대량 생산할 수 있다.

7. 호환성이 있는 제품을 대량으로 만들 수 있도록 가공 위치를 쉽고 정확하게 결정하기 위한 보조용 기구는?

① 지그   ② 센터
③ 바이스   ④ 플랜지

해설 지그
• 기계 가공에서 공작물을 고정, 지지하거나 공작물에 부착하여 사용하는 특수 장치이다.
• 공작물의 위치를 결정하여 체결하고, 공구를 공작물에 안내하는 장치를 포함한다.

8. 조립 지그 설계상 고려사항이 아닌 것은?

① 조립 정밀도
② 위치 결정의 적정 여부
③ 공작물의 장착과 탈착
④ 가공할 부품의 수량

해설 지그 설계상 고려사항
• 공작물의 모양에 따른 지그의 형상
• 공작물의 장착과 탈착
• 위치 결정의 적정 여부
• 무게와 제작의 용이성
• 조립 정밀도, 조작력, 작업력

9. 다음 중 치공구의 사용상 이점에서 제품의 생산원가 절감을 위한 목적으로 적합하지 않은 것은?

① 공정의 복합화
② 공정의 개선
③ 제품의 호환성
④ 제품의 균일화

해설 공정의 단순화로 비숙련공도 작업이 용이하며, 작업시간을 단축할 수 있다.

10. 치공구 사용의 이점이 아닌 것은?

① 가공 능률의 향상
② 생산원가 절감
③ 노무관리의 복잡화
④ 재료의 절약

해설 치공구 사용의 이점
• 특수 작업의 감소, 특별한 주의사항 및 검사 등이 간편하다.
• 작업에 의한 피로가 줄어 안전한 작업이 이루어진다.
• 미숙련자도 제품 품질의 균일성을 유지할 수 있다.
• 작업의 단순화로 안전사고 위험성이 감소된다.

11. 제품도의 공차를 축소하면 나타나는 결과로 가장 타당한 것은?

① 불량품 발생 증가
② 생산성 향상
③ 제품의 질 저하
④ 원가 절감

해설 공차를 축소하면 불량품의 발생이 증가한다.

12. 지그와 고정구를 구분하는 데 있어 가장 큰 차이점은?

① 공구 안내 장치의 유무
② 본체의 유무

③ 조임 장치의 유무

④ 위치 결정구의 유무

해설 지그는 공구를 공작물에 안내할 수 있는 안내 장치(부시)를 포함한다.

13. 치공구를 사용하는 목적으로 거리가 먼 것은?

① 제품의 균일화에 의해 검사 업무를 간소화할 수 있다.

② 가공 정밀도 향상으로 불량품을 방지한다.

③ 생산성 향상으로 리드 타임을 증가시킬 수 있다.

④ 작업의 숙련도 요구를 감소시킬 수 있다.

해설 치공구를 사용하면 생산성 향상으로 리드 타임을 단축시킬 수 있다.

14. 지그에 대한 설명과 관계가 없는 것은?

① 드릴, 리머, 보링 작업에 주로 사용

② 불량품 감소

③ 고도의 숙련이 필요

④ 대량 생산에 적합

해설 지그는 미숙련자도 작업이 가능하다.

15. 연삭 고정구의 설계 및 제작 시 일반적인 주의사항이 아닌 것은?

① 클램핑은 확실하게 해야 하며, 공작물은 가공 중 위치가 변해야 한다.

② 클램핑력이나 절삭열에 의한 변형이 발생하지 않아야 한다.

③ 측정할 때는 공작물이 고정된 상태에서 해야 한다.

④ 절삭유의 공급과 배출이 잘 되도록 해야 한다.

해설 클램핑은 확실하게 해야 하며, 가공 중에는 공작물의 위치가 변하지 않아야 한다.

16. 고정구의 대분류에 속하지 않는 것은?

① 조립용

② 용접용

③ 생산형

④ 시험, 검사용

해설 치공구는 지그와 고정구로 분류하며, 부품의 가공을 정확히 행할 뿐 아니라 기타 조립, 검사, 용접 등의 작업을 능률적이고 정확하게 할 수 있는 보조 장치이다.

17. 다음 중 부품 공정 총괄표에서 찾아볼 수 없는 항목은?

① 공정 순서

② 공정별 작업 내용

③ 사용할 치공구의 형태와 수

④ 장비 이름

해설 부품 공정 총괄표에는 소요 공정, 공정 순서, 필요한 기계 및 장비 등과 같은 사항을 나타낸다.

18. 치공구용 게이지에 있어서 한계 게이지 (limit gauge)의 장점에 관한 설명으로 틀린 것은?

① 합부 판정이 쉽다.

② 검사하기 편리하고 합리적이다.

③ 다른 제품에 공용으로 사용하기 쉽다.

④ 취급이 단순하여 미숙련공도 사용이 가능하다.

해설 단점 : 특정 제품에 한하여 제작되므로 공용 사용이 어렵다.

2. 치공구요소 선정

1 지그

① **형판(template) 지그**

㈎ 정밀도보다 생산 속도를 증가시키기 위해 사용한다.

㈏ 가장 경제적이고 단순하게 제작되는 지그이다.

㈐ 부시나 클램프 없이 핀이나 네스트에 의해 고정하여 사용한다.

② **플레이트(plate) 지그** : 형판 지그와 유사하나 간단한 위치 결정구와 공작물을 유지시키기 위한 밀착 기구 및 클램핑 장치가 있다는 점이 다르다.

③ **테이블 지그**

㈎ 리프 또는 뚜껑 없이 나사, 쐐기, 캠 등으로 공작물을 견고하게 클램핑 한 후 작업한다.

㈏ 공작물의 형태가 불규칙하거나 넓은 가공 면을 가지고 있는 대형 공작물에 적합하다.

㈐ 공작물에 따라 클램핑이 곤란하며, 한 번의 장착으로 한 면밖에 가공할 수 없는 단점이 있다.

④ **링 지그**

㈎ 원판 형판 지그를 수정 보완한 판형 지그의 일종으로, 링형의 공작물을 가공할 때 주로 사용한다.

㈏ 파이프 플랜지(pipe flange)와 유사한 형태의 공작물 가공에 사용한다.

⑤ **샌드위치 지그** : 가공 중 발생할 수 있는 변형을 방지하기 위해 상·하 플레이트에 위치 결정 핀을 설치하여 공작물을 고정시킨다.

⑥ **앵글 플레이트 지그** : 공작물의 가공이 일정 각도로 이루어지거나 공작물의 측면을 가공할 경우 사용한다.

⑦ **분할 지그** : 공작물을 일정한 거리와 각도로 분할하여 기계 가공하는 데 사용한다.

⑧ **박스 지그(텀블 지그)**

㈎ 상자 형태로 구성되어 있으며, 공작물을 한 번 설치하면 지그를 회전시켜 가며 여러 면에서 가공할 수 있으나 칩 배출이 어렵다.

㈏ 공작물의 위치 결정이 정밀하고, 견고하게 클램핑할 수 있는 장점이 있다.

⑨ **리프(leaf) 지그**

   ⑺ 공작물을 넣고 **빼는** 작업이 쉽도록 만들어진 소형 박스 지그로, 불규칙하고 복잡한 형태의 소형 공작물에 적합하다.

   ⑻ 탈착이 용이하며 한 번의 장착으로 여러 면의 가공이 가능하다.

⑩ **채널 지그**

   ⑺ 공작물의 두 면에 지그를 설치하여 제3의 표면을 가공할 때 사용한다.

   ⑻ 정밀한 가공보다는 생산 속도를 증가시킬 목적으로 사용한다.

⑪ **트러니언(trunnion) 지그**

   ⑺ 공작물을 일정한 각도로 분할해 가며 가공하는 지그이다.

   ⑻ 대형 공작물이나 불규칙한 형상 가공 시 사용하며, 로터리 지그라 한다.

⑫ **멀티스테이션(multistation) 지그**

   ⑺ 보통 단축 드릴 작업에 사용하는 지그로, 제조 공정에 따라 연속적인 작업을 할 수 있다.

   ⑻ 공작물을 지그에 위치 결정시키는 것이 특징이다.

   ⑼ 다단 지그라고도 한다.

⑬ **펌프 지그** : 지그 판이 레버로 작동되어 장착과 탈착이 용이하다.

2 고정구

① **판형 고정구**

   ⑺ 평판 위에 위치 결정구와 고정 장치가 설치되어 구조가 간단하다.

   ⑻ 고정구 중에서 가장 많이 사용한다.

② **앵글 플레이트 고정구** : 설치될 위치 결정면에 대하여 각도 가공을 할 경우 공작물을 유지시키기 위해 사용한다.

③ **바이스-조 고정구**

   ⑺ 소형 공작물을 기계 가공하기 위해 개조한 것으로 제작비가 저렴하다.

   ⑻ 범용 밀링에 많이 활용하고 있으며, 여러 가지 다양한 형태의 가공에 적합하다.

   ⑼ 정밀도가 떨어지고 이동량이 제한적이므로 소형 공작물에 주로 사용한다.

④ **분할 고정구** : 분할 지그와 매우 비슷한 형태로, 일정 간격으로 기계 가공해야 할 공작물을 가공할 때 사용한다.

⑤ **다단 고정구**

   ⑺ 연속 작업을 할 수 있도록 여러 개의 작업 단을 가진 고정구이다.

   ⑻ 연속 작업이 가능하므로 생산성이 향상된다.

1. 뒤판을 가진 지그로서 쉽게 휘거나 비틀리기 쉬운 얇거나 연한 공작물 가공에 이상적인 지그는?

① 박스 지그
② 리프 지그
③ 샌드위치 지그
④ 템플레이트 지그

해설 • 박스 지그 : 공작물을 다시 위치 결정시키지 않고도 여러 면의 구멍을 완성할 수 있으나 칩 제거가 불리하고 제작비가 다소 비싸다.
• 리프 지그 : 힌지 핀(hinge pin)으로 연결된 리프를 열고 공작물의 장착과 탈착이 쉽도록 만든 지그이다.
• 템플레이트 지그 : 공작물의 수량이 적거나 정밀도가 요구되지 않는 경우에 사용하며, 형판 지그라고도 한다.

2. 지그(jig)를 구성하는 부품이 아닌 것은?

① 고정구(fixture)　② 부시(bush)
③ 몸체(body)　④ 바이트(bite)

해설 지그는 기계 가공에서 공작물을 고정, 지지하거나 공작물에 부착할 때 사용하는 특수 장치로, 공구를 공작물에 안내할 수 있는 안내 장치(부시)를 포함한다.

3. 지그의 분류 중 상자형 지그에 포함되지 않는 것은?

① 개방형 지그　② 조립형 지그
③ 평판형 지그　④ 밀폐형 지그

해설 평판형 지그는 공작물을 평판에 직접 고정시키는 형태로, 상자형 지그에 포함되지 않는다.

4. 대형 공작물이나 불규칙한 형상의 공작물을 캐리어(carrier) 상자에 넣어 사용하는 지그는?

① 트러니언(trunnion) 지그
② 멀티스테이션(multistation) 지그
③ 리프(leaf) 지그
④ 플레이트(plate) 지그

해설 공작물을 일정한 각도로 분할해 가며 가공하는 지그로, 주로 대형의 공작물이나 불규칙한 형상 가공 시 사용한다.

5. 일반적으로 지그 및 고정구에서 사용되는 공차와 제품 공차와의 관계는?

① 제품 공차의 5%
② 제품 공차의 10%
③ 제품 공차의 15%
④ 제품 공차의 20%

해설 공차와 제품 공차와의 관계
지그 및 고정구에서 사용되는 공차는 제품 공차의 20~25% 정도이다.

6. 공작물의 수량이 적거나 정밀도가 요구되지 않는 경우에 사용되며, 가장 경제적이고 단순하게 제작되는 지그는?

① 템플레이트 지그(template jig)
② 샌드위치 지그(sandwich jig)
③ 리프 지그(leaf jig)
④ 트러니언 지그(trunnion jig)

해설 • 샌드위치 지그 : 가공 중 변형을 방지하기 위해 상·하 플레이트에 위치 결정 핀을 설치하여 공작물을 고정시킨다.

정답 1. ③　2. ④　3. ③　4. ①　5. ④　6. ①

- 리프 지그 : 공작물을 넣고 **빼는** 작업을 쉽게 할 수 있도록 만들어진 소형 박스 지그로, 탈착이 용이하고 한 번의 장착으로 여러 면의 가공이 가능하다.
- 트러니언 지그 : 공작물을 일정한 각도로 분할해 가며 가공하는 지그로, 대형 공작물이나 불규칙한 형상 가공 시 주로 사용한다.

7. 다품종 소량 생산에서 생산성 향상을 위해 개발된 고정구(fixture)는?

① vise-jaw fixture

② multistatiion fixture

③ modular flexible jig & fixture

④ profiling fixture

해설 모듈러 고정구
- 제품의 정밀도를 개선하여 생산성 향상에 효과적인 수단으로 이용된다.
- 품종이 다양하고 소량 생산에 적합하도록 고안된 고정구이다.

8. 칩 배출이 가장 어려운 지그는?

① 템플레이트 지그   ② 리프 지그

③ 테이블 지그   ④ 텀블 지그

해설 텀블 지그(박스 지그)는 칩의 배출이 어려운 편이다.

9. 공작물이 주로 대형이거나 불규칙할 경우에 사용하며, 공작물을 분할해 가며 가공하게 되는 지그로, 로터리 지그라고도 하는 것은?

① 템플레이트 지그   ② 리프 지그

③ 트러니언 지그   ④ 텀블 지그

해설 트러니언(trunnion) 지그 : 공작물을 일정한 각도로 분할해 가며 가공하는 지그로, 공작물이 대형이거나 불규칙한 형상 가공 시 사용한다.

10. 다음 그림에서 빗금친 부분을 밀링 작업하려고 한다. 이에 사용할 고정구의 형태 중 적합한 것은?

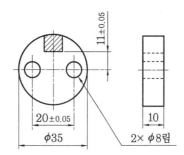

① 판형 고정구   ② 분할 고정구

③ 바이스 조 고정구 ④ 박스 고정구

해설 표준 바이스를 약간 응용한 것으로, 작은 공작물을 가공하기 위해 사용하며, 제작비가 저렴하나 정밀도가 떨어진다.

11. 형판 지그에 대한 설명 중 틀린 것은?

① 생산에 유리하며 간단한 형태이다.

② 레이아웃을 보장하기 위해 사용한다.

③ 대량 생산에 적합하다.

④ 일반적으로 고정시켜 사용한다.

해설 형판 지그는 부시나 클램프 없이 핀이나 네스트에 의해 고정하여 사용한다.

12. 플레이트 지그(plate jig)에 대한 설명 중 틀린 것은?

① 제한된 생산에 많이 사용한다.

② 주요 부품은 플레이트(plate)이다.

③ 필요한 부품은 드릴 부싱과 위치 결정용 핀이다.

④ 클램핑 장치는 필요치 않다.

해설 플레이트 지그 : 형판 지그와 유사하나 간단한 위치 결정구와 공작물을 유지시키기 위한 밀착 기구 및 클램핑 장치가 있다.

정답 7. ③ 8. ④ 9. ③ 10. ③ 11. ④ 12. ④

13. 공작물을 고정구에 설치할 경우 풀프루핑(fool proofing)이 필요한 공작물은?

① 부품의 한 부분이 비대칭
② 부품이 3개의 대칭면을 가짐
③ 어떤 형상의 부품이라도 풀프루핑(fool proofing) 해야 한다.
④ 부품의 모든 형상이 원통 형상

해설 풀프루핑(fool-proofing)
• 공작물을 지그에 장착할 때 위치가 잘못되지 않도록 시행착오를 방지하는 방법으로, 방오법이라 한다.
• 방오법을 적용하기 위해 최소한 1개 이상의 비대칭면을 가진 공작물이 필요하다.

14. 치공구 재료에 대한 일반적인 사항 설명 중 틀린 것은?

① 알루미늄은 마그네슘, 베릴륨 다음으로 가벼운 치공구 재료이다.
② 고분자 재료로서 플라스틱은 가볍고 내충격성이 좋은 치공구 재료이다.
③ 회주철은 진동 방지를 위한 성능이 좋은 치공구 재료이다.
④ 지그용 부시에는 충격을 고려하여 경도가 작은 치공구 재료를 사용해야 한다.

해설 지그용 부시는 강도가 좋은 탄소 공구강을 사용한다.

15. 밀링 작업에서 정확한 절삭 깊이 또는 절삭의 폭을 정하기 위해 고정구에 설치하는 장치는?

① 커터 세트 블록 ② 블록 게이지
③ 하이트 게이지 ④ 위치 결정핀

해설 밀링 커터를 공작물의 정확한 가공 위치에 세팅하는 경우 세트 블록이나 두께 게이지 또는 필러 게이지 등으로 공구의 위치를 정확하게 세팅한다.

16. 박스 지그(box jig)에 대한 설명 중 틀린 것은?

① 견고하게 클램핑 할 수 있다.
② 제작비가 비교적 많이 든다.
③ 칩 배출이 용이하다.
④ 여러 면을 교대로 구멍 가공할 수 있다.

해설 박스(텀블) 지그의 특징
• 칩 제거가 어려운 편이다.
• 견고하게 클램핑 할 수 있다.
• 공작물의 위치 결정이 정밀하다.
• 제작비가 비교적 많이 든다.
• 여러 면을 구멍 가공할 수 있다.

17. 테이블 지그에 대한 설명 중 틀린 것은?

① 리프 또는 뚜껑 없이 나사, 쐐기, 캠 등으로 공작물을 견고하게 클램핑 한 후 작업한다.
② 비교적 소형 공작물에 적합하다.
③ 공작물의 탈착은 지그를 뒤집은 상태에서 이루어진다.
④ 공작물에 따라 클램핑이 곤란하며, 한 번의 장착으로 한 면밖에 가공할 수 없다.

해설 테이블 지그는 공작물의 형태가 불규칙하거나 넓은 가공 면을 가지고 있는 대형 공작물에 적합하다.

18. 고정구 중에서 가장 많이 사용하는 것은?

① 판형 고정구 ② 바이스 조 고정구
③ 분할 고정구 ④ 다단 고정구

해설 • 바이스 조 고정구 : 소형 공작물의 기계 가공에 사용하며, 가격이 저렴하다.
• 분할 고정구 : 일정한 간격으로 기계 가공해야 할 공작물의 가공에 사용한다.
• 다단 고정구 : 연속 작업을 할 수 있도록 여러 개의 작업단을 가진 고정구이다.

정답 **13.** ① **14.** ④ **15.** ① **16.** ③ **17.** ② **18.** ①

19. 다음 중 칩 배출이 가장 용이한 지그는?

① 바깥지름 지그(diameter Jig)

② 개방 지그(open Jig)

③ 리프 지그(leaf Jig)

④ 상자형 지그(box Jig)

> **해설** • 리프 지그 : 소형 공작물에 적합하며, 탈착이 용이하고 한 번의 장착으로 여러 면의 가공이 가능하다.
> • 상자형 지그 : 공작물의 위치 결정이 정밀하고, 견고하게 클램핑 할 수 있는 장점이 있다.

20. 지그의 종류 중 텀블(tumble) 지그는 어떤 경우에 주로 사용하는가?

① 복잡한 원통 공작물에 사용한다.

② 직각으로 된 두 개 이상의 구멍을 하나의 지그로 가공할 때 사용한다.

③ 대형 공작물을 낮은 정밀도로 가공할 때 사용한다.

④ 중심잡기를 해서 가공하는 특수 형태의 가공이 필요할 때 사용한다.

> **해설** 박스(텀블) 지그는 지그의 형태가 상자형으로 되어 있으며, 공작물이 한 번 장착되면 지그를 회전시켜 가며 여러 면에서 가공할 수 있다.

21. 템플릿 지그의 설명으로 가장 옳은 것은?

① 작업자가 주의하지 않으면 공작물이 부정확하게 가공될 염려가 있는 구조이다.

② 생산 작업에 사용되는 지그 중 가장 합리적인 구조이며, 정밀한 공작물을 속으로 생산하기 위한 지그이다.

③ 핀이나 네스트 없이 클램프에 의해 공작물을 밀착시킬 수 있는 구조이다.

④ 제작비가 많이 소요되지만 복잡한 형태의 공작물을 대량 생산할 때 적합하다.

> **해설** 템플릿(template) 지그
> • 공작물을 고정하지 않는 가장 단순한 지그이다.
> • 정밀도보다 생산 속도를 증가시키기 위해 사용한다.

22. 공작물을 위 · 아래에서 보호한 상태에서 가공하는 형태로, 공작물이 얇거나 연질의 재료인 경우 가공 중 변형을 방지하기 위해 사용하는 지그는?

① 샌드위치 지그

② 템플레이트 지그

③ 박스 지그

④ 테이블 지그

> **해설** 샌드위치 지그 : 가공 중 발생할 수 있는 변형을 방지하기 위해 상 · 하 플레이트에 위치 결정 핀을 설치하여 공작물을 고정시키는 지그이다.

23. 공작물의 품종이 다양하고 소량 생산에 적합하도록 고안된 치공구로, CNC 공작기계에 많이 사용되는 고정구는?

① 모듈러 고정구 ② 총형 고정구

③ 분할 고정구 ④ 바이스 조 고정구

> **해설** 모듈러 고정구는 복합용 머시닝 센터에서 가장 많이 사용된다.

24. 바이스(vice)를 고정구로 사용하는 잇점이 아닌 것은?

① 정밀도를 필요로 하는 제품의 가공에 유리하다.

② 공작물의 체결이 간편하다.

③ 대칭형 공작물의 체결에 용이하다.

④ 다품종 소량 생산 제품에 경제적이다.

> **해설** 정밀도가 필요할 때는 지그를 사용한다.

2 - 2 공작물의 위치 결정

1 공작물의 관리

(1) 공작물 관리의 목적

① 모든 요인에 관계없이 공구와 공작물의 일정한 상대적 위치를 유지한다.

② 절삭력, 클램핑력 등 모든 외부의 힘에 관계없이 공작물의 위치를 유지한다.

③ 공구 및 고정력 또는 공작물의 취성에 의해 과도한 휨이 일어나지 않도록 공작물의 변형을 방지한다.

④ 작업자의 숙련도에 관계없이 공작물의 위치를 유지한다.

(2) 공작물의 위치 변경 원인

① 공작물의 고정력

② 공작물의 절삭력(공구력)

③ 공작물의 위치 편차

④ 재질의 치수 변화

⑤ 먼지 또는 칩

⑥ 절삭 공구의 마모 및 작업자의 숙련도

⑦ 공작물의 중량, 온도, 습도

2 공작물의 위치 결정

(1) 위치 결정의 개념

① 공작물의 움직임을 제한하여 평형상태로 만드는 것이 위치 결정의 기본 개념이다.

② 평형상태로 만들기 위해 하나의 위치 결정구는 한 방향의 움직임만으로 제한할 수 있다.

③ 위치 결정 시 적어도 6방향의 움직임이 제한되며, 나머지 움직임은 클램프로 제한한다.

(2) 위치 결정법

① **3-2-1 위치 결정법** : 직육면체의 공작물에 위치 결정구를 배열하는 가장 이상적인 위치 결정법이다.

② **4-2-1 위치 결정법** : 밑면에 4번째 위치 결정구를 추가함으로써 지지된 면적이 4각형이 되어 안정감이 유지되게 한다.

③ **2-2-1 위치 결정법** : 공작물의 원통부에 2개씩 2곳을 설치하고, 단면에 1개의 위치 결정구를 설치하여 안정감이 유지되게 한다.

③ 공작물 관리 이론

(1) 형상(기하학적) 관리

형상 관리는 형상이 다양한 공작물을 치공구 내에서 안전상태로 유지시키기 위해 관리하는 것을 말한다.

(2) 치수 관리

① 치수 관리는 제품도에서 요구하는 치수 대로 정확히 가공될 수 있도록 위치 결정구의 위치를 선정하는 것을 말한다.
② 치수 관리와 형상 관리가 동일한 조건일 때는 치수 관리가 형상 관리보다 우선적으로 고려되어야 한다.
③ 허용 공차 내에서 치수 관리 및 형상 관리가 불가능할 때는 제품도의 도면을 변경해야 한다.

참고

치수 관리
- 공작물의 치수 관리
- 위치 결정면의 선택
- 중심선 관리

---

(3) 기계적 관리

① 기계적 관리는 공작물을 가공할 때 발생하는 외력에 의해 공작물의 변형 및 치수 변화가 없도록 관리하는 것을 말한다.
② **기계적 관리를 위한 기본 조건**
  ㈎ 절삭력으로 인해 휨이 발생하지 않게 한다.
  ㈏ 고정력으로 인해 공작물의 휨이 발생하지 않게 한다.
  ㈐ 자중으로 인해 공작물의 휨이 발생하지 않게 한다.
  ㈑ 고정력이 가해질 때 공작물이 모든 위치 결정구에 닿게 한다.
  ㈒ 고정력으로 인해 공작물의 영구 변형이나 휨이 발생되지 않게 한다.
  ㈓ 절삭력으로 인해 공작물이 위치 결정구로부터 이탈되지 않게 한다.

예|상|문|제

1. 이중 중심 위치 결정구가 아닌 것은?

① 바이스   ② 스크롤 척

③ 드릴 척   ④ 2-조 척

해설 • 이중 중심 위치 결정구는 3조 척, 자동 조심형 척, 콜릿 척, 2조 척, 드릴 척 등이다.
• 바이스는 1중심 결정구이다.

2. 위치 결정구 설계에 대한 주의사항으로 틀린 것은?

① 서로 교차하는 두 면에 칩 홈을 만든다.

② 위치 결정구는 가급적 가깝게 설치한다.

③ 위치 결정구의 윗면은 칩이나 먼지에 대한 영향이 없도록 하기 위해 공작물로 덮는다.

④ 위치 결정구는 교환이 가능하도록 설계한다.

해설 • 위치 결정구를 설치할 때는 가능한 멀리 설치한다.
• 절삭력이나 클램핑력은 위치 결정구 위에 작용하도록 한다.

3. 다음 그림에서 V홈의 밀링 작업을 하기 위해 위치 결정구로 적합한 것은?

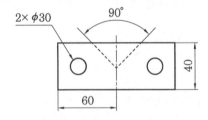

① V형 패드와 다웰 핀

② 조절 위치 결정구와 네스트

③ 다이아몬드 핀과 원형 핀

④ 조정 패드와 다웰 핀

해설 다이아몬드 핀은 단면이 마름모꼴이며 구멍에 헐거운 끼워맞춤으로 설치되기 때문에 가공물의 착탈이 쉬운 장점이 있어 실제로 위치 결정구의 요소로 많이 사용된다.

4. 절삭 공구의 위치 결정 요소 중 관계 없는 것은?

① 밀링 고정구의 세팅 블록

② 드릴 부시

③ 보링 바이트의 세팅 게이지

④ 엔드밀의 안내 부시

5. 다음 그림과 같이 높이가 지름보다 작고 낮은 원기둥의 위치 결정구를 정확히 잘 설정한 것은?

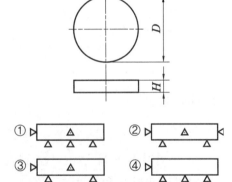

해설 높이가 지름보다 작고 낮은 원기둥에는 넓은 평면에 3개, 원둘레에 2개, 회전 방지를 위한 결정구 1개를 설정한다.

6. 공작물 관리의 목적에서 공작물의 변위가 발생하는 원인이 아닌 것은?

① 고정력
② 기계의 강성
③ 작업자의 숙련도
④ 절삭력

[해설] 공작물의 변위 발생 원인
• 공작물의 고정력 및 절삭력
• 공작물의 위치 편차
• 재질의 치수 변화
• 먼지 또는 칩
• 공구의 마모 및 작업자의 숙련도
• 공작물의 중량
• 온도, 습도

7. 위치 결정구를 가깝게 위치시켜 공작물이 불완전하게 설치되어 있다면 공작물의 관리 중 어떤 관리가 잘못된 것인가?

① 평형의 원리
② 기하학적 관리
③ 치수 관리
④ 기계적 관리

[해설] 기하학적 관리의 오차 발생 원인
• 공작물 및 클램핑 장치의 부정확
• 위치 결정구의 근거리 배치 및 고정력, 배치의 부정확
• 위치 결정구의 수량 부족 및 공작물의 중량이 무거울 때

8. 위치 결정구에 대한 일반적인 주의사항으로 틀린 것은?

① 위치 결정구는 가능한 가깝게 설치한다.
② 위치 결정구는 마모가 있을수 있으므로 교환이 가능한 구조를 선택한다.
③ 위치 결정구의 윗면은 칩이나 먼지에 대한 영향이 없도록 하기 위해 공작물로 덮어둔다.

④ 주철과 같은 흑피 면을 위치 결정하는 경우에는 조절이 가능한 위치 결정구를 선택하는 것이 좋다.

[해설] 위치 결정구는 가능한 멀리 설치하고, 절삭력이나 클램핑력은 위치 결정구 위에 작용하도록 한다.

9. 공작물의 기계적 관리를 위해 고려할 사항으로 틀린 것은?

① 공작물의 휨 방지를 위해 되도록 위치 결정구를 절삭력 쪽에 두는 것이 기계적 관리뿐 아니라 형상 관리에도 유리하다.
② 고정력이 절삭력의 반대쪽에 오지 않도록 한다.
③ 주조품 가공 시 절삭력에 의한 휨 방지를 위해 조절식 지지구를 사용한다.
④ 절삭력은 공작물이 위치 결정구에 고정되기 쉬운 방향으로 조정한다.

[해설] 공작물의 휨 방지를 위해 위치 결정구는 절삭력 반대쪽에 배치해야 한다.

10. 그림과 같은 체결 장치에서 체결력(P)은 몇 kN인가? (단, 공작물을 고정하는 힘(Q)은 1.50kN, L_1=100mm, L_2=50mm이다.)

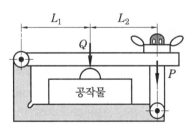

① 0.5kN ② 0.75kN
③ 1kN ④ 1.5kN

[해설] $Q \times L_1 = P \times (L_1 + L_2)$
$1.5 \times 100 = P \times (100 + 50)$
$\therefore P = \dfrac{1.5 \times 100}{(100+50)} = 1\text{kN}$

11. 기계적 관리를 위해 적절한 고정력을 주고자 할 때 그에 관한 설명으로 틀린 것은?

① 고정력은 위치 결정구 바로 반대쪽에 배치한다.
② 고정력에 의한 휨이 발생할 경우 지지구를 사용한다.
③ 강성이 작은 공작물일수록 고정력을 분산하지 말고, 하나의 큰 힘으로 고정력을 가하도록 한다.
④ 공작물에 생기는 자국은 중요하지 않은 표면에 고정력을 가하여 제한할 수 있다.

해설 강성이 작은 공작물은 여러 개의 작은 힘으로 분산하여 클램핑 하며, 클램핑이 균일하게 작용하도록 한다.

12. 지지구에 대한 설명 중 옳은 것은?

① 밀링 작업에서 하향 작업을 하는 경우에는 필요 없다.
② 위치 결정구보다 높이가 낮아야 한다.
③ 고정식 지지구가 조정식 지지구보다 효과가 좋다.
④ 위치 결정구의 반대편에 설치한다.

해설 • 밀링 작업에서 상향 작업을 하는 경우에는 필요 없다.
• 조정식 지지구가 고정식 지지구보다 효과가 좋다.
• 충분한 지지를 얻기 위해 추가되는 요소로 위치 결정구와 같은 편에 설치한다.

13. 공작물 관리에 적당하지 않은 것은?

① 적당한 위치에 배치
② 절삭 압력에 의한 제품의 변형 고려
③ 공작물의 형상 조정
④ 치수 관리

해설 형상이 다양한 공작물을 치공구 내에서 안전상태로 유지시키기 위해 형상을 관리해야 한다.

14. 위치 결정 방법으로 알맞지 않은 것은?

① 3-2-1 위치 결정법
② 4-2-1 위치 결정법
③ 2-2-1 위치 결정법
④ 1-2-1 위치 결정법

해설 • 3-2-1 위치 결정법 : 직육면체의 공작물에 위치 결정구를 배열하는 가장 이상적인 위치 결정법이다.
• 4-2-1 위치 결정법 : 밑면에 4번째 위치 결정구를 추가함으로써 지지된 면적이 4각형이 되어 안정감이 유지되게 한다.
• 2-2-1 위치 결정법 : 공작물의 원통부에 2개씩 2곳을 설치하고, 단면에 1개의 위치 결정구를 설치하여 안정감이 유지되게 한다.

15. 공작물의 위치 결정구 사용에 있어 충족되어야 하는 요구사항으로 틀린 것은?

① 마모에 견딜 수 있어야 한다.
② 청소가 용이하도록 설계되어야 한다.
③ 가능한 1회 사용하고 재사용하지 않는다.
④ 공작물과 접촉 부위가 쉽게 보일 수 있도록 설계되어야 한다.

해설 마모가 있을 수 있으므로 재사용과 교환이 가능한 구조를 선택한다.

16. 링크 조정 중심 위치 결정구(linkage controlled centralizer)의 설계 지침으로 잘못된 것은?

① 미끄럼보다는 회전식으로 할 것
② 미끄럼 부분은 힘의 작용점 밑에 지지구를 마련할 것

③ 회전 부분은 반지름에 수직인 방향으로 힘을 가할 것

④ 접촉 부분에 백래시 상태는 무시해도 각 부품의 강도를 고려할 것

해설 위치 결정구의 일반적인 요구사항

• 마모에 잘 견뎌야 한다.

• 교환이 가능해야 한다.

• 공작물과 접촉 부위가 보일 수 있게 설계되어야 한다.

• 청소가 용이해야 하며 칩을 보호할 수 있도록 고려해야 한다.

17. 선반 작업에서 공작물의 중심선을 편심(off-set)시키기에 가장 적합한 것은?

① 2-조 척(two jaw chuck)

② 3-조 척(three jaw chuck)

③ 4-조 척(four jaw chuck)

④ 6-조 척(six jaw chuck)

해설 4-조 척 : 4개의 조가 각각 단독으로 움직이며, 조임이 강력하여 편심 가공에 편리하나 중심을 잡는 데 시간이 오래 걸린다.

18. 위치 결정법(locating)에서 완전 중심 결정(full centering) 방법이란?

① 1중심 결정

② 2중심 결정

③ 3중심 결정

④ 4중심 결정

해설 3중심 결정은 정육면체의 공작물에 위치 결정구를 배열하는 것으로 가장 이상적인 위치 결정법이다.

19. 정확한 공작물의 가공을 위한 공작물 관리 시 고려할 사항 중 틀린 것은?

① 동일한 조건일 경우 치수 관리는 형상 관리보다 우선이다.

② 동일한 조건일 경우 기계적 관리는 형상 및 치수 관리보다 우선이다.

③ 기계적 관리는 형상 관리가 정확히 이루어짐으로써 얻을 수 있다.

④ 형상 및 치수 관리가 이루어지지 않는 기계적 관리는 있을 수 없다.

해설 치수 관리＞형상 관리＞기계적 관리

2-3 공작물 클램핑

1 클램핑

① 클램핑은 치공구의 중요한 요소 중 하나로, 공작물을 주어진 위치에서 고정 (clamping), 처킹(chucking), 홀딩(holding), 구속(gripping) 등을 하는 작업 이다.

② 공작물은 치공구의 위치 결정면에 장착된 후 절삭 가공 및 기타 작업이 이루어 지게 되는데, 절삭이 완료될 때까지 위치 변화가 생기면 안 되므로 공작물의 주 어진 위치를 계속 유지시키기 위해 클램핑이 필요하다.

2 클램핑 방법 및 기본 원리

① 공작물의 클램핑 과정에서 공작물의 위치 및 변형이 발생하지 않아야 한다.

② 공작물의 가공 중 변위가 발생하지 않도록 확실한 클램핑이 이루어져야 한다.

③ 클램핑 기구는 조작이 간편하고 신속한 동작이 이루어져야 한다.

3 클램핑할 때의 주의사항

① 절삭력은 클램프가 위치한 방향으로 작용하지 않게 한다.

② 절삭면은 가능한 테이블에 가깝게 설치되어야 절삭 시 진동을 방지할 수 있다.

③ 클램핑 위치는 가공 시 절삭 압력을 고려하여 가장 좋은 위치를 택한다.

④ 클램핑력은 공작물에 변형을 주지 않아야 하며, 공작물이 휨 또는 영구 변형이 생 기지 않도록 절삭력보다 너무 크지 않도록 최소화하는 것이 좋다.

─○ 참고 ○─

클림핑 장치에 칩이 붙을 경우의 대책
- 클램핑면은 수직면으로 하고, 칩의 비산 방향에 클램프를 설치하지 않는다.
- 볼트, 스프링 등을 이용하여 항상 밀착되게 하고, 위치 결정면은 가능한 면적을 작게 한다.

예 | 상 | 문 | 제

1. 다음 중 클램프 설계 시 고려해야 할 사항으로 잘못된 것은?

① 절삭력을 가장 잘 견디는 곳에 힘을 가한다.

② 위치 결정구의 바로 위 혹은 가까운 곳에 클램핑 한다.

③ 공작물의 재료에 대한 고려를 해야 한다.

④ 완성 가공면에는 잠금 면적이 좁은 것을 선택한다.

해설 완성 가공면에서 잠금 면적이 넓은 것을 선택하면 클램핑 시 공작물의 표면 손상을 줄일 수 있다.

2. 클램핑 장치에 칩이 붙을 때는 클램핑력이 불안정하게 된다. 그 대책으로 잘못 설명한 것은?

① 클램핑면은 수평면으로 한다.

② 위치 결정면 부분을 가능한 작게 한다.

③ 볼트, 스프링 등을 이용하여 항상 밀착되게 한다.

④ 칩의 비산 방향에 클램프가 위치하지 않게 한다.

해설 클램핑면은 수직면으로 하고, 칩의 비산 방향에 클램프를 설치하지 않는다.

3. 다음은 나사 클램프에 대해 설명한 내용이다. 틀린 것은?

① 클램핑 기구로 광범위하게 많이 사용된다.

② 설계가 간단하고 제작비가 저렴하다.

③ 리드각이 큰 나사를 사용하면 급속 클램핑이 되어 잘 풀리지 않는다.

④ 클램핑 동작이 느리다.

해설 나사 클램프의 특징

• 설계가 간단하고 제작비가 저렴하다.

• 클램핑 기구로 광범위하게 많이 사용되고 있다.

• 클램핑 속도가 느리다.

• 리드각이 큰 나사를 사용하면 급속 클램핑이 되어 나사가 풀리기 쉽다.

4. 클램핑할 때 일반적인 주의사항으로 적당하지 않은 것은?

① 절삭면은 가능한 테이블에 멀리 설치되도록 해야 절삭 시 진동을 방지할 수 있다.

② 클램핑 기구는 조작이 간단하고 급속 클램핑 형식을 취한다.

③ 클램프는 공작물 장착과 탈착 시 간섭이 없도록 해야 한다.

④ 절삭 시 안전을 위해 클램핑 위치는 절삭 압력을 고려하여 가장 좋은 위치를 선택한다.

해설 클램핑 주의사항

• 절삭면은 가능한 테이블에 가깝게 설치되도록 한다.

• 절삭력은 클램프가 위치한 방향으로 작용하지 않게 한다.

• 클램핑 위치는 가공 시 절삭 압력을 고려하여 가장 좋은 위치를 택한다.

• 클램핑력은 절삭력보다 너무 크지 않도록 최소화하는 것이 좋다.

5. 지그의 클램핑 장치를 선정할 때 고려해야 할 사항으로 틀린 것은?

① 공작물을 강하게 잡아 주는 장치여야 한다.

② 클램핑 위치는 가공 시 절삭력이 가장 약한 곳에 위치시킨다.

③ 가능한 작업 부위에서 먼 곳에 위치하도록 한다.

④ 계획된 작업 방법 이외에는 작동이 이루어지지 않도록 한다.

해설 클램핑 장치 선정 시 고려사항
- 공작물을 강하게 잡아줄 수 있어야 한다.
- 클램핑 위치는 가공 시 절삭력을 가장 잘 견디는 곳에 위치하게 한다.
- 가능한 작업 부위에서 먼 곳에 위치하게 한다.
- 계획된 작업 방법 이외에는 작동이 이루어지지 않게 한다.

6. 자동화 치공구에서 클램프를 직접적으로 출력하는 기구가 아닌 것은?

① 공압실린더
② 유압실린더
③ 검출기
④ 솔레노이드

해설 검출기는 측정 장치이다.

7. 다음 중 치공구에 사용되는 클램프의 기본 요구 조건과 거리가 먼 것은?

① 절삭 시 공작물을 견고히 고정해야 한다.
② 진동, 흔들림에 충분히 견딜 수 있어야 한다.
③ 가격이 저렴하고 내마모성이 큰 재료이어야 한다.
④ 클램프는 공작물에 손상이 없어야 한다.

해설 내마모성이 작은 재료이어야 한다.

8. 나사 클램프에 대한 설명으로 알맞지 않은 것은?

① 설계가 간단하고 제작비가 저렴하다.
② 리드각이 큰 나사를 사용하면 급속 클램핑이 되어 나사가 풀리기 쉽다.
③ 클램핑 속도가 느리다.
④ 지렛대의 원리를 이용하여 레버 및 나사로 고정하는 클램프이다.

해설 지렛대의 원리를 이용하여 레버 및 나사를 사용하여 고정하는 클램프는 스트랩 클램프이다.

3. 치공구요소 설계

3-1 고정구 설계

1 치공구 설계 시 고려사항

① 공작물에 적합한 형태인지 고려하고, 대형 치공구는 강도를 검토해야 한다.
② 제작이 용이해야 하며, 공작물의 장착과 탈착이 신속해야 한다.
③ 지그에서 기준이 되는 위치 결정구는 정밀도가 높아야 한다.
④ 제작이 용이해야 한다.

2 치공구 본체의 종류

(1) 주조형 치공구 본체

① 요구되는 크기와 모양으로 만들 수 있으며 소형, 중형에 적합하다.
② 견고성과 강도를 저하시키지 않고 무게를 가볍게 할 수 있다.
③ 가공성이 양호하며 진동을 흡수할 수 있고, 견고하며(강성) 변형이 적다.
④ 제작시간이 길고 충격에 약하며, 용접성이 불량하다.

(2) 용접형 치공구 본체

① 일반적으로 강철, 알루미늄, 마그네슘으로 제작하며 중형, 대형에 적합하다.
② 몸체의 형태 변경이 용이하며, 제작시간의 단축으로 비용이 절감된다.
③ 용접에 의해 발생하는 열변형 제거를 위해 내부 응력을 제거하는 열처리가 필요하다.

(3) 조립형 치공구 본체

① 설계 및 제작이 용이하며, 비교적 소형이거나 중형에 적합하다.
② 리드 타임이 짧고 외관이 깨끗하며, 표준화 부품의 재사용이 가능하다.
③ 제작시간이 길고 강도가 약하며, 장시간 사용으로 변형 가능성이 있다.

예|상|문|제

1. 치공구 본체에 대한 설명으로 틀린 것은?

① 용접형은 몸체의 형태 변경이 용이하다.
② 용접형은 열에 의한 변형이 없다.
③ 조립형은 수리 및 보수가 간단하다.
④ 주조형은 제작에 많은 시간이 소요된다.

해설 용접에 의해 발생하는 열변형을 제거하기 위해 내부 응력을 제거하는 열처리가 필요하다.

2. 다음 그림에서 $l_1=40\,\text{mm}$, $l_2=30\,\text{mm}$, $d=12\,\text{mm}$, $P=140\,\text{kgf}$일 때 공작물에 가해지는 힘 Q_1은 얼마인가?

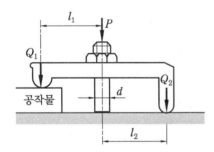

① 60 kgf
② 80 kgf
③ 420 kgf
④ 560 kgf

해설 $Q_1 \times (l_1 + l_2) = P \times l_2$
$Q_1 \times (40 + 30) = 140 \times 30$
$\therefore\ Q_1 = \dfrac{140 \times 30}{(40 + 30)} = 60\,\text{kgf}$

3. 치공구 본체에 대한 설명 중 잘못된 것은?

① 용접형은 열에 의한 변형이 있어 열처리가 필요하다.
② 조립형은 현재 가장 많이 사용한다.
③ 용접형은 설계 변경 시 쉽게 수정 가능하다.
④ 조립형은 수리 및 보수가 어렵다.

해설 조립형 치공구 본체는 수리 및 보수가 간단하다.

4. 용접 고정구 설계 및 제작 시 유의사항으로 틀린 것은?

① 고정구의 구조와 클램핑 방법은 공작물의 장착과 탈착이 용이해야 한다.
② 제작 비용을 고려하여 경제적으로 설계 및 제작한다.
③ 가용접과 본용접 둘 다 수행할 수 있도록 제작한다.
④ 공작물의 위치 결정 및 클램핑 위치 설정은 공작물의 잔류 응력과 균열을 고려해야 한다.

해설 공작물의 구조나 형상에 따라 가용접 고정구와 본용접 고정구로 분류하여 설계 및 제작하는 것이 바람직하다.

5. 용접 고정구의 선택 기준이다. 틀린 것은?

① 용접 구조물을 견고하게 고정시킬 수 있는 크기와 강성이 있어야 한다.
② 용접 변형이 용이한 구조이어야 한다.
③ 용접 구조물의 고정과 설치가 편리해야 한다.
④ 용접 작업을 용이하게 할 수 있는 구조이어야 한다.

해설 용접 고정구는 용접 변형을 억제할 수 있는 구조이어야 한다.

6. 치공구를 조립할 때 다웰 핀(dowel pin)과 세트 스크루를 사용한다. 다음 설명 중 잘못된 것은?

① 세트 스크루에 의해 견고하게 체결되므로 다웰 핀은 사용하지 않아도 된다.
② 세트 스크루의 호칭 치수가 다웰 핀보다 약간 더 커야 한다.
③ 다웰 핀은 억지 끼워맞춤으로 한다.
④ 다웰 핀은 조립품의 위치 결정을 위해 사용한다.

해설 • 다웰 핀(맞춤 핀)으로 위치가 결정된 치공구를 확실하게 결합시키기 위해 세트 스크루를 사용한다.
• 일반적으로 다웰 핀의 지름이 세트 스크루의 지름보다 작다.

7. 맞춤 핀(dowel pin)에 대한 설명으로 알맞지 않은 것은?

① 지그와 고정구의 부품들을 정확한 위치에 결합시키기 위해 또는 제작 부품의 위치 결정을 위해 사용하는 등 광범위한 용도로 사용된다.
② 통상 조립을 원활하게 하기 위해 헐거운 끼워맞춤으로 제작된다.
③ 취급 시 용이하고 안전하게 삽입하기 위해 안내부의 끝에 5~15° 정도의 테이퍼를 부여한다.
④ 핀이 전단 하중을 받을 경우에는 하중을 받는 부분을 열처리하여 사용하는 경우도 있다.

해설 맞춤 핀 : 볼트의 보충 역할을 하며, 견고하게 압입되도록 억지 끼워맞춤이 되어야 하므로 치수보다 0.005mm 정도 크게 제작한다.

8. 치공구 본체를 조립형으로 할 경우 다웰 핀 (dowel pin)을 사용하는데, 다웰 핀의 길이는 어느 정도로 해야 하는가?

① 지름과 같게 한다.
② 지름의 1.5~2배 정도로 한다.
③ 지름의 2.5~3배 정도로 한다.
④ 길이는 길수록 좋다.

해설 다웰 핀의 길이는 지름의 1.5~2배 정도가 적당하며, 원통형과 테이퍼형이 있다.

9. 치공구를 조립하는 경우 다음 중 필요 조건이 아닌 것은?

① 각 부품은 요구되는 위치의 치수 정밀도가 정확해야 한다.
② 각 부품이 조립된 정확한 위치는 부품을 교환하거나 분해 조립 후에도 어긋남이 없어야 한다.
③ 각 부품은 충분한 강도로 고정하여 사용 중 풀리거나 변형이 되지 않아야 한다.
④ 각 부품은 다웰 핀에 의해 조립하기 때문에 어떤 부품을 교환해도 항상 정확하다.

해설 다웰 핀은 부품과 부품을 조립할 때 치수 정렬 오차 범위를 줄이기 위해 사용하는 기계요소이다.

10. 보링 바의 강도와 강성은 바 지름 D와 길이 L에 따라 결정한다. 한쪽 지지형일 때 적절한 강성을 유지하기 위해 길이 L은 지름 D에 대비하여 얼마로 해야 하는가?

① $L \leq 6 \times D$
② $L \leq 8 \times D$
③ $L \leq 10 \times D$
④ $L \leq 12 \times D$

11. 치공구를 설계할 때의 고려사항에 대한 설명으로 옳지 않은 것은?

① 공작물에 적합하고 단순한 형상으로 설계할 것

② 클램핑력이 걸리는 거리를 되도록 짧게 설계할 것

③ 중요 구성 부품은 표준 규격품보다는 전용으로 설계하여 생산할 것

④ 치공구 본체에 대해서는 칩과 절삭유가 배출될 수 있도록 설계할 것

해설 중요 구성 부품은 전문 업체에서 생산되는 표준 규격품으로 설계한다.

12. 치공구 설계의 목적과 거리가 먼 것은?

① 생산성을 높이기 위해

② 작업 공정을 늘리기 위해

③ 제품의 품질을 향상시키기 위해

④ 제품의 제작 비용을 절감하기 위해

해설 균일하고 정밀한 공작물을 단시간에 가공하기 위한 것이며, 작업 공정을 줄여 제품의 제조 원가를 절감하는 것이 주요 목적이다.

13. 치공구 본체 중 몸체의 형태 변형이 용이하고 무게를 가볍게 만들 수 있으나, 내부 응력 제거를 위한 2차 열처리 작업이 필요한 본체의 종류는?

① 조립형   ② 주조형

③ 용접형   ④ 플라스틱형

해설 용접에 의해 발생되는 열변형을 제거하기 위해 내부 응력을 제거하는 열처리가 필요한 것은 용접형 치공구 본체이다.

14. 치공구 설계의 기본 원칙에 해당되지 않는 것은?

① 치공구의 제작비와 손익 분기점을 고려할 것

② 손으로 조작하는 치공구는 충분한 강도를 가지면서 가볍게 설계할 것

③ 클램핑 요소에서는 되도록 스패너, 핀, 쐐기, 해머와 같이 여러 가지 부품을 같이 사용할 수 있도록 설계할 것

④ 정밀도가 요구되지 않거나 조립이 되지 않는 불필요한 부분에 대해서는 기계가공 작업은 하지 않을 것

해설 클램핑 기구는 조작이 간편하고 신속한 동작이 이루어져야 하는 일반적인 사항을 만족해야 한다.

15. 다음 중 치공구 설계기사의 임무와 거리가 먼 것은?

① 장비의 점검

② 특수 공구의 설계

③ 제품 설계도의 변경

④ 치공구의 기능 검사

해설 제품 도면의 변경은 제품 설계기사의 임무이다.

16. 다음은 치공구 본체에 대한 설명이다. 틀린 것은?

① 주조용 본체는 진동을 흡수하지 못한다.

② 용접형은 현재 가장 많이 사용한다.

③ 조립형은 설계가 용이하다.

④ 용접형은 설계 시 변형이 있을 때 수정이 가능하다.

해설 주조형 치공구 본체는 가공성이 양호하며 진동을 흡수할 수 있고, 견고하며 변형이 적다.

17. 치공구를 조립하는 경우 다음 중 필요 조건이 아닌 것은?

① 동심 구멍

② 평면

③ 직각

④ V 블록(V-block)

해설 V 블록은 정반에 올려두고 측정용 도구로 사용한다.

3 - 2　　　드릴 지그 설계

1 드릴 지그의 3요소

① **위치 결정장치** : 절삭력이나 고정력에 의해 위치 변화가 없어야 하며, 정확하고 안정되게 공작물을 유지시킬 때 필요하다.

② **클램프장치** : 변위가 발생하거나 칩이나 먼지 등에 의해 클램핑 상태가 나쁘면 공작물의 정도 및 작업 능률에 큰 영향이 있다.

③ **공구 안내장치** : 드릴 지그의 공구를 안내하는 요소로 부시가 있다. 부시는 드릴을 정확한 위치로 안내하고 정해진 구멍을 뚫을 때 필요하다.

2 부시의 종류(KS B 1030)

① **고정 부시** : 일반적으로 많이 사용하는 부시로, 자주 교환할 필요가 없는 소량 생산용 지그에 사용한다.

② **삽입 부시** : 여러 가지 작업 공정을 위해 한 구멍에 여러 개를 교환해가며 사용하는 부시이다.

　㈎ 고정형 삽입 부시 : 부시를 고정하여 부시가 마모될 때까지 한 가지 작업만 하는 경우 라이너 부시(가이드 부시)와 함께 사용되며, 절삭 공구의 안내를 했던 고정 삽입 부시가 마모될 경우 라이너 부시는 그대로 두고, 고정 삽입 부시만 교체하여 생산성을 높인다.

　㈏ 회전형 삽입 부시 : 하나의 구멍을 완성 가공할 경우 여러 가지 드릴 작업이 이루어질 때 사용한다. 예를 들어 드릴 작업을 한 다음 리머 가공이 요구될 때 사용한다.

③ **라이너(liner) 부시**

　㈎ 삽입 또는 고정 부시를 설치하기 위해 지그 몸체에 압입되어 고정되는 부시이다.

　㈏ 삽입 부시로 인한 지그 몸체의 마모와 변위를 방지하기 위해 지그 몸체보다 강도가 크도록 조립하여 사용하는 부시이다.

3 드릴 부시의 치수 결정 순서

① 드릴 지름　　　　　　② 부시의 안지름과 바깥지름

③ 부시의 위치　　　　　④ 부시의 길이와 부시 고정판의 두께

1. 다음 중 드릴 지그의 3대 구성 요소에 해당 되지 않는 것은?

① 위치 결정장치
② 체결장치
③ 공구 안내장치
④ 자동 조절장치

해설 드릴 지그의 3요소
위치 결정장치, 클램핑장치, 공구 안내장치

2. 드릴 가공에서 하나의 작업만 요구되는 제 품이 대량 생산되어야 할 경우, 지그 부시 는 어떤 것을 사용하는 것이 경제적인가?

① 회전형 삽입 부시
② 고정형 삽입 부시
③ 삽입 부시
④ 고정 부시

해설 고정형 삽입 부시

• 부시를 고정하여 부시가 마모될 때까지 한 가지 작업만 하는 경우 라이너 부시(안내 부시)와 함께 사용한다.

• 절삭 공구의 안내를 했던 고정형 삽입 부시 가 마모될 경우 라이너 부시는 그대로 두 고, 고정형 삽입 부시만 교체하여 생산성 을 높인다.

3. 하나의 가공 위치에 여러 작업이 요구되거 나 드릴링, 리밍, 탭핑 등의 연속 작업이 요 구되는 지그에서는 다음 중 어떤 형태의 부 시를 사용하는 것이 가장 좋은가?

① 고정 부시
② 고정형 삽입 부시

③ 회전형 삽입 부시
④ 라이너 부시

해설 라이너 부시

• 삽입 또는 고정 부시를 설치하기 위해 지그 몸체에 압입되어 고정되는 부시이다.

• 회전형 삽입 부시는 하나의 구멍을 완성 가 공할 경우 사용한다.

4. 다음 중 드릴 부싱(bushing) 설계 시 치수 결정 방법으로 틀린 것은?

① 부싱의 안지름과 바깥지름 결정
② 부싱의 길이와 고정판의 두께 결정
③ 드릴의 길이와 종류 결정
④ 부싱의 위치 결정

해설 드릴의 길이와 종류가 아니라 지름을 결 정한다.

5. 드릴 지그에서 일반적으로 간단하게 많이 사용하는 부시이며, 부시의 고정을 억지 끼 워맞춤으로 압입하여 사용하는 부시는?

① 고정 부시
② 라이너 부시
③ 삽입 부시
④ 나사 부시

해설 고정 부시 : 일반적으로 많이 사용하는 부시로, 자주 교환할 필요가 없는 소량 생산 용 지그에 사용한다.

6. 일반 드릴 지그에서 칩의 길이가 긴 재료인 경우 가공품과 드릴 부시의 끝 사이의 칩 여유는 얼마로 해야 하는가?

① 드릴 지름의 0.5배 미만
② 드릴 지름의 0.5~1배
③ 드릴 지름의 1~1.5배
④ 5mm 이내

해설 드릴 지름보다 약간 큰 1~1.5배가 적당하다.

7. 드릴 작업용 부시가 공작물과 가까울수록 나타나는 현상으로 옳은 것은?

① 부시 마모가 잘 발생하지 않으나 가공 정밀도는 저하된다.
② 부시 마모가 잘 발생하지 않고 가공 정밀도도 향상된다.
③ 부시 마모가 잘 발생하고 가공 정밀도도 저하된다.
④ 부시 마모가 잘 발생하나 가공 정밀도는 향상된다.

해설 부시가 불필요하게 공작물과 가까이 있으면 칩 때문에 부시가 쉽게 마모가 되고, 너무 떨어져 있으면 정밀도가 저하된다.

8. 드릴 지그 설계 시 dowel pin(맞춤 핀)이 사용된다. 이 핀에 대한 설명 중 틀린 것은?

① dowel pin은 볼트의 보충 역할을 한다.
② dowel pin은 드릴 부시의 정확한 위치를 보증하기 위해 사용한다.

③ dowel pin의 위치는 필요한 곳에 2개를 설치할 수 있다.
④ dowel pin은 중간 끼워맞춤으로 적용할 수 있다.

해설 다웰 핀(맞춤 핀)
• 지그와 고정구의 부품들을 정확한 위치에 결합시키기 위해 사용한다.
• 제작 부품의 위치 결정을 위해 사용하는 등 광범위한 용도로 사용된다.

9. 드릴 가공 후 리머 가공을 위한 드릴 지그를 설계할 때의 설명으로 틀린 것은?

① 교환을 위해 회전형 삽입 부시를 안내 부시, 잠금 나사와 함께 사용한다.
② 가공 구멍의 깊이와 정밀도, 칩 배출량을 고려하여 지그 플레이트와 부시와의 간격을 결정한다.
③ 기준면은 누적을 피하기 위해 되도록 일괄적으로 사용한다.
④ 지그의 다리 밑에 칩이 끼어도 안정되게 작업할 수 있도록 지그 다리는 3개로 한다.

해설 3개의 다리는 다리 밑에 칩이 들어가도 항상 안정되어 있기 때문에 경사진 채로 작업될 우려가 있다. 따라서 지그의 다리는 4개로 해야 칩이 끼면 지그가 흔들리는 것을 바로 느껴 기울어진 것을 알 수 있다.

기계설계
산업기사

제**3**편

기계재료 및 측정

요소부품 재질 선정

1. 요소부품 재료 파악 및 선정

1-1 **철강재료**

1 기계재료의 개요

(1) 금속의 성질

① 상온에서 고체이며 결정체이다(단, Hg 제외).
② 비중이 크고 고유의 광택을 갖는다.
③ 가공이 용이하고 연성 및 전성이 좋다.
④ 열과 전기의 양도체이다.

(2) 경금속과 중금속

비중이 5 이하인 것을 경금속, 5 이상인 것을 중금속이라 한다.
① **경금속** : Al(알루미늄), Mg(마그네슘), Be(베릴륨), Ca(칼슘), Ti(타이타늄),
Li(리튬, 비중 0.53으로 금속 중 가장 가벼움)
② **중금속** : Fe(철, 비중 7.87), Cu(구리), Cr(크로뮴), Ni(니켈), Co(코발트),
Mo(몰리브데넘), Pb(납), Zn(아연), Ir (이리듐, 비중 22.5로 가장 무거움)

(3) 기계재료의 성질

① **물리적 성질** : 비중, 용융점, 비열, 선팽창계수, 열전도율, 전기전도율
② **기계적 성질** : 항복점, 연성, 전성, 인성, 인장 강도, 취성, 경도
③ **화학적 성질** : 내열성, 내식성, 부식성
④ **제작상 성질** : 주조성, 가단성, 용접성, 절삭성

2 금속의 결정과 합금의 조직

(1) 결정격자

물질을 구성하는 원자가 3차원 공간에서 금속 특유의 형태로 배열되어 있는 것을 결정격자라 한다.

금속의 결정격자와 성질

격자	기호	성질	원소
체심입방격자	BCC	• 전연성이 적다. • 융점이 높다. • 강도가 크다.	Fe, Cr, Mo, W, V
면심입방격자	FCC	• 많이 사용된다. • 전연성과 전기 전도도가 크다. • 가공이 우수하다.	Al, Ag, Au, Cu, Pb
조밀육방격자	HCP	• 전연성이 불량하다. • 접착성이 적다. • 가공성이 좋지 않다.	Mg, Zn, Ti, Be, Hg

(2) 금속의 변태

① **동소 변태** : 고체 내에서 원자 배열이 변하는 것
② **자기 변태** : 원자 배열은 변화가 없고 자성만 변하는 것

(3) 합금의 조직

① **특징**
　㈎ 색이 변하고 경도가 증가한다.
　㈏ 주조성이 좋아지고 용융점이 낮아진다.
　㈐ 성분을 이루는 금속보다 우수한 성질을 나타내는 경우가 많다.
② **상태도** : 합금 성분의 고체 및 액체 상태에서의 융합 상태는 여러 가지가 있으며 공정, 고용체, 금속간 화합물이 대표적이다.
③ **공정(eutectic)** : 두 개의 성분 금속이 용융 상태에서는 균일한 액체를 형성하지만 응고 후에는 각각 결정으로 분리되어 기계적으로 혼합된 것이다.
④ **고용체(solid solution)** : 성분 금속이 완전히 융합되어 기계적 방법으로는 분리할 수 없는 상태로 존재하는 것이다.

    ㈎ 침입형 고용체 : $Fe-C$

    ㈏ 치환형 고용체 : $Ag-Cu$, $Cu-Zn$

    ㈐ 규칙격자형 고용체 : Ni_3-Fe, Cu_3-Au, Fe_3-Al

3 철과 강

(1) 제철법

① **선철** : 철강의 원료인 철광석을 용광로(고로)에서 철분만 분리시킨 것이다.

② **선철의 탄소량** : 2.5~4.5% C

(2) 각종 노(爐)의 용량

① **용광로** : 1일 산출되는 선철의 무게를 톤(ton)으로 나타낸다.

② **용선로(용해로)** : 1시간당 용해량을 톤으로 나타낸다.

③ **전로, 평로, 전기로** : 1회에 용해·산출되는 무게를 kgf 또는 톤으로 나타낸다.

④ **도가니로** : 1회에 용해되는 구리의 무게를 번호로 나타낸다.

(3) 강괴

① **림드(rimmed)강** : 평로, 전로에서 제조된 것을 $Fe-Mn$으로 불완전 탈산시킨 강

② **킬드(killed)강**

    ㈎ 평로, 전기로에서 제조된 용강을 $Fe-Mn$, $Fe-Si$, Al 등으로 완전 탈산시킨 강

    ㈏ 헤어 크랙(hair crack) : H_2 가스에 의해 머리카락 모양으로 미세하게 갈라진 균열

③ **세미 킬드(semi-killed)강**

    ㈎ Al으로 림드강과 킬드강의 중간으로 탈산시킨 강

    ㈏ 림드와 킬드의 중간 정도의 성질을 가지므로 용접 구조물에 많이 사용되며, 기포나 편석이 없다.

> **참고**
>
> • 제강법은 강을 만드는 방법을 말하며, 선철의 단점(메짐과 불순물 혼입, 과잉 탄소 함유)을 탈산과 불순물 제거를 통해 강을 만든다.

4 철강재료의 분류

(1) 철강재료의 분류 방법

철강재료는 탄소 함유량에 따라 크게 순철, 탄소강, 주철로 구분한다.

① **순철** : 0.0218% C 이하(상온에서는 0.008% C 이하)

② **탄소강** : 0.0218~2.11% C

　㈎ **아공석강** : 0.0218~0.85% C

　㈏ **공석강** : 0.85% C

　㈐ **과공석강** : 0.85~2.11% C

③ **주철** : 2.11~6.68% C

　㈎ **아공정주철** : 2.11~4.3% C

　㈏ **공정주철** : 4.3% C

　㈐ **과공정주철** : 4.3~6.68% C

(2) 순철의 변태

① 순철은 변태에 따라 α철, γ철, δ철의 3개 동소체가 있다.

② α철은 910℃ 이하에서 체심입방격자(BCC), γ철은 910~1400℃ 사이에서 면심입방격자(FCC)로 존재하며, 1400℃ 이상에서는 δ철이 체심입방격자(BCC)로 존재한다.

③ **A₄ 변태(동소 변태)**　　$\gamma-Fe(FCC)$　$\rightleftharpoons$　$\delta-Fe(BCC)$

④ **A₃ 변태(동소 변태)**　　$\alpha-Fe(BCC)$　$\rightleftharpoons$　$\gamma-Fe(FCC)$

⑤ **A₂ 변태(자기 변태)**　　$\alpha-Fe$ 강자성체　$\rightleftharpoons$　$\alpha-Fe$ 상자성체

예 | 상 | 문 | 제

1. 금속의 냉각 속도가 빠르면 조직은 어떻게 되는가?

① 조직이 치밀해진다.
② 조직이 거칠어진다.
③ 불순물이 적어진다.
④ 냉각 속도와 조직은 아무 관계가 없다.

해설 금속의 냉각 속도가 빠르면 조직이 치밀해지고 느리면 조직이 조대화된다.

2. 철에 탄소가 고용되어 α철로 될 때 고용체의 형태는?

① 침입형 고용체
② 치환형 고용체
③ 고정형 고용체
④ 편석 고용체

해설 고용체의 결정격자
• 침입형 고용체 : Fe−C
• 치환형 고용체 : Ag−Cu, Cu−Zn
• 규칙격자형 고용체 : Ni_3−Fe, Cu_3−Au, Fe_3−Al

3. 철의 동소체로 A_3 변태와 A_4 변태 사이에 있는 철의 조직은?

① α−Fe   ② β−Fe
③ γ−Fe   ④ δ−Fe

해설 철의 동소체로서 A_3 변태와 A_4 변태 사이에 있는 철의 조직은 γ−Fe(오스테나이트 조직)이다.

4. 친화력이 큰 성분 금속이 화학적으로 결합하여 다른 성질을 가지는 독립된 화합물로 만든 것을 무엇이라 하는가?

① 금속간 화합물
② 고용체
③ 공정 합금
④ 동소 변태

해설 금속간 화합물
• 금속이 화학적으로 결합하여 처음과 전혀 다른 성질을 가지는 독립된 화합물이다.
• 금속적 성질이 적고 비금속 성질에 가까운 것이 많다.

5. α−Fe, γ−Fe과 같은 상(相)이 온도 그 밖의 외적 조건에 의해 결정격자형이 변하는 것을 무엇이라 하는가?

① 열 변태
② 자기 변태
③ 동소 변태
④ 무확산 변태

해설 동소 변태 : 고체 내에서 원자 배열이 변하는 것을 말한다.

6. 입방체의 각 모서리에 한 개씩의 원자와 입방체의 중심에 한 개의 원자가 존재하는 매우 간단한 결정격자로 Cr, Mo 등이 속하는 결정격자는?

① 면심입방격자
② 체심입방격자
③ 조밀육방격자
④ 자기입방격자

해설 • 면심입방격자(FCC) : Au, Ag, Cu, Ni
• 체심입방격자(BCC) : Cr, Mo, W, V
• 조밀육방격자(HCP) : Zn, Mg, Co, Be

정답 1. ①   2. ①   3. ③   4. ①   5. ③   6. ②

7. 용광로의 용량으로 옳은 것은?

① 1회 선철의 총생산량
② 10시간 선철의 총생산량
③ 1일 선철의 총생산량
④ 1개월 선철의 총생산량

해설 용광로의 용량은 1일 산출 선철의 무게를 톤(ton)으로 표시한다.

8. 다음 중 선팽창계수가 큰 순서로 올바르게 나열된 것은?

① 알루미늄 > 구리 > 철 > 크로뮴
② 철 > 크로뮴 > 구리 > 알루미늄
③ 크로뮴 > 알루미늄 > 철 > 구리
④ 구리 > 철 > 알루미늄 > 크로뮴

해설 선팽창계수의 크기
마그네슘 > 알루미늄 > 구리 > 철 > 크로뮴

9. 다음 순금속 중 열전도율이 가장 높은 것은? (단, 20℃에서의 열전도율이다.)

① Ag
② Au
③ Mg
④ Zn

해설 열전도율의 순서
$Ag > Cu > Au > Pt > Al > Mg > Zn > Ni > Fe$

10. 한 변의 길이가 150~300mm로 분괴 압연된 각형 대강편은?

① bloom
② board
③ billet
④ slab

해설 • bloom : 금속 주괴를 분괴하여 얻어지는 대형 금속편(대강편)
• billet : 변의 길이가 120mm 이하인 단면으로 되어 있는 강편(소강편)
• slab : 두꺼운 강편을 만들기 위한 반제품의 강재로, 두께의 2배 폭을 갖는 주괴와 평판의 중간 상태에 있는 강재

11. 금속간 화합물에 관하여 설명한 것 중 틀린 것은?

① 경하고 취약하다.
② Fe_3C는 금속간 화합물이다.
③ 일반적으로 복잡한 결정 구조를 갖는다.
④ 전기 저항이 작고 금속적 성질이 강하다.

해설 금속간 화합물은 전기 저항이 크지만 열이나 전기전도율과 같은 금속적 성질이 적고 비금속 성질에 가까운 것이 많다.

12. 다음 원소 중 중금속이 아닌 것은?

① Fe
② Ni
③ Mg
④ Cr

해설 Fe의 비중은 7.87, Cr은 7.1, Mg은 1.74이며, 중금속과 경금속을 구분하는 비중의 경계는 5.0이다.

13. 금속의 이온화 경향이 큰 금속부터 나열한 것은?

① Al > Mg > Na > K > Ca
② Al > K > Ca > Mg > Na
③ K > Ca > Na > Mg > Al
④ K > Na > Al > Mg > Ca

해설 금속의 이온화 경향
$K > Ca > Na > Mg > Al > Zn > Fe > Co > Pb >$
$(H) > Cu > Hg > Ag > Au$

14. 상온에서 순철(α철)의 격자 구조는?

① FCC
② CPH
③ BCC
④ HCP

해설 910℃ 이하의 BCC(체심입방격자) 구조의 순철을 α철, 910~1400℃의 FCC 구조를 γ철, 1400~1540℃의 BCC 구조를 δ철이라 한다.

정답 **7.** ③ **8.** ① **9.** ① **10.** ① **11.** ④ **12.** ③ **13.** ③ **14.** ③

15. 금속의 일반적인 특성이 아닌 것은?

① 연성 및 전성이 좋다.
② 열과 전기의 부도체이다.
③ 금속적 광택을 가지고 있다.
④ 고체 상태에서 결정 구조를 갖는다.

해설 금속은 열과 전기의 양도체이며, 상온에서 고체이고 결정체이다(단, Hg 제외).

16. 금속의 결정 구조 중 체심입방격자(BCC)인 것은?

① Ni   ② Cu
③ Al   ④ Mo

해설 체심입방격자의 특징

기호	성질	원소
BCC	• 전연성이 적다. • 융점이 높다. • 강도가 크다.	$Fe(\alpha-Fe, \delta-Fe)$ • Cr, W, Mo, V • Li, Na, Ta, K

17. 탄소 함유량이 약 0.85~2.0% C에 해당하는 강은?

① 공석강
② 아공석강
③ 과공석강
④ 공정주철

해설 • 탄소강 : 0.0218~2.11% C
• 아공석강 : 0.0218~0.85% C
• 공석강 : 0.85% C
• 과공석강 : 0.85~2.11% C

18. 다음 금속 재료 중 용융점이 가장 높은 것은?

① W   ② Pb
③ Bi   ④ Sn

해설 용융점 : 고체에서 액체로 변화하는 온도점으로, 금속 중에서는 텅스텐이 3410℃로 가장 높고 수은이 −38.8℃로 가장 낮다. 순철의 용융점은 1530℃이다.

19. 다음 중 강자성체 금속에 해당되지 않는 것은?

① Fe   ② Ni
③ Sb   ④ Co

해설 강자성체 : 자화 강도가 큰 물질로 철, 코발트, 니켈 등이 있다.

20. Fe−Mn, Fe−Si로 탈산시켜 상부에 작은 수축관과 소수의 기포만이 존재하며, 탄소 함유량이 0.15~0.3% 정도인 강은?

① 킬드강
② 캡드강
③ 림드강
④ 세미 킬드강

해설 세미 킬드강 : Al으로 림드강과 킬드강의 중간 정도로 탈산시킨 강(림드강과 킬드강의 중간 정도의 성질을 가지므로 용접 구조물에 많이 사용되며, 기포나 편석이 없다.)

21. 순철의 변태에서 α−Fe이 γ−Fe로 변화하는 변태는?

① A_1 변태   ② A_2 변태
③ A_3 변태   ④ A_4 변태

해설 순철은 변태에 따라 α철, γ철, δ철의 동소체가 있다.
• A_4 변태(동소 변태) : $\gamma-Fe \rightleftharpoons \delta-Fe$
• A_3 변태(동소 변태) : $\alpha-Fe \rightleftharpoons \gamma-Fe$
• A_2 변태(자기 변태) : $\alpha-Fe \rightleftharpoons \alpha-Fe$

22. 냉간 가공과 열간 가공을 구별할 수 있는 온도를 무슨 온도라고 하는가?

① 포정 온도

② 공석 온도

③ 공정 온도

④ 재결정 온도

해설 냉간 가공으로 소성 변형된 금속을 적당한 온도로 가열하면 가공으로 인해 일그러진 결정 속에 새로운 결정이 생겨나고, 이것이 확대되어 가공물 전체가 변형이 없는 본래의 결정으로 치환되는데, 이 과정을 재결정이라 한다. 재결정을 시작하는 온도가 재결정 온도이다.

23. 순철에서 나타나는 변태가 아닌 것은?

① A_1 ② A_2

③ A_3 ④ A_4

해설 • A_1 변태(723℃) : 강철의 공석 변태

• A_2 변태(768℃) : 순철의 자기 변태

• A_3 변태(910℃) : 순철의 동소 변태

• A_4 변태(1400℃) : 순철의 동소 변태

24. 노 내에서 Fe-Si, Al 등의 강력한 탈산제를 첨가하여 완전히 탈산시킨 강은?

① 킬드강(killed steel)

② 림드강(rimmed steel)

③ 세미 킬드강(semi-killed steel)

④ 세미 림드강(semi-rimmed steel)

해설 • 킬드강 : 평로, 전기로에서 제조된 용강을 Fe-Mn, Fe-Si, Al 등으로 완전 탈산시킨 강

• 림드강 : 평로, 전로에서 제조된 것을 Fe-Mn으로 불완전 탈산시킨 강

• 세미 킬드강 : Al으로 림드강과 킬드강의 중간으로 탈산시킨 강

1-2 탄소강

1 강의 표준 조직

① 페라이트
- (가) 강의 현미경 조직에 나타나는 것으로, α철이 녹아 있는 가장 순철에 가까운 조직이다.
- (나) 극히 연하고 상온에서 강자성체인 체심입방격자 조직이다.

② 펄라이트
- (가) 726℃에서 오스테나이트가 페라이트와 시멘타이트 층상의 공석정으로 변태한 것으로, 탄소 함유량은 0.85%이다.
- (나) 강도나 경도가 페라이트보다 크고 자성이 있다.

③ 시멘타이트
- (가) 고온의 강 중에서 생성하는 탄화철(Fe_3C)이다.
- (나) 경도가 높고 취성이 많으며 상온에서 강자성체이다.

2 탄소강에 함유된 5대 원소

① 탄소(C) : 강도·경도 증가, 연성 감소

② 망간(Mn)
- (가) 강도·경도·인성·점성 증가, 연성 감소, 담금질성(0.2~0.8%) 향상
- (나) 황의 해를 제거하며 고온 가공으로 용해한다.

③ 규소(Si)
- (가) 강도·경도·주조성 증가, 유동성 향상, 연성·충격값(0.1~0.4%) 감소
- (나) 단접성 및 냉간 가공성을 저하시킨다.

④ 황(S)
- (가) 강도·경도·인성·절삭성 증가, 변형률·충격값·용접성(0.06% 이하) 저하
- (나) 적열 메짐이 있으므로 고온 가공성을 저하시킨다.

⑤ 인(P)
- (가) 강도·경도 증가, 연신율 감소, 편석 발생(0.06% 이하)
- (나) 결정립을 거칠게 하며 냉간 가공을 저하시키고 상온 취성의 원인이 된다.

○ 참고 ○
- H_2 : 헤어 크랙(백점) 발생
- Cu : 부식 저항 증가, 압연 시 균열 발생

3 탄소강의 종류와 용도

① **저탄소강**(0.3% C 이하) : 가공성 위주, 단접 양호, 열처리 불량

② **고탄소강**(0.3% C 이상) : 경도 위주, 단접 불량, 열처리 양호

③ **기계 구조용 탄소 강재**(SM) : 저탄소강(0.08~0.23% C), 구조물, 일반 기계 부품

④ **탄소 공구강**(탄소 : STC, 합금 : STS, 스프링강 : SPS) : 고탄소강(0.6~1.5% C)

⑤ **쾌삭강** : 강에 S, Zr, Pb, Ce을 첨가하여 절삭성을 향상시킨 강

⑥ **침탄강**(표면 경화강) : 표면에 C를 침투시켜 강인성과 내마멸성을 증가시킨 강

4 Fe-C계 상태도

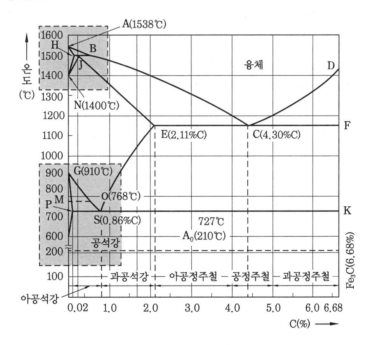

여기서, J : 포정점(0.16%C, 1492℃)   N : 순철의 A_4 동소 변태점(1400℃)

C : 공정점(4.3%C, 1145℃)   G : 순철의 A_3 동소 변태점(910℃)

M-O : 순철과 탄소강의 A_2 자기 변태선(768℃)

P-S-K : 탄소강의 A_1 변태선(727℃)

S : 공석점(0.86%C, 727℃) A_0 : 시멘타이트의 자기 변태선(210℃)

G-O-S : A_3 변태선

5 탄소강의 성질

탄소강은 함유 원소, 가공, 열처리 상태에 따라 다르나 표준 상태에서는 주로 탄소 함유량에 따라 결정된다.

① **물리적 성질** : 비중, 선팽창률, 온도계수, 열전도도는 감소하나 비열, 전기 저항, 항자력은 증가한다.

② **기계적 성질** : 표준 상태에서 탄소가 많을수록 인장 강도, 경도가 증가하다가 공석 조직에서 최대가 되지만 연신율, 충격값은 감소한다.

   ⑺ 과공석강이 되면 망상의 초석 시멘타이트가 생기므로 경도가 증가하고 인장 강도는 감소한다.

   ⑴ 청열 메짐 : 강이 200~300℃로 가열되면 경도, 강도는 최대가 되고 연신율, 단면 수축은 줄어들어 메지게 되는 것으로, 이때 표면에 청색의 산화 피막이 생성된다.

   ⑶ 적열 메짐 : 황이 많은 강으로 고온(900℃ 이상)에서 메짐이 나타난다.

   ⑷ 저온 메짐 : 상온 이하로 내려갈수록 인장 강도, 경도는 증가하나 연신율은 감소하여 차차 여리고 약해진다. −70℃에서는 연강에서도 취성이 나타나며, 이런 현상을 저온 메짐 또는 저온 취성이라 한다.

예|상|문|제

1. 탄소강이 공석 변태할 때 펄라이트 조직량이 최대가 되는 탄소 함량(%)은?

① 0.2　　　② 0.5
③ 0.8　　　④ 1.2

[해설] 탄소강의 공석 변태에서 탄소 함유량이 0.8%일 때 펄라이트 조직량이 최대이다.

2. $\alpha-Fe$이 723℃에서 탄소를 고용하는 최대 한도는 몇 %인가?

① 0.025　　② 0.1
③ 0.85　　　④ 4.3

[해설] $\alpha-Fe$이 723℃에서 탄소를 고용하는 최대 한도는 0.025%로, 철-탄소 평형 상태도에서 확인할 수 있다.

3. 탄소강의 상태도에서 공정점에서 발생하는 조직은?

① Pearlite, Cementite
② Cementite, Austenite
③ Ferrite, Cementite
④ Austenite, Pearlite

[해설] 공정점 1145℃에서 시멘타이트, 오스테나이트가 발생하며 탄소 함유량은 4.3%이다.

4. 탄소강에서 적열 메짐을 방지하고, 주조성과 담금질 효과를 향상시키기 위해 첨가하는 원소는?

① 황(S)　　　② 인(P)
③ 규소(Si)　　④ 망간(Mn)

[해설] Mn의 특징
• 강 중에 0.2~0.8% 정도가 함유되어 있으며, 일부는 용해되고 나머지는 S와 결합하여 황화망간(MnS), 황화철(FeS)로 존재한다.
• 탈산제 역할을 하며, 연신율을 감소시키지 않고 강도, 경도, 강인성을 증대시켜 기계적 성질이 좋아지게 한다.

5. 철-탄소(Fe-C) 평형 상태도에 대한 설명으로 틀린 것은?

① 강의 A_2 변태점은 약 768℃이다.
② 탄소량이 0.8% 이하인 경우를 아공석강이라 한다.
③ 탄소량이 0.8% 이상인 경우 시멘타이트 양이 적어진다.
④ α-고용체와 시멘타이트의 혼합물을 펄라이트라고 한다.

[해설] 탄소량이 0.8% 이상인 경우 시멘타이트 양이 많아진다.

6. 다음 중 원소가 강재에 미치는 영향으로 틀린 것은?

① S : 절삭성을 향상시킨다.
② Mn : 황의 해를 막는다.
③ H_2 : 유동성을 좋게 한다.
④ P : 결정립을 조대화시킨다.

[해설] • 산소(O_2)는 적열 메짐의 원인이 되며, 질소(N_2)는 경도와 강도를 증가시킨다.
• 수소(H_2)는 유동성을 해치거나 헤어 크랙의 원인이 된다.

7. 다음 재료 중 기계 구조용 탄소 강재를 나타낸 것은?

① STS4　　　② STC4
③ SM45C　　④ STD11

해설 SM45C는 기계 구조용 탄소 강재로, 탄소 함유량이 0.45%임을 의미한다.

8. 일반적으로 탄소강에서 탄소량이 증가할수록 증가하는 성질은?

① 비중
② 열팽창계수
③ 전기 저항
④ 열전도도

해설 탄소 함유량을 증가시키면 비중, 선팽창률, 온도계수, 열전도도는 감소하고 비열, 전기 저항, 항자력은 증가한다.

9. Fe-C 평형 상태도에서 나타나지 않는 반응은?

① 공정 반응
② 편정 반응
③ 포정 반응
④ 공석 반응

해설 Fe-C계 상태도에서 3개소의 반응 포정-공정-공석이 나타나는데, 탄소 함유량에 따라 포정점(0.51%), 공정점(4.3%), 공석점(0.85%)이 나타난다.

10. 펄라이트의 구성 조직으로 옳은 것은?

① $\alpha-Fe+Fe_3S$
② $\alpha-Fe+Fe_3C$
③ $\alpha-Fe+Fe_3P$
④ $\alpha-Fe+Fe_3Na$

해설 펄라이트는 α고용체와 Fe_3C의 혼합물이다.

11. 쾌삭강에서 피삭성을 좋게 만들기 위해 첨가하는 원소로 가장 적합한 것은?

① Mn
② Si
③ C
④ S

해설 쾌삭강은 강에 S, Zr, Pb, Ce을 첨가하여 절삭성을 향상시킨 강이다.

12. 다음 조직 중 2상 혼합물은?

① 펄라이트
② 시멘타이트
③ 페라이트
④ 오스테나이트

해설 펄라이트는 단상 조직이 아니라 페라이트와 시멘타이트의 2상 혼합 조직이다.

13. 탄소강에서 공석강의 현미경 조직은?

① 초석 페라이트와 레데부라이트
② 초석 시멘타이트와 레데부라이트
③ 레데부라이트와 주철의 혼합 조직
④ 페라이트와 시멘타이트의 혼합 조직

해설 • 공석강＝페라이트＋시멘타이트
• 아공석강＝페라이트＋펄라이트
• 과공석강＝펄라이트＋시멘타이트

14. 철강 소재에서 일어나는 다음 반응은?

$$\gamma \text{고용체} \longrightarrow \alpha \text{고용체} + Fe_3C$$

① 공석 반응
② 포석 반응
③ 공정 반응
④ 포정 반응

해설 Fe-C계 상태도에서의 반응

공석 반응	하나의 고상이 두 개의 고상으로 되는 현상
공정 반응	액체 상태의 두 종류의 결정이 동시에 생기는 반응
포정 반응	하나의 고용체가 다른 고용체를 둘러싸면서 일어나는 반응

15. 0.8% C 이하의 아공석강에서 탄소 함유량 증가에 따라 감소하는 기계적 성질은?

① 경도
② 항복점
③ 인장 강도
④ 연신율

해설 탄소 함유량을 증가시키면 인장 강도, 항복점, 경도는 증가하고 연신율, 충격값은 감소한다.

1 주철

(1) 주철

① 주철은 탄소 함유량이 1.7~6.68%(보통 2.5~4.5% 함유)이며 Fe, C 이외에 Si, Mn, P, S 등의 원소를 포함한다.

② 바탕 조직(펄라이트, 페라이트)과 흑연으로 구성되어 있다.

③ 일반적으로 주철 중 탄소는 흑연 상태로 존재한다(Fe_3C는 1000℃ 이하에서 불안정하다).

주철의 장단점

장 점	단 점
• 마찰 저항이 좋고 압축 강도가 크다. • 절삭성이 우수하고 주조성이 양호하다. • 용융점이 낮고 유동성이 좋다.	• 충격값이 작다. • 인장 강도가 작다. • 소성 가공이 안 된다.

(2) 주철의 조직

① **주철 중 탄소의 형상**

㈎ 유리 탄소(흑연) : Si가 많고 냉각 속도가 느릴 때 – 회주철

㈏ 화합 탄소(Fe_3C) : Mn이 많고 냉각 속도가 빠를 때 – 백주철

② **흑연화** : Fe_3C가 안정한 상태인 3Fe와 C로 분리되는 것

③ **흑연의 영향** : 용융점을 낮게 하며 강도가 작아진다.

④ **마우러 조직도** : 주철 중 C, Si의 양, 냉각 속도에 따른 조직의 변화를 나타낸 것

⑤ **스테다이트** : $Fe-Fe_3C-Fe_3P$의 3원 공정 조직(주철 중 P에 의한 공정 조직)

(3) 주철의 분류

① **보통 주철**(회주철 : GC 1~3종)

㈎ 경도가 높고 압축 강도가 크다.

㈏ 주물 및 일반 기계 부품(주조성이 좋고 값이 저렴하다)으로 사용한다.

② **고급 주철** : 인장 강도가 250MPa 이상으로 (펄라이트+흑연) 조직이다.

③ **칠드 주철** : Si가 적은 용선에 Mn을 첨가하여 용융 상태에서 금형에 주입해 접촉면을 백주철로 만든 것이다.

④ **가단주철**

(개) 백주철을 풀림 처리하여 탈탄 또는 흑연화에 의해 가단성을 주어 강인성을 부여한 주철이다.

(내) 가단주철의 탈탄제로 철광석, 밀 스케일, 헤어 스케일 등의 산화철을 사용한다.

(대) 가단주철의 종류

- 백심 가단주철 : 탈탄이 주목적, 산화철을 가하여 950℃에서 70~100시간 가열
- 흑심 가단주철 : Fe_3C의 흑연화가 목적
- 고력(펄라이트) 가단주철 : 흑심 가단주철의 2단계를 생략한 것

⑤ **구상흑연주철** : 용융 상태에서 Mg, Ce, Mg-Cu 등을 첨가하여 흑연을 편상 → 구상으로 석출시킨 주철이다.

⑥ **미하나이트 주철** : 흑연의 형상을 미세하고 균일하게 하기 위해 Si, Ca-Si 분말을 첨가하여 흑연의 핵 형성을 촉진시킨 주철이다.

2 주강

① **종류**

(개) 0.20% C 이하인 저탄소 주조강

(내) 0.20~0.50% C의 중탄소강

(대) 0.5% C 이상의 고탄소 주강

② **특징**

(개) 대량 생산에 적합하지만 주철에 비해 용융점이 낮아 주조하기 힘들다.

(내) 단조강보다 가공 공정을 감소시킬 수 있으며 균일한 재질을 얻을 수 있다.

예 | 상 | 문 | 제

1. 주철의 결점을 없애기 위해 흑연의 형상을 미세화, 균일화하여 연성과 인성의 강도를 크게 하고, 강인한 펄라이트 주철을 제조한 고급 주철은?

① 가단주철
② 칠드 주철
③ 미하나이트 주철
④ 구상흑연주철

해설 • 가단주철 : 백주철을 풀림 처리하여 탈탄 또는 흑연화에 의해 가단성을 주어 강인성을 부여한 주철이다.
• 칠드 주철 : 용융 상태에서 Mg을 첨가하여 금형에 주입해 주물 표면을 급랭시킴으로써 백선화하고 경도를 증가시킨 내마모성 주철이다.
• 구상흑연주철 : 용융 상태에서 Mg, Ce, Mg −Cu 등을 첨가하여 흑연을 편상 → 구상으로 석출시킨 주철이다.

2. 다음 중 주철에 대한 설명으로 틀린 것은?

① 주철은 액체일 때 유동성이 좋다.
② 공정 주철의 탄소 함량은 약 4.3%이다.
③ 비중은 C와 Si 등이 많을수록 작아진다.
④ 용융점은 C와 Si 등이 많을수록 높아진다.

해설 C가 많아지면 용융점은 낮아지고 주조성이 좋아진다.

3. 백주철을 고온에서 열처리하여 탈탄 또는 흑연화하는 방법으로 제조된 것은?

① 회주철
② 반주철
③ 칠드 주철
④ 가단주철

해설 가단주철 : 주철의 취약성을 개량하기 위해 백주철을 고온에서 장시간 열처리하여 시멘타이트 조직을 분해하거나 소실시켜 인성 및 연성을 부여한 주철이다.

4. 주철에서 탄소강과 같이 강인성이 우수한 조직을 만들 수 있는 흑연 모양은?

① 편상 흑연
② 괴상 흑연
③ 구상 흑연
④ 공정상 흑연

해설 구상흑연주철
• 용융 상태에서 Mg, Ce, Mg−Cu 등을 첨가하여 흑연을 편상 → 구상으로 석출시켜 만든 주철이다.
• 강도, 내열성, 내식성이 우수하다.

5. 주조 시 주형에 냉금을 삽입하여 주물 표면을 급랭시킴으로써 백선화하고, 경도를 증가시킨 내마모성 주철은?

① 구상흑연주철
② 가단(malleable)주철
③ 칠드(chilled) 주철
④ 미하나이트(meehanite) 주철

해설 칠드 주철
• 용융된 강의 주형에 삽입될 때 주형과 닿는 표면을 급랭시켜 경도를 증가시킨 주철이다.
• 표면은 경하고 내부 조직은 펄라이트와 흑연인 회주철로 만들어 전체적으로 인성을 확보한 주철이다.

6. 주철의 접종(inoculation) 및 그 효과에 대한 설명으로 틀린 것은?

정답 1. ③ 2. ④ 3. ④ 4. ③ 5. ③ 6. ④

① Ca-Si 등을 첨가하여 접종을 한다.

② 핵 생성을 용이하게 한다.

③ 흑연의 형상을 개량한다.

④ 칠드화를 증가시킨다.

해설 접종의 효과

• 기계적 강도 개선

• 재료 조직의 개선(조직의 균일)

• 질량효과 개선

7. 진동 에너지를 흡수하는 능력이 우수하여 공작기계의 베드 등에 가장 적합한 재료는?

① 회주철

② 저탄소강

③ 고속도 공구강

④ 18-8 스테인리스강

해설 주철은 기계 부품, 수도관, 가정용품, 농기구, 공작기계의 베드, 기계 구조물의 몸체 등에 사용한다.

8. 합금 효과가 없더라도 결정의 핵 형성을 촉진시키는 레이들 첨가법이며, 주철에서는 칠드화 방지, 흑연 형상의 개량, 기계적 성질 향상 등을 목적으로 하는 것은?

① 접종

② 구상화

③ 상률

④ 금속의 이온화

해설 접종

• 흑연을 미세화시키기 위해 규소 등을 첨가하여 흑연의 씨를 얻는 조작이다.

• 칠드화 방지, 흑연 형상의 개량, 기계적 성질 향상, 백선화 억제 등을 목적으로 한다.

9. 마우러의 조직도를 바르게 설명한 것은 어느 것인가?

① C와 Si량에 따른 주철의 조직 관계를 표시한 것

② 탄소와 Fe_3C량에 따른 주철의 조직 관계를 표시한 것

③ 탄소와 흑연량에 따른 주철의 조직 관계를 표시한 것

④ Si와 Mn량에 따른 주철의 조직 관계를 표시한 것

해설 마우러 조직도 : 주철 중의 C, Si의 양, 냉각 속도에 따른 조직의 변화를 나타낸 것이다.

1-4	합금강

1 합금강

① 합금강은 탄소강에 다른 원소를 첨가하여 강의 기계적 성질을 개선한 것이다.

② 전자기적 성질을 변화시킨다.

③ 단접성, 용접성이 좋아지고 내식성, 내마모성을 향상시킨다.

④ 기계적, 물리적, 화학적 성질을 향상시킨다.

⑤ 담금질성을 향상시키고 결정 입자의 크기를 조절한다.

⑥ 특수한 성질을 부여하기 위해 사용하는 특수 원소에는 Ni, Si, Mn, Cr, W, Mo, Co, V, Al 등이 있다.

㈎ Ni : 강인성, 내식성, 내마멸성 증가

㈏ Si : 내열성 증가, 전자기적 특성

㈐ Mn : Ni과 비슷, 내마멸성 증가, S의 메짐 방지

㈑ Cr : 탄화물 생성(경화 능력 향상), 내식성, 내마멸성 증가

㈒ W : Cr과 비슷, 고온 강도, 경도 증가

㈓ Mo : W 효과의 2배, 뜨임 메짐 방지, 담금질 깊이 증가

㈔ V : Mo과 비슷, 경화성은 더욱 커지나 단독으로 사용 안 됨

용도별 합금강의 분류

분류	종류
구조용 합금강	강인강, 표면 경화강(침탄강, 질화강), 스프링강, 쾌삭강
공구용 합금강(공구강)	합금 공구강, 고속도강, 다이스 강, 비철 합금 공구 재료
특수 용도 합금강	내식용 합금강, 내열용 합금강, 자성용 합금강, 전기용 합금강, 베어링 강, 불변강

2 구조용 합금강

(1) 강인강

① **Ni강(1.5~5% Ni 첨가)** : 표준 상태에서 펄라이트 조직이며 자경성, 강인성이 목적이다.

② **Cr강(1~2% Cr 첨가)** : 상온에서 펄라이트 조직이며 자경성, 내마모성이 목적이다.

③ **Ni-Cr강(SNC)** : 가장 널리 쓰이는 구조용 강으로, Ni강에 1% 이하의 Cr을 첨가하여 경도를 보충한 강이다.

④ **Ni-Cr-Mo강(SNCM)** : SNC에 0.15~0.3% Mo을 첨가하여 내열성, 담금질성을 증가시킨 것으로, 가장 우수한 구조용 강이다.

⑤ **Mn-Cr강** : Ni-Cr강의 Ni 대신 Mn을 넣은 강이다.

⑥ **Cr-Mn-Si** : 차축에 사용하며 값이 저렴하다.

⑦ **Mn강** : 내마멸성, 경도가 커서 광산 기계, 레일 교차점, 불도저 앞판에 사용하며, 1000~1100℃에서 유랭 또는 수랭하여 완전 오스테나이트 조직으로 만든다.

    ㈎ 저Mn강(1~2% Mn) : 펄라이트 Mn강, 듀콜강

    ㈏ 고Mn강(10~14% Mn) : 오스테나이트 Mn강, 하드필드강, 수인강

(2) 표면 경화강

① **침탄용 강** : Ni, Cr, Mo 함유 강

② **질화용 강** : Al, Cr, Mo 함유 강

(3) 스프링강(SPS)

탄성 한계나 항복점이 높은 Si-Mn강이 사용되며 정밀품이나 고급품에는 Cr-V강이 사용된다.

3 공구용 합금강

(1) 합금 공구강(STS)

탄소 공구강의 결점인 담금질 효과와 고온 경도를 개선하기 위해 Cr, W, Mo, V를 첨가한 강이다.

(2) 고속도강(SKH)

① 절삭용 공구 재료로 하이스(HSS)라 하며, 표준형 고속도강은 18W-4Cr-1V이고 탄소량은 0.8%이다.

② 600℃까지 경도가 유지되므로 고속 절삭이 가능하다.

③ 종류

    ㈎ W 고속도강(표준형)

    ㈏ Co 고속도강 : 3~20% Co 첨가로 경도와 점성 증가, 중절삭용

    ㈐ Mo 고속도강 : 5~8% Mo 첨가로 담금질성 향상, 뜨임 메짐 방지

④ **열처리**

(가) 예열(800~900℃) : W의 열전도율이 나쁘기 때문

(나) 급가열(1250~1300℃ 염욕) : 담금질 온도를 2분간 유지

(다) 냉각(유랭) : 300℃에서부터 공기 중에서 서랭(균열 방지)-1차 마텐자이트

(라) 뜨임(550~580℃로 가열) : 20~30분 유지 후 공랭, 300℃에서 더욱 서랭-2차 마텐자이트

(3) 주조 경질 합금

① Co-Cr-W(Mo)을 금형에 주조 연마한 합금이다.

② 대표적인 주조 경질 합금인 스텔라이트는 Co-Cr-W의 합금으로, Co가 주성분이다(40%).

③ **특징**

(가) 열처리가 불필요하다.

(나) 절삭 속도가 고속도강(SKH)의 2배이다.

(다) 800℃까지 경도를 유지한다.

(라) SKH보다 인성이나 내구력이 작다.

④ **용도** : 강철, 주철, 스테인리스강의 절삭용

(4) 초경합금

① **초경합금** : 금속 탄화물을 프레스로 성형·소결시킨 합금으로 분말 야금 합금, 절삭용으로 사용한다.

② **금속 탄화물의 종류** : WC, TiC, TaC(결합제 : Co 분말)

③ **제조 방법** : 분말을 금형에서 성형한 후 800~1000℃로 예비 소결하고, H_2 분위기에서 1400~1500℃로 소결한다.

④ **특징** : 열처리가 불필요하며 고온 경도가 가장 우수하다.

⑤ **종류** : S종(강절삭용), D종(다이스), G종(주철용)

(5) 세라믹 공구

① **제조 방법** : 산화물 Al_2O_3을 1600℃ 이상에서 소결 성형시킨다.

② **특징** : 고온 경도, 내열성, 내마모성이 크다. 비자성, 비전도체이며 충격에 약하다.

③ **용도** : 고온 절삭, 고속 정밀 가공용, 강자성 재료의 가공용

4 특수 용도용 합금강

(1) 스테인리스강

① **스테인리스강** : 강에 Cr, Ni 등을 첨가하여 내식성을 갖게 한 강이다.

② **13Cr 스테인리스** : 페라이트계 스테인리스강이며, 담금질로 마텐자이트 조직을 얻는다.

③ **18Cr-8Ni 스테인리스** : 오스테나이트계 스테인리스강이며, 담금질이 되지 않는다. 연성이 크고 비자성체이며, 13Cr보다 내식성과 내열성이 우수하다.

(2) 내열강

① **내열강의 조건** : 고온에서 조직되고 기계적·화학적 성질이 안정해야 한다.

② **내열성을 주는 원소** : Cr(고크로뮴강), Al(Al_2O_3), Si(SiO_2)

③ **Si-Cr강** : 내연기관의 밸브 재료로 사용한다.

④ **초내열 합금** : 탐켄, 하스텔로이, 인코넬, 서밋

(3) 자석강(SK)

① **자석강의 조건** : 잔류 자기와 항장력이 크고 자기 강도의 변화가 없어야 한다.

② **Si강** : 1~4% Si 함유(변압기 철심용)

(4) 베어링강

① 일반적으로 고탄소 크로뮴강(C 1%, Cr 1.2%)이 사용된다.

② 내구성이 크고 담금질 후 반드시 뜨임이 필요하다.

(5) 불변강

① **인바** : Ni 36%, 줄자나 정밀 기계 부품으로 사용한다(길이 불변).

② **슈퍼인바** : Ni 29~40%, Co 5% 이하, 인바보다 열팽창률이 작다.

③ **엘린바** : Ni 36%, Cr 12%, 시계 부품이나 정밀 계측기 부품으로 사용한다(탄성 불변).

④ **코엘린바** : 엘린바에 Co 첨가

⑤ **퍼멀로이** : Ni 75~80%, 장하코일용

⑥ **플래티나이트** : Ni 42~46%, Cr 18%의 Fe-Ni-Co 합금, 전구나 진공관 도선용

예|상|문|제

1. 특수강에서 합금 원소의 중요한 역할이 아닌 것은?

① 기계적, 물리적, 화학적 성질의 개선
② 황 등의 해로운 원소 제거
③ 소성 가공성의 감소
④ 오스테나이트 입자 조정

해설 특수강에서 합금 원소의 중요한 역할은 소성 가공 시 그 정도를 향상시킨다.

2. 일정한 온도 영역과 변형 속도 영역에서 유리질처럼 늘어나며, 강도가 낮고 연성이 크므로 작은 힘으로도 복잡한 형상의 성형이 가능한 기능성 재료는?

① 형상기억 합금
② 초소성 합금
③ 초탄성 합금
④ 초인성 합금

해설 초소성 합금 : 일정한 온도나 변형 속도를 부여했을 때 작은 강도로 수백 % 이상의 연신률을 얻을 수 있는 재료이다.

3. 다음 중 합금강의 제조 목적으로 알맞지 않은 것은?

① 내식성을 증대시키기 위하여
② 단접성 및 용접성 향상을 위하여
③ 결정 입자의 크기를 성장시키기 위하여
④ 고온에서의 기계적 성질 저하를 방지하기 위하여

해설 결정 입자의 크기가 성장하면 강도 및 경도가 낮아져 기계적 성질이 전체적으로 저하된다.

4. 텅스텐(W)은 우리나라의 부존 자원 중 순도나 매장량의 면에서 매우 중요한 금속이다. 텅스텐의 용도에 적합하지 않은 것은?

① 초경합금 공구
② 필라멘트
③ 연질 자성 재료
④ 내열강 합금 재료

해설 텅스텐은 비중이 19.21로 무겁고, 금속 원소 중에서 융점이 3410℃로 가장 높기 때문에 백열등 필라멘트와 각종 전기 · 전자 부품 재료로 사용되어 왔으며, 합금과 탄화물은 절삭 공구, 무기 등에 널리 사용된다.

5. 탄화텅스텐(WC)을 소결한 합금으로, 내마모성이 우수하여 대량 생산을 위한 다이 제작용으로 사용되는 재료는?

① 주철　　　　　② 초경합금
③ 합금 공구강　　④ 다이스강

해설 초경합금
• 탄화텅스텐(WC)을 성형 · 소결시킨 분말 야금 합금이다.
• 열처리가 불필요하며 고온 경도가 가장 우수하다.
• 내마모성이 우수하여 절삭 공구로 사용된다.

6. Ni-Fe계 실용 합금이 아닌 것은?

① 엘린바
② 인바
③ 미하나이트
④ 플래티나이트

해설 미하나이트는 주철의 한 종류이다.

7. 18-8 스테인리스강(stainless steel)에서 용접 취약성을 일으키는 가장 큰 원인은?

① 입계탄화물의 석출
② 자경성 발생
③ 뜨임 메짐성
④ 균열의 생성

해설 18-8 스테인리스강은 용접에 의한 열을 받으면 입계탄화물이 생성되어 부식을 일으킨다.

8. 켈밋(kelmet) 합금이 주로 쓰이는 곳은?

① 피스톤
② 베어링
③ 크랭크축
④ 전기 저항용품

해설 켈밋의 성분 및 특징
• 성분 : Cu 60~70%+Pb 30~40%
  Pb 성분이 증가할수록 윤활 작용이 좋다.
• 열전도, 압축 강도가 크고 마찰계수가 작아 고속, 고하중 베어링에 사용한다.

9. 스테인리스강의 기호로 옳은 것은?

① STC3
② STD11
③ SM20C
④ STS304

해설 • STC : 탄소 공구강
• STD : 합금 공구강
• SM : 기계 구조용 탄소 강재

10. 18-8형 스테인리스강에 대한 설명으로 틀린 것은?

① 담금질에 의해 경화되지 않는다.
② 1000~1100℃로 가열하여 급랭하면 가공성 및 내식성이 증가된다.

③ 고온으로부터 급랭한 것을 500~850℃로 재가열하면 탄화크로뮴이 석출된다.
④ 상온에서는 자성을 갖는다.

해설 18-8(18% Cr, 8% Ni) 스테인리스강
• 오스테나이트계이며 담금질이 안 된다.
• 연성이 크고 비자성체이며 13Cr보다 내식성, 내열성이 우수하다.

11. 불변강이 아닌 것은?

① 인바
② 엘린바
③ 인코넬
④ 슈퍼인바

해설 불변강 : 온도 변화에 따라 길이, 탄성 등이 변화하지 않는 강으로 인바, 엘린바, 슈퍼인바, 코엘린바 등이 있다. 이외에도 전구 도입선으로 사용하는 플래티나이트 등이 있다.

12. 스프링강이 갖추어야 할 특성으로 틀린 것은?

① 탄성 한도가 커야 한다.
② 마텐자이트 조직으로 되어야 한다.
③ 충격 및 피로에 대한 저항력이 커야 한다.
④ 사용 도중 영구 변형을 일으키지 않아야 한다.

해설 마텐자이트 조직은 경도가 매우 높지만 취성이 커서 스프링강이 갖추어야 할 특성으로 적합하지 않다.

13. 탄소 공구강의 재료 기호로 옳은 것은?

① SPS   ② STC
③ STD   ④ STS

해설 • SPS : 스프링 강재
• STS : 합금 공구강 1~17종
• STD : 합금 공구강 18~39종

14. 초소성을 얻기 위한 조직의 조건으로 틀린 것은?

① 결정립은 미세화되어야 한다.
② 결정립의 모양은 등축이어야 한다.
③ 모상의 입계는 고경각인 것이 좋다.
④ 모상 입계가 인장 분리되기 쉬워야 한다.

해설 초소성(SPF) 재료
• 초소성 온도 영역에서 결정 입자의 크기를 미세하게 유지해야 한다.
• 결정립의 모양은 등축이어야 한다.
• 모상 입계는 고경각인 것이 좋다.
• 모상 입계가 인장 분리되기 쉬워서는 안 된다.
• 니켈계 초합금의 항공기 부품 제조 시 우수한 제품을 만들 수 있다.

15. 자성 재료를 연질과 경질로 나눌 때 경질 자석에 해당되는 것은?

① Si 강판
② 퍼멀로이
③ 센더스트
④ 알니코 자석

해설 • 알니코 자석 : 자성 재료가 경질인 자석으로, 발전기 등에서 사용한다.
• 경질 자성 재료 : 알니코 자석, 페라이트 자석
• 연질 자성 재료 : 센더스트, 규소강, 퍼멀로이

16. Ni-Cr강에 첨가하여 강인성을 증가시키고 담금질성을 향상시킬 뿐만 아니라 뜨임 메짐성을 완화시키기 위해 첨가하는 원소는?

① 망간(Mn)
② 니켈(Ni)
③ 마그네슘(Mg)
④ 몰리브데넘(Mo)

해설 Ni-Cr강에 1% 이하의 몰리브데넘(Mo)을 첨가하면 강인성을 증가시키고, 뜨임 취성을 감소시킨다.

17. 특수강에 들어가는 합금 원소 중 탄화물 형성과 결정립을 미세화하는 것은?

① P　　　　② Mn
③ Si　　　　④ Ti

해설 결정립을 미세화시키는 원소에는 V, Al, Ti, Zr 등이 있다.

18. Mn강 중에서 고온에서 취성이 생기므로 1000~1100℃에서 수중 담금질하는 수인법(water toughening)으로 인성을 부여한 오스테나이트 조직의 구조용 강은?

① 붕소강
② 듀콜(ducol)강
③ 해드필드(hadfield)강
④ 크로만실(chromansil)강

해설 해드필드강
• 오스테나이트 조직으로 C 1.2%, Mn 13%, Si 0.1% 정도이고, 경도가 높아 내마모성 재료로 사용한다.
• 고온에서 취성이 생기므로 1000~1100℃에서 수중 담금질하는 수인법으로 인성을 부여한다.
• 광산 기계, 기차 레일의 교차점, 굴착기 등에 사용된다.

19. 다음 중 소결합금으로 된 공구강은?

① 초경합금
② 스프링강
③ 탄소 공구강
④ 기계 구조용강

해설 소결 : 초경질 합금 공구 등을 제조할 때 사용하는 방법으로, 경질 탄화물의 분말을 소량의 연성 금속, 예를 들어 Co 또는 Ni 분말과 섞어서 이를 압축 성형한 후 높은 온도로 가열하여 굳히는 방법이다.

20. 공구 재료가 갖추어야 할 일반적인 성질 중 틀린 것은?

① 인성이 클 것
② 취성이 클 것
③ 고온 경도가 클 것
④ 내마멸성이 클 것

해설 취성이 크면 충격에 의해 재료가 깨지기 쉬우므로 취성은 작아야 한다.

21. 발전기, 전동기, 변압기 등의 철심 재료에 가장 적합한 특수강은?

① 규소강
② 베어링강
③ 스프링강
④ 고속도 공구강

해설 규소강 : 철에 1~5%의 규소를 첨가한 합금으로, 전기 저항이 높고 자기 이력 손실이 적어 발전기, 변압기, 회전기기 등의 철심 재료에 적합하다.

22. 비정질 합금에 관한 설명으로 틀린 것은?

① 전기 저항이 크다.
② 구조적으로 장거리의 규칙성이 있다.
③ 가공 경화 현상이 나타나지 않는다.
④ 균질한 재료이며 자기결정 이방성이 없다.

해설 비정질 합금은 원자 배열이 무질서하여 어느 방향에서도 등방성이므로 강도와 경도가 크고 인성이 좋다. 또한 자기결정 이방성이 없고 균질하기 때문에 우수한 자성체이다.

23. 뜨임 취성(temper brittleness)을 방지하는 데 가장 효과적인 원소는?

① Mo   ② Ni
③ Cr   ④ Zr

해설 Mo : W 효과의 2배, 뜨임 취성 방지, 담금질 깊이 증가

24. 반도체 재료에 사용되는 주요 성분 원소에 해당하는 것은?

① Co, Ni
② Ge, Si
③ W, Pb
④ Fe, Cu

해설 반도체 : 전기 회로를 축소시키는 데 광범위하게 사용되는 효율적인 장치로, 반도체 재료에 사용되는 주요 성분 원소는 Ge, Si, Ga, Bs 등이 있다.

25. 블랭킹 및 피어싱 펀치로 사용되는 금형 재료가 아닌 것은?

① STD11
② STS3
③ STC3
④ SM15C

해설 • STD 합금 공구강, STC 탄소 공구강은 냉간 금형용에 사용한다.
• SM15C는 기계 구조용 탄소강이다.

26. 고속도 공구강(SKH 2)의 표준 조성으로 옳은 것은?

① 18% W − 4% Cr − 1% V
② 17% Cr − 9% W − 2% Mo
③ 18% Co − 4% Cr − 1% V
④ 18% W − 4% V − 1% Cr

해설 고속도강의 표준 조성은 텅스텐 18%, 크로뮴 4%, 바나듐 1%로 이루어져 있으며, 이것을 '18−4−1' 고속도강이라 한다.

27. 다음 중 철강에 합금 원소를 첨가했을 때 일반적으로 나타나는 효과와 가장 거리가 먼 것은?

① 소성 가공성이 개선된다.
② 순금속에 비해 용융점이 높아진다.
③ 결정립의 미세화에 따른 강인성이 향상된다.
④ 합금 원소에 의한 기지의 고용 강화가 일어난다.

해설 합금 원소를 첨가하면 순금속에 비해 용융점이 낮아진다.

28. 다음 중 합금 공구강에 해당되는 것은?

① SUS 316
② SC 40
③ STS 5
④ GCD 550

해설 • STS : 합금 공구강 1~17종
• STD : 합금 공구강 18~39종

29. 공구 재료가 구비해야 할 조건으로 틀린 것은?

① 내마멸성과 강인성이 클 것
② 가열에 의한 경도 변화가 클 것
③ 상온 및 고온에서 경도가 높을 것
④ 열처리와 공작이 용이할 것

해설 공구재료는 고온에서도 경도가 떨어지지 않아야 한다.

30. 금속 재료와 비교한 세라믹의 일반적인 특징으로 옳은 것은?

① 인성이 크다.
② 내충격성이 높다.
③ 내산화성이 양호하다.
④ 성형성 및 기계 가공성이 좋다.

해설 세라믹은 경도가 높고 내산화성이 우수하지만 인성이 작고 충격에 약하다.

31. 어떤 종류의 금속이나 합금을 절대 영도 가까이 냉각했을 때 전기 저항이 완전히 소멸되어 전류가 감소하지 않는 상태는?

① 초소성
② 초전도
③ 감수성
④ 고상 접합

해설 초전도 : 어떤 재료를 냉각했을 때 임계 온도에 이르러 전기 저항이 0이 되는 것으로, 초전도 상태에서는 재료에 전류가 흐르더라도 에너지 손실이 없고, 전력 소비 없이 많은 전류를 보낼 수 있다.

32. 탄성 한도를 넘어서 소성 변형시킨 경우에도 하중을 제거하면 원래 상태로 돌아가는 성질을 무엇이라 하는가?

① 신소재 효과
② 초탄성 효과
③ 초소성 효과
④ 시효 경화 효과

해설 초탄성 효과 : 외력을 가하여 탄성 한도를 넘어 소성 변형된 재료라 하더라도 외력을 제거하면 원래 상태로 돌아가는 성질이다.

| 1-5 | 비철재료 |

1 구리와 그 합금

(1) 구리

- ① **물리적 성질**
  - ㉮ 비자성체이며 전기 및 열의 양도체이다.
  - ㉯ 비중이 8.96이고 용융점이 1083℃이며 변태점이 없다.
- ② **기계적 성질**
  - ㉮ 인장 강도가 가공도 70%에서 최대이다.
  - ㉯ 600~700℃에서 30분간 풀림하면 연화된다.
  - ㉰ 전연성이 좋고 가공 경화로 인해 경도가 증가한다.
- ③ **화학적 성질** : 황산과 염산에 용해되며 습기, 탄산가스, 해수에서 녹이 생긴다.

(2) 구리 합금

- ① **황동(Cu-Zn)** : 구리와 아연의 합금으로 가공성, 주조성, 내식성, 기계성 우수
  - ㉮ 7-3 황동 : Zn 함유량이 30%로 연신율 최대, 상온 가공성 양호, 가공성이 목적
  - ㉯ 6-4 황동 : Zn 함유량이 40%로 인장 강도 최대, 상온 가공성 불량(600 ~800℃ 열간 가공), 강도가 목적

    50% 이상 : γ고용체는 취성이 크므로 사용 불가
  - ㉰ 자연 균열 : 냉간 가공에 의한 내부 응력이 공기 중의 NH_3, 염류로 인해 입간 부식을 일으켜 균열이 발생하는 현상

    (방지 대책 : 도금법, 저온 풀림(200~300℃, 20~30분간))
  - ㉱ 탈아연 현상 : $ZnCl$이 원인이며, 해수에 침식되어 Zn이 용해 부식되는 현상

    (방지 대책 : Zn 30% 이하의 청동 사용)

황동의 종류

5% Zn	15% Zn	20% Zn	30% Zn	35% Zn	40% Zn
길딩 메탈	래드 브라스	로 브라스	카트리지 브라스	하이, 옐로 브라스	문츠 메탈 6:4
화폐·메달용	소켓·체결구용	장식용·톰백	탄피 가공용 7:3	7:3 황동보다 값이 싸다.	값이 싸고 강도가 크다.

🔑 톰백 : 8~20% Zn을 함유한 것으로 금에 가까운 색이며 연성이 크다. 금 대용품이나 장식품에 사용한다.

② 청동(Cu-Sn)

㈎ Cu-Sn의 합금으로 주조성, 강도, 내마멸성이 좋다.

㈏ Sn의 함유량이 4%일 때 연신율이 최대이며 15% 이상에서 강도, 경도가 급격히 증대된다.

㈐ 특수 청동

- 인청동(Cu+Sn 9%+P 0.35%(탈산제))
  스프링제, 베어링, 밸브 시트 등에 사용한다. 내마멸성이 크고 냉간 가공으로 인장 강도, 탄성 한계가 크게 증가한다.
- 베어링용 청동(Cu+Sn 13~15%)
  외측의 경도가 높은 δ 조직으로 이루어져 베어링 재료로 적합하다. $\alpha+\delta$ 조직으로 P을 첨가하면 내마멸성이 더욱 증가한다.
- 납 청동(Cu+Sn 10%+Pb 4~16%)
  Pb은 Cu와 합금을 만들지 않고 윤활 작용을 하므로 베어링에 적합하다.
- 켈밋(Cu+Pb 30~40%)
  열전도와 압축 강도가 크고 고속 · 고하중 베어링에 사용한다.
- Al 청동(Cu+Al 8~12%)
  내식성, 내열성, 내마멸성이 크다. 강도는 Al 10%에서 최대이며 가공성은 Al 8%에서 최대이나 주조성이 나쁘다.

2 알루미늄과 그 합금

(1) 알루미늄

① 물리적 성질

㈎ 비중이 2.7이고 경금속이다.

㈏ 열 및 전기의 양도체이며 내식성이 좋다.

㈐ 용융점이 660℃이고 풀림 온도가 250~300℃이며 변태점이 없다.

② 기계적 성질

㈎ 전연성이 풍부하고 400~500℃에서 연신율이 최대이다.

㈏ 가공에 따라 경도, 강도가 증가하며 연신율이 감소한다.

㈐ 수축률이 크고 순Al은 주조가 되지 않는다.

③ 용도

㈎ Cu, Si, Mg 등과 고용체를 형성하며, 열처리로 Al의 성질을 개선한다.

㈏ 송전선, 전기 재료, 자동차, 항공기, 폭약 제조 등에 사용한다.

(2) 알루미늄 합금

① 주조용 알루미늄 합금

㈎ Al-Cu계 합금 : Al에 Cu 8%를 첨가한 합금으로 주조성·절삭성이 좋으나 고온 메짐, 수축 균열이 있다.

㈏ Al-Si계 합금
- 실루민이 대표적이며, 주조성이 좋으나 절삭성이 나쁘다.
- 열처리 효과가 없고 개질 처리로 성질을 개선한다.
- 개질(개량) 처리 : Si의 결정을 미세화하기 위해 특수 원소를 첨가시키는 조작으로, 금속 Na 첨가법, 불소(F) 첨가법, NaOH 첨가법이 있다.

㈐ Al-Mg계 합금 : Mg 12% 이하로 하이드로날륨이라고도 한다.

㈑ Al-Cu-Si계 합금 : 라우탈이 대표적이며, Si를 첨가하여 주조성을 향상시키고 Cu를 첨가하여 절삭성을 향상시킨다.

㈒ Y 합금 : Al 92.5%에 Cu 4%, Ni 2%, Mg 1.5%를 첨가한 합금으로, 고온 강도가 커서 내연기관 실린더 헤드나 피스톤에 사용한다.

㈓ 다이캐스트용 합금 : 유동성이 좋고 1000℃ 이하의 저온 용융 합금이며, Al-Cu계, Al-Si계 합금을 사용하여 금형에 주입시켜 만든다.

② 가공용 알루미늄 합금

㈎ 두랄루민 : 주성분이 Al-Cu-Mg-Mn으로 Si는 불순물로 함유되어 있다.
- 풀림 상태 : 인장 강도는 177~245MPa, 연신율은 10~14%, 경도(HB)는 39.2~58.8
- 시효 경화 상태 : 인장 강도는 294~440MPa, 연신율은 20~25%, 경도(HB)는 88.2~117.6

㈏ 초두랄루민 : 두랄루민에 Mg을 증가시키고 Si를 감소시킨 것

㈐ Y 합금 : Al-Cu-Ni계 내열 합금이며, Ni의 영향으로 300~450℃에서 단조된다.

③ 내식용 알루미늄 합금

㈎ 알민 : 1.2% Mn을 첨가한 합금으로 내식성, 가공성, 용접성이 우수하여 저장 탱크나 기름 탱크 등에 사용된다.

㈏ 하이드로날륨 : 바닷물에 부식되지 않도록 개량한 것으로 판, 봉, 관 등에 사용되지만 4% Mg 또는 7~10% Mg 하이드로날륨은 주조용으로도 사용된다.

㈐ 알드레이 : 0.45~1.5% Mg, 0.2~1.2% Si를 첨가한 합금으로, 가공이 용이하며 전기 저항이 작아 송전선으로 사용된다.

(3) 마그네슘과 그 합금

① 마그네슘(Mg)

⑦ 물리적 성질 : 비중 1.74, 용융점 650℃, 조밀육방격자, 산화 연소가 잘 된다.

ⓝ 기계적 성질 : 인장 강도 166.6MPa, 연신율 6%, 경도(HB) 33, 재결정 온도 150℃이다.

ⓓ 화학적 성질 : 산, 염류에 침식되나 알칼리에는 강하다.

ⓡ 용도 : Al 합금용, 구상흑연주철 재료, Ti 제련용, 사진용 플래시

② 마그네슘 합금

⑦ 인장 강도 147~323.4MPa

ⓝ 절삭성이 뛰어나고 Al, Zn, Mn 등을 첨가하여 내식성, 연신율을 개선한다.

ⓓ Mg 합금(Al이 주축)의 종류

- Mg-Al계 합금(Al 4~6% 첨가) : 다우메탈이 대표적, 주조, 단조, 용해가 쉽다.
- Mg-Al-Zn계 합금(Al+Zn : 10% 이하 첨가) : 일렉트론(electron)이 대표적, Al이 많은 것은 고온 내식성이 향상되고, Al+Zn이 많은 것은 내열성이 크므로 내연기관 피스톤에 사용한다.

(4) 니켈과 그 합금

① 니켈(Ni)

⑦ 물리적 성질 : 비중 8.9, 용융점 1455℃, 면심입방격자, 은백색, 상온에서 강자성체, 전기 저항이 크다.

ⓝ 기계적 성질 : 연성이 크고 냉간 및 열간 가공이 쉽다.

ⓓ 화학적 성질 : 내식성, 내열성이 우수하다.

ⓡ 용도 : 화학 및 식품 공업용, 진공관, 화폐, 도금

② 니켈 합금

⑦ Ni-Cu계 합금 : 콘스탄탄, 어드밴스, 모넬 메탈

ⓝ Ni-Fe계 합금 : 인바, 엘린바, 플래티나이트, 퍼멀로이, 니칼로이

ⓓ 내식, 내열용 합금 : 인코넬, 하스텔로이, 크로멜, 니크롬

(5) 베어링 합금

① 베어링 합금의 구비 조건

⑦ 충분한 점성과 인성이 있을 것

ⓝ 마찰계수가 작고 저항력이 클 것

　　　(다) 주조성, 절삭성, 열전도율이 클 것

　　　(라) 내소착성, 내식성이 좋고 가격이 저렴할 것

　　　(마) 하중에 견딜 수 있는 정도의 경도와 내압력을 가질 것

　② **베어링 합금의 종류**

　　　(가) 화이트 메탈 : Sn계 화이트 메탈, Pb계 화이트 메탈

　　　(나) 구리계 베어링 합금 : 켈밋과 그 밖에 Al 청동, 포금(건메탈), 인청동, 연청동

　　　(다) 카드뮴계, 아연계 합금 : Zn에 30~40%의 Al과 5~10%의 Cu를 첨가한 베어링

　　　(라) 소결 함유 베어링, 주철 함유 베어링

(6) 기타 합금

　① **타이타늄(Ti)과 그 합금**

　　　(가) Ti의 성질 : 비중 4.5, 용융점 1800℃, 인장 강도 490MPa, 비강도가 가장 크다. 고온 강도, 내식성, 내열성이 우수하고 절삭성과 주조성이 나쁘다.

　　　(나) Ti의 용도 : 초음속 항공기의 외판, 송풍기의 프로펠러

　② **납(Pb)과 그 합금**

　　　(가) Pb의 성질 : 비중 11.35, 용융점 327℃, 연신율 50%, 면심입방격자, 가공 경화가 안 된다.

　　　(나) Pb의 용도 : 수도관(피막 형성), 내산용 기구, 방사선 방어용, 땜납, 활자 합금

　③ **땜납 합금**

　　　(가) 연납 : Pb－Sn 합금(Sn 40~50%가 주로 사용)으로 용제는 $ZnCl_2$, NH_4Cl, 송진 등이 있다.

　　　(나) 경납 : 427℃ 이상의 용점을 갖는 납으로 황동납, 동납, 금납, 은납 등이 있다.

　④ **귀금속** : 금, 은, 백금(면심입방격자)은 비중이 크고 연전성 및 가공성이 우수하며, 화학적 성질이 뛰어나다.

　⑤ **아연(Zn)과 그 합금**

　　　(가) Zn의 성질 : 비중 7.13, 용융점 419℃, 조밀육방격자, 염기성 표면 산화막 형성

　　　(나) Zn의 용도 : 황동, 철제 도금(아연 도금판), 인쇄판, 다이캐스트용

　　　(다) Zn 합금 : 다이캐스트 합금(Zn－Al, Zn－Al－Cu계 사용), 특히 Al을 4% 첨가한 것을 마작(mazak) 또는 자막(zamak)이라 한다.

　⑥ **주석(Sn)과 그 합금**

　　　(가) Sn의 성질 : 비중 7.3, 용융점 232℃, 인체에 독성이 없어 식기에 사용하며, 내식성이 우수하다.

　　　(나) Sn의 용도 : 선박용, 베어링 메탈용, 청동, 철제 도금(함석 또는 양철판), 땜납

예 | 상 | 문 | 제

1. 아연을 5~20% 첨가한 것으로 금색에 가까워 금박 대용으로 사용하며 특히 화폐, 메달 등에 주로 사용되는 황동은?

① 톰백
② 실루민
③ 문츠 메탈
④ 고속도강

해설 톰백 : 8~20% Zn을 함유한 것으로, 금에 가까운 색이며 연성이 크다. 금 대용품이나 장식품에 사용한다.

2. 인청동에서 인(P)의 영향이 아닌 것은?

① 쇳물의 유동을 좋게 한다.
② 강도와 인성을 증가시킨다.
③ 탄성을 나쁘게 한다.
④ 내식성을 증가시킨다.

해설 인청동의 특징
• 성분 : Cu＋Sn 9%＋P 0.35%(탈산제)
• 성질 : 내마멸성이 크고 냉간 가공으로 인장 강도, 탄성 한계가 크게 증가한다.
• 용도 : 스프링제, 베어링, 밸브 시트

3. 4% Cu, 2% Ni, 1.5% Mg이 함유된 Al 합금으로서 내열성이 크고 기계적 성질이 우수하여 실린더 헤드나 피스톤 등에 적합한 합금은?

① 실루민　　　　② Y－합금
③ 로엑스　　　　④ 두랄루민

해설 Y 합금 : Al(92.5%)－Cu(4%)－Ni(2%)－Mg(1.5%) 합금이며 고온 강도가 크기 때문에 내연기관용 피스톤, 실린더 헤드 등에 사용한다.

4. 구리의 특성에 대한 설명으로 틀린 것은?

① 전기 및 열 전도성이 우수하다.
② 전연성이 좋아 가공이 용이하다.
③ 화학적 저항력이 작아 부식이 잘된다.
④ 아름다운 광택과 귀금속적 성질이 우수하다.

해설 구리의 성질
• 비중 8.96, 용융점 1083℃, 변태점이 없다.
• 비자성체이며 전기 및 열의 양도체이다.
• 전연성이 좋아 가공이 용이하다.
• 내식성이 커서 부식이 잘되지 않는다.

5. 땜납(solder)의 합금 원소로 주로 사용되는 것은?

① Sn－Pb
② Pt－Al
③ Fe－Pb
④ Cd－Pb

해설 땜납(solder)은 납땜에 사용되는 물질, 즉 두 금속 물체를 연결하기 위해 녹여서 붙이는 물질을 말하며, 주석과 납의 합금이 주로 사용된다.

6. 알루미늄 주조 합금으로서 내열용으로 사용되는 합금이 아닌 것은?

① Y 합금
② 로엑스
③ 코비탈륨
④ 실루민

해설 실루민 : 대표적인 Al－Si계 합금으로, Si(규소)를 첨가한 다이캐스팅용 주조용 알루미늄 합금이다.

정답 1. ① 2. ③ 3. ② 4. ③ 5. ① 6. ④

7. 7-3 황동에 Sn을 1% 첨가한 것으로 전연성이 좋아 관 또는 판을 만들어 증발기와 열교환기 등에 사용하는 주석 황동은?

① 애드미럴티 황동
② 네이벌 황동
③ 알루미늄 황동
④ 망간 황동

> **해설** • 애드미럴티 황동 : 7-3 황동 + Sn 1%
> • 네이벌 황동 : 6-4 황동 + Sn 1%

8. 내열용 알루미늄 합금이 아닌 것은?

① Y 합금
② 로엑스(Lo-Ex)
③ 두랄루민
④ 코비탈륨

> **해설** 두랄루민 : 주성분이 Al-Cu-Mg-Mn인 가공용 알루미늄 합금으로, 고온에서 물에 급랭하여 시효 경화시켜서 강인성을 얻는다.

9. 구리 합금 중 6:4 황동에 약 0.8% 정도의 주석을 첨가하며 내해수성에 강하기 때문에 선박용 부품에 사용하는 특수 황동은?

① 네이벌 황동
② 강력 황동
③ 납 황동
④ 애드미럴티 황동

> **해설** • 강력 황동 : 4-6 황동에 Mn, Al, Fe, Ni, Sn 등을 첨가하여 한층 강력하게 한 황동
> • 납 황동(연 황동) : 6-4 황동에 Pb 3% 이하를 첨가하여 절삭성을 향상시킨 쾌삭 황동
> • 애드미럴티 황동 : 7-3 황동에 Sn 1%를 첨가한 황동

10. 인청동의 적당한 인 함량(%)은?

① 0.05～0.5
② 6.0～10.0
③ 15.0～20.0
④ 20.5～25.5

> **해설** 인청동 : 특수 청동 중 하나이며, 탈산제로 사용하는 P의 함량을 합금 중에서 0.05～0.5% 정도로 잔류시키면 용탕의 유동성이 좋아지고, 합금의 경도와 강도가 증가하며 내마모성과 탄성이 개선된다.

11. 알루미늄 및 그 합금의 재질별 기호 중 가공 경화한 것을 나타내는 것은?

① O
② W
③ F[a]
④ H[b]

> **해설** 알루미늄 및 그 합금의 재질별 기호
> • O : 풀림보다 가장 연한 상태
> • W : 열처리 후 시효 경화가 진행된 상태
> • F[a] : 제조 상태(압연, 압출 등)

12. 동합금에서 황동에 납을 1.5～3.7%까지 첨가한 합금은?

① 강력 황동
② 쾌삭 황동
③ 배빗 메탈
④ 델타 메탈

> **해설** • 강력 황동 : 4-6 황동에 Mn, Al, Fe, Ni, Sn 등을 첨가하여 한층 강력하게 한 황동이다.
> • 배빗 메탈 : Sn-Sb-Cu계 합금으로 Sb, Cu가 증가하면 경도, 인장 강도가 증가한다.
> • 델타 메탈 : 4-6 황동에 Fe을 1~2% 첨가하여 강도가 크고 내식성이 좋다.

13. 구리에 아연 5%를 첨가하여 화폐, 메달 등의 재료로 사용하는 것은?

① 델타 메탈
② 길딩 메탈
③ 문츠 메탈
④ 네이벌 황동

해설 길딩 메탈 : 95% Cu－5% Zn 합금으로, 순동과 같이 연하고 압인 가공하기 쉬워 동전, 메달 등의 재료로 사용한다.

14. 구리 합금 중 최고의 강도를 가진 석출 경화성 합금으로, 내열성과 내식성이 우수하여 베어링 및 고급 스프링 재료로 이용되는 청동은?

① 납청동
② 인청동
③ 베릴륨 청동
④ 알루미늄 청동

해설 베릴륨 청동 : 구리에 베릴륨 1~2.5%를 첨가한 합금으로, 담금질하여 시효 경화시키면 기계적 성질이 합금강 못지 않게 우수하며 내식성도 풍부하여 기어, 베어링, 판 스프링 등에 사용한다.

15. 알루미늄의 성질로 틀린 것은?

① 비중이 약 7.80이다.
② 면심입방격자 구조이다.
③ 용융점은 약 660℃이다.
④ 대기 중에서 내식성이 좋다.

해설 알루미늄 : 비중이 2.7인 경금속으로 열 및 전기의 양도체이며 내식성이 좋다.

16. 구리 및 구리 합금에 관한 설명으로 틀린 것은?

① Cu의 용융점은 약 1083℃이다.

② 문츠 메탈은 60% Cu＋40% Sn 합금을 말한다.
③ 유연하고 전연성이 좋으므로 가공이 용이하다.
④ 부식성 물질이 용존하는 수용액 내에 있는 황동은 탈아연 현상이 나타난다.

해설 문츠 메탈은 60% Cu＋40% Zn 합금이다.

17. 다음 중 알루미늄 합금이 아닌 것은?

① 라우탈
② 실루민
③ 두랄루민
④ 화이트 메탈

해설 화이트 메탈은 베어링 합금의 일종으로, Sn계 화이트 메탈과 Pb계 화이트 메탈이 있다.

18. 항공기 재료에 많이 사용되는 두랄루민의 강화 기구는?

① 용질 경화
② 시효 경화
③ 가공 경화
④ 마텐자이트 변태

해설 두랄루민을 500~510℃에서 용체화 처리를 한 후 급랭하여 상온에 방치해 시효 경화시키면 인장 강도와 연신율이 매우 커진다.

19. 95% Cu－5% Zn 합금으로 연하고 코이닝(coining)하기 쉬워 동전, 메달 등에 사용되는 황동의 종류는?

① Naval brass
② Cartridge brass
③ Muntz metal
④ Gilding metal

해설 황동의 종류

5% Zn	30% Zn	40% Zn	8~20% Zn
길딩 메탈	카트리지 브라스	문츠 메탈	톰백
화폐·메달용	탄피 가공용	값싸고 강도가 큼	금 대용, 장식품

20. 알루미늄 합금인 Al-Mg-Si의 강도를 증가시키기 위해 가장 좋은 방법은?

① 시효 경화(age-hardening) 처리한다.
② 냉간 가공(cold work)을 실시한다.
③ 담금질(quenching) 처리한다.
④ 불림(normalizing) 처리한다.

해설 • Al-Mg-Si계는 알드리라고 부르며, 이 합금의 강도를 증가시키기 위해 시효 경화법을 사용한다.
• 500~510℃에서 용체화 처리를 한 후 급랭하여 상온에 방치하면 시효 경화한다.

21. 다음 중 Cu+Zn계 합금이 아닌 것은?

① 톰백
② 문츠 메탈
③ 길딩 메탈
④ 하이드로날륨

해설 하이드로날륨은 Al-Mg계 합금으로 내식성이 우수하다.

22. 두랄루민의 구성 성분으로 가장 적절한 것은?

① Al + Cu + Mg + Mn
② Al + Fe + Mo + Mn
③ Al + Zn + Ni + Mn
④ Al + Pb + Sn + Mn

해설 두랄루민 : 주성분은 Al-Cu-Mg-Mn으로, 고온에서 물에 급랭하여 시효 경화시켜 강인성을 얻는다.

23. 일반적인 청동 합금의 주요 성분은?

① Cu-Sn
② Cu-Zn
③ Cu-Pb
④ Cu-Ni

해설 • 청동 성분 : Cu-Sn
• 황동 성분 : Cu-Zn

24. 가공성과 전도성이 우수하여 방전용 전극 재료로 가장 많이 사용되고 있는 재료는?

① 구리(Cu)
② 알루미늄(Al)
③ 아연(Zn)
④ 마그네슘(Mg)

해설 구리는 전기전도율과 열전도율이 금속 중에서 은(Ag) 다음으로 높으며 비자성체이다.

25. 타이타늄의 일반적인 성질에 속하지 않는 것은?

① 비교적 비중이 낮다.
② 용융점이 낮다.
③ 열전도율이 낮다.
④ 산화성 수용액 중에서 내식성이 크다.

해설 타이타늄(Ti) : 비교적 비중이 낮고(4.5) 용융점이 높으며(1800℃) 열전도율이 낮다.

26. 양은 또는 양백으로 불리는 합금은?

① Fe-Ni-Mn계 합금
② Ni-Cu-Zn계 합금
③ Fe-Ni계 합금
④ Ni-Cr계 합금

해설 양은 : Cu-Zn(황동)에 Ni(니켈)을 첨가한 것으로 냄비, 악기 등에 많이 사용된다.

27. 다음 중 마그네슘(Mg)에 대한 설명으로 틀린 것은?

① 비중은 상온에서 1.74이다.
② 열전도율과 전기전도율은 Cu, Al보다 낮다.
③ 해수에 대해 내식성이 풍부하다.
④ 절삭성이 우수하다.

해설 마그네슘은 해수에 대해 내식성이 약하다.

28. 아연에 대한 설명 중 틀린 것은?

① 조밀육방격자형이며 회백색의 연한 금속이다.
② 비중이 7.1, 용융점이 419℃이다.
③ 산, 알칼리, 해수 등에 부식되지 않는다.
④ 철판, 철선의 도금에 사용된다.

해설 아연은 이온화 경향이 큰 금속으로 반응성이 크기 때문에 산, 알칼리, 해수 등에서 잘 부식된다.

29. 분말 야금에 의하여 제조된 소결 베어링 합금으로 급유하기 어려운 경우 사용되는 것은?

① 켈밋(kelmet)
② 화이트 메탈(white metal)
③ Y 합금
④ 오일리스 베어링(oilless bearing)

해설 오일리스 베어링
• Cu+Sn+흑연 등의 분말을 가압·성형하여 700~750℃의 수소 기류 중에서 소결하여 만든다.
• 급유가 어려운 곳에 사용하나 큰 하중, 고속 회전부에는 부적합하다.

정답 27. ③ 28. ③ 29. ④

1-6 　비금속재료

1 플라스틱

(1) 플라스틱의 정의

① 플라스틱은 합성수지(synthetic resin) 또는 단순히 수지를 뜻하는 말이다.
② 고분자 화합물로서 인공적으로 유용한 형상으로 성형된 고체, 즉 가열·성형하여 만들어지는 재료를 말한다.

(2) 플라스틱의 성질

① 가볍고 튼튼하며 비강도는 비교적 높고, 단단하나 열에는 약하다.
② 가공성이 크고 성형이 간단하다.
③ 전기 절연성이 좋고 산, 알칼리, 유류, 약품 등에 강하다.
④ 투명한 것이 많고 착색이 자유롭다.
⑤ 금속 재료에 비해 충격에 약하지만 열팽창은 금속보다 크다.
⑥ 표면 경도는 낮아 흠집이 나기 쉽다.

2 합성수지

① **열경화성 수지** : 가열 성형한 후 굳어지면 다시 가열해도 연화 및 용융되지 않는 수지이다.

열경화성 수지

종 류		기 호	특 징	용 도
페놀 수지		PF	강도, 내열성	전기 부품, 베이클라이트
불포화 폴리에스테르		UP	유리 섬유에 함침 가능	FRP용
아미노계	요소 수지	UF	접착성	접착제
	멜라민 수지	MF	내열성, 표면 경도	테이블 상판
폴리우레탄		PU	탄성, 내유성, 내한성	우레탄 고무, 합성 피혁
에폭시		EP	금속과의 접착력 우수	실링, 절연 니스, 도료
실리콘		–	열 안정성, 전기 절연성	그리스, 내열 절연재

② **열가소성 수지** : 가열 성형하여 굳어진 후에도 다시 가열하면 연화 및 용융되는 수지이다.

열가소성 수지

종 류	기 호	특 징	용 도
폴리에틸렌	PE	무독성, 유연성	랩, 종이컵 원지 코팅, 식품 용기
폴리프로필렌	PP	가볍고 열에 약함	일회용 포장 그릇, 뚜껑, 식품 용기
오리엔티드 폴리프로필렌	OPP	투명성, 방습성	투명 테이프, 방습 포장
폴리초산비닐	PVA	접착성 우수	접착제, 껌
폴리염화비닐	PVC	내수성, 전기 절연성	수도관, 배수관, 전선 피복
폴리스티렌	PS	굳지만 충격에 약함	컵, 케이스
폴리에틸렌 테레프탈레이트	PET	투명, 인장파열 저항성	사출 성형품, 생수 용기
폴리카보네이트	PC	내충격성 우수	차량의 창유리, 헬멧, CD
폴리메틸 메타아크릴레이트	PMMA	빛의 투과율이 높음	광파이버

3 복합 재료

성분이나 형태가 다른 몇 개의 소재를 결합시켜 만든 고성능 재료이다.
① **섬유강화 플라스틱(FRP : fiber reinforced plastic)** : 경량의 플라스틱을 매트릭스로 하고, 내부에 강화 섬유를 함유시킴으로써 비강도를 현저하게 높인 복합 재료이다.
② **섬유강화 금속(FRM : fiber reinforced metal)** : 경량의 Al을 매트릭스로 하고 섬유강화한 것으로, 피스톤 헤드에 사용한다.

예 | 상 | 문 | 제   비금속재료 ◀

1. 구조용 복합 재료 중 섬유강화 금속은?

① FRTP   ② SPF
③ FRM   ④ FRP

[해설] • FRTP : 섬유강화 내열 플라스틱
• SPF : 구조목(spruce, pine, fir)
• FRP : 섬유강화 플라스틱

2. 복합 재료에 널리 사용되는 강화재가 아닌 것은?

① 유리 섬유
② 붕소 섬유
③ 구리 섬유
④ 탄소 섬유

[해설] 복합 재료의 섬유강화재에는 유리 섬유, 붕소 섬유, 탄소 섬유, 알루미늄 섬유, 타이타늄 섬유 등이 있다.

3. 플라스틱 재료의 일반적인 성질을 설명한 것 중 틀린 것은?

① 열에 약하다.
② 성형성이 좋다.
③ 표면 경도가 높다.
④ 대부분 전기 절연성이 좋다.

[해설] 플라스틱의 성질
• 단단하고 질기며 부드럽고 유연하게 만들 수 있기 때문에 금속 제품으로 만드는 것보다 가공비가 저렴하다.
• 열에 약하고 표면 경도가 낮은 단점이 있다.

4. 플라스틱 성형 재료 중 열가소성 수지는?

① 페놀 수지
② 요소 수지

③ 아크릴 수지
④ 멜라민 수지

[해설] 합성수지의 종류

열가소성 수지	폴리에틸렌(PE) 폴리프로필렌(PP) 폴리염화비닐(PVC) 폴리스티렌(PS) 폴리아미드(PA)
열경화성 수지	페놀 수지(PF) 에폭시(EP) 폴리에스테르(PET)

5. 열가소성 재료의 유동성을 측정하는 시험 방법은?

① 로크웰 시험법
② 브리넬 시험법
③ 멜트 인덱스법
④ 샤르피 시험법

[해설] 멜트 인덱스법
• 플라스틱 종류에 따라 정해진 온도와 압력 하에서 시험 재료를 오리피스(orifice)로 압출하여 압출량을 측정하는 방법이다.
• 재료의 유동성을 측정하는 척도로 사용한다.

6. 성형 수축이 적고 성형 가공성이 양호한 열가소성 수지는?

① 페놀 수지
② 멜라민 수지
③ 에폭시 수지
④ 폴리스티렌 수지

[해설] 폴리스티렌 수지 : 성형 수축이 적고 성형 가공이 양호하며 투명도가 큰 열가소성 수지이다.

[정답] 1. ③ 2. ③ 3. ③ 4. ③ 5. ③ 6. ④

7. 섬유강화 금속(FRM)의 특성을 설명한 것 중 틀린 것은?

① 비강도 및 비강성이 높다.

② 섬유 축 방향의 강도가 작다.

③ 2차 성형성 및 접합성이 있다.

④ 고온의 역학적 특성 및 열적 안정성이 우수하다.

> **해설** FRM : 섬유강화 금속(모재의 종류가 금속)으로, 최고 사용 온도가 377~527℃ 범위이며 비강성과 비강도가 큰 것을 목적으로 한다.

8. 복합 재료 중 FRP는 무엇인가?

① 섬유강화 목재

② 섬유강화 금속

③ 섬유강화 세라믹

④ 섬유강화 플라스틱

> **해설** • FRS : 섬유강화 초합금
> • FRM : 섬유강화 금속
> • FRC : 섬유강화 세라믹

9. 다음 중 열가소성 수지로만 나열된 것은?

① 페놀 수지, 폴리에틸렌, 에폭시

② 알키드 수지, 아크릴, 페놀 수지

③ 폴리에틸렌, 염화비닐, 폴리우레탄

④ 페놀 수지, 에폭시, 멜라민 수지

> **해설** 열경화성 수지와 열가소성 수지

종류		특징
열경화성수지	페놀 수지	강도, 내열성
	요소 수지	착색 자유, 접착성 광택이 있음
	멜라민 수지	내수성, 내열성
	에폭시	금속과의 접착성 우수
	실리콘	전기 절연성, 내열성, 내한성
열가소성수지	폴리 염화비닐	내수성, 전기 절연성, 가공 용이
	폴리에틸렌	무독성, 유연성
	폴리초산비닐	접착성 우수
	아크릴 수지	강도가 크고, 투명도가 특히 좋음

2. 요소부품 공정 검토

1 공작기계의 종류

(1) 절삭 운동에 의한 분류

① **공구에 절삭 운동을 주는 기계** : 드릴링 머신, 밀링, 연삭기, 브로칭 머신
② **공작물에 절삭 운동을 주는 기계** : 선반, 플레이너
③ **공구 및 공작물에 절삭 운동을 주는 기계** : 연삭기, 호빙 머신, 래핑 머신

(2) 사용 목적에 의한 분류

① **일반 공작기계** : 선반, 수평 밀링, 레이디얼 드릴링 머신 등의 범용 공작기계
② **단능 공작기계** : 바이트 연삭기, 센터링 머신 등 간단한 작업에 적합한 기계
③ **전용 공작기계** : 모방 선반, 자동 선반 등 특정 제품의 대량 생산에 적합한 전용 기계
④ **만능 공작기계** : 한 대의 기계로 선반, 드릴링, 밀링 등 다양한 작업을 할 수 있는 기계

참고

공작기계의 기본 운동
- 절삭 운동 : 절삭 시 칩의 길이 방향으로 절삭 공구가 움직이는 운동
- 이송 운동 : 공작물과 절삭 공구가 절삭 방향으로 이송되는 운동
- 위치 조정 운동 : 공구와 공작물 간의 절삭 조건에 따라 절삭 깊이 조정, 공구 설치 및 제거를 하는 운동

---

2 절삭 저항

(1) 절삭 저항의 3분력

절삭 저항(P)은 서로 직각으로 된 3개의 분력으로 주분력(P_1), 이송 분력(P_2), 배분력(P_3)으로 나누어진다.
① **주분력** : 절삭 방향과 평행인 분력
② **이송 분력(횡분력)** : 이송 방향과 평행인 분력
③ **배분력** : 절삭 방향과 수직인 분력

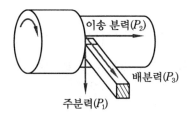

절삭 저항의 3분력

(2) 절삭 속도와 회전수

① **절삭 속도** : 기계 가공 시 공구와 가공물은 서로 상대 운동을 하게 되는데, 이때 가공물이 단위시간에 공구의 인선을 통과하는 원주 속도 또는 선 속도를 절삭 속도라 한다.

② **절삭 속도와 회전수**

$$V = \frac{\pi DN}{1000} \qquad\qquad N = \frac{1000V}{\pi D}$$

여기서, V : 절삭 속도(m/min)　　　N : 회전수(rpm)

　　　　D : 선반 – 가공물의 지름(mm)

　　　　　　밀링, 드릴 연삭 – 회전하는 공구의 지름(mm)

③ **절삭 동력**

$$N_c = \frac{P_1 \times V}{1000 \times 60}$$

여기서, N_c : 절삭 동력(kW)　　　P_1 : 절삭 저항의 주분력(N)

　　　　V : 절삭 속도(m/min)

③ 절삭 공구와 공구 재료

(1) 공구의 수명

① **절삭 속도와 공구 수명**

$$VT^{\frac{1}{n}} = C$$

여기서, V : 절삭 속도(m/min)　　　C : 상수　　　T : 공구 수명(min)

　　　　$\frac{1}{n}$: 지수, 일반적인 절삭 조건의 범위에서는 1/10~1/5의 값

② **절삭 온도와 공구의 수명**

　㈎ 공작물과 공구의 마찰열이 증가하면 공구의 수명이 감소한다.

　㈏ 공구의 재료의 내열성이나 열전도도가 좋으면 공구의 수명이 증가한다.

　㈐ 온도 상승이 생기지 않도록 하는 방법도 공구 수명 증가를 위한 또 다른 하나의 방법이다.

③ **공구 수명의 판정 방법**

　㈎ 공구의 날끝 마모가 일정량에 도달했을 때

　㈏ 완성 가공면 또는 절삭 가공 직후 표면에 광택이 있는 색조나 반점이 생길 때

　㈐ 완성 가공된 치수의 변화가 일정한 허용 범위에 이르렀을 때

　㈑ 절삭 저항의 주분력에는 변화가 없으나 배분력 또는 이송 분력(횡분력)이 급격히 증가했을 때

(2) 절삭 공구 재료

① **탄소 공구강(STC)** : 탄소량이 0.6~1.5% 정도이고, 탄소량에 따라 1~7종으로 분류되며 1.0~1.3% C를 함유한 것이 많이 사용된다.

② **합금 공구강(STS)** : 탄소강에 합금 성분인 W, Cr, W-Cr 등을 1종 또는 2종을 첨가한 것으로 STS 3, STS 5, STS 11이 많이 사용된다.

③ **고속도강(SKH)**

　㈎ 대표적인 것으로 W 18-Cr 4-V 1이 있고, 표준 고속도강(HSS : 하이스)이라고도 한다.

　㈏ 600℃ 정도에서 경도의 변화가 있다.

④ **주조 경질 합금** : C-Co-Cr-W을 주성분으로 하며 스텔라이트라고도 한다.

⑤ **초경합금** : W, Ti, Ta, Mo, Co가 주성분이며 고온에서는 경도의 저하가 없다. 고속도강의 4배의 절삭 속도를 낼 수 있어 고속 절삭에 많이 사용된다.

⑥ **세라믹** : 세라믹은 무기질의 비금속 재료를 고온에서 소결한 것으로, 세라믹 공구로 절삭할 때는 선반에 진동이 없어야 하며 고속 경절삭에 적합하다.

참고

공구 재료의 구비 조건
- 피절삭재보다 굳고 인성이 있으며 내마멸성이 높아야 한다.
- 절삭 가공 중 온도 상승에 따른 경도 저하가 적어야 한다.
- 쉽게 원하는 모양으로 만들 수 있으며 가격이 낮아야 한다.

(3) 바이트

① 바이트 날의 손상 형태

대표적인 바이트 날의 손상 형태

날 손상 형태	날의 선단 그림	날 손상으로 생기는 현상
날의 결손 (치핑)		• 절삭면의 불량 현상이 생긴다. • 다듬질면 치수가 변한다. • 소리가 나고 진동이 생길 수 있다.
여유면 마모 (플랭크 마모)		• 불꽃이 생긴다. • 절삭 동력이 증가한다.
경사면 마모 (크레이터 마모)		• 칩의 꼬임이 작아져 가늘게 비산한다. • 칩의 색이 변하고 불꽃이 생긴다. • 시간이 경과하면 날의 결손이 생긴다.

(4) 절삭 칩

절삭 칩의 발생 원인 및 특징

칩의 모양	발생 원인	특 징
유동형	• 절삭 속도가 클 때 • 바이트 경사각이 클 때 • 점성이 있고 연한 재질일 때 • 절삭 깊이가 작고 윤활성이 좋은 절삭제를 사용할 때	• 칩이 바이트 경사면에 연속으로 흐른다. • 절삭면이 광활하고 날의 수명이 길다. • 연속된 칩은 작업에 지장을 주므로 적당히 처리한다(칩 브레이커 이용).
전단형	• 칩의 미끄러짐 간격이 유동형보다 클 때 • 경강이나 동합금의 절삭각이 크고 절삭 깊이가 클 때	• 칩이 약간 거칠게 전단되고 잘 부서진다. • 절삭력의 변동이 심하게 반복된다. • 다듬질면이 거칠다.
열단형	• 바이트가 재료를 뜯는 형태의 칩(경작형) • 극연강, Al 합금 등 점성이 큰 재료를 저속 절삭할 때	• 표면에서 긁어낸 것과 같은 칩이 나온다. • 다듬질면이 거칠고 잔류 응력이 크다. • 다듬질 가공에 매우 부적합하다.
균열형	• 메진 재료(주철 등)에 작은 절삭각으로 저속 절삭할 때	• 날이 절입되는 순간 균열이 일어나고 정상적인 절삭이 일어나지 않으며, 절삭면에도 균열이 생긴다. • 절삭력의 변동이 크고 다듬질면이 거칠다.

① **절삭 칩의 생성** : 절삭 칩은 공구의 모양, 일감의 재질, 절삭 속도와 깊이, 절삭 유제의 사용 유무 등에 따라 모양이 달라진다.

② **칩 브레이커(chip breaker)** : 칩이 끊어지지 않고 연속적으로 발생하면 가공물에 휘말려 표면과 바이트를 상하게 하고, 절삭유의 공급 및 절삭 가공을 방해하는데, 이를 방지하기 위해 칩을 인위적으로 **짧게 끊어지도록** 하는 것이다.

(5) 구성 인선

① **구성 인선(built up edge)** : 연강, 스테인리스강, 알루미늄처럼 바이트 재료와 친화성이 강한 재료를 절삭할 때, 절삭된 칩의 일부가 날끝에 부착되면서 매우 굳은 퇴적물이 되어 절삭 날 구실을 하는 것을 말한다.

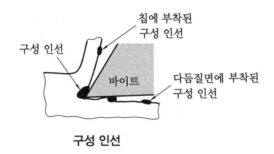

구성 인선

② **발생 주기** : 발생 – 성장 – 분열 – 탈락의 과정을 반복하면서 $\frac{1}{10} \sim \frac{1}{200}$초로 주기적으로 반복하여 발생한다.

③ **장단점**

  ㈎ 표면의 변질층이 깊어지고, 치수가 잘 맞지 않으며 다듬질면을 나쁘게 한다.

  ㈏ 날끝의 마모가 크기 때문에 공구의 수명을 단축한다.

  ㈐ 날끝을 싸서 날을 보호하며 경사각을 크게 하여 절삭열의 발생을 감소시킬 수 있다.

④ **구성 인선의 방지 대책**

  ㈎ 바이트의 윗면 경사각을 30° 이상 크게 한다.

  ㈏ 절삭 속도를 120 m/min 이상 크게 한다.

  ㈐ 윤활성이 좋은 절삭유를 사용한다.

  ㈑ 이송 속도를 줄인다.

  ㈒ 세라믹 공구를 사용한다.

  ㈓ 절삭 깊이를 작게 하고, 바이트의 날끝을 예리하게 한다.

4 절삭유 및 윤활제

(1) 절삭유

① **냉각 작용** : 절삭 공구와 일감의 온도 상승을 방지한다.

② **윤활 작용** : 공구 날의 윗면과 칩 사이의 마찰을 감소시킨다.

③ **세척 작용** : 칩을 씻는다.

④ 절삭 저항을 감소시키고 공구 수명을 연장한다.

⑤ 다듬질면의 상처를 방지하므로 다듬질면이 좋아진다.

⑥ 일감의 열팽창 방지로 가공물의 치수 정밀도가 좋아진다.

⑦ 칩의 흐름이 좋아지기 때문에 절삭 작용을 쉽게 한다.

⑧ **절삭유의 구비 조건**

㈎ 칩 분리가 용이하여 회수하기 쉬워야 한다.

㈏ 기계에 녹이 슬지 않아야 하며 위생상 해롭지 않아야 한다.

(2) 윤활제

① **윤활제** : 윤활 작용은 고체 마찰을 유체 마찰로 바꾸어 동력 손실을 줄이기 위한 것이며, 이때 사용하는 것이 윤활제이다.

② **윤활제의 구비 조건**

㈎ 양호한 유성을 가진 것으로 카본 생성이 적어야 한다.

㈏ 금속의 부식성이 적고 열이나 산에 강해야 한다.

㈐ 열전도성이 좋고 내하중성이 커야 한다.

㈑ 온도 변화에 따른 점도 변화가 작아야 한다.

㈒ 가격이 저렴하고 적당한 점성이 있어야 한다.

○ **참고** ○

• 윤활제의 급유 방법에는 강제 급유법, 핸드 급유법, 적하 급유법, 오일 링 급유법, 담금 급유법, 분무 급유법, 패드 급유법 등이 있다.

예 | 상 | 문 | 제

1. 연삭액의 구비 조건으로 틀린 것은?

① 거품 발생이 많을 것
② 냉각성이 우수할 것
③ 인체에 해가 없을 것
④ 화학적으로 안정될 것

해설 절삭유에 거품 발생이 없어야 한다.

2. 서멧(cermet) 공구를 제작하는 가장 적합한 방법은?

① WC(텅스텐 탄화물)을 Co로 소결
② Fe에 Co를 가한 소결 초경합금
③ 주성분이 W, Cr, Co, Fe로 된 주조 합금
④ Al_2O_3 분말에 TiC 분말을 혼합 소결

해설 서멧

• 내마모성과 내열성이 높은 Al_2O_3 분말 70%에 TiC 또는 TiN 분말을 30% 정도 혼합 소결하여 만든다.
• 크레이터 마모, 플랭크 마모가 적어 공구 수명이 길다.
• 구성 인선이 거의 없으나 치핑이 생기기 쉬운 단점이 있다.

3. 절삭 공구의 구비 조건으로 틀린 것은?

① 고온 경도가 높아야 한다.
② 내마모성이 좋아야 한다.
③ 마찰계수가 작아야 한다.
④ 충격을 받으면 파괴되어야 한다.

해설 절삭 공구는 피절삭재보다 굳고 인성이 있어 외부 충격에도 잘 견뎌야 한다.

4. 공구가 회전하고 공작물은 고정되어 절삭하는 공작기계는?

① 선반(lathe)
② 밀링 머신(milling)
③ 브로칭 머신(broaching)
④ 형삭기(shaping)

해설 • 선반 : 공작물의 회전 운동과 바이트의 직선 이송 운동으로 원통 제품을 가공하는 기계
• 브로칭 머신 : 브로치 공구를 사용하여 표면 또는 내면을 절삭 가공하는 기계
• 형삭기 : 세이퍼나 플레이너, 슬로터에 의한 가공법으로 바이트 또는 공작물의 직선 왕복 운동과 직선 이송 운동으로 절삭하는 기계

5. 선반 작업에서 공구에 발생하는 절삭 저항이 가장 작은 분력은?

① 내분력
② 이송 분력
③ 주분력
④ 배분력

해설 절삭 저항의 3분력
주분력 > 배분력 > 이송 분력

6. 바이트 중 날과 자루(shank)를 같은 재질로 만든 것은?

① 스로 어웨이 바이트
② 클램프 바이트
③ 팁 바이트
④ 단체 바이트

해설 바이트의 구조에 따른 종류
• 클램프 바이트 : 팁을 홀더에 조립하여 사용하는 바이트(인서트 바이트, 스로 어웨이 바이트)

- 팁 바이트 : 초경합금(팁)을 자루에 용접하여 사용하는 바이트
- 단체 바이트 : 날과 자루를 같은 재질로 만든 바이트

7. 빌트업 에지(bulit-up edge)의 발생을 방지하는 대책으로 옳은 것은?

① 바이트의 윗면 경사각을 작게 한다.
② 절삭 깊이와 이송 속도를 크게 한다.
③ 피가공물과 친화력이 많은 공구 재료를 선택한다.
④ 절삭 속도를 높이고 절삭유를 사용한다.

해설 빌트업 에지의 방지 대책
- 바이트의 윗면 경사각을 크게 한다.
- 절삭 깊이와 이송 속도를 작게 한다.
- 절삭 속도를 높이고 절삭유를 사용한다.
- 피가공물과 친화력이 적은 공구 재료를 사용한다.

8. 선삭에서 바이트의 윗면 경사각을 크게 하고 연강 등 연한 재질의 공작물을 고속 절삭할 때 생기는 칩(chip)의 형태는?

① 유동형
② 전단형
③ 열단형
④ 균열형

해설 유동형 칩 발생 원인
- 연신율이 크고 소성 변형이 잘되는 재료를 사용할 때
- 바이트 윗면 경사각이 클 때
- 절삭 속도가 클 때
- 절삭 깊이가 작을 때
- 윤활성이 좋은 절삭유를 사용할 때

9. 공작기계에서 절삭을 위한 세 가지 기본 운동에 속하지 않는 것은?

① 절삭 운동
② 이송 운동
③ 회전 운동
④ 위치 조정 운동

해설 공작기계의 기본 운동
- 절삭 운동 : 절삭 시 칩의 길이 방향으로 절삭 공구가 움직이는 운동
- 이송 운동 : 공작물과 절삭 공구가 절삭 방향으로 이송되는 운동
- 위치 조정 운동 : 공구와 공작물 간의 절삭 조건에 따라 절삭 깊이 조정 및 일감, 공구를 설치 및 제거하는 운동

10. 특정한 제품을 대량 생산할 때 적합하지만 사용 범위가 한정되며 구조가 간단한 공작기계는?

① 범용 공작기계
② 전용 공작기계
③ 단능 공작기계
④ 만능 공작기계

해설
- 범용 공작기계 : 일반 공작기계로 다양한 작업이 가능한 기계
- 단능 공작기계 : 한 가지 간단한 작업만 할 수 있는 기계
- 만능 공작기계 : 한 대의 기계로 다양한 작업을 할 수 있도록 제작된 기계

11. 절삭 온도와 절삭 조건에 관한 내용으로 틀린 것은?

① 절삭 속도를 증대하면 절삭 온도는 상승한다.
② 칩의 두께를 크게 하면 절삭 온도가 상승한다.
③ 절삭 온도는 열팽창 때문에 공작물 가공 치수에 영향을 준다.

④ 열전도율 및 비열값이 작은 재료가 일반
적으로 절삭이 용이하다.

해설 • 절삭 속도가 빨라지거나 칩의 두께를
크게 하면 절삭 온도가 상승한다.
• 절삭 온도가 상승하면 열팽창 때문에 공작
물 가공 치수에 영향을 준다.
• 열전도율 및 비열값이 큰 재료가 절삭이 용
이하다.

12. 가공물을 절삭할 때 발생하는 칩의 형태
에 미치는 영향이 가장 작은 것은?
① 공작물의 재질
② 절삭 속도
③ 윤활유
④ 공구의 모양

해설 가공물을 절삭할 때 발생하는 칩의 형
태는 공작물의 재질, 절삭 속도, 공구의 모
양, 절삭 깊이 등에 따라 달라진다.

13. 선반 가공에서 $\phi 100 \times 400$인 SM45C 소재
를 절삭 깊이 3mm, 이송 속도 0.2mm/rev,
주축 회전수 400rpm으로 1회 가공할 때,
가공 소요시간은 약 몇 분인가?
① 2 　　　　② 3
③ 5 　　　　④ 7

해설 $T=\dfrac{L}{Nf}\times i=\dfrac{400}{400\times 0.2}\times 1=5$분

14. 마찰면이 넓은 부분 또는 시동 횟수가 많
을 때 사용하며 저속 및 중속축의 급유에
사용되는 급유 방법은?
① 담금 급유법
② 패드 급유법
③ 적하 급유법
④ 강제 급유법

해설 • 담금 급유법 : 마찰면 전체을 윤활유
속에 잠기도록 급유하는 방법
• 패드 급유법 : 패드의 일부를 기름통에 담
가 저널 아랫면에 모세관 현상으로 급유하
는 방법
• 강제 급유법 : 고속 회전에 베어링 냉각 효
과를 원할 때 대형 기계에 자동으로 급유하
는 방법

15. 절삭제의 사용 목적과 거리가 먼 것은?
① 공구의 온도 상승 저하
② 가공물의 정밀도 저하 방지
③ 공구 수명 연장
④ 절삭 저항의 증가

해설 절삭제는 절삭 공구와 칩 사이의 마찰
인 절삭 저항을 감소시키기 위해 사용한다.

16. 공작물을 절삭할 때 절삭 온도의 측정 방
법으로 틀린 것은?
① 공구 현미경에 의한 측정
② 칩의 색깔에 의한 측정
③ 열량계에 의한 측정
④ 열전대에 의한 측정

해설 절삭 온도 측정 방법
• 칩의 색깔에 의한 측정
• 열량계(칼로리미터)에 의한 측정
• 공구에 열전대를 삽입하여 측정
• 복사 고온계에 의한 측정

17. 선반 가공에서 지름이 102mm인 환봉
을 300rpm으로 가공할 때 절삭 저항력
이 981N이었다. 이때 선반의 절삭 효율을
75%라 하면 절삭 동력은 약 몇 kW인가?
① 1.4 　　　　② 2.1
③ 3.6 　　　　④ 5.4

[해설] $V = \dfrac{\pi DN}{1000} = \dfrac{\pi \times 102 \times 300}{1000}$

$\qquad \fallingdotseq 96\,\mathrm{m/min}$

$\therefore\ H = \dfrac{PV}{1000 \times 60 \times \eta}$

$\qquad = \dfrac{981 \times 96}{1000 \times 60 \times 0.75}$

$\qquad \fallingdotseq 2.1\,\mathrm{kW}$

18. 절삭 공구의 수명 판정 방법으로 거리가 먼 것은?

① 날의 마멸이 일정량에 도달했을 때
② 완성된 공작물의 치수 변화가 일정량에 도달했을 때
③ 가공면 또는 절삭한 직후 표면에 광택이 있는 무늬 또는 점들이 생길 때
④ 절삭 저항의 주분력, 배분력, 이송 분력이 급격히 저하되었을 때

[해설] 절삭 공구의 수명 판정 방법
• 가공 후 표면에 광택이 있는 색조, 무늬 또는 반점이 발생할 때
• 공구의 날끝 마모가 일정량에 도달했을 때
• 완성 가공된 치수 변화가 일정량에 도달했을 때
• 주분력에는 변화가 없더라도 이송 분력, 배분력이 급격히 증가할 때

19. 절삭 가공을 할 때 절삭 조건 중 가장 영향을 적게 미치는 것은?

① 가공물의 재질
② 절삭 순서
③ 절삭 깊이
④ 절삭 속도

[해설] 절삭 가공 시 영향을 주는 절삭 조건
절삭 속도, 이송 속도, 절삭 깊이, 공작물의 재질, 공구각, 절삭 넓이

20. 공작물의 표면 거칠기와 치수 정밀도에 영향을 미치는 요소로 거리가 먼 것은?

① 절삭유
② 절삭 깊이
③ 절삭 속도
④ 칩 브레이커

[해설] • 절삭 조건 : 절삭 속도, 이송 속도, 절삭 깊이, 절삭제 등의 영향을 받는다.
• 칩 브레이커 : 유동형 칩이 짧게 끊어지도록 바이트의 날끝에 만드는 안전장치이다.

21. 크레이터 마모에 관한 설명 중 틀린 것은?

① 유동형 칩에서 가장 뚜렷이 나타난다.
② 절삭 공구의 윗면 경사각이 오목하게 파여지는 현상이다.
③ 크레이터 마모를 줄이려면 경사면 위의 마찰계수를 감소시킨다.
④ 처음에는 빠른 속도로 성장하다가 어느 정도 크기에 도달하면 느려진다.

[해설] 크레이터 마모
• 칩에 의해 공구의 경사면이 움푹 파여지는 마모를 말한다.
• 칩의 색이 변하고 불꽃이 생긴다.
• 시간이 경과하면서 날의 결손이 생긴다.
• 가공이 진행될수록 마모의 성장이 급격히 많아진다.

22. 절삭 공구 재료 중 소결 초경합금에 대한 설명으로 옳은 것은?

① 진동과 충격에 강하며 내마모성이 크다.
② Co, W, Cr 등을 주조하여 만든 합금이다.
③ 충분한 경도를 얻기 위해 질화법을 사용한다.
④ W, Ti, Ta 등의 탄화물 분말을 Co 결합제로 소결한 것이다.

[정답] 18. ④　19. ②　20. ④　21. ④　22. ④

해설 초경합금은 W, Ti, Ta 등의 탄화물 분말을 Co 결합제로 1400℃ 이상에서 소결시킨 것으로, 경도가 높고 내마모성과 취성이 크다.

23. 칩 브레이커에 대한 설명으로 옳은 것은?

① 칩의 한 종류로서 조각난 칩의 형태를 말한다.
② 스로 어웨이(throw away) 바이트의 일종이다.
③ 연속적인 칩의 발생을 억제하기 위한 칩 절단장치이다.
④ 인서트 팁 모양의 일종으로 가공 정밀도를 위한 장치이다.

해설 칩 브레이커 : 유동형 칩이 공구, 공작물, 공작기계(척) 등과 서로 엉키는 것을 방지하기 위해 칩이 짧게 끊어지도록 만든 안전장치이다.

24. 절삭 속도 150m/min, 절삭 깊이 8mm, 이송 0.25mm/rev로 75mm 지름의 원형 단면봉을 선삭할 때 주축의 회전수(rpm)는?

① 160   ② 320
③ 640   ④ 1280

해설 $N = \dfrac{1000V}{\pi D} = \dfrac{1000 \times 150}{\pi \times 75}$

$\fallingdotseq 640 \,\mathrm{rpm}$

25. 피복 초경합금으로 만들어진 절삭 공구의 피복 처리 방법은?

① 탈탄법
② 경남땜법
③ 점용접법
④ 화학 증착법

해설 피복 초경합금은 초경합금의 모재 위에 내마모성이 우수한 물질을 5~10μm 얇게 피복한 것으로, 물리적 증착법(PVD)과 화학적 증착법(CVD)을 행하여 고온에서 증착된다.

26. 유막에 의해 마찰면이 완전히 분리되어 윤활의 가장 정상적인 상태를 말하는 것은?

① 경계 윤활
② 고체 윤활
③ 극압 윤활
④ 유체 윤활

해설 유체 윤활 : 마찰면 사이에 유막이 형성되어 두 면이 완전히 분리된 상태로 상대운동을 하는 가장 정상적인 상태이다.

27. 윤활제의 급유 방법으로 틀린 것은?

① 강제 급유법
② 적하 급유법
③ 진공 급유법
④ 핸드 급유법

해설 윤활제의 급유 방법 : 강제 급유법, 핸드 급유법, 적하 급유법, 오일 링 급유법, 담금 급유법, 분무 급유법, 패드 급유법 등이 있다.

28. 절삭 공구의 절삭면에 평행하게 마모되는 현상은?

① 치핑(chiping)
② 플랭크 마모(flank wear)
③ 크레이터 마모(creater wear)
④ 온도 파손(temperature failure)

해설 플랭크 마모는 주철과 같이 분말상 칩이 생길 때 주로 발생하며, 소리가 나고 진동이 생길 수 있다.

29. 절삭 공작기계가 아닌 것은?

① 선반
② 연삭기
③ 플레이너
④ 굽힘 프레스

해설 굽힘 프레스는 굽힘 가공에 사용하는 공작기계로, 소성 가공 기계에 속한다.

30. 산화 알루미늄(Al_2O_3) 분말을 주성분으로 마그네슘(Mg), 규소(Si) 등의 산화물과 소량의 다른 원소를 첨가하여 소결한 절삭 공구의 재료는?

① CBN
② 서멧
③ 세라믹
④ 다이아몬드

해설 세라믹은 고온에서 경도가 높아 고속 절삭이 가능하나 충격에 약하다.

31. 절삭 공구 재료 중 합금 공구강에 대한 설명으로 틀린 것은?

① 탄소 공구강에 비해 절삭성이 우수하다.
② 저속 절삭용, 총형 절삭용으로 사용된다.
③ 탄소 공구강에 Ni, Co 등의 원소를 첨가한 강이다.
④ 경화능을 개선하기 위해 탄소 공구강에 소량의 합금 원소를 첨가한 강이다.

해설 합금 공구강은 탄소 공구강의 결점인 담금질 효과, 고온 경도를 개선하기 위해 Cr, W, Mo, Ni, V를 첨가한 강이다.

32. TiC 입자를 Ni 혹은 Ni과 Mo을 결합제로 소결한 것으로, 구성 인선이 거의 발생하지 않아 공구 수명이 긴 절삭 공구 재료는?

① 서멧   ② 고속도강
③ 초경합금   ④ 합금 공구강

해설 서멧(cermet) : 세라믹(ceramic)과 메탈(metal)의 합성어로, 세라믹은 Al_2O_3 분말에 TiC 입자를 Ni 혹은 Ni과 Mo를 결합제로 소결한 것이다.

33. 지름 75mm인 탄소강을 절삭 속도 150 m/min으로 가공하고자 한다. 가공 길이 300mm, 이송 0.2mm/rev로 할 때 1회 가공 시 가공 시간은 약 얼마인가?

① 2.4분   ② 4.4분
③ 6.4분   ④ 8.4분

해설 $N = \dfrac{1000V}{\pi D} = \dfrac{1000 \times 150}{\pi \times 75}$

$\fallingdotseq 637\,rpm$

$\therefore T = \dfrac{L}{Nf} \times i = \dfrac{300}{637 \times 0.2} \times 1$

$\fallingdotseq 2.4분$

34. W, Cr, V, Co 등의 원소를 함유하는 합금강으로 600℃까지 고온 경도를 유지하는 공구 재료는?

① 고속도강
② 초경합금
③ 탄소 공구강
④ 합금 공구강

해설 • 초경합금 : W, Ti, Ta, Mo, Co가 주성분이며 고속 절삭에 많이 사용된다.
• 탄소 공구강 : 탄소량이 0.6~1.5% 정도이며 탄소량에 따라 1~7종으로 분류한다.
• 합금 공구강 : 탄소강에 합금 성분인 W, Cr, W-Cr 등을 1종 또는 2종을 첨가한 것으로 STS 3, STS 5, STS 11이 많이 사용된다.

정답 30. ③ 31. ③ 32. ① 33. ① 34. ①

35. 윤활제의 구비 조건으로 틀린 것은?

① 사용 상태에 따라 점도가 변할 것
② 산화나 열에 대해 안정성이 높을 것
③ 화학적으로 불활성이며 깨끗하고 균질할 것
④ 한계 윤활 상태에서 견딜 수 있는 유성이 있을 것

해설 윤활제의 구비 조건
• 열이나 산에 강해야 한다.
• 금속의 부식성이 적어야 한다.
• 열전도가 좋고 내하중성이 커야 한다.
• 가격이 저렴하고 적당한 점성이 있어야 한다.
• 온도 변화에 따른 점도 변화가 작아야 한다.
• 양호한 유성을 가진 것으로 카본 생성이 적어야 한다.

36. 선반에서 지름 100mm의 저탄소 강재를 이송 0.25mm/rev, 길이 50mm로 2회 가공했을 때 소요된 시간이 80초라면 회전수는 약 몇 rpm인가?

① 150   ② 300
③ 450   ④ 600

해설 80초 ≒ 1.33분

$$T = \frac{L}{Nf} i, \ N = \frac{L}{Tf} i$$

$$\therefore \ N = \frac{L}{Tf} \times i = \frac{50}{1.33 \times 0.25} \times 2$$

$$\approx 300 \, rpm$$

37. 절삭유를 사용함으로써 얻을 수 있는 효과가 아닌 것은?

① 공구 수명 연장 효과
② 구성 인선 억제 효과
③ 가공물 및 공구의 냉각 효과
④ 가공물의 표면 거칠기값 상승 효과

해설 절삭 저항으로 인한 공구 및 공작물의 변형을 줄여 원하는 치수 공차와 표면 거칠기를 얻을 수 있다.

38. 가공 능률에 따라 공작기계를 분류할 때 가공할 수 있는 기능이 다양하고, 절삭 및 이송 속도의 범위가 크기 때문에 제품에 맞추어 절삭 조건을 선정해서 가공할 수 있는 공작기계는?

① 단능 공작기계
② 만능 공작기계
③ 범용 공작기계
④ 전용 공작기계

해설 범용 공작기계 : 선반, 수평 밀링, 레이디얼 드릴링 머신 등

39. 윤활유의 사용 목적이 아닌 것은?

① 냉각   ② 마찰
③ 방청   ④ 윤활

해설 윤활제는 윤활작용, 냉각작용, 밀폐작용, 청정작용을 목적으로 한다.

40. 구성 인선의 방지 대책으로 틀린 것은?

① 경사각을 작게 할 것
② 절삭 깊이를 적게 할 것
③ 절삭 속도를 빠르게 할 것
④ 절삭 공구의 인선을 날카롭게 할 것

해설 구성 인선의 방지 대책
• 바이트의 윗면 경사각을 크게 한다.
• 절삭 깊이와 이송 속도를 작게 한다.
• 절삭 속도를 높이고 절삭유를 사용한다.

41. 절삭 공구에서 크레이터 마모(crater wear)의 크기가 증가할 때 나타나는 현상이 아닌 것은?

① 구성 인선(built up edge)이 증가한다.
② 공구의 윗면 경사각이 증가한다.
③ 칩의 곡률 반지름이 감소한다.
④ 날끝이 파괴되기 쉽다.

해설 크레이터 마모의 크기 증가로 나타나는 현상
• 칩의 꼬임이 작아지므로 가늘게 비산한다.
• 칩의 색이 변하고 불꽃이 생긴다.
• 시간이 경과하면 날의 결손이 생긴다.
• 칩에 의해 공구의 경사면이 움푹 패이는 마모가 생긴다.

42. 다음 중 수용성 절삭유에 속하는 것은?
① 유화유
② 혼성유
③ 광유
④ 동식물유

해설 수용성 절삭유
• 광물성유를 화학적으로 처리하여 사용하며, 점성이 낮고 비열이 커서 냉각 효과가 크므로 고속 절삭 및 연삭 가공액으로 많이 사용한다.
• 유화유는 광유에 비눗물을 첨가하여 유화한 것이다.

43. 고속도강 절삭 공구를 사용하여 저탄소 강재를 절삭할 때 가장 일반적인 구성 인선(built-up edge)의 임계 속도(m/min)는?
① 50
② 120
③ 150
④ 170

해설 절삭 속도를 크게 120 mm/min 이상으로 한다.

2-2 선반 가공

1 선반의 종류 및 구조

(1) 선반의 종류

선반은 공작물을 주축에 고정하여 회전하고 있는 동안 바이트에 이송을 주어 안지름·바깥지름 절삭, 보링, 단면 절삭, 나사 절삭 등의 가공을 하는 공작기계이다.

선반의 종류 및 특징

종 류	특 징
보통 선반	가장 기본이 되고 대표적인 선반으로 베드, 왕복대, 심압대, 이송기구 등으로 구성되어 있다.
탁상 선반	작업대 위에 설치하여 사용하는 소형 선반으로, 구조가 간단하여 시계 부품, 계기류 등 소형 부품을 가공한다.
모방 선반	제품과 동일한 모양의 형판에 공구대가 자동으로 이동하면서 형판과 같은 윤곽으로 절삭하는 선반이다.
터릿 선반	보통 선반의 심압대 대신 여러 개의 공구를 방사상으로 설치하여 공정 순서대로 공구를 사용할 수 있도록 되어 있다.
수직 선반	주축이 수직으로 되어 있으며, 대형이나 지름이 크고 길이가 짧은 일감의 가공에 사용한다.
공구 선반	절삭 공구 또는 공구의 가공에 사용되는 정밀도가 높은 선반으로 테이퍼 깎기 장치, 릴리빙 장치가 부속되어 있다.
자동 선반	터릿 선반을 개조한 것으로 대량 생산에 적합하며, 공작물의 고정과 제거까지 자동으로 한다.
정면 선반	지름이 크고 길이가 짧은 가공물의 정면을 가공하는데, 길이가 짧고 심압대가 없는 경우가 많다.
차축 선반	주로 철도 차량의 차축을 가공하는 선반으로, 주축대를 마주 세워 놓은 구조이다.
차륜 선반	철도 차량의 차륜 바깥 둘레를 절삭하는 선반이다.

(2) 선반의 구조

① **주축대** : 선반의 가장 중요한 부분으로, 공작물을 지지하고 회전 및 동력을 전달하는 일련의 기어 기구로 구성되어 있다.

② **왕복대** : 공구를 부착시켜 베드 위를 전후 또는 좌우로 이송하며 공작물을 절삭하는 부분으로, 새들과 에이프런으로 구성되어 있다.

③ **베드** : 주축대, 왕복대, 심압대 등 주요 부분을 지지하는 곳이다. 베드의 재질로 고급 주철, 칠드 주철 또는 미하나이트 주철, 구상흑연주철을 많이 사용한다.

④ **심압대** : 오른쪽 베드 위에 있으며 작업 내용에 따라 좌우로 움직인다.

⑤ **이송 장치** : 왕복대의 자동 이송이나 나사 절삭 시 적당한 회전수를 얻기 위해 주축에서 운동을 전달받아 이송축 또는 리드 스크루까지 전달하는 장치이다.

(3) 선반의 크기

① **스윙** : 베드상의 스윙 및 왕복대상의 스윙을 말하는 것으로, 물릴 수 있는 공작물의 최대 지름을 말한다. 스윙은 센터와 베드면과의 거리의 2배이다.

② **양 센터 간 최대 거리** : 주축 쪽(라이브) 센터와 심압대 쪽(데드) 센터 간의 거리로, 물릴 수 있는 공작물의 최대 길이를 말한다.

(4) 선반의 부속장치

① **면판**

㈎ 척을 떼어내고 부착하는 것으로, 공작물의 모양이 불규칙하거나 척에 물릴 수 없을 때 사용한다.

㈏ 엘보 가공 시 많이 사용하며, 반드시 밸런스를 맞추는 다른 공작물을 설치해야 한다.

㈐ 공작물 고정 시 앵글 플레이트와 볼트를 사용한다.

② **센터**

㈎ 주축에 끼우는 센터를 회전 센터, 심압축에 끼우는 센터를 정지 센터라 한다.

㈏ 보통 60°의 각도가 사용되나 중량이 큰 대형 공작물에는 75°, 90°가 사용된다.

㈐ 센터는 자루 부분이 모스 테이퍼로 되어 있으며 모스 테이퍼는 0~7번까지 있다.

③ **회전판** : 회전판은 양 센터 작업 시 사용하는 것으로, 일감을 돌리개에 고정시키고 회전판에 끼워서 작업한다.

④ **돌리개** : 돌리개는 양 센터 작업 시 사용하는 것으로 굽은 돌리개를 가장 많이 사용한다.

⑤ **심봉(맨드릴)**

㈎ 정밀한 구멍과 직각인 단면을 깎을 때, 바깥지름과 구멍에 동심원이 필요할 때 사용한다.

㈏ 표준 심봉의 테이퍼값은 $\frac{1}{100} \sim \frac{1}{1000}$ 정도이며, 호칭은 작은 쪽의 지름으로 한다.

⑥ **척의 종류와 특징**

㈎ 단동척
- 강력 조임에 사용하며, 조가 4개 있어 4번 척이라고도 한다.
- 원, 사각, 팔각 조임 시 용이하며, 편심 가공 시 편리하다.
- 조가 각자 움직이며, 중심을 잡는 데 시간이 걸린다.
- 가장 많이 사용한다.

㈏ 연동척(만능 척)
- 조가 3개이며 3번 척, 스크롤 척이라 한다.
- 조 3개가 동시에 움직이므로 중심을 잡기 편리하다.
- 원, 3각봉, 6각봉 가공에 사용한다.

㈐ 마그네틱 척(전자 척, 자기 척)
- 직류 전기를 이용한 자화면으로 필수 부속장치는 탈자기장치이다.
- 강력 절삭이 곤란하다.
- 사용 전력은 200~400W이다.

㈑ 공기 척
- 공기 압력을 이용하므로 조의 개폐가 신속하여 일감의 고정이 빠르다.
- 균일한 힘으로 일감을 고정하며, 운전 중에도 작업이 가능하다.

㈒ 콜릿 척
- 터릿 선반이나 자동 선반에 사용한다.
- 지름이 작은 일감에 사용하며, 중심이 정확하고 원형재, 각봉재 작업이 가능하다.

⑦ **방진구** : 지름이 작고 긴 공작물을 절삭할 때 생기는 떨림을 방지하기 위한 장치이며, 지름에 비해 길이가 20배 이상 길 때 사용한다.

㈎ 이동식 방진구 : 왕복대에 설치하여 왕복대와 같이 움직인다.

㈏ 고정식 방진구 : 베드면에 설치하여 공작물의 떨림을 방지한다.

㈐ 롤 방진구 : 고속 중절삭용으로 사용한다.

2 선반 작업

(1) 선반 작업의 종류

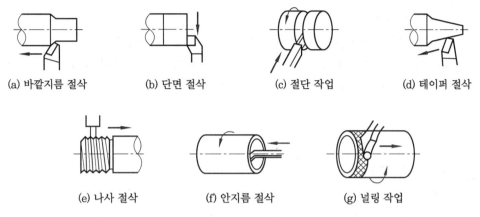

(a) 바깥지름 절삭   (b) 단면 절삭   (c) 절단 작업   (d) 테이퍼 절삭

(e) 나사 절삭   (f) 안지름 절삭   (g) 널링 작업

선반 작업의 종류

(2) 테이퍼 절삭

① **심압대 편위법**

㈎ 심압대를 선반의 길이 방향에서 직각 방향으로 편위시켜 절삭하는 방법이다.

㈏ 심압대를 작업자 앞으로 당기면 심압대축 쪽으로 가공 지름이 작아지고, 뒤로 밀면 주축대축 쪽으로 가공 지름이 작아진다.

㈐ 심압대를 편위시키는 방법은 공작물이 길고 테이퍼가 작을 때 사용한다.

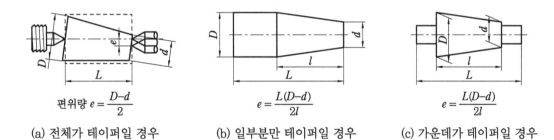

편위량 $e = \dfrac{D-d}{2}$ $e = \dfrac{L(D-d)}{2l}$ $e = \dfrac{L(D-d)}{2l}$

(a) 전체가 테이퍼일 경우   (b) 일부분만 테이퍼일 경우   (c) 가운데가 테이퍼일 경우

심압대 편위법에 의한 테이퍼 절삭

② **복식 공구대 이용법** : 테이퍼 각이 크고 길이가 짧을 때 사용한다.

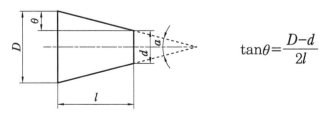

$$\tan\theta = \frac{D-d}{2l}$$

③ **테이퍼 절삭장치 이용법**

㈎ 정밀도가 가장 높고 자동 이송이 가능하다.

㈏ 안내장치를 왕복대와 연결하여 축 방향 이송 때 안내판을 따라 수직 방향으로 이송한다.

㈐ 공작물의 길이에 관계 없이 같은 테이퍼 가공이 가능하다.

④ **총형 바이트에 의한 방법** : 테이퍼용 총형 바이트를 이용하여 비교적 짧은 테이퍼 절삭을 하는 방법이다.

(3) 나사 절삭

① **나사 절삭의 원리**

㈎ 공작물이 1회전할 때 나사의 1피치 만큼 바이트를 이송한다.

㈏ 절삭되는 나사의 피치는 변환 기어의 잇수의 비에 의해 결정한다.

㈐ 주축의 회전이 중간축을 거쳐 리드 스크루에 전해지고, 에이프런의 하프너트에 의해 이송된다.

② **나사 가공을 할 때의 주의사항**

㈎ 나사 바이트의 윗면 경사각을 주면 나사산의 각도가 변하므로 경사각을 주지 않는다.

㈏ 바이트의 각도는 센터 게이지에 맞추어 정확히 연삭한다.

㈐ 바이트는 바이트 팁의 중심선이 나사축에 수직이 되도록 고정하여 설치한다.

㈑ 바이트 끝의 높이는 공작물의 중심선과 일치하도록 고정한다.

예 | 상 | 문 | 제

1. 길이가 짧고 지름이 큰 공작물을 절삭하는 데 사용하는 선반으로 면판을 구비하고 있는 것은?

① 수직 선반
② 정면 선반
③ 탁상 선반
④ 터릿 선반

해설 • 수직 선반 : 무겁고 지름이 큰 공작물을 절삭하는 데 적합하다.
• 탁상 선반 : 시계 부품이나 계기류 등 소형 부품을 절삭하는 데 적합하다.
• 터릿 선반 : 터릿에 여러 공구를 부착하여 다양하고 종합적인 가공을 하는 데 적합하다.

2. 다음 중 선반에서 가공할 수 있는 작업이 아닌 것은?

① 기어 절삭
② 테이퍼 절삭
③ 보링
④ 총형 절삭

해설 기어 절삭은 밀링 머신, 호빙 머신, 기어 셰이퍼 등에서 작업할 수 있다.

3. 선반의 심압대가 갖추어야 할 조건으로 틀린 것은?

① 베드의 안내면을 따라 이동할 수 있어야 한다.
② 센터는 편위시킬 수 있어야 한다.
③ 베드의 임의의 위치에서 고정할 수 있어야 한다.
④ 심압축은 중공으로 되어 있으며 끝부분은 내셔널 테이퍼로 되어 있어야 한다.

해설 끝부분은 모스 테이퍼로 되어 있어야 한다.

4. 선반 작업 시 절삭 속도의 결정 조건 중 거리가 가장 먼 것은?

① 가공물의 재질
② 바이트의 재질
③ 절삭유제의 사용 유무
④ 칼럼의 강도

해설 칼럼 : 밀링 설비의 기둥으로, 선반의 구조에 속하지 않으므로 절삭 속도의 결정과 관련이 없다.

5. 선반의 양 센터 작업에서 주축의 회전을 공작물에 전달하기 위해 사용되는 것은?

① 센터 드릴
② 돌리개
③ 면판
④ 방진구

해설 주축의 회전력을 공작물에 전달하는 장치를 돌리개라 하며 곧은 돌리개, 굽은 돌리개, 평행 돌리개 등이 있다.

6. 환봉을 황삭 가공하는 데 이송 0.1 mm/rev로 하려고 한다. 바이트 노즈 반지름이 1.5 mm라고 한다면 이론상 최대 표면 거칠기는?

① 8.3×10^{-4} mm
② 8.3×10^{-3} mm
③ 8.3×10^{-5} mm
④ 8.3×10^{-2} mm

해설 $H = \dfrac{f^2}{8r} = \dfrac{0.1^2}{8 \times 1.5} = 8.3 \times 10^{-4}$ mm

정답 1. ② 2. ① 3. ④ 4. ④ 5. ② 6. ①

7. 선반에서 나사 가공을 위한 분할 너트(half nut)는 어느 부분에 부착되어 사용하는가?

① 주축대   ② 심압대

③ 왕복대   ④ 베드

해설 분할 너트는 왕복대에 부착되며, 왕복대는 베드 위에 있고 새들, 에이프런, 하프 너트, 복식 공구대로 구성되어 있다.

8. 선반 가공에서 양 센터 작업에 사용되는 부속품이 아닌 것은?

① 돌림판   ② 돌리개

③ 맨드릴   ④ 브로치

해설 • 선반의 부속장치 : 돌림판, 돌리개, 맨드릴

• 브로치 : 브로칭 머신에 사용되는 공구로, 홈 등을 필요한 모양으로 절삭 가공하는 기계이다.

9. 척에 고정할 수 없으며 불규칙하거나 대형 또는 복잡한 가공물을 고정할 때 사용하는 선반 부속품은?

① 면판(face plate)

② 맨드릴(mandrel)

③ 방진구(work rest)

④ 돌리개(straight tail dog)

해설 면판

• 척을 떼어내고 부착하는 것으로 공작물의 모양이 불규칙하거나 척에 물릴 수 없을 때 사용한다.

• 밸런스를 맞추는 다른 공작물을 설치해야 하며, 공작물을 고정할 때 앵글 플레이트와 볼트를 사용한다.

10. 다음 중 센터 구멍의 종류로 옳은 것은 어느 것인가?

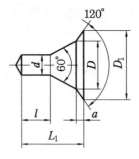

① A형   ② B형

③ C형   ④ D형

해설

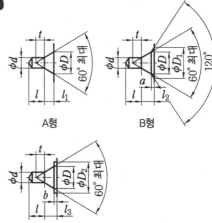

A형   B형

C형

11. 선반의 부속품 중 돌리개(dog)의 종류로 틀린 것은?

① 곧은 돌리개

② 브로치 돌리개

③ 굽은(곡형) 돌리개

④ 평행(클램프) 돌리개

해설 돌리개 : 주축의 회전력을 공작물에 전달하는 장치로 곧은 돌리개, 굽은 돌리개, 평행 돌리개 등이 있다.

12. 선반의 주축을 중공축으로 한 이유로 틀린 것은?

① 굽힘과 비틀림 응력을 강화하기 위하여
② 긴 가공물 고정이 편리하게 하기 위하여
③ 지름이 큰 재료의 테이퍼를 깎기 위하여
④ 무게를 감소시켜 베어링에 작용하는 하중을 줄이기 위하여

해설 주축을 중공축으로 하는 이유
- 긴 공작물의 고정이 편리하다.
- 베어링에 작용하는 하중을 줄여준다.
- 굽힘과 비틀림 응력에 강하다.
- 센터를 쉽게 분리할 수 있다.

13. 선반 가공에서 이동식 방진구에 대한 설명 중 틀린 것은?

① 베드의 윗면에 고정하여 사용한다.
② 왕복대의 새들에 고정시켜 사용한다.
③ 두 개의 조(jaw)로 공작물을 지지한다.
④ 바이트와 함께 이동하면서 공작물을 지지한다.

해설
- 이동식 방진구 : 왕복대에 설치하여 긴 공작물의 떨림을 방지한다(조의 수 : 2개).
- 고정식 방진구 : 베드면에 설치하여 긴 공작물의 떨림을 방지한다(조의 수 : 3개).

14. 터릿 선반의 설명으로 틀린 것은?

① 공구를 교환하는 시간을 단축할 수 있다.
② 가공 실물이나 모형을 따라 윤곽을 깎아낼 수 있다.
③ 숙련되지 않은 사람이라도 좋은 제품을 만들 수 있다.
④ 보통 선반의 심압대 대신 터릿대(turret carriage)를 놓는다.

해설 가공 실물이나 모형을 따라 윤곽을 깎아낼 수 있는 모방 절삭을 하는 선반은 모방 선반이다.

15. 선반 가공에 영향을 주는 조건에 대한 설명으로 틀린 것은?

① 이송이 증가하면 가공 변질층은 증가한다.
② 절삭각이 커지면 가공 변질층은 증가한다.
③ 절삭 속도가 증가하면 가공 변질층은 감소한다.
④ 절삭 온도가 상승하면 가공 변질층은 증가한다.

해설 절삭열은 대부분 칩에 의해 열의 형태로 소모되기 때문에 절삭 온도가 상승하면 가공 변질층은 감소한다.

16. 그림과 같은 공작물을 양 센터 작업에서 심압대를 편위시켜 가공할 때 편위량은? (단, 그림의 치수 단위는 mm이다.)

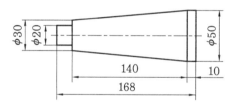

① 6mm　　　　② 8mm
③ 10mm　　　　④ 12mm

해설 $e = \dfrac{L(D-d)}{2l} = \dfrac{168 \times (50-30)}{2 \times 140}$

$= 12\,mm$

17. 선반에서 맨드릴(mandrel)의 종류가 아닌 것은?

① 갱 맨드릴
② 나사 맨드릴
③ 이동식 맨드릴
④ 테이퍼 맨드릴

해설 맨드릴의 종류에는 표준 맨드릴, 갱 맨드릴, 팽창 맨드릴, 나사 맨드릴, 테이퍼 맨드릴, 조립식 맨드릴이 있다.

18. 선반을 설계할 때 고려할 사항으로 틀린 것은?

① 고장이 적고 기계효율이 좋을 것
② 취급이 간단하고 수리가 용이할 것
③ 강력 절삭이 되고 절삭 능률이 클 것
④ 기계적 마모가 높고 가격이 저렴할 것

19. 선반의 주요 구조부가 아닌 것은?

① 베드   ② 심압대
③ 주축대   ④ 회전 테이블

해설 선반의 주요 4대 구성요소
주축대, 왕복대, 심압대, 베드

20. 선반에서 할 수 없는 작업은?

① 나사 가공
② 널링 가공
③ 테이퍼 가공
④ 스플라인 홈 가공

해설 스플라인 홈 가공은 밀링 머신이나 브로칭 머신에서 작업 가능하다.

21. 미끄러짐을 방지하기 위한 손잡이나 외관을 좋게 하기 위해 사용하는 다음 그림과 같은 선반 가공법은?

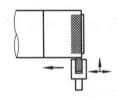

① 나사 가공   ② 널링 가공
③ 총형 가공   ④ 다듬질 가공

해설 널링 가공은 원형축 외면에 미끄러지지 않는 손잡이 부분을 만들기 위한 가공으로, 선반에서 작업한다.

22. 심압대의 편위량을 구하는 식으로 옳은 것은? (단, X : 심압대 편위량이다.)

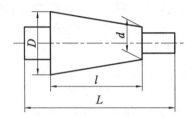

① $X = \dfrac{D-dL}{2l}$ ② $X = \dfrac{L(D-d)}{2l}$

③ $X = \dfrac{l(D-d)}{2L}$ ④ $X = \dfrac{2L}{(D-d)l}$

해설 • 가운데 또는 일부분이 테이퍼일 경우

$$X = \frac{L(D-d)}{2l}$$

• 전체가 테이퍼일 경우

$$X = \frac{L(D-d)}{2}$$

23. 선반의 가로 이송대에 4mm 리드로 100 등분 눈금의 핸들이 달려 있을 때 지름 38mm의 환봉을 지름 32mm로 절삭하려면 핸들의 눈금은 몇 눈금으로 돌리면 되겠는가?

① 35   ② 70
③ 75   ④ 90

해설 • 핸들의 1눈금 $= 4 \div 100 = 0.04\,$mm
• 절삭 깊이의 반지름 $= (38-32) \div 2 = 6 \div 2$
$$= 3\,\text{mm}$$
∴ 핸들의 눈금 $= 3 \div 0.04$
$$= 75\,눈금$$

24. 터릿 선반에 대한 설명으로 옳은 것은?

① 다수의 공구를 조합하여 동시에 순차적으로 작업이 가능한 선반이다.

정답 **18.** ④ **19.** ④ **20.** ④ **21.** ② **22.** ② **23.** ③ **24.** ①

② 지름이 큰 공작물을 정면 가공하기 위해 스윙을 크게 만든 선반이다.

③ 작업대 위에 설치하고 시계 부속 등 작고 정밀한 가공물을 가공하기 위한 선반이다.

④ 가공하고자 하는 공작물과 같은 실물이나 모형을 따라 공구대가 자동으로 모형과 같은 윤곽을 깎아내는 선반이다.

[해설] ② 정면 선반
③ 탁상 선반
④ 모방 선반

25. 선반에서 긴 가공물을 절삭할 경우 사용하는 방진구 중 이동식 방진구는 어느 부분에 설치하는가?

① 베드   ② 새들
③ 심압대   ④ 주축대

[해설] 이동식 방진구는 새들에 설치하고 고정식 방진구는 베드에 설치한다.

26. 4개의 조가 90° 간격으로 구성 배치되어 있으며, 보통 선반에서 편심 가공을 할 때 사용되는 척은?

① 단동척
② 연동척
③ 유압 척
④ 콜릿 척

[해설] 단동척
• 원, 사각, 팔각 조임 시 용이하여 가장 많이 사용한다.
• 조가 4개 있어 4번 척이라고도 한다.
• 조가 각각 움직이므로 중심을 잡는 데 시간이 걸린다.

27. 일반적인 보통 선반 가공에 관한 설명으로 틀린 것은?

① 바이트 절입량의 2배로 공작물의 지름이 작아진다.

② 이송 속도가 빠를수록 표면 거칠기가 좋아진다.

③ 절삭 속도가 증가하면 바이트의 수명이 짧아진다.

④ 이송 속도는 공작물의 1회전당 공구의 이동 거리이다.

[해설] 다듬질 절삭에서는 이송 속도를 느리게 하며, 이송 속도가 빠를수록 표면 거칠기는 거칠어진다.

28. 선반 작업 시 절삭 속도의 결정 조건으로 가장 거리가 먼 것은?

① 베드의 형상
② 가공물의 경도
③ 바이트의 경도
④ 절삭유의 사용 유무

[해설] 베드
• 골격(rib)이 있는 상자형의 주물로서 그 위에 주축대, 심압대, 왕복대 및 공작물 등을 지지한다.
• 절삭 운동의 저항 및 안내작용을 하는데 절삭 속도의 결정 조건과는 관계가 없다.

29. 나사를 1회전시킬 때 나사산이 축 방향으로 움직인 거리를 무엇이라 하는가?

① 각도(angle)
② 리드(lead)
③ 피치(pitch)
④ 플랭크(flank)

[해설] • 리드는 나사가 1회전했을 때 축 방향으로 이동한 거리이다.
• 리드(l)=줄수(n)×피치(p)

30. 선반의 나사 절삭 작업 시 나사의 각도를 정확히 맞추기 위해 사용하는 것은?

① 플러그 게이지
② 나사 피치 게이지
③ 한계 게이지
④ 센터 게이지

해설 센터 게이지 : 나사 바이트 각도 측정 및 선반에서 나사 절삭 작업 시 나사의 각도를 정확히 맞추기 위해 사용한다.

31. 선반에서 테이퍼의 각이 크고 길이가 짧은 테이퍼를 가공하기에 가장 적합한 방법은 어느 것인가?

① 백기어 사용 방법
② 심압대의 편위 방법
③ 복식 공구대를 경사시키는 방법
④ 테이퍼 절삭장치를 이용하는 방법

해설 테이퍼 절삭 방법
• 복식 공구대 사용 방법 : 각도가 크고 길이가 짧을 때
• 심압대의 편위 방법 : 공작물이 길고 테이퍼가 작을 때

32. 표준 맨드릴(mandrel)의 테이퍼값으로 적합한 것은?

① $\frac{1}{10} \sim \frac{1}{20}$ 정도
② $\frac{1}{50} \sim \frac{1}{100}$ 정도
③ $\frac{1}{100} \sim \frac{1}{1000}$ 정도
④ $\frac{1}{200} \sim \frac{1}{400}$ 정도

해설 표준 맨드릴은 테이퍼값이 $\frac{1}{100} \sim \frac{1}{1000}$ 정도이며, 작은 쪽의 지름을 호칭 치수로 한다.

33. NC 공작기계의 특징 중 거리가 가장 먼 것은?

① 다품종 소량 생산 가공에 적합하다.
② 가공 조건을 일정하게 유지할 수 있다.
③ 공구가 표준화되어 공구의 수를 증가시킬 수 있다.
④ 복잡한 형상의 부품 가공 능률화가 가능하다.

해설 NC 공작기계는 CNC나 범용 공작기계들과 절삭 공구의 호환이 가능하기 때문에 공구를 표준화할 수 있으며, 공구의 수도 줄일 수 있다.

34. NC 선반의 절삭 사이클 중 안·바깥지름 복합 반복 사이클에 해당하는 것은?

① G40 ② G50
③ G71 ④ G96

해설 • G40 : 공구 인선 반지름 보정 취소
• G50 : 공작물 좌표계 설정
• G96 : 절삭 속도 일정 제어

35. CNC 선반 프로그래밍에 사용되는 보조 기능 코드와 기능이 옳게 짝지어진 것은?

① M01 : 주축 역회전
② M02 : 프로그램 종료
③ M03 : 프로그램 정지
④ M04 : 절삭유 모터 가동

해설 • M01 : 선택적 프로그램 정지
• M03 : 주축 정회전(시계 방향)
• M04 : 주축 역회전(반시계 방향)

36. 200rpm으로 회전하는 스핀들에서 6회전 휴지(dwell) NC 프로그램으로 옳은 것은?

① G01 P1800 ;
② G01 P2800 ;

정답 30. ④ 31. ③ 32. ③ 33. ③ 34. ③ 35. ② 36. ③

③ G04 P1800 ;

④ G04 P2800 ;

> **[해설]** 60초 : 200회전＝x초 : 6회전
>
> 휴지시간(x)＝$\dfrac{60}{200}×6$＝1.8초
>
> ∴ NC 프로그램은 다음과 같다.
> - G04 X1.8 ;
> - G04 U1.8 ;
> - G04 P1800 ;

37. CNC 기계의 움직임을 전기적인 신호로 속도와 위치를 피드백하는 장치는?

① 리졸버(resolver)

② 컨트롤러(controller)

③ 볼 스크루(ball screw)

④ 패리티 체크(parity－check)

> **[해설]** 리졸버 : CNC 공작기계의 움직임을 전기적인 신호로 표시하는 일종의 회전 피드백 장치이다.

38. CNC 프로그램에서 보조 기능에 해당하는 어드레스는?

① F ② M

③ S ④ T

> **[해설]** • F : 이송 기능
> - S : 주축 기능
> - T : 공구 기능

39. CNC 선반에서 나사 절삭 사이클의 준비 기능 코드는?

① G02

② G28

③ G70

④ G92

> **[해설]** • G02 : 원호 보간(시계 방향)
> - G28 : 자동 원점 복귀
> - G70 : 다듬 절삭
> - G92 : 좌표계 설정(밀링), 나사 절삭(선반)

40. 서보 기구의 종류 중 구동 전동기로 펄스 전동기를 이용하며, 제어장치로 입력된 펄스 수만큼 움직이고 검출기나 피드백 회로가 없으므로 구조가 간단하며, 펄스 전동기의 회전 정밀도와 볼나사의 정밀도에 직접적인 영향을 받는 방식은?

① 개방회로 방식

② 폐쇄회로 방식

③ 반폐쇄회로 방식

④ 하이브리드 서보 방식

> **[해설]** 개방회로 방식

41. CNC 선반에 대한 설명으로 틀린 것은?

① 축은 공구대가 전후와 좌우의 2방향으로 이동하므로 2축을 사용한다.

② 휴지(dwell) 기능은 지정된 시간 동안 이송이 정지되는 기능을 의미한다.

③ 좌표치의 지령방식에는 절대지령과 증분지령이 있고, 한 블록에 2가지를 혼합하여 지령할 수 없다.

④ 테이퍼나 원호 절삭 시, 임의의 인선 반지름을 가지는 공구의 인선 반지름에 의한 가공 경로의 오차를 CNC 장치에서 자동으로 보정하는 인선 반지름 보정 기능이 있다.

> **[해설]** 좌푯값의 지령 방식
> 절대지령 방식, 증분지령 방식, 한 블록에 2가지를 혼합하여 지령하는 혼합지령 방식이 있다.

2-3 밀링 가공

1 밀링의 종류 및 구성

(1) 밀링 머신의 종류

① **니형 밀링 머신** : 칼럼의 앞면에 미끄럼면이 있고 칼럼을 따라 상하로 니(knee) 가 이동하며, 니 위를 새들과 테이블이 서로 직각 방향으로 이동할 수 있는 구조 이다.

⑺ 수평형 밀링 머신 : 주축이 칼럼에 수평으로 되어 있다.

⑷ 수직형 밀링 머신 : 주축이 테이블에 대하여 수직이며, 나머지는 수평형과 거 의 같다.

⒟ 만능형 밀링 머신 : 수평형과 유사하나 테이블이 45° 이상 회전하며, 주축 헤 드가 임의의 각도로 경사가 가능하다.

② **베드형 밀링 머신**

⑺ 생산형 밀링 머신이라고도 하는데 용도에 따라 수평식, 수직식, 수평 수직 겸 용식이 있다.

⑷ 사용 범위가 제한되지만 대량 생산에 적합한 밀링 머신이다.

③ **보링형 밀링 머신** : 구멍깎기(boring) 작업을 주로 하는 것으로, 보링 헤드에 보 링 바(bar)를 설치하고 여기에 바이트를 끼워 보링 작업을 한다.

④ **평삭형 밀링 머신** : 플레이너의 바이트 대신 밀링 커터를 사용한 것으로, 테이블 은 일정 속도로 저속 이송을 한다.

(2) 밀링의 구성

밀링은 크게 칼럼, 니, 새들, 오버 암, 테이블로 구성되어 있다.

① **칼럼(column)** : 밀링 머신의 본체로, 테이블의 상하 이동(Y축) 경로이다.

② **니(knee)** : 새들과 테이블을 지지하는 지지대로, 칼럼과 안내면을 따라 상하 이 동을 한다.

③ **새들(saddle)** : 새들은 테이블을 지지하며, 테이블의 전후 이동(Z축)을 담당한다.

④ **오버 암(over arm)** : 칼럼의 상부에 설치되어 있는 것으로, 플레인 밀링 커터용 아버(arbor)를 아버 서포터가 지지하고 있다.

⑤ **테이블** : 공작물을 직접 고정하는 부분이며, 새들 상부의 안내면에 장치되어 수 평면을 좌우로 이동한다.

(3) 밀링의 크기

① **테이블 이동 거리** : 테이블 이동 거리(전후×좌우×상하)를 번호로 표시하며, 전후 이동이 50 mm씩 증가함에 따라 번호가 1번씩 커진다.

② **테이블의 크기** : 테이블의 길이×폭

(4) 밀링의 부속장치

① **바이스** : 공작물을 테이블에 설치하기 위한 장치로 테이블의 T홈에 설치한다.

② **수직 밀링 장치** : 수평 밀링 머신이나 만능 밀링 머신의 주축단 칼럼면에 장치하여 밀링 커터축을 수직 상태로 사용한다.

③ **만능 밀링 장치** : 수평 밀링 머신이나 만능 밀링 머신에 설치하여 평면 절삭, 경사면 절삭, 랙 가공 등을 할 수 있다.

④ **슬로팅 장치** : 수평 밀링 머신이나 만능 밀링 머신의 주축 회전 운동을 직선 운동으로 변환하여 슬로터 작업을 할 수 있다.

⑤ **랙 밀링 장치** : 수평 밀링 머신이나 만능 밀링 머신의 주축단에 장치하여 기어 절삭을 하는 장치이다. 테이블의 선회 각도에 의해 45°까지 임의의 헬리컬 래크도 절삭 가능하다.

⑥ **랙 인디케이팅 장치** : 랙 가공 작업을 할 때 합리적인 기어열을 갖추어 변환 기어를 쓰지 않고도 모든 모듈을 간단하게 분할할 수 있다.

⑦ **회전 원형 테이블** : 가공물에 회전 운동이 필요할 때 사용하며, 가공물을 테이블에 고정하여 원호의 분할 작업, 연속 절삭 등 광범위하게 사용된다.

⑧ **기타 부속장치**

㈎ 아버(arbor) : 커터를 고정할 때 사용한다.

㈏ 어댑터(adapter)와 콜릿(collet) : 자루가 있는 커터를 고정할 때 사용한다.

2 밀링의 절삭 가공

(1) 밀링 커터의 종류

① **정면 커터(face cutter)** : 원주면에 날이 있고, 회전축과 평행하여 평면 가공, 강력 절삭을 할 수 있다.

② **엔드밀(end mill)** : 드릴이나 리머와 같이 일체의 자루를 가진 것으로 평면이나 구멍, 홈 등의 가공에 사용되며, 날수는 2날, 4날이 있다.

③ **메탈 소(metal saw)** : 절단, 홈 파기 등에 사용한다.

④ **더브테일 커터(dove tail cutter)** : 더브테일 홈 가공에 사용한다.

⑤ **총형 커터(formed cutter)** : 기어 가공, 드릴의 홈 가공, 리머, 탭 등의 형상 가공에 사용한다.

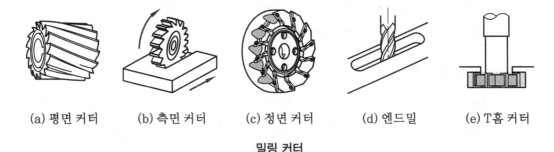

| (a) 평면 커터 | (b) 측면 커터 | (c) 정면 커터 | (d) 엔드밀 | (e) T홈 커터 |

밀링 커터

(2) 날의 각부 명칭

① **랜드** : 여유각에 의해 생기는 절삭날 여유면의 일부이다.
② **경사각** : 절삭날과 커터의 중심선과의 각도를 경사각이라 한다.
③ **여유각** : 커터의 날끝이 그리는 원호에 대한 접선과 여유면과의 각을 여유각이라 하며, 일반적으로 재질이 연한 것은 여유각을 크게, 단단한 것은 작게 한다.
④ **바깥둘레**
  ㈎ 커터의 절삭날 선단을 연결한 원호로, 밀링 커터의 지름을 측정하는 부분이다.
  ㈏ 정면 밀링 커터의 지름 D와 공작물의 너비 w와의 관계는 $\dfrac{D}{w} = \dfrac{5}{3} \sim \dfrac{3}{2}$ 정도로 하는 것이 좋다.

(3) 절삭 방법

① **상향 절삭** : 공구의 회전 방향과 공작물의 이송이 반대 방향인 경우
② **하향 절삭** : 공구의 회전 방향과 공작물의 이송이 같은 방향인 경우

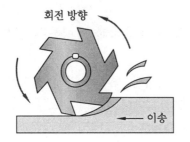
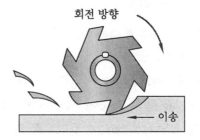

상향 절삭과 하향 절삭

상향 절삭과 하향 절삭의 장단점

구 분	상향 절삭	하향 절삭
장 점	• 이송장치의 뒤틈이 자동적으로 제거되기 때문에 커터가 공작물을 파고들지 않는다. • 칩이 날을 방해하지 않는다. • 기계에 무리를 주지 않으므로 커터 날이 부러질 염려가 적다. • 절삭유를 사용하면 다듬질면의 거칠기가 좋아진다.	• 공작물의 고정이 상향 절삭보다 훨씬 간단하다. • 커터의 마모가 적다. • 동력의 소비가 적다. • 가공면이 깨끗하다. • 칩이 커터의 뒤에 쌓이므로 가공할 면을 살피는 데 용이하다.
단 점	• 커터의 수명이 짧다. • 공작물의 고정을 확실히 해야 한다. • 동력의 소비가 많다. • 가공면이 깨끗하지 못하다.	• 테이블의 이송장치에 뒤틈 제거장치가 반드시 필요하다. • 칩이 커터와 공작물 사이에 끼어 절삭을 방해한다.

(4) 절삭 속도

$$V = \frac{\pi DN}{1000}$$

여기서, V : 절삭 속도(m/min)　　　N : 공구의 회전수(rpm)
　　　　D : 선반 – 가공물의 지름
　　　　　밀링, 드릴 연삭 – 회전하는 공구의 지름(mm)

(5) 이송량

$$f_z = \frac{f_r}{Z} = \frac{f}{Z \times N} \qquad f = f_z \times Z \times N$$

여기서, Z : 밀링 커터의 날수　　　　f_r : 커터 1회전에 대한 이송(mm/rev)
　　　　N : 커터의 회전수(rpm)　　　f_z : 커터 날 1개에 대한 이송량(mm)

○ 참고 ○

> • 공구 수명을 연장하기 위해서는 절삭 속도를 느리게 한다.
> • 절삭할 때 커터가 쉽게 마모되면 즉시 절삭 속도를 낮춘다(커터의 회전을 늦춘다).

(6) 분할대의 종류

① 신시내티형 만능 분할대

② 트아스형 광학 분할대

③ 밀워키형 만능 분할대

④ 브라운 샤프형 만능 분할대

⑤ 라이비켈형 분할대

(7) 분할대의 구조

① **분할판** : 분할하기 위해 판에 일정 간격으로 구멍을 뚫어 놓은 판을 말한다.

② **섹터** : 분할 간격을 표시하는 기구이다.

③ **선회대** : 주축을 수평에서 위로 110°, 아래로 10°로 경사시킬 수 있다.

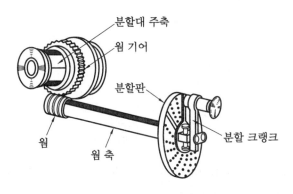

분할대의 구조

분할판의 종류와 구멍 수

종 류	분할판	구멍 수
브라운 샤프형	No. 1 No. 2 No. 3	15, 16, 17, 18, 19, 20 21, 23, 27, 29, 31, 33 37, 39, 41, 43, 47, 49
신시내티형	앞면 뒷면	24, 25, 28, 30, 34, 37, 38, 39, 40, 42, 43 46, 47, 49, 51, 53, 54, 57, 58, 59, 62, 66
밀워키형	앞면 뒷면	100, 96, 92, 84, 72, 66, 60 98, 88, 78, 76, 68, 58, 54

(8) 밀링 분할 작업

① **직접 분할법**(direct indexing) : 주축의 앞부분에 있는 24개의 구멍을 이용하여 분할하는 방법으로 2, 3, 4, 6, 8, 12, 24로 등분할 수 있다(7종 분할이 가능)

② **간접 분할법**(indirect indexing)

$$n = \frac{R}{N} = \frac{40}{N} \text{ (브라운 샤프형과 신시내티형)}$$

$$n = \frac{R}{N} = \frac{5}{N} \text{ (밀워키형)}$$

여기서, n : 분할 크랭크 핸들의 회전수 N : 분할 수

R : 웜 기어의 회전 비

(개) 단식 분할법 : 직접 분할이 불가능한 경우 분할판과 크랭크를 사용하여 분할하는 방법으로, 분할판은 고정되어 있고 분할 크랭크만 회전한다. 웜 축을 1회전시키면 주축은 1/40회 회전하므로 웜을 40회전시키면 분할대 주축은 1회전한다.

(내) 차동 분할법 : 단식 분할이 불가능한 경우 차동장치를 사용하여 분할하는 방법이다. 이때 사용하는 변환 기어의 잇수에는 24(2개), 28, 32, 40, 48, 56, 64, 72, 86, 100이 있다.

(대) 각도 분할법 : 공작물의 원둘레를 어떤 각도로 분할할 때는 단식 분할법과 마찬가지로 분할판과 크랭크 핸들에 의해 분할한다.

$$n = \frac{\theta}{9°} = \frac{\theta}{540'} \text{ (브라운 샤프형과 신시내티형)}$$

여기서, n : 분할 크랭크 핸들의 회전수 θ : 분할 각도

예|상|문|제

1. 밀링 머신에서 단식 분할법을 사용하여 원둘레를 5등분하려면 분할 크랭크를 몇 회전씩 돌려가면서 가공하면 되는가?

① 4　　　　　　② 8
③ 9　　　　　　④ 16

해설 $n = \dfrac{40}{N} = \dfrac{40}{5} = 8$회전

2. 다음 중 밀링 머신에 대한 설명으로 옳지 않은 것은?

① 테이블의 이송 속도는 밀링 커터날 1개당 이송 거리×커터의 날수×커터의 회전수로 산출한다.

② 플레노형 밀링 머신은 대형 공작물 또는 중량물의 평면이나 홈 가공에 사용한다.

③ 하향 절삭은 커터의 날이 일감의 이송 방향과 같으므로 일감의 고정이 간편하고 뒤틈 제거장치가 필요없다.

④ 수직 밀링 머신은 스핀들이 수직 방향으로 장치되며 엔드밀로 홈 깎기, 옆면 깎기 등을 가공하는 기계이다.

해설 하향 절삭은 일감의 고정이 간편하지만 백래시 제거 장치가 있어야 한다.

3. 범용 밀링에서 원둘레를 10° 30′ 분할할 때 맞는 것은?

① 분할판 15구멍열에서 1회전과 3구멍씩 이동

② 분할판 18구멍열에서 1회전과 3구멍씩 이동

③ 분할판 21구멍열에서 1회전과 4구멍씩 이동

④ 분할판 33구멍열에서 1회전과 4구멍씩 이동

해설 $n = \dfrac{\theta}{9°} = \dfrac{10}{9} = 1\dfrac{1}{9} = 1\dfrac{2}{18}$

$n = \dfrac{\theta}{540'} = \dfrac{30}{540} = \dfrac{1}{18}$

$1\dfrac{2}{18} + \dfrac{1}{18} = 1\dfrac{3}{18}$

∴ 분할판 18구멍열에서 1회전과 3구멍씩 이동

4. 지름이 50 mm, 날수가 10개인 페이스 커터로 밀링 가공할 때 주축의 회전수가 300 rpm, 이송 속도가 매분당 1500 mm였다. 이때 커터날 하나당 이송량(mm)은?

① 0.5　　　　　② 1
③ 1.5　　　　　④ 2

해설 $f = f_z \times Z \times N$

$\therefore f_z = \dfrac{f}{Z \times N} = \dfrac{1500}{10 \times 300}$

　　$= 0.5\,mm$

5. 밀링 머신에서 분할 및 윤곽 가공을 할 때 이용되는 부속장치는?

① 밀링 바이스
② 회전 테이블
③ 모방 밀링장치
④ 슬로팅 장치

해설 회전 테이블 장치

• 밀링에서 공작물을 회전시키면서 분할 작업과 윤곽 가공을 함으로써 원형의 홈이나 바깥 둘레 가공을 가능하게 하는 부속장치이다.

• 주로 수직 밀링 머신에 사용한다.

정답 1.② 2.③ 3.② 4.① 5.②

6. 밀링 가공에서 커터의 날수 6개, 1날당 이송 0.2 mm, 커터의 바깥지름 40 mm, 절삭 속도 30 m/min일 때 테이블 이송 속도는 약 몇 mm/min인가?

① 274 　　　② 286
③ 298 　　　④ 312

해설 $N = \dfrac{1000V}{\pi D} = \dfrac{1000 \times 30}{\pi \times 40} ≒ 239\,\text{rpm}$

∴ $f = f_z \times Z \times N = 0.2 \times 6 \times 239$
　　　　$≒ 286\,\text{mm/min}$

7. 밀링 머신의 크기를 번호로 나타낼 때 옳은 설명은?

① 번호가 클수록 기계가 크다.
② 호칭 번호 No. 0(0번)은 없다.
③ 인벌류트 커터의 번호에 준하여 나타낸다.
④ 기계의 크기와는 관계가 없고 공작물의 종류에 따라 번호를 붙인다.

해설 밀링 머신의 호칭 번호

호칭 번호	0호	1호	2호	3호	4호	5호
전후 이동	150	200	250	300	350	400
좌우 이동	450	550	700	850	1050	1250
상하 이동	300	400	400	450	450	500

8. 바깥지름이 200 mm인 밀링 커터를 100 rpm으로 회전시킨다고 할 때 절삭 속도는 약 몇 m/min 정도인가?

① 1.05
② 2.08
③ 31.4
④ 62.8

해설 $V = \dfrac{\pi DN}{1000} = \dfrac{\pi \times 200 \times 100}{1000}$
　　　$≒ 62.8\,\text{m/min}$

9. 중량 가공물을 가공하기 위한 대형 밀링 머신으로 플레이너와 유사한 구조인 것은?

① 수직 밀링 머신
② 수평 밀링 머신
③ 플레노 밀러
④ 회전 밀러

해설 플레이너형 밀링 머신은 중량 가공물을 가공하기 위한 대형 밀링 머신으로, 플래노 밀러라고도 한다.

10. 분할대에서 분할 크랭크 핸들이 1회전하면 스핀들은 몇 도(°) 회전하는가?

① 36° 　　　② 27°
③ 18° 　　　④ 9°

해설 각도 분할법 : 분할대의 주축이 1회전하면 360°가 되며, 크랭크 핸들의 회전과 분할대 주축과의 비가 40 : 1이므로 주축의 회전 각도는 $\dfrac{360°}{40} = 9°$이다.

11. 지름이 100 mm인 가공물에 리드가 600 mm인 오른나사 헬리컬 홈을 깎으려고 한다. 테이블 이송 나사의 피치가 10 mm인 밀링 머신에서 테이블 선회각을 $\tan\theta$로 나타낼 때 옳은 값은?

① 31.41 　　　② 1.90
③ 0.03 　　　④ 0.52

해설 $L = \dfrac{\pi D}{\tan\theta}$

∴ $\tan\theta = \dfrac{\pi D}{L} = \dfrac{\pi \times 100}{600} ≒ 0.52$

12. 밀링 머신에서 육면체 소재를 이용하여 그림과 같이 원형 기둥을 가공하기 위해 필요한 장치는?

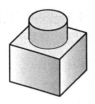

① 다이스
② 각도 바이스
③ 회전 테이블
④ 슬로팅 장치

해설 회전 테이블 장치 : 테이블 위에 고정하여 원형의 홈 가공, 바깥둘레의 원형 가공, 원판의 분할 가공 등 가공물의 원형 절삭에 사용한다.

13. 밀링 머신에서 테이블 백래시(back lash) 제거장치의 설치 위치는?

① 변속 기어
② 자동 이송 레버
③ 테이블 이송 나사
④ 테이블 이송 핸들

해설 밀링 머신에서 테이블 이송 나사에 볼 스크루를 설치하면 나사에서 발생하는 백래시를 줄일 수 있다.

14. 밀링 가공에서 공작물을 고정할 수 있는 장치가 아닌 것은?

① 면판
② 바이스
③ 분할대
④ 회전 테이블

해설 면판은 차축 선반에 붙어 있는 부속품으로 밀링 가공과 거리가 멀다.

15. 밀링 머신의 호칭 번호를 분류하는 기준으로 옳은 것은?

① 기계의 높이
② 주축 모터의 크기
③ 기계의 설치 넓이
④ 테이블 이동 거리

해설 밀링 머신의 크기는 테이블 이동 거리로 표시하며, 호칭 번호의 숫자가 커질수록 규격도 커진다.

16. 상향 절삭과 하향 절삭에 대한 설명으로 틀린 것은?

① 하향 절삭은 상향 절삭보다 표면 거칠기가 우수하다.
② 상향 절삭은 하향 절삭에 비해 공구의 수명이 짧다.
③ 상향 절삭은 하향 절삭과는 달리 백래시 제거장치가 필요하다.
④ 상향 절삭은 하향 절삭할 때보다 가공물을 견고하게 고정해야 한다.

해설 상향 절삭과 하향 절삭

상향 절삭	하향 절삭
• 백래시 제거 불필요	• 백래시 제거 필요
• 공작물 고정이 불리	• 공작물 고정이 유리
• 공구 수명이 짧다.	• 공구 수명이 길다.
• 소비 동력이 크다.	• 소비 동력이 작다.
• 가공면이 거칠다.	• 가공면이 깨끗하다.
• 기계 강성이 낮아도 된다.	• 기계 강성이 높아야 한다.

17. 밀링 작업의 단식 분할법에서 원주를 15 등분하려고 한다. 이때 분할대 크랭크의 회전수를 구하고, 15구멍열 분할판을 몇 구멍씩 보내면 되는가?

① 1회전에 10구멍씩
② 2회전에 10구멍씩
③ 3회전에 10구멍씩
④ 4회전에 10구멍씩

해설 $n=\dfrac{40}{N}=\dfrac{40}{15}=2\dfrac{10}{15}$

∴ 분할판 15구멍열에서 2회전에 10구멍씩 이동한다.

18. 밀링 머신에서 절삭 공구를 고정하는 데 사용되는 부속장치가 아닌 것은?

① 아버(arbor)
② 콜릿(collet)
③ 새들(saddle)
④ 어댑터(adapter)

해설 새들
• 밀링 머신의 주요 부속장치로, 공작물을 이송시키는 데 사용한다.
• 테이블을 지지하며, 테이블의 전후 이동(Z축)을 담당한다.

19. 밀링 머신에서 테이블 이송 속도(f)를 구하는 식으로 옳은 것은? (단, f_z : 1개의 날당 이송(mm), z : 커터의 날수, n : 커터의 회전수(rpm)이다.)

① $f=f_z\times z\times n$ 　② $f=f_z\times\pi\times z\times n$
③ $f=\dfrac{f_z\times z}{n}$ 　④ $f=\dfrac{(f_z\times z)^2}{n}$

해설 $f_z=\dfrac{f_r}{z}=\dfrac{f}{z\times n}$, f_r : 커터 1회전당 이송
∴ $f=f_z\times z\times n$

20. 범용 밀링 머신으로 할 수 없는 가공은?

① T홈 가공
② 평면 가공
③ 수나사 가공
④ 더브테일 가공

해설 수나사 가공은 선반에서 작업한다.

21. 다음 중 수직 밀링 머신의 주요 구조가 아닌 것은?

① 니
② 칼럼
③ 방진구
④ 테이블

해설 방진구는 선반의 부속장치로, 이동 방진구와 고정 방진구가 있다.

22. 밀링 머신에서 사용하는 바이스 중 회전과 상하로 경사시킬 수 있는 기능이 있는 것은?

① 만능 바이스
② 수평 바이스
③ 유압 바이스
④ 회전 바이스

해설 만능 바이스 : 회전이 가능하며 각도를 상하로 경사시킬 수 있는 바이스이다.

23. 밀링 가공에서 분할대를 사용하여 원주를 $6°30'$씩 분할하고자 할 때 옳은 방법은?

① 분할 크랭크를 18공열에서 13구멍씩 회전시킨다.
② 분할 크랭크를 26공열에서 18구멍씩 회전시킨다.
③ 분할 크랭크를 36공열에서 13구멍씩 회전시킨다.
④ 분할 크랭크를 13공열에서 1회전하고 5구멍씩 회전시킨다.

해설 $n=\dfrac{\theta}{9°}=\dfrac{6}{9}=\dfrac{12}{18}$
$n=\dfrac{\theta}{540'}=\dfrac{30}{540}=\dfrac{1}{18}$
∴ 분할 크랭크를 18공열에서 13(=12+1)구멍씩 회전시킨다.

정답 **18.** ③ **19.** ① **20.** ③ **21.** ③ **22.** ① **23.** ①

24. 밀링 작업에서 분할대를 사용하여 직접 분할할 수 없는 것은?

① 3등분
② 4등분
③ 6등분
④ 9등분

해설 직접 분할법 : 주축의 앞부분에 있는 구 멍 24개를 이용하여 2, 3, 4, 6, 8, 12, 24로 등분할 수 있는 방법이다.

25. 수직 밀링 머신에서 좌우 이송을 하는 부분의 명칭은?

① 니(knee)
② 새들(saddle)
③ 테이블(table)
④ 칼럼(column)

해설 • 니(knee) : 상하 이송
• 새들(saddle) : 전후 이송

26. 밀링 분할판의 브라운 샤프형 구멍열을 나열한 것으로 틀린 것은?

① No. 1 – 15, 16, 17, 18, 19, 20
② No. 2 – 21, 23, 27, 29, 31, 33
③ No. 3 – 37, 39, 41, 43, 47, 49
④ No. 4 – 12, 13, 15, 16, 17, 18

해설 밀링 분할판의 브라운 샤프형 구멍열

종류	분할판	구멍 수
브라운 샤프형	No. 1	15, 16, 17, 18, 19, 20
	No. 2	21, 23, 27, 29, 31, 33
	No. 3	37, 39, 41, 43, 47, 49

27. 일반적으로 니형 밀링 머신의 크기 또는 호칭을 표시하는 방법으로 틀린 것은?

① 콜릿 척의 크기
② 테이블 작업면의 크기(길이×폭)
③ 테이블 이동 거리(좌우×전후×상하)
④ 테이블 전후 이송 기준의 호칭 번호

해설 밀링 머신의 호칭 번호는 테이블상에 설치된 공작물의 이송 가능 거리에 따라 구분한다.

28. 다음 중 대형이며 중량의 공작물을 가공하기 위한 밀링 머신으로 중절삭이 가능한 것은?

① 나사 밀링 머신(thread milling machine)
② 만능 밀링 머신(universal milling machine)
③ 생산형 밀링 머신(production milling machine)
④ 플레이너형 밀링 머신(planer type milling machine)

해설 플레이너형 밀링 머신 : 대형 공작물 또는 중량물의 평면이나 홈 가공에 사용한다.

29. 원주를 단식 분할법으로 32등분하고자 할 때, 다음과 같이 준비된 〈분할판〉을 사용하여 작업하는 방법으로 옳은 것은?

〈분할판〉
• No. 1 : 20, 19, 18, 17, 16, 15
• No. 2 : 33, 31, 29, 27, 23, 21
• No. 3 : 49, 47, 43, 41, 39, 37

① 16구멍열에서 1회전과 4구멍씩
② 20구멍열에서 1회전과 10구멍씩
③ 27구멍열에서 1회전과 18구멍씩
④ 33구멍열에서 1회전과 18구멍씩

해설 $n = \dfrac{40}{N} = \dfrac{40}{32} = 1\dfrac{8}{32} = 1\dfrac{4}{16}$

∴ 16구멍열에서 1회전에 4구멍씩 이동한다.

30. NC 밀링 머신의 활용에 대한 장점을 열거하였다. 타당성이 없는 것은?

① 작업자의 신체상 또는 기능상 의존도가 적으므로 생산량의 안정을 줄 수 있다.

② 기계 운전에 고도의 숙련자를 요하지 않으며, 한 사람이 몇 대를 조작할 수 있다.

③ 실제 가동률을 상승시켜 능률을 향상시킨다.

④ 적은 공구로 광범위한 절삭을 할 수 있으며, 공구 수명이 단축되어 공구 비용이 증가한다.

[해설] 많은 공구를 장착할 수 있어 다양한 절삭을 할 수 있으며, 공구 수명이 증가하여 공구 관리비를 절감할 수 있다.

31. 주축(spindle)의 정지를 수행하는 NC-code는?

① M02 ② M03
③ M04 ④ M05

[해설] • M02 : 프로그램 종료
• M03 : 주축 정회전
• M04 : 주축 역회전
• M05 : 주축 정지

32. 다음 중 머시닝 센터에서 드릴링 사이클에 사용되는 G-코드로만 짝지어진 것은 어느 것인가?

① G24, G43
② G44, G65
③ G54, G92
④ G73, G83

[해설] • G43 : 공구 길이 보정(+방향)
• G44 : 공구 길이 보정(−방향)
• G54 : 공작물 좌표계 1번 선택
• G65 : 매크로 호출
• G73 : 고속 심공 드릴링 사이클
• G83 : 심공 드릴링 사이클
• G92 : 좌표계 설정

2-4 연삭 및 드릴링 가공

1 연삭 가공

(1) 연삭기의 종류

① **원통 연삭기** : 연삭숫돌과 가공물을 접촉시켜 연삭숫돌의 회전 연삭 운동과 공작물의 회전 이송 운동에 의해 원통형 공작물의 표면을 연삭하는 기계이다.

② **내면 연삭기**

　㈎ 원통이나 테이퍼 내면을 연삭하는 기계로, 구멍의 막힌 내면을 연삭하며 단면 연삭도 가능하다.

　㈏ 연삭 방법 : 보통형 연삭, 플래너터리형(유성형) 연삭

③ **만능 연삭기**

　㈎ 원통 연삭기와 유사하나 공작물 주춧대와 숫돌대가 회전하며, 테이블 자체의 선회각이 크고 내면 연삭장치를 구비한 것이다.

　㈏ 용도 : 원통 내면과 외면 연삭, 테이퍼, 플런지 컷 연삭

④ **평면 연삭기** : 테이블에 T홈을 두고 마그네틱 척, 고정구, 바이스 등을 설치한 후 일감을 고정시켜 평면 연삭을 한다. 테이블 왕복형과 테이블 회전형이 있다.

⑤ **공구 연삭기** : 바이트 연삭기, 드릴 연삭기, 만능 공구 연삭기 등이 있다.

⑥ **센터리스 연삭기**

　㈎ 원통 연삭기의 일종이며, 센터 없이 연삭숫돌과 조정숫돌 사이를 지지판으로 지지하면서 연삭하는 것으로, 회전과 이송을 주어 연삭한다.

　㈏ 공작물의 해체나 고정 없이 연속 작업이 가능하여 대량 생산에 적합하다.

　㈐ 기계의 조정이 끝나면 초보자도 작업을 할 수 있다.

　㈑ 가늘고 긴 핀, 원통, 중공 등을 연삭하기 쉽다.

　㈒ 센터나 척에 고정하기 힘든 것을 쉽게 연삭할 수 있다.

　㈓ 고정에 따른 변형이 적고 연삭 여유가 적어도 된다.

　㈔ 긴 홈이 있는 가공물이나 대형 가공물의 연삭이 불가능하다.

　㈕ 용도 : 내면용, 외면용, 나사 연삭용, 단면 연삭용

○ **참고** ○

• **통과 이송법** : 공작물을 연삭숫돌과 조정숫돌 사이로 통과시키는 동안 연삭하는 방법으로, 조정숫돌은 연삭숫돌에 대해 보통 2~8°로 경사시킨다.

(2) 연삭숫돌

① **연삭숫돌** : 연삭 또는 연마에 사용되는 숫돌로, 경도가 큰 숫돌 입자를 적당한 접착제로 성형한 것이다.

② **연삭숫돌의 3요소**

㈎ 숫돌 입자 : 숫돌의 재질

㈏ 결합제 : 입자를 결합시키는 접착제

㈐ 기공 : 숫돌과 숫돌 사이의 구멍

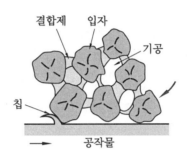

연삭숫돌의 구성 요소

③ **연삭숫돌의 5대 요소** : 숫돌 입자, 입도, 결합도, 조직, 결합제

연삭숫돌의 표시법 예시

숫돌 입자	입 도	결합도	조 직	결합제
WA	60	k	m	V
알루미나(백색)	보통눈	연함	보통 조직	비트리파이드

㈎ 숫돌 입자 : 인조산과 천연산이 있는데, 순도가 높은 인조산을 구하기 쉽기 때문에 널리 쓰이며, 알루미나(Al_2O_3)와 탄화규소(SiC)가 많다.

㈏ 입도 : 입자의 크기를 번호(#)로 나타낸 것으로 입도의 범위는 #10~3000번 이며, 번호가 커지면 입도가 고와진다.

㈐ 결합도 : 숫돌의 경도, 즉 입자가 결합하고 있는 결합제의 세기를 말한다.

결합도

기 호	E, F, G	H, I, J, K	L, M, N, O	P, Q, R, S	T, U, V, W, X, Y, Z
호 칭	극히 연함	연함	보통	단단함	극히 단단함

　　㈃ 조직 : 숫돌바퀴에 있는 기공의 대소 변화, 즉 단위부피 중 숫돌 입자의 밀도 변화를 조직이라 한다.

연삭숫돌의 조직

구 분	치밀 조직	보통 조직	거친 조직
기호	C	M	W
입자 비율	50% 이상	42~50%	42% 미만

　　㈄ 결합제 : 숫돌 입자를 결합하여 숫돌을 성형하는 재료로 비트리파이드, 러버, 실리케이트, 레지노이드, 셸락, 메탈 등이 있다.
　　　• V : 비트리파이드　　　　　　　• R : 러버
　　　• S : 실리케이트　　　　　　　　• B : 레지노이드
　　　• E : 셸락　　　　　　　　　　　• M : 메탈

④ **연삭숫돌의 구비 조건**
　　㈎ 결합력의 조절 범위가 넓을 것
　　㈏ 열이나 연삭액에 안정할 것
　　㈐ 적당한 기공과 균일한 조직일 것
　　㈑ 원심력, 충격에 대한 기계적 강도가 있을 것
　　㈒ 성형성이 좋을 것

⑤ **연삭숫돌의 표시 방법** : 숫돌바퀴를 표시할 때는 구성 요소를 부호에 따라 일정한 순서로 나열한다.

연삭숫돌의 표시 방법

WA	70	K	m	V	1호	A	205	×	19	×	15.88
↑	↑	↑	↑	↑	↑	↑	↑		↑		↑
숫돌 입자	입도	결합도	조직	결합제	숫돌 모양	연삭면 모양	바깥 지름		두께		구멍 지름

> ○ **참고** ○
>
> **결합제의 구비 조건**
> • 적당한 기공과 균일한 조직으로 성형성이 좋을 것　　• 원심력, 충격에 대한 기계적 강도가 있을 것
> • 결합력의 조절 범위가 넓고 열이나 연삭액에 안정할 것

(3) 연삭 조건

① 연삭 상태가 불량인 경우

⑺ 눈메움 : 숫돌 입자의 표면이나 기공에 칩이 끼어 연삭성이 나빠지는 현상으로 로딩(loading)이라고도 한다.

- ■ 눈메움이 발생하는 경우
  - 입도의 번호와 연삭 깊이가 너무 클 경우
  - 조직이 치밀할 경우
  - 숫돌의 원주 속도가 너무 느린 경우
  - 숫돌 입자가 너무 가는 경우

⑷ 눈무딤 : 자생 작용이 잘 되지 않아 입자가 납작해지는 현상으로, 글레이징(glazing)이라고도 한다. 이로 인해 연삭열과 균열이 생긴다.

- ■ 눈무딤이 발생하는 경우
  - 숫돌의 결합도가 클 경우
  - 숫돌의 원주 속도가 너무 빠른 경우
  - 공작물과 숫돌의 재질이 맞지 않을 경우
  - 경도가 큰 일감을 연삭하는 경우

⑸ 입자 탈락 : 연삭숫돌의 결합도가 낮을 경우 숫돌 입자가 마모되기 전에 입자가 탈락하는 현상이다.

② 연삭숫돌의 수정 작업

⑺ 자생 작용 : 연삭 시 숫돌의 마모된 입자가 탈락되고 새로운 입자가 나타나는 현상이다.

⑷ 드레싱(dressing) : 눈메움이나 눈무딤 현상이 생길 때 강판 드레서 또는 다이아몬드 드레서로 새로운 입자가 표면에 생성되도록 하는 작업을 말한다.

⑸ 트루잉(truing) : 연삭숫돌의 질이 균일하지 못하거나 연삭 가공 중 공작물의 영향으로 숫돌의 모양이 변했을 때 숫돌을 정확한 모양으로 깎아내는 작업을 말한다.

○ **참고** ○

- 연삭숫돌의 자생 작용에 의해 정밀도가 높고 표면 거칠기가 좋은 연삭이 된다.
- 트루잉은 다이아몬드 드레서, 프레스 롤러, 크러시 롤러 등으로 작업한다.

(4) 연삭 가공

① 연삭숫돌의 원주 속도를 V[m/min], 연삭숫돌의 지름을 D[mm], 연삭숫돌의 회전수를 N[rpm]이라고 하면 원주 속도 V는 다음과 같다.

$$V = \frac{\pi DN}{1000} \quad \text{또는} \quad N = \frac{1000V}{\pi D}$$

② 이송 속도

㈎ 거친 연삭 : 공작물 1회전당 숫돌 폭의 2/3 정도를 이송

㈏ 다듬질 연삭 : 공작물 1회전당 숫돌 폭의 1/2 정도를 이송

③ **연삭 깊이** : 가공 깊이가 깊어지면 가공 횟수가 줄어들면서 단시간에 가공이 가능하다.

㈎ 거친 연삭 : 0.015~0.03 mm

㈏ 다듬질 연삭 : 0.005~0.01 mm

④ **숫돌바퀴의 원주 속도** : 숫돌바퀴의 원주 속도가 지나치게 빠르면 파괴 위험이 있고, 지나치게 느리면 숫돌바퀴의 마모가 심하다.

2 드릴링 가공

(1) 드릴링 머신의 종류

① **탁상 드릴링 머신** : 소형 드릴링 머신으로, 13 mm 이하의 작은 구멍을 뚫을 때 작업대 위에 설치하여 사용한다.

② **레이디얼 드릴링 머신** : 비교적 큰 공작물의 구멍을 뚫을 때 공작물을 테이블에 고정하고 주축을 이동시켜 구멍의 중심을 맞춘 후 구멍을 뚫는다.

③ **다축 드릴링 머신** : 여러 개의 드릴 주축으로 된 드릴링 머신이다.

④ **직립 드릴링 머신** : 기둥, 주축, 베이스, 테이블로 구성된 드릴링 머신으로, 탁상 드릴 머신보다 크다.

⑤ **심공 드릴링 머신** : 내연기관의 오일 구멍보다 더 깊은 구멍을 뚫을 때 사용한다.

⑥ **다두 드릴링 머신** : 나란히 있는 여러 개의 스핀들에 여러 가지 공구를 꽂아 드릴링, 리밍, 태핑 등을 연속적으로 가공한다.

(2) 드릴링 머신으로 할 수 있는 작업

① **드릴링(drilling)** : 드릴링 머신의 주된 작업으로서 드릴을 사용하여 구멍을 뚫는 작업

② **리밍(reaming)** : 드릴을 사용하여 뚫은 구멍의 내면을 리머로 다듬는 작업

③ **태핑(tapping)** : 드릴을 사용하여 뚫은 구멍의 내면에 탭을 사용하여 암나사를 가공하는 작업

④ **보링(boring)** : 드릴을 사용하여 뚫은 구멍이나 이미 만들어져 있는 구멍을 넓히는 작업

⑤ **스폿 페이싱(spot facing)** : 너트 또는 볼트 머리와 접촉하는 면을 고르게 하기 위해 깎는 작업(자리 파기)

⑥ **카운터 보링(counter boring)** : 볼트의 머리가 완전히 묻히도록 깊게 스폿 페이싱을 하는 작업(깊은 자리 파기)

⑦ **카운터 싱킹(counter sinking)** : 접시머리 나사의 머리 부분을 묻히게 하기 위해 자리를 파는 작업(접시 자리 파기)

(3) 드릴의 각부 명칭

① **드릴 끝** : 드릴의 끝부분으로, 원뿔형으로 되어 있으며 2개의 날이 있다.

② **날끝 각도** : 드릴의 양쪽 날이 이루는 각도로, 보통 118° 정도이다.

③ **백 테이퍼** : 드릴의 선단보다 자루 쪽으로 갈수록 지름이 작아지므로 구멍과 드릴이 접촉하지 않도록 한 테이퍼이다.

④ **마진** : 예비 날의 역할 또는 날의 강도를 보강한다.

⑤ **랜드** : 마진의 뒷부분이다.

⑥ **웨브** : 홈과 홈 사이의 두께를 말하며 자루 쪽으로 갈수록 두꺼워진다.

⑦ **탱** : 드릴을 고정할 때 사용하며 테이퍼 섕크 끝의 납작한 부분이다.

(4) 탭 작업

① **핸드 탭** : 1번, 2번, 3번 탭이 한 조로 되어 있다. 탭의 가공률은 1번 탭이 55%, 2번 탭이 25%, 3번 탭이 20% 정도이다.

② **탭이 부러지는 원인**

㉮ 구멍이 작거나 탭이 구멍 바닥에 부딪혔을 때

㉯ 칩의 배출이 원활하지 못하거나 구멍이 바르지 못할 때

㉰ 핸들에 무리한 힘을 주었을 때

○─ **참고** ─○
• 탭 작업은 드릴로 뚫은 구멍에 탭으로 암나사를 내는 작업이며, 다이스 작업은 환봉의 바깥지름에 다이스로 수나사를 내는 작업이다.

예 | 상 | 문 | 제

1. 센터리스 연삭 작업의 특징이 아닌 것은?

① 센터 구멍이 필요 없는 원통 연삭에 편리하다.

② 연속 작업을 할 수 있어 대량 생산에 적합하다.

③ 대형 중량물도 연삭이 용이하다.

④ 가늘고 긴 공작물의 연삭에 적합하다.

해설 센터리스 연삭 작업의 경우 대형 중량물이나 지름이 크고 길이가 긴 공작물은 연삭하기 어렵다.

2. 연삭숫돌 입자 중 천연 입자가 아닌 것은?

① 석영   ② 커런덤

③ 다이아몬드   ④ 알루미나

해설 숫돌 천연 입자는 다이아몬드(MD), 가닛 프린트, 카보런덤, 금강석(석영 : emery), 커런덤 등이 있다.

3. 연삭에서 원주 속도를 V(m/min), 숫돌바퀴의 지름을 d(mm)라 하면, 숫돌바퀴의 회전수 N(rpm)을 구하는 식은?

① $N = \dfrac{1000d}{\pi V}$ ② $N = \dfrac{1000V}{\pi d}$

③ $N = \dfrac{\pi V}{1000d}$ ④ $N = \dfrac{\pi d}{1000V}$

해설 $N = \dfrac{1000V}{\pi d}$, $V = \dfrac{\pi dN}{1000}$

4. 결합제의 주성분은 열경화성 합성수지 베이크라이트로, 결합력이 강하고 탄성이 커서 고속도강이나 광학유리 등을 절단하기에 적합한 숫돌은?

① vitrified계 숫돌

② resinoid계 숫돌

③ silicate계 숫돌

④ rubber계 숫돌

해설 • 비트리파이드계 숫돌(V) : 숫돌 전체의 80% 정도를 차지하며, 거의 모든 재료를 연삭한다.

• 실리케이트계 숫돌(S) : 절삭 공구나 연삭 균열이 잘 일어나는 재료를 연삭한다.

• 탄성 숫돌 : 셸락(E), 고무(R), 레지노이드(B)가 있다. 특히 레지노이드는 베이크라이트가 주성분이며 정밀 연삭 및 절단용으로 많이 사용한다.

5. 연삭 작업에서 글레이징(glazing)의 원인이 아닌 것은?

① 결합도가 너무 높다.

② 숫돌바퀴의 원주 속도가 너무 빠르다.

③ 숫돌 재질과 일감 재질이 적합하지 않다.

④ 연한 일감 연삭 시 발생한다.

해설 연삭 작업에서 글레이징(눈무딤)은 경도가 큰 일감 연삭 시 발생한다.

6. 트위스트 드릴의 인선각(표준각 또는 날끝각)은 연강용에 대하여 몇 도(°)를 표준으로 하는가?

① 110°   ② 114°

③ 118°   ④ 122°

해설 드릴각의 표준 날끝각은 보통 118°이다.

7. 중량물의 내면 연삭에 주로 사용되는 연삭 방법은?

① 트래버스 연삭

② 플랜지 연삭

③ 만능 연삭

④ 플래니터리 연삭

해설 플래니터리 연삭 : 내면 연삭에 주로 사용되는 연삭 방식으로, 공작물은 정지하고 숫돌이 회전 연삭 운동과 동시에 공전 운동을 한다.

8. 드릴링 머신에서 회전수 160rpm, 절삭 속도 15m/min일 때, 드릴 지름(mm)은?

① 29.8 　　　　　② 35.1

③ 39.5 　　　　　④ 15.4

해설 $V = \dfrac{\pi DN}{1000}$

$\therefore D = \dfrac{1000V}{\pi N} = \dfrac{1000 \times 15}{\pi \times 160} \fallingdotseq 29.8\,\text{mm}$

9. 연삭숫돌 바퀴의 구성 3요소에 속하지 않는 것은?

① 숫돌 입자 　　　② 결합제

③ 조직 　　　　　④ 기공

해설 • 연삭 공구로서의 숫돌 바퀴는 숫돌 입자를 결합제로 결합한 것으로 연삭 입자, 입도, 결합도, 조직, 결합제 5요소에 의해 성능이 결정된다.

• 입자, 결합제, 기공을 3요소라 한다.

10. 지름 50mm인 연삭숫돌을 7000rpm으로 회전시키는 작업에서 지름 100mm인 가공물을 100rpm으로 연삭숫돌과 반대 방향으로 원통 연삭할 때, 접촉점에서 연삭의 상대 속도는 약 몇 m/min인가?

① 931 　　　　　② 1099

③ 1131 　　　　　④ 1161

해설 $V = \dfrac{\pi DN}{1000}$

$V =$ 연삭숫돌의 절삭 속도

　　+ 가공물의 절삭 속도

$= \dfrac{\pi \times 50 \times 7000}{1000} + \dfrac{\pi \times 100 \times 100}{1000}$

$\fallingdotseq 1131\,\text{m/min}$

11. 다음과 같이 표시된 연삭숫돌에 대한 설명으로 옳은 것은?

> "WA 100 K 5 V"

① 녹색 탄화규소 입자이다.

② 고운눈 입도에 해당된다.

③ 결합도가 극히 경하다.

④ 메탈 결합제를 사용했다.

해설 • WA : 백색 산화알루미늄 입자

• 100 : 고운눈 입도

• K : 연한 결합도

• 5 : 중간 조직

• V : 비트리파이드 결합제

12. 탁상 연삭기 덮개의 노출 각도에서 숫돌의 주축 수평면 위로 이루어지는 원주의 최대 각은?

① 45° 　　　　　② 65°

③ 90° 　　　　　④ 120°

해설 숫돌 주축에서 수평면 위로 이루어지는 원주 각도는 65° 이내로 하며, 최대 노출 각도는 90° 이내로 한다.

13. 절삭 공구를 연삭하는 공구 연삭기의 종류가 아닌 것은?

① 센터리스 연삭기

② 초경 공구 연삭기

③ 드릴 연삭기

④ 만능 공구 연삭기

해설 센터리스 연삭기

• 원통 연삭기의 일종으로, 센터 없이 연삭 숫돌과 조정숫돌 사이를 지지판으로 지지하면서 연삭한다.

• 주로 원통면의 바깥면에 회전과 이송을 주어 연삭한다.

14. 기계 가공법에서 리밍 작업 시 가장 옳은 방법은?

① 드릴 작업과 같은 속도와 이송으로 한다.

② 드릴 작업보다 고속에서 작업하고 이송을 작게 한다.

③ 드릴 작업보다 저속에서 작업하고 이송을 크게 한다.

④ 드릴 작업보다 이송만 작게 하고 같은 속도로 작업한다.

해설 리밍 작업

• 구멍의 정밀도를 높이기 위해 드릴링 후 구멍의 내면을 리머로 다듬는 작업이다.

• 드릴 작업 rpm의 $\frac{2}{3} \sim \frac{3}{4}$ 으로 하며, 이송은 같거나 빠르게 한다.

15. 연삭숫돌의 원통도 불량에 대한 주된 원인과 대책으로 옳게 짝지어진 것은?

① 연삭숫돌의 눈메움 : 연삭숫돌의 교체

② 연삭숫돌의 흔들림 : 센터 구멍의 홈 조정

③ 연삭숫돌 입도의 거침 : 굵은 입도의 연삭숫돌 사용

④ 테이블 운동의 정도 불량 : 정도 검사, 수리, 미끄럼면의 윤활을 양호하게 할 것

해설 • 눈메움 : 숫돌 입자 제거

• 연삭숫돌의 흔들림 : 연삭숫돌 교체

• 입도의 거침 : 연하고 연성 있는 재료 연삭

16. 볼트 머리나 너트가 닿는 자리면을 만들기 위해 구멍 축에 직각 방향으로 주위를 평면으로 깎는 작업은?

① 카운터 싱킹

② 카운터 보링

③ 스폿 페이싱

④ 보링

해설 스폿 페이싱 : 너트 또는 볼트 머리와 접촉하는 면을 고르게 하기 위해 구멍 축에 직각 방향으로 주위를 평면으로 깎는 작업이다.

17. 리머의 모양에 대한 설명 중 틀린 것은?

① 조정 리머 : 절삭 날을 조정할 수 있는 것

② 솔리드 리머 : 자루와 절삭 날이 다른 소재로 된 것

③ 셸 리머 : 자루와 절삭 날의 부위가 별개로 되어 있는 것

④ 팽창 리머 : 가공물의 치수에 따라 조금 팽창할 수 있는 것

해설 솔리드 리머 : 자루와 절삭 날 부분이 같은 소재로 된 일체형 리머이다.

18. 연삭숫돌 입자의 종류가 아닌 것은?

① 에머리

② 커런덤

③ 산화규소

④ 탄화규소

해설 • 천연 입자 : 다이아몬드, 에머리, 커런덤, 석영 등

• 인조 입자 : 알루미나계와 탄화규소계

19. 지름 10mm, 원뿔 높이 3mm인 고속도강 드릴로 두께 30mm인 경강판을 가공할 때 소요시간은 약 몇 분인가? (단, 이송은 0.3mm/rev, 드릴 회전수는 667rpm이다.)

① 6   ② 2

③ 1.2   ④ 0.16

[해설] $T = \dfrac{t+h}{N \times f} = \dfrac{30+3}{667 \times 0.3} \fallingdotseq 0.16$분

20. 다음 중 드릴의 파손 원인으로 가장 거리가 먼 것은?

① 이송이 너무 커서 절삭 저항이 증가할 때

② 시닝(thinning)이 너무 커서 드릴이 약해졌을 때

③ 얇은 판의 구멍 가공 시 보조판 나무를 사용할 때

④ 절삭 칩이 원활하게 배출되지 못하고 가득 차 있을 때

[해설] 얇은 판의 구멍 가공 시 드릴이 파손되지 않도록 보조판 나무를 사용한다.

21. 연삭숫돌에 대한 설명으로 틀린 것은?

① 부드럽고 전연성이 큰 연삭에서는 고운 입자를 사용한다.

② 연삭숫돌에 사용되는 숫돌 입자에는 천연산과 인조산이 있다.

③ 단단하고 치밀한 공작물의 연삭에는 고운 입자를 사용한다.

④ 숫돌과 공작물의 접촉 넓이가 작은 경우에는 고운 입자를 사용한다.

[해설] 부드럽고 전연성이 큰 연삭에서는 거친 입도의 연삭숫돌로 작업한다.

22. 드릴로 구멍을 뚫은 이후에 사용하는 공구가 아닌 것은?

① 리머

② 센터 펀치

③ 카운터 보어

④ 카운터 싱크

[해설] 센터 펀치는 구멍 뚫을 위치를 금긋기 할 때 구멍의 중심을 표시하는 데 사용한다.

23. 연삭숫돌의 결합제에 따른 기호가 틀린 것은?

① 고무 – R

② 셸락 – E

③ 레지노이드 – G

④ 비트리파이드 – V

[해설] 레지노이드 : B

24. 드릴의 자루(shank)를 테이퍼 자루와 곧은 자루로 구분할 때 곧은 자루의 기준이 되는 드릴 지름은 몇 mm인가?

① 13   ② 18

③ 20   ④ 25

[해설] 드릴 지름이 13mm 이하일 때는 곧은 자루, 13mm 이상일 때는 테이퍼 자루를 사용한다.

25. 다음 중 리밍(reaming)에 관한 설명으로 틀린 것은?

① 날 모양에는 평행 날과 비틀림 날이 있다.

② 구멍의 내면을 매끈하고 정밀하게 가공하는 것을 말한다.

③ 날 끝에 테이퍼를 주어 가공할 때 공작물에 잘 들어가도록 되어 있다.

④ 핸드 리머와 기계 리머는 자루 부분이 테이퍼로 되어 있어 가공이 편리하다.

[해설] 리밍에서 핸드 리머와 기계 리머는 곧은 자루로 되어 있다.

26. 보통형(conventional type)과 유성형(planetary type) 방식이 있는 연삭기는?

① 나사 연삭기
② 내면 연삭기
③ 외면 연삭기
④ 평면 연삭기

해설 내면 연삭기
• 원통이나 테이퍼의 내면을 연삭하는 기계로, 구멍의 막힌 내면을 연삭하며 단면 연삭도 가능하다.
• 보통형과 유성형(플래너터리형)이 있다.

27. 다음 중 센터리스 연삭기의 특징으로 틀린 것은?

① 긴 홈이 있는 가공물이나 대형 또는 중량물의 연삭이 가능하다.
② 연삭숫돌의 폭보다 넓은 가공물은 플랜지 컷 방식으로 연삭할 수 없다.
③ 연삭숫돌의 폭이 크므로 연삭숫돌 지름의 마멸이 적고 수명이 길다.
④ 센터가 필요하지 않아 센터 구멍을 가공할 필요가 없고, 속이 빈 가공물을 연삭할 때 필요하다.

해설 센터리스 연삭기는 가늘고 긴 가공물의 연삭에 용이하지만 긴 홈이 있거나 대형 또는 중량물의 연삭이 불가능하다.

28. 드릴 작업에 대한 설명으로 적절하지 않은 것은?

① 드릴 작업은 항상 시작할 때보다 끝날 때 이송을 빠르게 한다.
② 지름이 큰 드릴을 사용할 때는 바이스를 테이블에 고정한다.
③ 드릴은 사용 전 점검하고 마모나 균열이 있는 것은 사용하지 않는다.
④ 드릴이나 드릴 소켓을 뽑을 때는 전용 공구를 사용하고 해머 등으로 두드리지 않는다.

해설 드릴 작업을 할 때 구멍 뚫기가 끝날 무렵은 이송을 천천히 한다.

29. 연삭숫돌의 표시 방법에 대한 설명이 옳은 것은?

① 연삭입자 C는 갈색 알루미나를 의미한다.
② 결합제 R은 레지노이드 결합제를 의미한다.
③ 연삭숫돌의 입도 #100이 #300보다 입자의 크기가 크다.
④ 결합도 K 이하는 경한 숫돌, L~O는 중간 정도, P 이상은 연한 숫돌이다.

해설 • 연삭입자 C : 흑색 탄화규소질(SiC)
• 결합제 R : 러버 결합제
• 결합도 K 이하는 연한 숫돌, L~O는 중간 정도, P 이상은 단단한 숫돌이다.

30. 다음 중 드릴 머신으로 할 수 없는 작업은 어느 것인가?

① 널링
② 스폿 페이싱
③ 카운터 보링
④ 카운터 싱킹

해설 • 드릴링 머신으로 드릴링, 리밍, 보링, 카운터 보링, 카운터 싱킹, 스폿 페이싱, 태핑이 가능하다.
• 널링은 선반으로 작업해야 한다.

31. 구멍 가공을 하기 위해 가공물을 고정시키고 드릴이 가공 위치로 이동할 수 있도록 제작된 드릴링 머신은?

① 다두 드릴링 머신
② 다축 드릴링 머신
③ 탁상 드릴링 머신
④ 레이디얼 드릴링 머신

해설 레이디얼 드릴링 머신 : 큰 공작물을 테이블에 고정하고 주축을 이동시켜 구멍의 중심을 맞춘 후 구멍을 뚫는다.

32. 트위스트 드릴은 절삭 날의 각도가 중심에 가까울수록 절삭 작용이 나쁘게 되기 때문에 이를 개선하기 위해 드릴의 웨브 부분을 연삭하는 것은?

① 시닝(thinning)
② 트루잉(truing)
③ 드레싱(dressing)
④ 글레이징(glazing)

해설 • 트루잉, 드레싱 : 연삭숫돌을 수정하는 작업
• 글레이징(눈무덤) : 자생 작용이 잘 되지 않아 입자가 납작해지는 현상

33. 일반적으로 센터 드릴에서 사용되는 각도가 아닌 것은?

① 45°   ② 60°
③ 75°   ④ 90°

해설 일반적으로 센터 드릴 각도는 60°이며 중량물을 지지할 때 75°, 90°가 사용된다.

34. 연삭 작업에 대한 설명으로 적절하지 않은 것은?

① 거친 연삭을 할 때는 연삭 깊이를 얇게 주도록 한다.
② 연질 가공물을 연삭할 때는 결합도가 높은 숫돌이 적합하다.
③ 다듬질 연삭을 할 때는 고운 입도의 연삭숫돌을 사용한다.
④ 강의 거친 연삭에서 공작물 1회전마다 숫돌바퀴 폭의 1/2~3/4으로 이송한다.

해설 • 거친 연삭을 할 때는 연삭 깊이를 깊게 준다.
• 마무리 다듬질 연삭을 할 때는 연삭 깊이를 얇게 준다.

35. 연삭 가공에서 내면 연삭에 대한 설명으로 틀린 것은?

① 바깥지름 연삭에 비하여 숫돌의 마모가 많다.
② 바깥지름 연삭보다 숫돌 축의 회전수가 느려야 한다.
③ 연삭숫돌의 지름은 가공물의 지름보다 작아야 한다.
④ 숫돌 축은 지름이 작기 때문에 가공물의 정밀도가 다소 떨어진다.

해설 소정의 연삭 속도를 얻으려면 바깥지름 연삭보다 숫돌 축의 회전수를 높여야 한다.

36. 연삭 깊이를 깊게 하고 이송 속도를 느리게 함으로써 재료의 제거율을 대폭적으로 높인 연삭 방법은?

① 경면(mirror) 연삭
② 자기(magnetic) 연삭
③ 고속(high speed) 연삭
④ 크리프 피드(creep feed) 연삭

해설 크리프 피드 연삭 : 강성이 큰 강력 연삭기로, 한 번에 연삭 깊이를 1~6mm 정도까지 크게 하여 가공 능률을 높인 연삭이다.

37. 드릴을 가공할 때, 가공물과 접촉에 의한 마찰을 줄이기 위해 절삭날 면에 주는 각은?

① 선단각
② 웨브각
③ 날 여유각
④ 홈 나선각

정답 **32.** ① **33.** ① **34.** ① **35.** ② **36.** ④ **37.** ③

해설 날 여유각 : 드릴을 가공할 때 가공물과 접촉에 의한 마찰을 줄이기 위해 절삭날 면에 주는 각으로, 보통 $10 \sim 15°$ 정도이다.

38. 연삭기의 이송 방법이 아닌 것은?

① 테이블 왕복식
② 플런지 컷 방식
③ 연삭숫돌대 방식
④ 마그네틱 척 이동 방식

해설 바깥지름 연삭의 이송 방법
테이블 왕복형, 숫돌대 왕복형, 플런지 컷형

39. 탭으로 암나사 가공 작업 시 탭의 파손 원인으로 적절하지 않은 것은?

① 탭이 경사지게 들어간 경우
② 탭 재질의 경도가 높은 경우
③ 탭의 가공 속도가 빠른 경우
④ 탭이 구멍 바닥에 부딪혔을 경우

해설 탭 작업 시 탭이 부러지는 이유
• 구멍이 작거나 바르지 못할 때
• 탭이 구멍 바닥에 부딪혔을 때
• 칩의 배출이 원활하지 못할 때
• 핸들에 무리한 힘을 주었을 때
• 소재보다 탭의 경도가 낮을 때

40. 연삭숫돌 기호에 대한 설명이 틀린 것은?

WA 60 K m V

① WA : 연삭숫돌 입자의 종류
② 60 : 입도
③ m : 결합도
④ V : 결합제

해설 • K : 결합도　　• m : 조직

41. 금속의 구멍 작업 시 칩 배출이 용이하고 가공 정밀도가 가장 높은 드릴 날은?

① 평드릴
② 센터 드릴
③ 직선 홈 드릴
④ 트위스트 드릴

해설 트위스트 드릴
• 비틀림 홈 드릴의 단면이 둥글고 끝부분에 날카로운 날이 있으며 몸체에는 비틀림 홈이 있다.
• 홈을 따라 절삭유제가 공급되며, 동시에 절삭 가공 시 발생하는 칩이 배출된다.

42. 연삭 작업에서 숫돌 결합제의 구비 조건으로 틀린 것은?

① 성형성이 우수해야 한다.
② 열 또는 연삭액에 대해 안전성이 있어야 한다.
③ 필요에 따라 결합 능력을 조절할 수 있어야 한다.
④ 충격에 견뎌야 하므로 기공 없이 치밀해야 한다.

해설 결합제의 구비 조건
• 열이나 연삭액에 대해 안전성이 있을 것
• 원심력이나 충격에 대한 기계적 강도가 있을 것
• 적당한 기공과 균일한 조직으로 성형성이 좋을 것

43. 드릴 작업 후 구멍의 내면을 다듬질하는 목적으로 사용하는 공구는?

① 탭
② 리머
③ 센터 드릴
④ 카운터 보어

해설 • 탭 : 드릴을 사용하여 뚫은 구멍의 내면에 암나사를 가공하는 공구
  • 센터 드릴 : 선반에서 작업을 하기 위해 센터 구멍을 가공하는 공구
  • 카운터 보어 : 볼트 머리 부분을 묻히게 하기 위해 자리를 파는 공구

44. 다음 중 센터 펀치 작업에 관한 설명으로 틀린 것은?

① 선단은 45° 이하로 한다.
② 드릴로 구멍을 뚫을 자리 표시에 사용한다.
③ 펀치의 선단을 목표물에 수직으로 펀칭한다.
④ 펀치의 재질은 공작물보다 경도가 높은 것을 사용한다.

해설 센터 펀치의 선단 각도는 60°이다.

45. 바깥지름 원통 연삭에서 연삭숫돌이 숫돌의 반지름 방향으로 이송하면서 공작물을 연삭하는 방식은?

① 유성형
② 플런지 컷형
③ 테이블 왕복형
④ 연삭숫돌 왕복형

해설 • 연삭 방식에는 공작물을 회전시키고 좌우로 왕복 운동을 하는 트래버스 연삭과 공작물을 회전시키고 깊이(숫돌의 반지름) 방향으로 이송하는 플랜지 컷 방식이 있다.
  • 바깥지름 연삭의 이송 방법은 테이블 왕복형, 숫돌대 왕복형, 플런지 컷형이 있다.

46. 1대의 드릴링 머신에 다수의 스핀들이 설치되어 1회에 여러 개의 구멍을 동시에 가공할 수 있는 드릴링 머신은?

① 다두 드릴링 머신
② 다축 드릴링 머신
③ 탁상 드릴링 머신
④ 레이디얼 드릴링 머신

해설 • 다축 드릴링 머신은 드릴링 머신 1대에 여러 개의 스핀들을 설치하고 여러 개의 드릴을 동시에 작동시키는 드릴링 머신이다.
  • 다두 드릴링 머신은 다수의 스핀들이 각각 구동축에 의해 동작한다.

47. 다음 중 센터리스 연삭기에 필요하지 않은 부품은?

① 받침판　　　　② 양 센터
③ 연삭숫돌　　　④ 조정숫돌

해설 센터리스 연삭기는 양 센터(센터나 척)가 없으며, 연삭숫돌과 조정숫돌 사이를 지지판으로 지지하면서 연삭한다.

48. 연삭숫돌의 입도(grain size) 선택의 일반적인 기준으로 가장 적합한 것은?

① 절삭 깊이와 이송량이 많고 거친 연삭은 거친 입도를 선택
② 다듬질 연삭 또는 공구를 연삭할 때는 거친 입도를 선택
③ 숫돌과 일감의 접촉 넓이가 작을 때는 거친 입도를 선택
④ 연성이 있는 재료는 고운 입도를 선택

해설 입도 : 연삭 입자의 크기로, 연삭면의 거칠기에 영향을 준다. 연하고 연성이 있는 재료는 눈메움이 쉽게 발생하므로 거친 입도를 사용한다.

49. 드릴 가공에서 깊은 구멍을 가공하고자 할 때 다음 중 가장 좋은 가공 조건은?

① 회전수와 이송을 느리게 한다.
② 회전수는 빠르게, 이송은 느리게 한다.
③ 회전수는 느리게, 이송은 빠르게 한다.
④ 회전수와 이송은 정밀도와는 관계 없다.

해설 드릴 구멍이 깊으면 칩의 배출과 윤활이 어려우므로 깊이가 드릴 지름의 2배 이상이 되면 회전수와 이송을 줄여 가공한다.

50. ϕ13 이하의 작은 구멍 뚫기에 사용하며 작업대 위에 설치하여 사용하고, 드릴 이송은 수동으로 하는 소형 드릴링 머신은?

① 다두 드릴링 머신
② 직립 드릴링 머신
③ 탁상 드릴링 머신
④ 레이디얼 드릴링 머신

해설 탁상 드릴링 머신
• 소형 드릴링 머신으로 작업대 위에 설치하여 사용한다.
• 드릴 지름이 비교적 작고(13 mm) 뚫는 구멍이 깊지 않은 드릴 구멍에 적합하다.

51. 연삭 가공 중 가공 표면의 표면 거칠기가 나빠지고 정밀도가 저하되는 떨림 현상이 나타나는 원인이 아닌 것은?

① 숫돌의 평형상태가 불량일 경우
② 숫돌 축이 편심되어 있을 경우
③ 숫돌의 결합도가 너무 작을 경우
④ 연삭기 자체에 진동이 있을 경우

해설 ①, ②, ④ 이외에 숫돌의 결합도가 클 때 떨림 현상이 나타난다.

52. 다음 중 연삭 균열에 대한 설명으로 알맞지 않은 것은?

① 열팽창에 의해 발생한다.
② 공석강에 가까운 탄소강에서 자주 발생한다.
③ 연삭 균열을 방지하기 위해서는 결합도가 연한 숫돌을 사용한다.
④ 이송을 느리게 하고 연삭액을 충분히 사용하여 방지할 수 있다.

해설 연삭 균열
• 열팽창에 의해 발생한다.
• 연삭 균열을 방지하기 위해 연한 숫돌을 사용한다.
• 이송을 크게 하고 절삭 깊이를 작게 한다.
• 충분한 연삭액을 주어 발열을 방지한다.

2-5	기타 절삭 가공

1 보링 가공

(1) 보링 머신에 의한 가공

① **보링** : 공작물에 뚫려 있는 구멍을 더 넓히거나 정밀도를 높이는 가공이다.
② 보링 머신에서는 드릴링, 리밍, 정면 절삭, 태핑, 밀링 가공 등이 가능하다.

(2) 보링 머신의 종류

① **수평 보링 머신** : 가장 보편적으로 사용하는 보통 보링 머신으로 테이블형, 플레이너형, 플로어형이 있다.
② **수직 보링 머신** : 주축이 수직이며, 큰 공작물을 테이프에 설치하기 쉽다.
③ **정밀 보링 머신** : 고속 회전과 미소 이송이 가능한 구조이다.
④ **지그 보링 머신** : 오차가 $2\sim5\mu$m로 정밀도가 높은 지그 가공을 할 수 있으며, 항온실에 설치해야 한다.
⑤ **코어 보링 머신** : 구멍의 중심부는 남기고 둘레만 가공한다.

2 브로칭 가공

브로치 작업은 브로치라는 공구를 사용하여 1회 공정으로 표면 또는 내면을 절삭 가공하는 작업이다.
① **내면 브로치 작업** : 둥근 구멍에 키 홈, 스플라인 구멍, 다각형 구멍 등을 가공하는 작업
② **표면 브로치 작업** : 세그먼트 기어의 치통형이나 홈, 특수한 모양의 면을 가공하는 작업

3 셰이퍼, 플레이너, 슬로터

(1) 셰이퍼(shaper)

① 일감을 테이블 위에 고정하고 좌우로 이송시키면서 램 끝에 바이트를 장치하여 왕복 운동으로 가공하는 기계이다.
② 수평·수직 깎기, 각도 깎기, 홈 파기 및 절단, 키 홈 파기에 주로 사용한다.

(2) 플레이너(planer)

① 일감을 테이블 위에 고정하고 수평 왕복 운동을 하며, 바이트는 일감의 운동 방향과 직각 방향으로 이송한다.

② 비교적 큰 평면을 절삭하는 데 사용하며, 평삭기라고도 한다.

(3) 슬로터(slotter)

① 구멍의 내면이나 곡면 외에 내접 기어, 스플라인 구멍을 가공할 때 사용한다.

② 셰이퍼를 직립형으로 만든 공작기계로 수직 셰이퍼라고도 한다.

4 기어 가공

(1) 기어 가공의 종류

① **총형 공구에 의한 방법**

㉮ 기어 치형에 맞는 공구를 사용하여 기어를 깎는 방법으로, 성형법이라고도 한다.

㉯ 총형 공구에 의한 방법은 셰이퍼, 플레이너, 슬로터에서 사용하며 총형 커터에 의한 방법은 밀링에서 사용한다.

② **형판에 의한 방법**

㉮ 형판을 따라 공구가 안내되어 절삭하는 방법으로, 모방 절삭법이라고도 한다.

㉯ 형판에 의한 방법은 대형 기어 절삭에 사용한다.

③ **창성법**

㉮ 인벌류트 곡선을 그리는 성질을 응용하여 기어를 깎는 방법이다.

㉯ 절삭할 기어와 같은 정확한 기어 절삭 공구인 호브, 랙 커터, 피니언 커터 등으로 절삭하며, 최근에 가장 많이 사용한다.

(2) 기어 절삭기의 종류

① **호빙 머신**

㉮ 절삭 공구인 호브와 소재를 상대 운동시켜 창성법으로 기어 이를 절삭한다.

㉯ 호브의 운동에는 소재의 회전 운동, 호브의 회전 운동과 이송 운동이 있다.

㉰ 호브에서 절삭할 수 있는 기어는 스퍼 기어, 헬리컬 기어, 스플라인 축 등이며, 베벨 기어는 절삭할 수 없다.

② **기어 셰이퍼**

    ㉮ 절삭 공구인 커터에 왕복 운동을 주어 기어를 창성법으로 절삭한다.

    ㉯ 피니언 커터를 사용하는 펠로스 기어 셰이퍼와 랙 커터를 사용하는 마그식 기어 셰이퍼가 있다.

5 정밀입자 가공

(1) 호닝

① **호닝** : 보링, 리밍, 연삭 가공 등을 끝낸 원통의 내면에 직사각형 모양의 가는 숫돌을 방사형으로 배치한 혼(hone)으로 정밀 다듬질하는 방법이다.

② 발열이 적고 경제적인 정밀 작업이 가능하다.

③ 진직도, 진원도, 테이퍼 등의 오차를 수정할 수 있다.

④ 공작물의 정밀도를 높일 수 있으며 표면 거칠기를 좋게 할 수 있다.

(2) 슈퍼 피니싱

① **슈퍼 피니싱** : 숫돌 입자가 작은 숫돌로 일감을 가볍게 누르면서 축 방향으로 진동을 주는 방법이다.

② 변질층 표면 깎기, 원통 외면, 내면, 평면을 연삭 흠집이 없도록 가공할 수 있다.

(3) 래핑

① **래핑** : 랩(lap)과 일감 사이에 랩제를 넣고 양자를 상대 운동시키면서 매끈한 다듬질을 얻는 방법으로, 게이지 블록의 측정면 또는 광학 렌즈 등의 다듬질에 사용한다.

② **래핑유**

    ㉮ 금속 다듬질 : 경유, 경유+기계유

    ㉯ 유리, 수정 : 물, 수용성유

    ㉰ 연한 재료 : 그리스

③ **랩 작업**

    ㉮ 습식법 : 경유나 그리스, 기계유 등에 랩제를 혼합하여 사용하며, 다듬질면이 매끈하지 못하여 거친 가공에 이용한다.

    ㉯ 건식법 : 랩제가 묻은 랩을 건조한 상태에서 사용하며, 다듬질면이 좋아 정밀 다듬질에 이용한다.

④ **랩제** : 탄화규소(SiC), 알루미나(Al_2O_3), 산화크롬(Cr_2O_3)

⑤ **래핑 작업의 특징**

㈎ 다듬질면이 깨끗하고 매끈한 경면을 얻을 수 있다.

㈏ 정밀도가 높은 제품을 만들 수 있다.

㈐ 가공면은 내식성, 내마멸성이 좋다.

㈑ 작업 방법 및 설비가 간단하다.

㈒ 가공이 간단하고 대량 생산을 할 수 있다.

㈓ 비산하는 래핑 입자에 다른 기계나 제품이 손상을 입을 수 있다.

㈔ 작업이 지저분하고 먼지가 많다.

㈕ 고도의 숙련이 요구된다.

㈖ 가공면에 랩제가 잔류하기 쉽고, 제품 사용 시 마멸을 촉진시킨다.

6 특수 가공

(1) 전해 연마

① **전해 연마** : 전해액에 공작물을 양극으로 전기를 통하게 하여 표면이 용해 석출되면서 매끈한 다듬질을 얻는 가공법이다.

② **장점**

㈎ 가공 표면의 변질층이 생기지 않는다.

㈏ 복잡한 모양의 연마에 사용한다.

㈐ 광택이 매우 좋고 내식성과 내마멸성이 좋다.

㈑ 면이 깨끗하고 도금이 잘 된다.

㈒ 설비가 간단하고 시간이 짧으며 숙련이 필요 없다.

③ **단점**

㈎ 불균일한 가공 조직이나 두 종류 이상의 재질은 다듬질이 곤란하다.

㈏ 연마량이 적어 깊은 상처를 제거하기 곤란하다.

④ **용도** : 드릴 홈, 주사 바늘, 반사경, 시계의 기어 등의 연마에 응용된다.

(2) 전해 연삭

① **전해 연삭** : 전해 연마에서 나타난 양극의 생성물을 연삭 작업으로 갈아 없애는 가공법이다.

② **특징**

㈎ 초경합금 등 경질 재료 또는 열에 민감한 재료의 가공에 적합하다.

㈏ 평면, 원통, 내면 연삭도 할 수 있다.

㈐ 가공 변질이 적고 표면 거칠기가 좋다.

(3) 버핑(buffing)

① **버핑** : 직물, 피혁, 고무 등으로 만든 원판 버프를 고속 회전시켜 광택을 내는 가공법이다.

② 복잡한 모양도 연마할 수 있으나 치수 및 모양의 정밀도는 더 이상 좋게 할 수 없다.

(4) 액체 호닝

① **액체 호닝** : 압축 공기를 이용하여 연마제를 가공액과 함께 노즐을 통해 고속 분사시켜 일감의 표면을 다듬는 가공법이다.

② **장점**

㈎ 단시간에 매끈하고 광택이 없는 다듬질면을 얻을 수 있다.

㈏ 피닝 효과가 있고 피로 한계를 높일 수 있다.

㈐ 복잡한 모양의 일감에 대해서도 간단히 다듬질할 수 있다.

㈑ 일감의 표면에 잔류하는 산화 피막과 거스러미를 간단히 제거할 수 있다.

(5) 초음파 가공

① **초음파 가공** : 초음파 진동수로 기계적 진동을 하는 공구와 공작물 사이에 숫돌 입자, 물 또는 기름을 주입하여 숫돌 입자가 일감을 때리면서 표면을 다듬는 방법이다.

② **공구의 재질** : 황동, 연강, 스프링강, 스테인리스강, 텅스텐 산화물

③ **초음파 진동** : $6 \sim 30\,kHz$

④ **정압력의 크기** : $200 \sim 300\,g/min$

(6) 숏 피닝(shot peening)

① **숏 피닝** : 숏 볼을 가공면에 고속으로 강하게 두드려서 금속의 표면층 경도와 강도를 증가시켜 피로 한계를 높여 주는 가공법으로, 피닝 효과라고도 한다.

② 스프링, 기어, 축 등에 사용한다.

(7) 폴리싱(polishing)

① **폴리싱** : 미세한 연삭 입자를 부착한 목재, 피혁, 직물 등으로 만든 버프로 공작물의 표면을 버핑하기 전에 다듬질하는 가공법이다.

② 폴리싱은 버핑에 선행한다.

(8) 버니싱(burnishing)

① **버니싱** : 1차 가공된 구멍보다 다소 큰 강철 볼을 구멍에 압입 통과시킴으로써 구멍의 표면 거칠기와 정밀도, 피로 한도를 높이고 부식 저항을 증가시키는 가공법이다.

② 주로 구멍 내면의 다듬질에 사용하며 연성, 전성이 큰 재료에 사용한다.

(9) 배럴(barrel) 가공

① **배럴 가공** : 회전하는 상자에 공작물과 공작액, 콤파운드 등을 함께 넣어 공작물이 입자와 충돌하는 동안 그 표면의 요철을 제거하여 표면을 매끄럽게 하는 가공법이다.

② 공작물을 넣고 회전하는 상자를 배럴이라고 한다.

○ **참고** ○

수기 가공
- 금긋기용 공구 : 금긋기 바늘(스크라이버), 서피스 게이지, 하이트 게이지 등
- 절삭용 공구 : 정, 줄, 리머, 탭, 다이스, 스크레이퍼 등

1. 기어가 회전 운동을 할 때 접촉하는 것과 같은 상대 운동으로 기어를 절삭하는 방법은 어느 것인가?

① 창성식 기어 절삭법
② 모형식 기어 절삭법
③ 원판식 기어 절삭법
④ 성형 공구 기어 절삭법

해설 창성식 기어 절삭법 : 인벌류트 곡선의 성질을 응용하여 기어를 깎는 방법으로 호브, 랙커터, 피니언 커터를 사용하여 절삭한다.

2. 고속 가공의 특성에 대한 설명이 옳지 않은 것은?

① 황삭부터 정삭까지 한 번의 셋업으로 가공이 가능하다.
② 열처리된 소재는 가공할 수 없다.
③ 칩(chip)에 열이 집중되어 가공물은 절삭열 영향이 적다.
④ 절삭 저항이 감소하고 공구 수명이 길어진다.

해설 고속 가공은 열처리된 공작물도 가공할 수 있으며, 경도 HRC 60 정도는 가공이 가능하다.

3. 다음 중 초음파 가공으로 가공하기 어려운 것은?

① 구리
② 유리
③ 보석
④ 세라믹

해설 구리, 알루미늄, 금, 은 등과 같은 연질 재료는 초음파 가공이 어렵다.

4. 초음파 가공에 주로 사용하는 연삭 입자의 재질이 아닌 것은?

① 산화알루미나계
② 다이아몬드 분말
③ 탄화규소계
④ 고무 분말계

해설 초음파 가공에 사용하는 연삭 입자의 재질은 산화알루미나, 탄화규소, 탄화붕소, 다이아몬드 분말이다.

5. 대표적인 수평식 보링 머신은 구조에 따라 몇 가지 형태로 분류되는데 다음 중 맞지 않는 것은?

① 플로어형(floor type)
② 플레이너형(planer type)
③ 베드형(bed type)
④ 테이블형(table type)

해설 수평식 보링 머신
• 주축이 수평이며, 수평인 보링 바에 설치한 보링 바이스를 회전하여 테이블 위의 공작물 구멍에 보링 가공한다.
• 테이블형, 플레이너형, 플로어형이 있다.

6. 숏 피닝(shot peening)과 관계 없는 것은?

① 금속의 표면 경도를 증가시킨다.
② 피로 한도를 높여준다.
③ 표면 광택을 증가시킨다.
④ 기계적 성질을 증가시킨다.

해설 숏 피닝
• 숏 볼을 가공면에 고속으로 강하게 두드려서 금속의 표면층 경도와 강도를 증가시켜 피로 한계를 높여주는 가공법이다.
• 피닝 효과라고도 한다.

정답 1.① 2.② 3.① 4.④ 5.③ 6.③

7. 전해 연마 가공의 특징이 아닌 것은?

① 연마량이 적어 깊은 홈은 제거가 되지 않으며 모서리가 라운드 된다.

② 가공면에 방향성이 없다.

③ 면은 깨끗하나 도금이 잘 되지 않는다.

④ 복잡한 형상의 공작물 연마가 가능하다.

해설 전해 연마 가공의 특징

• 가공 표면에 변질층이 생기지 않는다.

• 복잡한 모양의 연마에 사용한다.

• 광택이 매우 좋고 내식성과 내마멸성이 좋다.

• 면이 깨끗하고 도금이 잘 된다.

• 경도가 높은 재료일수록 연삭 능률이 기계 연삭보다 높다.

8. 브로치 절삭날 피치를 구하는 식은? (단, P : 피치, L : 절삭날의 길이, C : 가공물 재질에 따른 상수이다.)

① $P = C\sqrt{L}$

② $P = C \times L$

③ $P = C \times L^2$

④ $P = C^2 \times L$

해설 브로치 절삭날의 길이는 피치의 제곱에 비례한다.

9. 액체 호닝의 특징으로 잘못된 것은?

① 가공 시간이 짧다.

② 가공물의 피로 강도를 저하시킨다.

③ 형상이 복잡한 가공물도 쉽게 가공한다.

④ 가공물 표면의 산화막이나 거스러미를 제거하기 쉽다.

해설 액체 호닝 : 가공물의 피로 강도가 개선되며, 형상이 복잡한 가공물도 단시간에 쉽게 가공이 가능하다.

10. 목재, 피혁, 직물 등 탄성이 있는 재료로

만들어 바퀴 표면에 부착시킨 미세한 연삭 입자로 버핑하기 전에 가공물의 표면을 다듬질하는 가공 방법은?

① 폴리싱

② 롤러 가공

③ 버니싱

④ 숏 피닝

해설 폴리싱 : 바퀴 표면에 부착시킨 탄성 있는 재료(목재, 피혁, 직물 등)에 미세한 연삭 입자를 부착하여 공작물의 표면을 버핑하기 전에 다듬질하는 가공 방법이다.

11. 다음 중 호브(hob)를 사용하여 기어를 절삭하는 기계로, 차동 기구를 갖고 있는 공작기계는?

① 레이디얼 드릴링 머신

② 호닝 머신

③ 자동 선반

④ 호빙 머신

해설 호빙 머신 : 절삭 공구인 호브와 공작물을 상대 운동시켜 창성법으로 기어 이를 절삭한다.

12. 일반적으로 방전 가공 작업 시 사용되는 가공액의 종류 중 가장 거리가 먼 것은?

① 변압기유

② 경유

③ 등유

④ 휘발유

해설 방전 가공 시 절연도가 높은 경유, 등유, 변압기유, 탈이온수(물)가 가공액으로 사용된다.

13. 전해 연마에 이용되는 전해액으로 틀린 것은?

① 인산 　　　　② 황산

③ 과염소산 　　④ 초산(아세트산)

해설 전해액으로는 과염소산($HClO_4$), 황산(H_2SO_4), 인산(H_3PO_4), 질산(HNO_3), 알칼리, 불산(불화수소산) 등이 사용된다.

14. 액체 호닝에서 완성 가공면의 상태를 결정하는 일반적인 요인이 아닌 것은?

① 공기 압력
② 가공 온도
③ 분출 각도
④ 연마제의 혼합비

해설 호닝 가공면을 결정하는 요소는 공기 압력, 시간, 노즐에서 가공면까지의 거리, 분출 각도, 연마제의 혼합비 등이 있다.

15. 다음 중 1차 가공된 가공물의 안지름보다 다소 큰 강구(steel ball)를 압입 통과시켜서 가공물의 표면을 소성 변형으로 가공하는 방법은?

① 래핑(lapping)
② 호닝(honing)
③ 버니싱(burnishing)
④ 그라인딩(grinding)

해설 버니싱 : 가공된 공작물의 구멍의 진원도 및 진직도 등 정밀도를 향상시키는 가공법이다.

16. 수기 가공에 대한 설명으로 틀린 것은?

① 서피스 게이지는 공작물에 평행선을 긋거나 평행면의 검사용으로 사용한다.
② 스크레이퍼는 줄 가공 후 면을 정밀하게 다듬질 작업하기 위해 사용한다.
③ 카운터 보어는 드릴로 가공된 구멍에 대하여 정밀하게 다듬질하기 위해 사용한다.
④ 센터 펀치는 펀치의 끝이 60~90° 원뿔로 되어 있으며, 위치를 표시하기 위해 사용한다.

해설 • 카운터 보어는 작은 나사, 볼트의 머리 부분이 완전히 묻히도록 깊게 자리 파기 하는 작업이다.
• 드릴로 가공된 구멍을 정밀하게 다듬질하는 공구는 리머이다.

17. 수기 가공에 대한 설명 중 틀린 것은?

① 탭은 나사부와 자루 부분으로 되어 있다.
② 다이스는 수나사를 가공하기 위한 공구이다.
③ 다이스는 1번, 2번, 3번 순으로 나사 가공을 수행한다.
④ 줄의 작업 순서는 황목 → 중목 → 세목 순으로 한다.

해설 다이스로 가공할 때 번호 순서를 따르지 않고 유효지름에 맞게 공구를 선택하여 작업한다.

18. 기어 절삭에 사용되는 공구가 아닌 것은?

① 호브
② 랙 커터
③ 피니언 커터
④ 더브테일 커터

해설 더브테일 커터는 기계 구조물이 이동하는 자리의 면을 만들 때 사용하는 절삭 공구이므로 밀링 머신에서 더브테일 작업 시 사용한다.

19. 원하는 형상을 한 공구를 공작물의 표면에 눌러대고 이동시키면서 표면에 소성 변형을 주어 정도가 높은 면을 얻기 위한 가공법은?

① 래핑(lapping)
② 버니싱(burnishing)
③ 폴리싱(polishing)
④ 슈퍼 피니싱(super-finishing)

해설 버니싱 : 1차 가공된 가공물의 안지름보다 다소 큰 강철 볼을 압입 통과시켜 가공물을 소성 변형으로 가공하는 방법이다.

20. 창성식 기어 절삭법에 대한 설명으로 옳은 것은?

① 밀링 머신과 같이 총형 밀링 커터를 이용하여 절삭하는 방법이다.

② 셰이퍼 등에서 바이트를 치형에 맞추어 절삭하며 완성하는 방법이다.

③ 셰이퍼의 테이블에 모형과 소재를 고정한 후 모형에 따라 절삭하는 방법이다.

④ 호빙 머신에서 절삭 공구와 일감을 서로 적당히 상대 운동시켜 치형을 절삭하는 방법이다.

해설 창성법
• 인벌류트 곡선을 그리는 성질을 응용하여 기어를 깎는 방법이다.
• 호브, 랙 커터, 피니언 커터 등으로 절삭하며, 최근에 가장 많이 사용되고 있다.

21. 보링 머신의 크기를 표시하는 방법으로 틀린 것은?

① 주축의 지름
② 주축의 이송 거리
③ 테이블의 이동 거리
④ 보링 바이트의 크기

해설 보링 머신의 크기 표시 방법
• 주축의 지름
• 주축의 이송 거리
• 테이블의 크기
• 테이블 이동 거리

22. 기어 절삭기에서 창성법으로 치형을 가공하는 공구가 아닌 것은?

① 호브(hob)
② 브로치(broach)
③ 랙 커터(rack cutter)
④ 피니언 커터(pinion cutter)

해설 • 창성법은 기어 소재와 절삭 공구가 서로 맞물려 돌아가며 기어 형상을 만드는 방법이다.
• 브로치를 사용하여 내면 기어를 가공할 수 있지만 창성법은 아니다.

23. 일반적인 손다듬질 작업 공정 순서로 옳은 것은?

① 정 → 줄 → 스크레이퍼 → 쇠톱
② 줄 → 스크레이퍼 → 쇠톱 → 정
③ 쇠톱 → 정 → 줄 → 스크레이퍼
④ 스크레이퍼 → 정 → 쇠톱 → 줄

해설 손다듬질 작업 순서
금긋기 → 펀칭 및 드릴링 → 쇠톱질 → 정 작업 → 줄 작업 → 스크레이퍼 작업

24. 풀리(pulley)의 보스(boss)에 키 홈을 가공하려 할 때 사용하는 공작기계는?

① 보링 머신
② 호빙 머신
③ 드릴링 머신
④ 브로칭 머신

해설 브로칭 머신 : 키 홈, 스플라인 구멍, 다각형 구멍 등의 작업을 할 때 사용하는 공작기계이다.

25. 래핑 작업에 사용하는 랩제의 종류가 아닌 것은?

① 흑연
② 산화크로뮴
③ 탄화규소
④ 산화알루미나

정답 20. ④ 21. ④ 22. ② 23. ③ 24. ④ 25. ①

해설 랩제 : 탄화규소나 알루미나가 주로 사용되며 산화철, 산화크로뮴, 탄화붕소, 알루미늄 분말 등도 사용된다.

26. 입자를 이용한 가공법이 아닌 것은?

① 래핑
② 브로칭
③ 배럴 가공
④ 액체 호닝

해설 브로칭 : 브로치 공구를 사용하여 표면 또는 내면을 필요한 모양으로 절삭 가공하는 방법이다.

27. 호닝 작업의 특징으로 틀린 것은?

① 정확한 치수 가공을 할 수 있다.
② 표면 정밀도를 향상시킬 수 있다.
③ 호닝에 의해 구멍의 위치를 자유롭게 변경하여 가공할 수 있다.
④ 전 가공에서 나타난 테이퍼, 진원도 등에 발생한 오차를 수정할 수 있다.

해설 호닝에서는 전 가공에서 발생한 오차를 수정할 수 있지만 구멍의 위치를 변경하여 가공할 수는 없다.

28. 기어 절삭법이 아닌 것은?

① 배럴에 의한 법(barrel system)
② 형판에 의한 법(templet system)
③ 창성에 의한 법(generated tool system)
④ 총형 공구에 의한 법(formed tool system)

해설 기어 절삭의 방법
• 형판에 의한 가공
• 창성식 가공
• 총형 공구를 이용한 가공

29. 높은 정밀도를 요구하는 가공물, 각종 지그 등에 사용하며 온도 변화에 영향을 받지 않도록 항온항습실에 설치하여 사용하는 보링 머신은?

① 지그 보링 머신(jig boring machine)
② 정밀 보링 머신(fine boring machine)
③ 코어 보링 머신(core boring machine)
④ 수직 보링 머신(vertical boring machine)

해설 지그 보링 머신 : 오차가 $2 \sim 5 \mu m$로 정밀도가 높은 지그를 가공할 수 있다.

30. 래핑에 대한 설명으로 틀린 것은?

① 습식 래핑은 주로 거친 래핑에 사용한다.
② 습식 래핑은 연마 입자를 혼합한 랩액을 공작물에 주입하면서 가공한다.
③ 건식 래핑의 사용 용도는 초경질 합금, 보석 및 유리 등 특수 재료에 널리 쓰인다.
④ 건식 래핑은 랩제를 랩에 고르게 누른 다음, 이를 충분히 닦아내고 주로 건조 상태에서 래핑을 한다.

해설 래핑
• 랩과 일감 사이에 랩제를 넣어 서로 누르고 비벼가면서 마모시켜 표면을 다듬는 방법이다.
• 게이지 블록의 측정면이나 광학 렌즈 등의 다듬질용으로 사용한다.
• 건식 래핑 작업 중 분진이 발생하며, 랩제가 남아 있으면 지속적인 마모가 발생하는데, 이것이 래핑의 단점이다.

31. 도금을 응용한 방법으로 모델을 음극에 전착시킨 금속을 양극에 설치하고, 전해액 속에서 전기를 통전하여 적당한 두께로 금속을 입히는 가공 방법은?

① 전주 가공
② 전해 연삭
③ 레이저 가공
④ 초음파 가공

[해설] • 전해 연삭 : 전해 연마에서 나타난 양극의 생성물을 연삭 작업으로 갈아 없애는 가공 방법
• 레이저 가공 : 레이저 빛을 한 점에 집중시켜 고도의 에너지 밀도로 가공하는 방법
• 초음파 가공 : 초음파 진동수로 기계적 진동을 하는 공구와 공작물 사이에 숫돌 입자, 물 또는 기름을 주입하면서 숫돌 입자가 일감을 때려 표면을 다듬는 방법

32. 전해 가공의 특징으로 틀린 것은?

① 전극을 양극(+)에, 가공물을 음극(−)에 연결한다.
② 경도가 크고 인성이 큰 재료도 가공 능률이 높다.
③ 열이나 힘의 작용이 없으므로 금속학적인 결함이 생기지 않는다.
④ 복잡한 3차원 가공도 공구 자국이나 버(burr)가 없이 가공할 수 있다.

[해설] 전해 가공 : 전기 분해의 원리를 이용한 것으로, 전극을 음극(−)으로 하고 가공물을 양극(+)으로 한다.

33. 방전 가공용 전극 재료의 구비 조건으로 틀린 것은?

① 가공 정밀도가 높을 것
② 가공 전극의 소모가 적을 것
③ 방전이 안전하고 가공 속도가 빠를 것
④ 전극을 제작할 때 기계 가공이 어려울 것

[해설] 방전 가공용 전극 재료의 구비 조건
• 기계 가공이 쉬워야 한다.
• 가공 정밀도가 높아야 한다.
• 가공 전극의 소모가 적어야 한다.
• 구하기 쉽고 가격이 저렴해야 한다.
• 방전이 안전하고 가공 속도가 빨라야 한다.

34. 다음 중 슬로터(slotter)에 관한 설명으로 틀린 것은?

① 규격은 램의 최대 행정과 테이블의 지름으로 표시된다.
② 주로 보스(boss)에 키 홈을 가공하기 위해 발달된 기계이다.
③ 구조가 셰이퍼(shaper)를 수직으로 세워 놓은 것과 비슷하여 수직 셰이퍼라고도 한다.
④ 테이블이 수평 길이 방향의 왕복 운동과 공구의 테이블 가로 방향의 이송에 의해 비교적 넓은 평면을 가공하므로 평삭기라고도 한다.

[해설] 슬로터
• 구멍의 내면이나 곡면 외에 내접 기어, 스플라인 구멍을 가공할 때 사용한다.
• 셰이퍼를 직립형으로 만든 공작기계로 수직 셰이퍼라고도 한다.

2-6　기계 가공 관련 안전수칙

1 공작기계 관련 안전수칙

① 칩이 비산할 때는 보안경을 사용한다.

② 절삭 중 절삭면에 손이 닿아서는 안 된다.

③ 가공물, 절삭 공구의 설치를 확실히 한다.

④ 기계 위에 공구나 재료를 올려 놓지 않는다.

⑤ 기계의 회전을 손이나 공구로 멈추지 않는다.

⑥ 이송을 걸어 놓은 채 기계를 정지시키지 않는다.

⑦ 절삭 중이거나 회전 중에는 공작물을 측정하지 않는다.

⑧ 절삭 공구는 짧게 설치하고 절삭성이 나쁘면 일찍 바꾼다.

⑨ 칩을 제거할 때는 브러시나 칩 클리너를 사용하고 맨손으로 하지 않는다.

2 선반 작업 안전수칙

① 가공물을 설치할 때는 전원 스위치를 끄고 바이트를 충분히 떼어 놓은 다음 설치한다.

② 돌리개는 적당한 크기의 것을 선택하고 심압대 스핀들이 지나치게 나오지 않도록 한다.

③ 공작물의 설치가 끝나면 척, 렌치류는 곧 떼어 놓는다.

④ 편심된 가공물을 설치할 때는 균형추를 부착한다.

⑤ 바이트는 기계를 정지시킨 다음에 설치한다.

⑥ 줄 작업이나 사포로 연마할 때는 자세나 손동작에 유의한다.

3 밀링 작업 안전수칙

① 공작물을 설치할 때는 절삭 공구의 회전을 정지시킨다.

② 상하 이송용 핸들은 사용 후 반드시 벗겨 놓는다.

③ 가공 중에는 얼굴을 기계에 가까이 대지 않는다.

④ 절삭 공구를 설치할 때는 시동 레버와 접촉하지 않도록 한다.

⑤ 절삭 공구에 절삭유를 줄 때는 커터 위에서부터 주유한다.

⑥ 칩이 비산하는 재료는 커터 부분에 커버를 하거나 보안경을 착용한다.

4 연삭 작업 안전수칙

연삭숫돌은 고속으로 회전하므로 원심력에 의해 파손되면 매우 위험하기 때문에 안전에 유의해야 한다.

① 연삭숫돌은 사용 전에 확인하고 3분 이상 공회전시킨다.
② 연삭숫돌은 덮개(cover)를 설치하여 사용하며, 덮개의 노출 각도는 90°이거나 원둘레의 1/4을 초과하지 않아야 한다.
③ 연삭 가공할 때 원주 정면에 서지 않고, 정면에서 150° 정도 비켜서서 작업한다.
④ 연삭숫돌의 측면을 사용하여 작업하지 않는다(양두 그라인더로 연삭할 경우).
⑤ 받침대와 숫돌은 3mm 이내로 조정한다(양두 그라인더로 연삭할 경우).

5 드릴링 작업 안전수칙

① 회전하고 있는 주축이나 드릴에 옷자락이나 머리카락이 말려들지 않도록 한다.
② 드릴을 회전시킨 후에는 테이블을 조정하지 않으며, 가공물을 완전하게 고정한다.
③ 드릴을 고정하거나 풀 때는 주축이 완전히 정지된 후에 한다.
④ 얇은 판의 구멍 뚫기에는 보조판 나무를 사용하는 것이 좋다.
⑤ 구멍 뚫기가 끝날 무렵은 이송을 천천히 한다.

6 전기 용접 안전수칙

① 용접을 할 때는 소화기 및 소화수를 준비한다.
② 우천 시 옥외 작업을 금한다.
③ 홀더는 항상 파손되지 않은 것을 사용한다.
④ 보호 장갑 및 앞치마(에이프런), 무릎받이 등을 착용한다.

7 수공구 안전수칙

① 주위를 정리 정돈한다.
② 좋은 공구를 사용하며 사용법에 알맞게 쓴다.
③ 손이나 공구에 묻은 기름이나 물을 닦아낸다.
④ 수공구는 고유의 목적 이외에는 사용하지 않는다.

○ **참고** ○

화재의 등급
• A급 : 일반 화재(목재, 종이, 천) • B급 : 기름 화재 • C급 : 전기 화재 • D급 : 금속 화재

예|상|문|제

1. 기계 작업 시 안전에 유의할 사항으로 가장 거리가 먼 것은?

① 기계 위에 공구나 재료를 올려 놓는다.
② 선반 작업 시 보안경을 착용한다.
③ 사용 전 기계·기구를 점검한다.
④ 절삭 공구는 기계를 정지시키고 교환한다.

해설 기계 작업 시 기계 위에 공구나 재료를 올려 놓지 않는다.

2. 해머 작업의 안전수칙에 대한 설명으로 틀린 것은?

① 해머의 타격면이 넓어진 것을 골라 사용한다.
② 장갑이나 기름이 묻은 손으로 자루를 잡지 않는다.
③ 담금질된 재료는 함부로 두드리지 않는다.
④ 쐐기를 박아 해머의 머리가 빠지지 않는 것을 사용한다.

해설 해머의 타격면이 넓어진 것은 변형된 것이므로 사용하지 않는다.

3. 기계의 안전장치에 속하지 않는 것은?

① 리밋 스위치　② 방책
③ 초음파 센서　④ 헬멧

해설 헬멧은 작업 중 반드시 착용해야 하는 안전장비이다.

4. 연삭에 관한 안전사항 중 틀린 것은?

① 받침대와 숫돌은 5mm 이하로 유지해야 한다.
② 숫돌바퀴는 제조 후 사용할 원주 속도의 1.5~2배 정도의 안전검사를 한다.

③ 연삭숫돌의 측면에서 연삭하지 않는다.
④ 연삭숫돌을 고정하고 3분 이상 공회전시킨 후 작업을 한다.

해설 받침대는 휠의 중심에 맞추어 단단히 고정하며, 받침대와 숫돌의 간격은 항상 3mm 이하로 유지한다.

5. 사고 발생이 많이 일어나는 것부터 점차 적게 일어나는 것에 대한 순서로 옳은 것은?

① 불안전한 조건－불가항력－불안전한 행위
② 불안전한 행위－불가항력－불안전한 조건
③ 불안전한 행위－불안전한 조건－불가항력
④ 불안전한 조건－불안전한 행위－불가항력

해설 사고 발생 건수에 관한 통계
불안전한 행위 > 불안전한 조건 > 불가항력

6. 재해 원인별 분류에서 인적 원인(불안전한 행동)에 의한 것으로 옳은 것은?

① 불충분한 지시 또는 방호
② 작업 장소의 밀집
③ 가동 중인 장치를 정비
④ 결함이 있는 공구 및 장치

해설 ·인적 원인 : 보안경 및 작업 신발 미착용, 선반·밀링 작업 시 장갑을 끼고 작업, 가동 중인 장치 정비
·물적 원인 : 미비한 작업 계획, 불충분한 지시 또는 방호, 작업 장소의 밀집, 공구 및 장치의 결함

7. 수공구를 사용할 때의 안전수칙 중 거리가 먼 것은?

① 스패너를 너트에 완전히 끼워서 뒤쪽으로 민다.

정답 1.① 2.① 3.④ 4.① 5.③ 6.③ 7.①

② 멍키 렌치는 아래턱(이동 jaw) 방향으로 돌린다.

③ 스패너를 연결하거나 파이프를 끼워서 사용하면 안 된다.

④ 멍키 렌치는 웜과 랙의 마모에 유의하고 물림 상태를 확인한 후 사용한다.

해설 스패너의 입은 너트에 꼭 맞게 사용하며, 깊이 물리고 조금씩 돌리면서 몸 앞으로 당겨서 사용한다.

8. 일반적인 선반 작업의 안전수칙에 대한 설명으로 틀린 것은?

① 회전하는 공작물을 공구로 정지시킨다.

② 장갑, 반지 등은 착용하지 않도록 한다.

③ 바이트는 가능한 짧고 단단하게 고정한다.

④ 선반에서 드릴 작업 시 구멍 가공이 끝날 무렵에는 이송을 천천히 한다.

해설 선반에서 회전하는 공작물을 정지시킬 때는 손이나 공구를 사용하지 않으며, 브레이크를 사용하여 완전히 정지시킨다.

9. 연삭 작업에서 주의해야 할 사항으로 틀린 것은?

① 회전 속도는 규정 이상으로 해서는 안 된다.

② 작업 중 숫돌의 진동이 있으면 즉시 작업을 멈춰야 한다.

③ 숫돌 커버를 벗겨서 작업한다.

④ 작업 중에는 반드시 보안경을 착용하여야 한다.

해설 연삭 작업 시 숫돌 커버가 규정에 맞게 설치되어 있는지 확인해야 하며, 숫돌 커버를 벗겨 놓은 채 사용해서는 안 된다.

10. 스패너 작업에서의 안전수칙으로 거리가 먼 것은?

① 몸의 균형을 잡은 다음 작업을 한다.

② 스패너는 너트에 알맞은 것을 사용한다.

③ 스패너 자루에 파이프를 끼워서 사용한다.

④ 스패너를 해머 대용으로 사용하지 않는다.

해설 스패너의 자루에 파이프를 끼워서 사용하면 순간적으로 빠져서 다칠 위험이 있다.

11. 밀링 작업 시 안전수칙으로 틀린 것은?

① 칩을 제거할 때는 기계를 정지시킨 후 브러시로 털어낸다.

② 주축의 회전 속도를 변환할 때는 회전을 중단시킨 후 변환한다.

③ 칩 가루가 날리기 쉬운 가공물을 공작할 때는 방진 안경을 착용한다.

④ 절삭유를 공급할 때 커터에 감겨들지 않도록 주의하고, 공작 중 다듬질면은 손을 대어 거칠기를 점검한다.

해설 공작기계로 다듬질 중인 공작물의 표면은 온도가 매우 높으므로 공작 중 다듬질면에 손을 대지 않는다.

12. 연삭 작업의 안전사항으로 틀린 것은?

① 연삭숫돌의 측면 부위로 연삭 작업을 수행하지 않는다.

② 숫돌은 나무해머나 고무해머 등으로 음향 검사를 실시한다.

③ 연삭 가공을 할 때 안전을 위해 원주 정면에서 작업한다.

④ 연삭 작업을 할 때 분진의 비산을 방지하기 위해 집진기를 가동한다.

해설 연삭 가공은 원심력에 의해 파손의 위험이 있으므로 안전을 위해 원주 정면에 서지 않는다.

13. 밀링 작업의 안전수칙으로 틀린 것은?

① 공작물의 측정은 주축을 정지하고 실시한다.

② 급속 이송은 백래시 제거장치가 작동하고 있을 때 실시한다.

③ 중절삭할 때는 공작물을 가능한 바이스에 깊숙이 물려야 한다.

④ 공작물을 바이스에 고정할 때 공작물이 변형되지 않도록 주의한다.

해설 급속 이송은 백래시 제거장치가 작동하지 않을 때 실시한다.

14. 수기 가공을 할 때 작업 안전수칙으로 옳은 것은?

① 바이스를 사용할 때는 조에 기름을 충분히 묻히고 사용한다.

② 드릴 가공을 할 때는 장갑을 착용하여 단단하고 위험한 칩으로부터 손을 보호한다.

③ 금긋기 작업을 하는 이유는 주로 절단을 할 때 절삭성이 좋아지게 하기 위함이다.

④ 탭 작업 시 칩이 원활하게 배출될 수 있도록 후퇴와 전진을 번갈아 가면서 점진적으로 수행한다.

해설 • 바이스 사용 시 조에 기름을 많이 묻히면 미끄러질 위험이 있다.

• 금긋기 작업은 가공 시 작업할 부분을 명확하게 하기 위한 것이다.

15. 화재를 A급, B급, C급, D급으로 구분했을 때 전기화재에 해당하는 것은?

① A급   ② B급
③ C급   ④ D급

해설 화재의 등급
• A급 : 일반 화재(목재, 종이, 천)
• B급 : 기름 화재
• C급 : 전기 화재
• D급 : 금속 화재

16. 가연성 액체(알코올, 석유, 등유류)의 화재 등급은?

① A급   ② B급
③ C급   ④ D급

해설 • A급(일반 화재) : 목재, 종이, 천 등 고체 가연물의 화재

• B급(기름 화재) : 인화성 액체 및 고체 유지류의 화재

• C급(전기 화재) : 통전되고 있는 전기설비의 화재

• D급(금속 화재) : 마그네슘, 나트륨, 칼륨, 지르코늄과 같은 금속 화재

17. 드릴링 머신 작업 시 주의해야 할 사항 중 틀린 것은?

① 가공 시 면장갑을 착용하고 작업한다.

② 가공물이 회전하지 않도록 단단하게 고정한다.

③ 가공물을 손으로 지지하여 드릴링 하지 않는다.

④ 얇은 가공물을 드릴링 할 때는 목편을 받친다.

해설 회전하고 있는 주축이나 드릴에 면장갑을 착용하고 작업하거나 머리를 가까이 해서는 안 된다.

18. 공작기계의 메인 전원 스위치 사용 시 유의사항으로 적합하지 않는 것은?

① 반드시 물기 없는 손으로 사용한다.

② 기계 운전 중 정전이 되면 즉시 스위치를 끈다.

③ 기계 시동 시 작업자에게 알린 후 시동한다.

④ 스위치를 끌 때는 반드시 부하를 크게 한다.

해설 스위치를 끌 때는 반드시 공작기계의 모든 동작이 멈춘 후 무부하 상태에서 끈다.

3. 열처리 방법 결정

3 - 1 강의 열처리

1 일반 열처리

(1) 담금질(quenching)

① **담금질** : 강을 A_3 변태 및 A_1 선 이상 30~50℃로 가열한 후 수랭 또는 유랭으로 급랭시키는 방법이다.

② **목적** : 경도와 강도 증가

③ **질량 효과** : 질량 효과가 큰 재료는 담금질 정도가 작다.

④ **조직의 경도** : 시멘타이트 > 마텐자이트 > 트루스타이트 > 소르바이트 > 펄라이트 > 오스테나이트 > 페라이트

⑤ **냉각 속도에 따른 조직의 변화 순서** : M(수랭) > T(유랭) > S(공랭) > P(노랭)

⑥ **담금질액**

㈎ 소금물 : 냉각 속도가 가장 빠르다.

㈏ 물 : 처음에는 경화능이 크지만 온도가 올라갈수록 저하된다.

㈐ 기름 : 처음에는 경화능이 작지만 온도가 올라갈수록 커진다(20℃까지 유지).

(2) 뜨임(tempering)

① **뜨임** : 담금질된 강을 A_1 변태점 이하로 가열한 후 냉각시키는 방법이다.

㈎ 저온 뜨임 : 내부 응력만 제거하고 경도 유지(150℃)

㈏ 고온 뜨임 : 소르바이트 조직으로 만들어 강인성 유지(500~600℃)

② **목적** : 담금질로 인한 취성을 제거하고 강인성을 증가시키기 위한 열처리이다.

(3) 불림(normalizing)

① **방법** : A_3, A_{cm} 이상 30~50℃로 가열한 후 공기 중 공랭하는 방법이다.

② **목적** : 결정 조직의 균일화(표준화), 가공 재료의 잔류 응력 제거

(4) 풀림(annealing)

① **풀림** : A_3, A_1 이상, 30~50℃로 가열한 후 노 내에서 서랭하는 방법이다.

㈎ 저온 풀림 : A_1 이하(650℃)로 노 내에서 서랭(재질의 연화)

㈏ 구상화 풀림 : A_3, A_{cm} ±20~30℃로 가열한 후 서랭(연화가 목적)

② **목적** : 재질의 연화 및 내부 응력 제거

(5) 심랭(서브 제로) 처리

① **심랭 처리** : 담금질 직후 잔류 오스테나이트를 없애기 위해 0℃ 이하로 냉각하여 마텐자이트로 만드는 방법이다.

② **목적** : 기계적 성질의 개선, 조직의 안정화, 게이지강의 자연 시효 및 경도 증대

2 항온 열처리

(1) 항온 열처리

① 강을 A_{C1} 변태점 이상으로 가열한 후, 변태점 이하의 일정 온도로 유지된 항온 담금질욕 중에 넣어서 일정 시간 동안 항온 유지한 뒤 냉각하는 열처리이다.

② 계단 열처리보다 균열 및 변형이 감소하고 인성이 좋아진다.

③ Ni, Cr 등의 특수강 및 공구강에 좋다.

④ **고속도강** : 1250~1300℃에서 580℃ 염욕에 담금해 일정 시간 유지 후 공랭한다.

(2) 종류

① **오스템퍼링** : 오스테나이트 상태에서 $A_r{}'$와 $A_r{}''(M_s)$ 변태점 간 염욕 담금질하여 점성이 큰 베이나이트 조직을 얻을 수 있다.

② **마템퍼링** : 오스테나이트 상태로 M_s점과 M_f점 사이에서 항온 변태한 후 열처리 하여 마텐자이트와 베이나이트의 혼합 조직을 얻을 수 있다. 충격치가 높아진다.

③ **마퀜칭** : S 곡선의 코 아래에서 항온 열처리 후 뜨임으로 담금질 균열과 변형이 적은 조직이 된다.

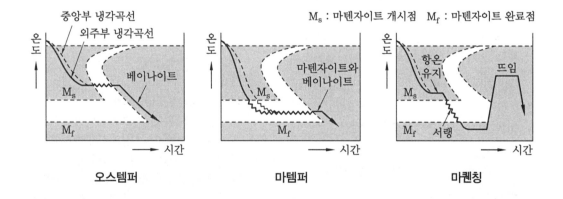

M_s : 마텐자이트 개시점 M_f : 마텐자이트 완료점

|오스템퍼|마템퍼|마퀜칭|

참고

• 오스템퍼(베이나이트)는 담금질의 균열과 변형이 없으므로 뜨임할 필요가 없다.

예|상|문|제

1. 다음 담금질 조직 중에서 경도가 가장 큰 것은?

① 페라이트 ② 펄라이트
③ 마텐자이트 ④ 트루스타이트

해설 담금질 조직의 경도
시멘타이트＞마텐자이트＞트루스타이트＞소르바이트＞펄라이트＞오스테나이트＞페라이트

2. 담금질 조직 중에서 용적 변화(팽창)가 가장 큰 조직은?

① 펄라이트 ② 오스테나이트
③ 마텐자이트 ④ 소르바이트

해설 마텐자이트는 용적 변화가 가장 크고 경도가 매우 높다.

3. 강을 표준 상태로 만들기 위해 가공 조직의 균일화, 결정립의 미세화, 기계적 성질의 향상을 목적으로 오스테나이트가 되는 온도까지 가열함으로써 공랭시키는 열처리 방법은?

① 뜨임 ② 담금질
③ 오스템퍼 ④ 불림

해설 불림 : 결정 조직의 균일화(표준화) 및 잔류 응력 제거를 목적으로 하는 열처리이며, 노멀라이징이라고도 한다.

4. 항온 열처리의 종류가 아닌 것은?

① 마퀜칭 ② 마템퍼링
③ 오스템퍼링 ④ 오스드로잉

해설 항온 열처리의 종류
마퀜칭, MS 퀜칭, 마템퍼링, 오스템퍼링 등

5. 그림에서 Austenite강을 재결정 온도 이하, Ms점 이상의 온도 범위에서 소성 가공한 후 소입(quenching)하는 열처리는?

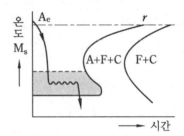

① austempering ② ausforming
③ marquenching ④ time quenching

해설 • 오스템퍼링 : Ms점 이하에서 열처리
• 오스포밍 : 소성 가공 후 열처리
• 마퀜칭 : 열처리 후 뜨임
• 타임퀜칭 : 냉각제 속에 적당한 시간을 유지한 후 담금질 중인 재료를 끌어올리는 계단식 담금질

6. 담금질한 강의 잔류 오스테나이트를 제거하고 마텐자이트를 얻기 위해 0℃ 이하에서 처리하는 열처리는?

① 심랭 처리
② 염욕 처리
③ 오스템퍼링
④ 항온 변태 처리

해설 심랭(서브 제로) 처리
• 담금질 직후 잔류 오스테나이트를 없애기 위해 0℃ 이하의 온도로 냉각하여 마텐자이트로 만드는 처리 방법이다.
• 기계적 성질의 개선, 조직의 안정화, 게이지강의 자연 시효 및 경도 증대를 위해 심랭한다.

7. 공석강을 오스템퍼링 했을 때 나타나는 조직은?

① 베이나이트　　② 소르바이트
③ 오스테나이트　④ 시멘타이트

해설 항온 열처리 조직
- 오스템퍼링 → 베이나이트 조직
- 마템퍼링 → 마텐자이트＋베이나이트 조직
- 마퀜칭 → 마텐자이트 조직

8. 다음 중 풀림의 목적을 설명한 내용으로 알맞지 않은 것은?

① 강의 경도가 낮아져서 연화된다.
② 담금질된 강의 취성을 부여한다.
③ 조직이 균일화, 미세화, 표준화된다.
④ 가스 및 불순물의 방출과 확산을 일으키고 내부 응력을 저하시킨다.

해설 풀림은 담금질된 강의 연성을 부여하는 것으로 취성과는 거리가 멀다.

9. 뜨임의 목적이 아닌 것은?

① 탄화물의 고용 강화
② 인성 부여
③ 담금질할 때 생긴 내부 응력 감소
④ 내마모성의 향상

해설 뜨임은 담금질로 인한 취성(내부 응력)을 제거하고 강도를 떨어뜨려 강인성을 증가시키기 위한 열처리이다.

10. 담금질한 강을 재가열할 때 600℃ 부근에서의 조직을 뜻하는 것은?

① 소르바이트
② 마텐자이트
③ 트루스타이트
④ 오스테나이트

해설 뜨임 조직의 변태

조직명	온도 범위(℃)
오스테나이트 → 마텐자이트	150~300
마텐자이트 → 트루스타이트	350~500
트루스타이트 → 소르바이트	550~650
소르바이트 → 펄라이트	700

11. 풀림에 대한 설명으로 틀린 것은?

① 기계적 성질을 개선하기 위한 것이 구상화 풀림이다.
② 응력 제거 풀림은 재료 내부의 잔류 응력을 제거하기 위한 것이다.
③ 강을 연하게 하여 기계 가공성을 향상시키기 위한 것은 완전 풀림이다.
④ 풀림 온도는 과공석강인 경우에는 A_3 변태점보다 30~50℃로 높게 가열하여 서랭한다.

해설 풀림 온도는 아공석강은 A_3 온도 이상, 과공석강은 A_1 온도 이상에서 가열하고, 노랭 또는 서랭한다.

12. 열처리 목적을 설명한 것으로 옳은 것은?

① 담금질 : 강을 A_1 변태점까지 가열하여 연성을 증가시킨다.
② 뜨임 : 소성 가공에 의한 내부 응력을 증가시켜 절삭성을 향상시킨다.
③ 풀림 : 강의 강도, 경도를 증가시키고 조직을 마텐자이트 조직으로 변태시킨다.
④ 불림 : 재료의 조직을 미세화하고 기계적 성질을 개량하여 조직을 표준화한다.

해설 열처리 방법과 목적
- 담금질 : 재질을 경화한다.
- 뜨임 : 담금질한 재질에 인성을 부여한다.
- 풀림 : 재질을 연하고 균일하게 한다.
- 불림 : 조직을 미세화하고 균일하게 한다.

정답 7. ① 8. ② 9. ① 10. ① 11. ④ 12. ④

13. 강을 오스테나이트화 한 후 공랭하여 표준화된 조직을 얻는 열처리는?

① 퀜칭(quenching)
② 어닐링(annealing)
③ 템퍼링(tempering)
④ 노멀라이징(normalizing)

해설 노멀라이징(불림) : 결정 조직의 기계적·물리적 성질을 표준화하고 가공 재료의 잔류 응력을 제거하는 것이다.

14. 공구강에서 경도를 증가시키고 시효에 의한 치수 변화를 방지하기 위한 열처리 순서로 가장 적합한 것은?

① 담금질 → 심랭 처리 → 뜨임
② 담금질 → 불림 → 심랭 처리
③ 불림 → 심랭 처리 → 담금질
④ 풀림 → 심랭 처리 → 담금질

해설 • 담금질 : 경도와 강도를 증가시킬 목적으로 강을 A_3 변태 및 A_1선 이상(A_3 또는 $A_1+30\sim50℃$)으로 가열한 다음 물이나 기름에 급랭시킨 열처리
• 심랭 처리 : 게이지 등 정밀 기계 부품의 조직을 안정화시키고 형상 및 치수 변형(시효 변형)을 방지하는 처리
• 뜨임 : 담금질한 강을 적당한 온도(A_1점 이하, 723℃ 이하)로 재가열하여 담금질로 인한 내부 응력, 취성을 제거하고 경도를 낮추어 인성을 증가시키기 위한 열처리

15. 탄소강 및 합금강을 담금질(quenching)할 때 냉각 효과가 가장 빠른 냉각액은?

① 물   ② 공기
③ 기름   ④ 염수

해설 냉각 효과의 순서
소금물(염수)>물>기름>공기

16. 담금질 조직 중 냉각 속도가 가장 빠를 때 나타나는 조직은?

① 소르바이트   ② 마텐자이트
③ 오스테나이트   ④ 트루스타이트

해설 냉각 속도에 따른 조직 : 마텐자이트>트루스타이트>소르바이트>오스테나이트

17. 고속도강을 담금질 한 후 뜨임하게 되면 일어나는 현상은?

① 경년 현상이 일어난다.
② 자연 균열이 일어난다.
③ 2차 경화가 일어난다.
④ 응력 부식 균열이 일어난다.

해설 고속도강을 담금질 한 후 뜨임하면 더욱 경화되며, 이것을 2차 경화 또는 뜨임 경화라 한다.

18. 담금질한 후 치수 변형 등이 없도록 심랭 처리를 해야 하는 강은?

① 실루민   ② 문츠 메탈
③ 두랄루민   ④ 게이지강

해설 기계적 성질 개선, 게이지강의 자연 시효 및 경도 증대를 위해 심랭 처리를 한다.

19. 마텐자이트(martensite) 및 그 변태에 대한 설명으로 틀린 것은?

① 경도가 높고 취성이 있다.
② 상온에서 준안정 상태이다.
③ 마텐자이트 변태는 확산 변태를 한다.
④ 강을 수중에 담금질했을 때 나타나는 조직이다.

해설 담금질은 강을 A_3 변태 및 A_1선 이상 30~50℃로 가열한 후 수랭, 유랭, 공랭시키는 방법으로, A_1 변태가 저지되어 경도가 큰 마텐자이트가 된다.

| 3-2 | **표면 처리** |

1 표면 경화법

(1) 침탄법

① **고체 침탄법** : 침탄제인 목탄이나 코크스 분말과 침탄 촉진제를 소재와 함께 900~950℃로 3~4시간 가열하여 표면에서 0.5~2 mm의 침탄층을 얻는 방법

② **액체 침탄법(침탄 질화법)** : 침탄제($NaCN$, KCN)에 염화물($NaCl$, KCl, $CaCl_2$)과 탄화염(Na_2CO_3, K_2CO_3)을 40~50% 첨가하고 600~900℃에서 용해한 후 일정 시간 동안 C와 N를 소재의 표면에 침투시켜 표면을 경화시키는 방법

③ **가스 침탄법** : 탄화수소계 가스(메탄 가스, 프로판 가스 등)를 이용한 침탄법

(2) 질화법

① NH_3(암모니아) 가스를 이용하여 520℃에서 50~100시간 가열하면 Al, Cr, Mo 등이 질화된다.

② 질화가 불필요하면 Ni, Sn 도금을 한다.

(3) 금속 침투법

금속 침투법에는 세라다이징(Zn 침투), 크로마이징(Cr 침투), 칼로라이징(Al 침투), 실리코나이징(Si 침투), 보로나이징(B의 침투) 등이 있다.

(4) 기타

① **화염 경화법** : 0.4% C 전후의 강을 산소-아세틸렌 화염으로 표면만 가열 냉각시키는 방법으로, 경화층의 깊이는 불꽃 온도, 가열 시간, 화염의 이동 속도에 의해 결정된다.

② **고주파 경화법** : 고주파 열로 표면을 열처리하는 방법으로, 경화 시간이 짧고 탄화물을 고용시키기 쉽다.

○ **참고** ○

침탄법과 질화법

침탄법	질화법
• 표면 경화 시간이 짧다. 경화로 인한 변형이 생긴다.	• 표면 경화 시간이 길다.
	• 경화로 인한 변형이 적다.
• 침탄 후 수정이 가능하며 열처리가 필요하다.	• 침탄 후 수정 불가능하며 열처리가 불필요하다.

예 | 상 | 문 | 제   표면 처리 ◀

1. 철강 표면에 알루미늄(Al)을 확산 침투시키는 방법에 해당하는 것은?

① 세라다이징
② 크로마이징
③ 칼로라이징
④ 실리코나이징

[해설] • 세라다이징 : Zn 침투
• 크로마이징 : Cr 침투
• 칼로라이징 : Al 침투
• 실리코나이징 : Si 침투
• 보로나이징 : B의 침투

2. 강의 표면이 고온 산화에 견디기 위한 시멘테이션법은?

① 보로나이징
② 칼로라이징
③ 실리코나이징
④ 나이트라이징

[해설] 고온 산화를 견디게 하기 위한 금속 침투법은 Si를 침투하는 실리코나이징이다.

3. 고주파 경화법 시 생기는 결함이 아닌 것은?

① 균열
② 변형
③ 경화층 이탈
④ 결정 입자의 조대화

[해설] 고주파 경화법의 장점
• 표면 경화 열처리가 편리하다.
• 복잡한 형상에 사용하며 값이 저렴하여 경제적이다.
• 표면의 탈탄, 결정 입자의 조대화가 생기지 않는다.

4. 금속 침투법에서 Zn을 침투시키는 것은?

① 크로마이징
② 세라다이징
③ 칼로라이징
④ 실리코나이징

[해설] 금속 침투법
크로마이징, 칼로라이징, 실리코나이징, 보로나이징, 세라다이징

5. 가스 질화법의 특징을 설명한 것 중 틀린 것은?

① 질화 경화층은 침탄층보다 경하다.
② 가스 질화는 NH_3의 분해를 이용한다.
③ 질화를 신속하게 하기 위해 글로 방전을 이용하기도 한다.
④ 질화용 강은 질화 전에 담금질, 뜨임 등 조질 열처리가 필요 없다.

[해설] 가스 질화법
• NH_3 가스 중에서 질화용 강을 500~550℃ 온도에서 2시간 정도 가열하면 NH_3 가스가 분해되어 생긴 발생기의 질소(N)가 Fe, Al, Cr 등의 원소와 화합하여 질화층을 형성하는 방법이다.
• 질화용 강은 질화 전에 담금질, 뜨임 등 조질 열처리가 필요하다.

6. 노에 들어가지 못하는 대형 부품의 국부 담금질, 기어, 톱니나 선반의 베드면 등의 표면을 경화시키는 데 가장 많이 사용하는 열처리 방법은?

① 화염 경화법
② 침탄법

③ 질화법

④ 청화법

해설 화염 경화법 : 탄소 함유량이 0.4% 전후인 강을 산소-아세틸렌 화염으로 표면만 가열 냉각시켜 표면층만 경화시키는 열처리 방법이다.

7. 금속 표면에 스텔라이트, 초경합금 등을 용착시켜 표면 경화층을 만드는 방법은?

① 침탄처리법

② 금속침투법

③ 숏피닝

④ 하드페이싱

해설 하드페이싱 : 금속 표면에 스텔라이트 (Co+Cr+W+C)나 초경합금 등의 특수 합금을 용착시켜 표면 경화층을 만드는 경화법이다.

8. 강의 표면 경화법에 대한 설명으로 알맞지 않은 것은?

① 침탄법에는 고체 침탄법, 액체 침탄법, 가스 침탄법 등이 있다.

② 질화법은 강의 표면에 질소를 침투시켜 경화하는 방법이다.

③ 화염 경화법은 일반 담금질법에 비해 담금질 변형이 적다.

④ 세라다이징은 철강의 표면에 Cr을 확산 침투시키는 방법이다.

해설 세라다이징은 강의 표면에 Zn을 확산 침투시키는 방법이다.

기본 측정기 사용

1. 작업계획 파악

1-1 도면 해독

1 도면의 치수에 따른 측정 *측정 범위가 너무 크거나 작으면 비교 측정을 한다.

① 제품 공차의 1/10보다 높은 정도의 측정기를 선택하고, 측정물이 고무, 종이, 합성수지 등과 같이 비금속일 경우 비접촉식 측정기를 쓴다.

② 제품의 수량이 많은 경우 비교 측정 및 한계 게이지에 의한 측정이 유리하다.

2 호환성(interchangeabilty)

① 도면에 의해 정밀 측정을 할 경우 가공한 기계 부품이 각각 다른 장소, 시간에 제작되어 한 곳에서 조립될지라도 충분히 기능을 발휘할 수 있는 것을 말한다.

② 호환성이 있는 제품의 생산을 위해서는 우수한 공작기계, 지그 및 공구 외에 적합한 측정기 및 측정 방법은 물론이며, 통일된 길이 및 각도 단위가 필요하다.

예 | 상 | 문 | 제　　　　　　　　　　　　　　　　　도면 해독 ◀

1. 도면의 치수에 따른 측정법으로 틀린 것은?

① 제품 공차의 1/10보다 높은 정도의 측정기를 선택한다.

② 수량이 많은 경우 비교 측정 및 한계 게이지에 의한 측정이 유리하다.

③ 비금속일 경우 접촉식 측정기를 쓴다.

④ 측정 범위가 너무 크거나 작은 경우 비교 측정을 한다.

해설 비금속일 경우 비접촉식 측정기를 쓴다.

2. 호환성이 있는 제품의 생산을 위한 방법이 아닌 것은?

① 우수한 공작기계　② 통일된 길이
③ 각도의 단위　　　④ 제품의 수량

해설 우수한 공작기계 및 측정 방법은 물론이며, 통일된 길이와 각도 단위가 필요하다.

정답 1. ③　2. ④

2. 측정기 선정

2-1 **측정기의 종류**

1 길이 측정

(1) 버니어 캘리퍼스(vernier calipers)

① 길이 측정 및 안지름, 바깥지름, 깊이, 두께 등을 측정할 수 있다.

② M형, CB형, CM형이 있으며 M형은 1/20 mm까지, CB형은 1/50 mm까지, CM형은 1/50 mm까지 측정할 수 있다.

(2) 마이크로미터(micrometer)

① 마이크로 캘리퍼스 또는 측미기라고도 한다.

② 정밀한 나사가 1회전할 때 1피치 전진하는 성질을 이용한 것이다.

③ 버니어 캘리퍼스와 같은 용도로 사용된다.

④ 바깥지름, 깊이 마이크로미터는 0~25 mm, 25~50 mm 등 25 mm 단위로 측정할 수 있으며, 안지름 마이크로미터는 5~25 mm, 25~50 mm와 같이 처음 측정 범위만 다르다.

⑤ 외측 마이크로미터, 내측 마이크로미터, 나사 마이크로미터, 깊이 마이크로미터, 기어 이 두께 마이크로미터 등이 있다.

(3) 하이트 게이지(hight gauge)

① 대형 부품, 복잡한 모양의 부품을 정반 위에 올려 놓고 정반면을 기준으로 높이를 측정하거나, 스크라이버(scriber) 끝으로 금긋기 작업을 하는 데 사용한다.

② 기본 구조는 스케일과 베이스 및 서피스 게이지를 한데 묶은 것으로, 아베의 원리에 어긋나는 구조이다.

(4) 다이얼 게이지(dial gauge)

① **다이얼 게이지** : 직선 또는 원호 운동을 기계적으로 확대하고, 그 움직임을 지침의 회전 변위로 변환하여 측정하는 비교 측정기이다.

② **특징**

㉮ 소형이고 경량이라 취급이 용이하며 측정 범위가 넓다.

㈏ 연속된 변위량의 측정이 가능하며 읽음 오차가 작다.

㈐ 많은 곳을 동시에 측정하는 다원 측정 검출기로 이용이 가능하다.

㈑ 부속장치의 사용에 따라 측정 범위가 넓어진다.

참고

- 직접 측정 : 버니어 캘리퍼스, 마이크로미터, 하이트 게이지
- 비교 측정 : 다이얼 게이지, 공기 마이크로미터, 전기 마이크로미터, 미니미터, 패소미터, 패시미터, 옵티미터

---

2 단도기

(1) 블록 게이지(block gauge)

① **블록 게이지** : 길이 기준으로 사용되고 있는 평행 단도기이다.

② **블록 게이지의 표준 조합 선택**

㈎ 필요로 하는 최소 치수의 단계

㈏ 필요로 하는 측정 범위

㈐ 필요로 하는 치수에 대해 밀착되는 개수를 될 수 있는 한 적게 할 것

㈑ 조합의 개수를 최소로 할 것

㈒ 블록 게이지의 등급과 용도
- AA 또는 A급(참조용)
- A 또는 B급(표준용)
- A 또는 B, C급(검사용)
- B 또는 C급(공작용)

(2) 한계 게이지(limit gauge)

① **한계 게이지** : 제품의 크기나 길이를 측정할 때 오차의 한계가 생기는데, 이 오차 한계를 재는 게이지를 한계 게이지라 한다.

② 한계 게이지는 통과 측과 정지 측이 있다.

③ 정지 측으로 제품이 들어가지 않고 통과 측으로 들어갈 경우 제품은 주어진 공차 범위 내에 있음을 나타낸다.

④ **종류**

㈎ 구멍용 한계 게이지 : 봉형 게이지, 플러그 게이지, 터보 게이지

㈏ 축용 한계 게이지 : 스냅 게이지, 링 게이지

⑤ 테일러의 원리(Taylor's theory)

    ㈎ 한계 게이지에 의해 합격된 제품도 축이 약간 구부러진 모양이거나 구멍의 요철, 타원 등을 가려내지 못하기 때문에 끼워 맞춤이 안 되는 경우가 있다.

    ㈏ 따라서 "통과 측의 모든 치수는 동시에 검사해야 하며, 정지 측은 각 치수를 개개로 검사해야 한다."는 원리이다.

3 각도 측정

(1) 사인 바(sine bar)

① **사인 바** : 블록 게이지와 함께 사용하며, 삼각함수의 사인(sine)을 이용하여 각도를 측정하고 설정하는 측정기이다.

② ϕ가 45° 이상이면 오차가 커지므로 사인 바는 45° 이하의 각도를 측정할 때 사용한다.

$$\sin\phi = \frac{H-h}{L} \qquad H-h = L\sin\phi$$

여기서, H : 높은 쪽의 높이 h : 낮은 쪽의 높이 L : 사인 바의 길이

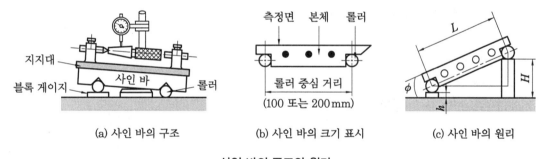

(a) 사인 바의 구조   (b) 사인 바의 크기 표시   (c) 사인 바의 원리

사인 바의 구조와 원리

(2) 테이퍼 측정

① 롤러와 블록 게이지를 접촉시켜 M_1과 M_2를 마이크로미터로 측정하면 테이퍼 각 (α)은 다음과 같다.

$$\tan\frac{\alpha}{2} = \frac{M_1 - M_2}{2H}\,[\text{m/min}]$$

② 테이퍼의 측정법에는 테이퍼 게이지, 각도 게이지에 의한 방법, 접촉자에 의한 방법이 있다.

4 형상 측정

① **공구 현미경에 의한 방법** : 공작물의 윤곽을 현미경으로 확대하여 기준과 비교에 의해 측정한다.

② **투영기에 의한 방법** : 확대 투영한 공작물의 윤곽을 X-Y 테이블로 이송하거나 스크린 회전으로 측정한다.

③ **3차원 측정기** : 검출기(probe)가 X, Y, Z축 방향으로 운동하고, 각 축이 움직인 이동량을 공간 좌푯값으로 읽어 피측정물의 위치, 거리, 윤곽, 형상 등을 측정한다.

5 표면 거칠기 측정

① **표면 거칠기** : 표면의 입체적 구조를 형성하는 실측의 공칭 표면에 대한 변위로서 거칠기, 파상도, 결, 흠 등으로 이루어진다.

② 주로 Ra, Rz로 가장 많이 표현된다.

6 나사 측정

① 일반적으로 바깥지름, 골지름, 피치, 유효지름, 나사의 각도 등을 측정한다.

② 나사의 유효 지름 측정법으로 나사 마이크로미터, 삼침 게이지(삼침법), 투영기에 의한 방법을 많이 사용한다.

참고

- 간접 측정 : 사인 바 측정, 삼침법, 테이퍼 측정
- 평면도 측정 : 옵티컬 플랫, 옵티컬 패러렐, 수준기, 오토콜리메이터

예 | 상 | 문 | 제

1. 공기 마이크로미터를 그 원리에 따라 분류할 때 이에 속하지 않는 것은?

① 유량식   ② 배압식

③ 광학식   ④ 유속식

해설 공기 마이크로미터를 그 원리에 따라 분류하면 유량식, 배압식, 유속식, 진공식이 있다.

2. 일반적으로 각도 측정에 사용되는 것이 아닌 것은?

① 콤비네이션 세트

② 나이프 에지

③ 광학식 클리노미터

④ 오토 콜리메이터

해설 나이프 에지는 평면 측정기이므로 진직도 측정과 비교 측정에 사용된다.

3. 마이크로미터 측정면의 평면도 검사에 가장 적합한 측정기는?

① 옵티컬 플랫

② 공구 현미경

③ 광학식 클리노미터

④ 투영기

해설 옵티컬 플랫
- 광학적 측정기로, 매끈하게 래핑된 블록 게이지면, 각종 측정자 등의 평면 측정에 사용한다.
- 측정면에 접촉시켰을 때 생기는 간섭 무늬의 수로 측정한다.

4. 각도 측정을 할 수 있는 사인 바(sine bar)의 설명으로 틀린 것은?

① 정밀한 각도 측정을 하기 위해서는 평면도가 높은 평면에서 사용해야 한다.

② 롤러 중심 거리는 보통 100mm, 200mm로 만든다.

③ 45° 이상의 큰 각도를 측정하는 데 유리하다.

④ 사인 바는 길이를 측정하여 직각 삼각형의 삼각함수를 이용한 계산에 의해 임의 각의 측정 또는 임의 각을 만드는 기구이다.

해설 사인 바는 45° 이상에서는 오차가 급격히 커지므로 45° 이하의 각도 측정에 사용한다.

5. 한계 게이지에 대한 설명 중 맞는 것은?

① 스냅 게이지는 최소 치수 측을 통과 측, 최대 치수 측을 정지 측이라 한다.

② 양쪽 모두 통과하면 그 부분은 공차 내에 있다.

③ 플러그 게이지는 최대 치수 측을 정지 측, 최소 치수 측을 통과측이라 한다.

④ 통과 측이 통과되지 않는 경우는 기준 구멍보다 큰 구멍이다.

해설 스냅 게이지는 축용, 플러그 게이지는 구멍용으로 최대 치수 측을 정지 측, 최소 치수 측을 통과 측이라 한다.

6. 측정기에 대한 설명으로 옳은 것은?

① 일반적으로 버니어 캘리퍼스가 마이크로미터보다 측정 정밀도가 높다.

② 사인 바(sine bar)는 공작물의 안지름을 측정한다.

③ 다이얼 게이지는 각도 측정기이다.

④ 스트레이트 에지(straight edge)는 평면도의 측정에 사용한다.

정답   1. ③   2. ②   3. ①   4. ③   5. ③   6. ④

해설 스트레이트 에지는 평면도, 진직도, 평행도 검사에 사용한다.

7. 게이지 종류에 대한 설명 중 틀린 것은?

① pitch 게이지 : 나사 피치 측정
② thickness 게이지 : 미세한 간격(두께) 측정
③ radius 게이지 : 기울기 측정
④ center 게이지 : 선반의 나사 바이트 각도 측정

해설 radius 게이지 : 곡면 둥글기의 반지름을 측정한다.

8. 다음 중 비교 측정에 사용되는 측정기가 아닌 것은?

① 다이얼 게이지
② 버니어 캘리퍼스
③ 공기 마이크로미터
④ 전기 마이크로미터

해설 버니어 캘리퍼스는 직접 측정기로 안지름, 바깥지름, 깊이, 두께 등을 측정할 수 있다.

9. 견고하고 금긋기에 적당하며, 비교적 대형으로 영점 조정이 불가능한 하이트 게이지로 옳은 것은?

① HT형　　　② HB형
③ HM형　　　④ HC형

해설 • HT형 : 표준형이며 척의 이동이 가능하다.
• HB형 : 경량 측정에 적당하나 금긋기용으로는 알맞지 않다.

10. 트위스트 드릴의 각부에서 드릴 홈의 골 부위(웨브 두께)를 측정하기에 가장 적합한 것은?

① 나사 마이크로미터
② 포인트 마이크로미터

③ 그루브 마이크로미터
④ 다이얼 게이지 마이크로미터

해설 • 나사 마이크로미터 : 수나사의 유효지름을 측정한다.
• 그루브 마이크로미터 : 앤빌과 스핀들에 플랜지를 부착하여 구멍의 홈 폭과 내·외부에 있는 홈의 너비, 깊이 등을 측정한다.

11. 다음 중 한계 게이지의 종류에 해당되지 않는 것은?

① 봉 게이지
② 스냅 게이지
③ 다이얼 게이지
④ 플러그 게이지

해설 • 구멍용 한계 게이지 : 플러그 게이지, 봉 게이지, 터보 게이지
• 축용 한계 게이지 : 스냅 게이지, 링 게이지

12. 직접 측정용 길이 측정기가 아닌 것은?

① 강철자
② 사인 바
③ 마이크로미터
④ 버니어 캘리퍼스

해설 사인 바 : 블록 게이지의 높이와 사인 바의 길이를 측정하여 삼각함수로 각도를 계산하는 간접 측정 방식이다.

13. 소재의 두께가 0.5 mm인 얇은 박판에 가공된 구멍의 안지름을 측정할 수 없는 측정기는?

① 투영기
② 공구 현미경
③ 옵티컬 플랫
④ 3차원 측정기

해설 옵티컬 플랫은 평면도를 측정할 때 사용한다.

14. 축용으로 사용되는 한계 게이지는?

① 봉 게이지
② 스냅 게이지
③ 블록 게이지
④ 플러그 게이지

해설 플러그 게이지, 봉 게이지는 구멍용 한계 게이지이다.

15. 평면도 측정과 관계없는 것은?

① 수준기   ② 링 게이지
③ 옵티컬 플랫   ④ 오토콜리메이터

해설 • 링 게이지는 바깥지름 치수를 측정하는 데 사용되는 한계 게이지이다.
• 수준기는 평면도 또는 진직도를 가장 간편하게 측정할 수 있는 측정기이다.

16. 삼각함수에 의해 각도를 길이로 계산하여 간접적으로 각도를 구하는 방법으로, 블록 게이지와 함께 사용하는 측정기는?

① 사인 바
② 베벨 각도기
③ 오토콜리메이터
④ 콤비네이션 세트

해설 사인 바 : 삼각함수의 사인(sine)을 이용하여 각도를 측정하고 설정하는 측정기로, 크기는 롤러 중심 간의 거리로 표시한다.

17. 비교 측정하는 방식의 측정기는?

① 측장기   ② 마이크로미터
③ 다이얼 게이지   ④ 버니어 캘리퍼스

해설 비교 측정 : 이미 알고 있는 표준(기준량)과 비교하여 측정하는 방식이다.

18. 비교 측정 방법에 해당되는 것은?

① 사인 바에 의한 각도 측정
② 버니어 캘리퍼스에 의한 길이 측정
③ 롤러와 게이지 블록에 의한 테이퍼 측정
④ 공기 마이크로미터를 이용한 제품의 치수 측정

해설 비교 측정기에는 공기 마이크로미터, 다이얼 게이지, 핀 게이지, 인디게이터 등이 있다.

19. 측정자의 미소한 움직임을 광학적으로 확대하여 측정하는 장치는?

① 옵티미터(optimeter)
② 미니미터(minimeter)
③ 공기 마이크로미터(air micrometer)
④ 전기 마이크로미터(electrical micrometer)

해설 옵티미터
• 측정자의 미소한 움직임을 광학적으로 확대하여 측정하는 장치이다.
• 확대율이 800배이고 최소 눈금은 1μ, 측정 범위는 ± 0.1mm이다.

20. 테일러의 원리에 맞게 제작되지 않아도 되는 게이지는?

① 링 게이지
② 스냅 게이지
③ 테이퍼 게이지
④ 플러그 게이지

해설 테일러의 원리 : 한계 게이지로 제품을 측정할 때 통과 측의 모든 치수는 동시에 검사해야 하며, 정지 측은 각 치수를 개개로 검사해야 한다는 원리이다.

21. 측정자의 직선 운동 또는 원호 운동을 기계적으로 확대하고 그 움직임을 지침의 회전 변위로 변환시켜 눈금으로 읽을 수 있는 측정기는?

① 수준기
② 스냅 게이지
③ 게이지 블록
④ 다이얼 게이지

해설 • 다이얼 게이지 : 측정자 끝의 미소한 변화를 지침의 회전 변위로 변환시켜 눈금으로 읽을 수 있는 측정기이다.
• 스냅 게이지 : 구형의 지름 또는 정육면체의 두께를 잴 수 있는 측정기이다.

22. 3차원 측정기에서 사용되는 프로브 중 광학계를 이용하여 얇거나 연한 재질의 피측정물을 측정하기 위한 것으로 심출 현미경, CMM 계측용 TV 시스템에 사용되는 것은?

① 전자식 프로브
② 접촉식 프로브
③ 터치식 프로브
④ 비접촉식 프로브

해설 3차원 측정기
• 프로브가 직접 닿는 접촉식과 레이저를 이용하는 비접촉식이 있다.
• 접촉식은 정밀도가 높고 비접촉식은 측정 속도가 빠르다는 장점이 있다.

23. 허용할 수 있는 부품의 오차 정도를 결정한 후 각각 최대 및 최소 치수를 설정하여 부품의 치수가 그 범위 내에 드는지를 검사하는 게이지는?

① 다이얼 게이지
② 게이지 블록
③ 간극 게이지
④ 한계 게이지

해설 한계 게이지는 두 개의 게이지를 짝지어 한쪽은 최대 치수로, 다른 쪽은 최소 치수로 설정하고, 제품이 이 한도 내에서 제작되는지를 검사하는 게이지이다.

24. 게이지 블록 구조 형상의 종류에 해당되지 않는 것은?

① 호크형
② 캐리형
③ 레버형
④ 요한슨형

해설 게이지 블록에는 장방형 단면의 요한슨형, 장방형 단면으로 중앙에 구멍이 뚫린 호크형, 얇은 중공 원판 형상인 캐리형이 있다.

25. 측정 대상물을 측정기의 눈금을 이용하여 직접적으로 측정하는 길이 측정기는?

① 버니어 캘리퍼스
② 다이얼 게이지
③ 게이지 블록
④ 사인 바

해설 버니어 캘리퍼스는 길이, 깊이, 두께, 안지름 및 바깥지름 등을 측정할 수 있다.

26. 도구 자체의 면과 면 사이의 거리로 측정하는 측정기가 아닌 것은?

① 버니어 캘리퍼스
② 한계 게이지
③ 블록 게이지
④ 틈새 게이지

해설 버니어 캘리퍼스는 측정 중에 표적이 눈금을 따라 이동하는 측정기이다.

27. 홀수 홈을 가진 탭, 리머 등의 바깥지름을 직접 측정할 수 있는 측정기는?

① 나사 마이크로미터
② V-엔빌 마이크로미터
③ 내측 마이크로미터
④ 그루브 마이크로미터

해설 표준 마이크로미터로 측정할 수 없는 홀수의 플루트 탭과 리머, 엔드밀과 같은 절삭공구의 바깥지름을 측정할 수 있다.

28. 오토콜리미터로 측정할 수 없는 것은?

① 탄성편의 휨에 의한 경사각
② 표면 거칠기의 정도
③ 공작기계 안내면의 진직도
④ 직육면체의 직각도

해설 오토콜리미터는 평면도, 직각도, 평행도, 기타 미소 각도의 차를 측정하는 데 사용한다.

29. 사인 바(sine bar)의 호칭 치수는 무엇으로 표시하는가?

① 롤러 사이의 중심 거리
② 사인 바의 전체 길이
③ 사인 바의 중량
④ 롤러의 지름

해설 사인 바
• 삼각함수의 사인(sine)을 이용하여 각도를 측정하고 설정하는 측정기이다.
• 크기는 롤러 중심 간의 거리로 표시하며 호칭 치수는 100 mm, 200 mm이다.

30. 일반적으로 한계 게이지 방식의 특징에 대한 설명으로 틀린 것은?

① 대량 측정에 적합하다.
② 합격, 불합격 판정이 용이하다.
③ 조작이 복잡하므로 경험이 필요하다.
④ 측정 치수에 따라 각각의 게이지가 필요하다.

해설 한계 게이지는 조작이 쉽고 간단하여 경험을 필요로 하지 않는다.

31. 나사를 측정할 때 삼침법으로 측정 가능한 것은?

① 골지름
② 유효지름
③ 바깥지름
④ 나사의 길이

해설 삼침법
• 가장 정밀도가 높은 나사의 유효지름을 측정하는 방법이다.
• 지름이 같은 3개의 핀 게이지를 나사산의 골에 끼운 상태에서 바깥지름을 마이크로미터 등으로 측정하여 계산한다.

32. 공기 마이크로미터에 대한 설명으로 틀린 것은?

① 압축 공기원이 필요하다.
② 비교 측정기로서 1개의 마스터로 측정이 가능하다.
③ 타원, 테이퍼, 편심 등의 측정을 간단히 할 수 있다.
④ 확대 기구에 기계적 요소가 없기 때문에 장시간 고정도를 유지할 수 있다.

해설 공기 마이크로미터는 비교 측정기로, 큰 치수와 작은 치수 2개의 마스터가 필요하다.

33. 표면 거칠기의 측정법으로 틀린 것은?

① NPL식 측정
② 촉침식 측정
③ 광절단식 측정
④ 현미 간섭식 측정

해설 NPL식 측정은 각도 게이지를 이용한 측정법이다.

34. 나사의 유효지름을 측정하는 방법이 아닌 것은?

① 삼침법에 의한 측정
② 투영기에 의한 측정
③ 플러그 게이지에 의한 측정
④ 나사 마이크로미터에 의한 측정

해설 나사의 유효지름을 측정하는 방법
삼침법, 나사 마이크로미터에 의한 방법, 광학적인 방법

35. 게이지 블록 중 표준용으로서 측정기류의 정도 검사에 사용되는 게이지의 등급은?

① 00(AA)급
② 0(A)급
③ 1(B)급
④ 2(C)급

해설 게이지 블록의 등급 및 용도

구분	사용 용도	등급
공작용 (2급)	공구, 절삭 공구 설치	C
	게이지 제작, 측정기류 조정	B 또는 C
검사용 (1급)	기계 부품, 공구 검사	B 또는 C
	게이지 정도 점검	A 또는 B
표준용 (0급)	측정기류 정도 검사	A 또는 B
	공작용 게이지 블록 정도 점검	
	검사용 게이지 블록 정도 점검	
참조용 (00급)	표준용 게이지 블록 정도 점검	AA 또는 A
	연구용	

36. 표면 거칠기 측정법이 아닌 것은?

① 다이얼 게이지 이용 측정법
② 표준편과의 비교 측정법
③ 광절단식 표면 거칠기 측정법
④ 현미 간섭식 표면 거칠기 측정법

해설 다이얼 게이지는 진원도, 평면도 등을 측정하는 비교 측정기이다.

37. 이미 치수를 알고 있는 기준편과의 차를 이용하여 측정값을 구하는 측정 방법은?

① 비교 측정
② 직접 측정
③ 절대 측정
④ 간접 측정

해설 측정의 종류는 직접 측정, 간접 측정, 비교 측정 등이 있으며, 측정 방식은 편위법, 영위법, 치환법, 보상법 등이 있다.

38. 일반적으로 지름(바깥지름)을 측정하는 공구로 가장 거리가 먼 것은?

① 강철자
② 그루브 마이크로미터
③ 버니어 캘리퍼스
④ 지시 마이크로미터

해설 그루브 마이크로미터 : 앤빌과 스핀들에 플랜지를 부착하여 구멍의 홈 폭과 내·외부에 있는 홈의 너비, 깊이를 측정하는 공구이다.

2-2 측정 보조기구 선정

1 측정기 고정장치

① **마이크로미터 스탠드** : 마이크로미터를 고정하여 핀이나 작은 피측정물 측정에 효율적이다. 마이크로미터의 영점 조정, 평면도와 평행도 교정에 사용한다.

② **마그네틱 스탠드** : 다이얼 테스트 인디케이터나 다이얼 게이지를 부착하여 고정 장치로 널리 사용되며 직각도, 진원도, 평행도 등을 측정할 때 사용한다.

③ **다이얼 게이지 고정용 스탠드** : 정반의 형태에 따라 종류가 다양하며, 피측정물 용도에 맞게 조정하여 사용한다.

2 피측정물 고정장치

① **중심 지지대**

㈎ 양 센터로 가공된 나사 제품을 설치할 때 사용한다.

㈏ 피측정물을 센터 구멍에 지지하는 보조 기구로, 중심축을 수평 위치로 이동 시키고 경사지게 할 수 있는 구조이다.

② **편심 측정기** : 다이얼 게이지를 부착하여 편심 측정에 가장 많이 사용하며, 중앙 에 피측정물을 설치하여 동심도, 편심량 등을 측정할 수 있다.

㈎ 편심 측정 방법

- 횡 이송대의 좌우 이송 핸들을 돌려서 측정점에 다이얼 게이지의 측정자가 접촉되도록 한다.
- 횡 이송대를 전후로 움직이면서 다이얼 게이지 눈금이 최대인 점에서 정지 한다.
- 피측정물을 회전시키면서 최대로 움직이는 값을 읽는다.

㈏ 편심량$=\dfrac{최댓값-최솟값}{2}$

3 기타 고정장치

V 블록 클램프, 바(bar) 클램프, 조합용 클램프 등이 있다.

○ **참고** ○

측정용 보조기구의 사용 목적
- 측정기의 정밀도, 측정 범위
- 측정 부위의 형상, 치수, 정밀도
- 피측정물의 형상, 치수, 정밀도

예 | 상 | 문 | 제   측정 보조기구 선정 ◀

1. 게이지 블록의 부속 부품이 아닌 것은?

① 홀더

② 스크레이퍼

③ 스크라이버 포인트

④ 베이스 블록

해설 • 게이지 블록 부속 부품 : 홀더, 조, 스크라이버 포인트, 센터 포인트, 베이스 블록

• 스크레이퍼 : 기계가 가공된 면을 더욱 정밀하게 다듬질하는 데 사용하는 공구

2. 게이지 블록의 부속품 중 내측 및 외측을 측정할 때 홀더에 끼워 사용하는 부속 부품은 어느 것인가?

① 둥근형 조

② 센터 포인트

③ 베이스 블록

④ 나이프 에지

해설 센터 포인트와 베이스 블록

센터 포인트	원을 그릴 때 중심을 지지하며 끝이 60°로 되어 있어 나사산을 검사할 때 사용한다.
베이스 블록	금긋기 작업이나 높이를 측정할 때 홀더와 함께 사용한다.

3. 편심 측정 방법이 아닌 것은?

① 횡 이송대의 좌우 이송 핸들을 돌려 측정점에 다이얼 게이지 측정자가 접촉되게 한다.

② 횡 이송대를 전후로 움직이면서 다이얼 게이지 눈금이 최대인 점에서 정지한다.

③ 피측정물을 회전시키면서 최대로 움직이는 값을 읽는다.

④ 피측정물을 고정시킨 상태에서 값을 읽는다.

해설 다이얼 게이지를 부착하여 편심 측정에 가장 널리 사용하며, 피측정물을 고정시키지 않고 회전시키면서 최대로 움직이는 값을 읽는다.

4. 양 센터로 지지한 시험봉을 다이얼 게이지로 측정하였더니 0.04mm 움직였다. 이때 시험봉의 편심량은 몇 mm인가?

① 0.01

② 0.02

③ 0.04

④ 0.08

해설 편심량 = $\dfrac{\text{다이얼 게이지의 움직인 양}}{2}$

$= \dfrac{0.04}{2} = 0.02$

3. 기본 측정기 사용

3 - 1 **측정기 사용 방법**

1 버니어 캘리퍼스

① 버니어 캘리퍼스는 아베의 원리에 맞는 구조가 아니기 때문에 가능한 한 조의 안쪽(본척에 가까운 쪽)을 택하여 측정한다.

② 원통의 축 방향에 대해 버니어 캘리퍼스가 직각이 되도록 조 부분을 접촉한다.

③ 바깥지름 측정 시 최솟값을, 안지름 측정 시 최댓값을 측정값으로 사용한다.

④ 눈금 표시 방향에서 수직으로 판독한다.

2 마이크로미터

① 스핀들은 언제나 균일한 속도로 돌려야 한다.

② 동일한 장소에서 3회 이상 측정하고 평균치를 내어 측정값을 구한다.

③ 공작물에 마이크로미터를 접촉할 때는 스핀들의 축선에 정확하게 직각 또는 평행이 되게 한다.

④ 장시간 손에 들고 있으면 체온에 의한 오차가 생기므로 신속히 측정한다(스탠드를 사용하면 좋다).

⑤ 사용 후 보관할 때는 반드시 앤빌과 스핀들의 측정면을 약간 떼어 둔다.

⑥ 0점 조정 시 비품으로 딸린 스패너를 사용하여 슬리브 구멍에 끼우고 돌려서 조정한다.

3 하이트 게이지

① 스크라이버의 앞끝이 상하지 않게 한다.

② 슬라이드의 미끄럼 상태를 확인하고 이상이 있을 때는 세트나사, 압축나사를 조정하여 맞춘다.

③ 기준 단면에서 스크라이버 선단까지의 거리는 가능한 짧게 한다.

④ 금긋기 작업을 할 때는 고정나사를 충분히 죄어야 한다.

○ **참고** ○

• 아베의 원리 : 측정 정밀도를 높이기 위해 측정 물체와 측정 기구의 눈금을 측정 방향과 동일 축선상에 배치해야 한다.

예 | 상 | 문 | 제

1. 정밀 측정에서 아베의 원리에 대한 설명을 나타낸 것은?

① 내측 측정 시 최댓값을 택한다.

② 눈금선의 간격은 일치해야 한다.

③ 단도기는 양 끝 단면이 평행하도록 지지한다.

④ 표준자와 피측정물은 동일 축선상에 있어야 한다.

해설 아베(Abbe)의 원리

• 측정기에서 표준자의 눈금면과 측정물을 동일 선상에 배치한 구조는 측정 오차가 작다는 원리이다.

• 외측 마이크로미터가 아베의 원리를 만족시킨다.

2. 그림에서 X가 18mm, 핀의 지름이 φ6이면 A값은 약 몇 mm인가?

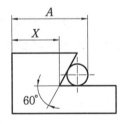

① 23.196

② 26.196

③ 31.392

④ 34.392

해설 $l=A-X$라 하면

$$l=\frac{3}{\tan 30°}+3 ≒ 8.196$$

$$∴ A=X+l=18+8.196$$

$$=26.196\,\text{mm}$$

3. 마이크로미터의 나사 피치가 0.2mm일 때 심의 원주를 100등분했다면 심 1눈금의 회전에 의한 스핀들의 이동량은 몇 mm인가?

① 0.005

② 0.002

③ 0.01

④ 0.02

해설 이동량 $=0.2×\dfrac{1}{100}$

$$=0.002\,\text{mm}$$

4. 버니어 캘리퍼스 사용법으로 틀린 것은?

① 버니어 캘리퍼스는 아베의 원리에 맞는 구조가 아니다.

② 원통의 축 방향에 대해 버니어 캘리퍼스가 직각이 되도록 조 부분을 접촉한다.

③ 바깥지름 측정 시 최댓값을 측정값으로 한다.

④ 눈금 표시 방향에서 수직으로 판독한다.

해설 바깥지름 측정 시 최솟값을, 안지름 측정 시 최댓값을 측정값으로 한다.

5. 하이트 게이지 사용법으로 잘못된 것은?

① 기준 단면에서 스크라이버 선단까지의 거리는 가능한 길게 한다.

② 슬라이드의 미끄럼 상태를 확인하고 이상이 있을 때는 세트나사, 압축나사를 조정하여 맞춘다.

③ 스크라이버의 앞끝을 상하지 않게 한다.

④ 금긋기 작업 시 고정나사를 충분히 죄어야 한다.

해설 기준 단면에서 스크라이버 선단까지의 거리는 가능한 짧게 한다.

정답 1. ④ 2. ② 3. ② 4. ③ 5. ①

3 - 2 　측정기의 0점 조정

1 0점 설정

(1) 측정 전 확인할 사항

① 측정기의 0점 상태를 살펴보고 이상이 없는지 판단 후 진행한다.
② 눈금의 마모로 인해 판독에 어려움이 없는지 확인한다.
③ 특정 부분만 지속적으로 사용함으로써 마모로 인한 오차가 발생하지 않는지 확인한다.
④ 지나치게 과도한 측정 압력을 가하고 있지 않는지 확인한다.

(2) 0점 설정의 목적

① 측정 오류를 방지하여 도면의 요구 조건을 만족하게 하기 위함이다.
② 측정하려는 공작물에 적합한 장소와 환경 조건을 확인하여 환경의 오차 요인을 방지한다.
③ 외부의 측정 오차 요인을 미리 확인하면 측정값의 변화를 줄일 수 있다.

2 0점 설정 방법

(1) 버니어 캘리퍼스

① 조의 상태가 양호한지 0점에 위치하도록 밀착시켜 밝은 빛에서 서로 다른 조 사이로 미세한 빛이 고르게 들어오는지 확인한다.
② 깊이 바의 무딘 상태와 휨의 발생이 없는지 확인한다.
③ 슬라이드를 이송시켰을 때 지나치게 헐겁거나 타이트한 느낌이 나지 않는지 확인한다.
④ 0점에 위치시켰을 때의 상태가 양호하면 게이지 블록을 이용하여 최소한 버니어 캘리퍼스의 처음, 중간, 끝부분에 해당되는 눈금의 정확도를 확인하고, 값에 차이가 나면 보정값을 적용한다.

> **○ 참고 ○**
> • 온도에 민감한 소재 또는 정밀도가 높은 공작물은 온도차에 의한 열팽창으로 측정 오차가 발생할 수 있으므로 주의해야 한다.

(2) 마이크로미터

① 외측 마이크로미터(0~25mm)

㈎ 앤빌과 스핀들의 측정면을 깨끗이 닦는다.

㈏ 래칫 스톱을 회전시키면서 앤빌과 스핀들의 측정면이 접촉되면 약 3~4회 회전시킨다.

㈐ 슬리브의 기선과 심블의 0점 눈금선이 완전히 일치하고 동시에 슬리브의 0점 눈금선이 절반 정도 보이는 것이 좋다.

㈑ 슬리브와 심블의 눈금이 서로 일치하는지 확인한 후 일치하지 않으면 훅 렌치를 이용하여 기선을 맞춘 후 사용한다.

② 외측 마이크로미터(25mm 이상) : 게이지 블록이나 외측 마이크로미터 전용 기준 게이지를 이용하여 확인한다.

③ 내측 마이크로미터(0~25mm) : 링 게이지를 이용하는 방법, 게이지 블록 부속품을 이용하는 방법, 외측 마이크로미터를 이용하는 방법 등이 있다.

④ 깊이 마이크로미터(0~25mm) : 정반을 기준으로 정반면에 접촉시킨 후 0점을 점검한다.

(3) 다이얼 게이지

① 바늘과 측정자의 움직임이 부드러운지 확인한다.

② 측정자를 움직였다가 놓았을 때 바늘이 원래 위치와 같은 지점으로 복귀하는지 확인한다.

예 | 상 | 문 | 제

1. 마이크로미터의 0점 조정용 기준 봉의 방열 커버 부분을 잡고 0점 조정을 실시하는 가장 큰 이유는?

① 온도의 영향을 고려하여
② 취급이 간편하게 하기 위하여
③ 정확한 접촉을 고려하여
④ 시야를 넓게 하기 위하여

[해설] 기준 봉이 온도의 영향을 받아 팽창할 수 있으므로 방열 커버 부분을 잡고 조정한다.

2. 외측 마이크로미터(0~25mm)의 0점 설정에 대한 설명으로 틀린 것은?

① 앤빌과 스핀들의 측정면을 깨끗이 닦는다.
② 래칫 스톱을 회전시키면서 앤빌과 스핀들의 측정면이 접촉되면 약 3~4회 회전시킨다.
③ 슬리브의 기선과 심블의 0점 눈금선이 완전히 일치하고, 동시에 슬리브의 0점 눈금선이 절반 정도 보이는 것이 좋다.
④ 슬리브와 심블의 눈금이 서로 일치하는지 확인한 후 일치하지 않으면 폐기 처분한다.

[해설] 슬리브와 심블의 눈금이 일치하지 않으면 훅 렌치로 기선을 맞춘 후 사용한다.

3. 버니어 캘리퍼스의 0점 설정에 대한 설명이다. 틀린 것은?

① 깊이 바의 무딘 상태와 휨의 발생이 없는지 확인한다.
② 슬라이드를 이송시켰을 때 지나치게 헐겁거나 타이트한 느낌이 나지 않는지 확인한다.
③ 0점에 위치시켰을 때 눈금의 정확도를 확인하고 값에 차이가 나면 훅 렌치를 이용하여 기선을 맞춘 후 사용한다.
④ 조의 상태가 양호한지 0점에 위치하도록 밀착시켜 밝은 빛에서 서로 다른 조 사이로 미세한 빛이 고르게 들어오는지 확인한다.

[해설] 0점에 위치시켰을 때의 상태가 양호하면 게이지 블록을 이용하여 최소한 버니어 캘리퍼스의 처음, 중간, 끝부분에 해당되는 눈금의 정확도를 확인하고, 값에 차이가 나면 보정값을 적용한다.

4. 다음 중 안지름 측정용 측정기의 0점 조정용으로 사용되는 것은?

① 실린더 게이지
② 텔레스코핑 게이지
③ 마스터 링 게이지
④ 스몰 홀 게이지

[해설] 마스터 링 게이지는 측정기의 기준으로 사용한다.

정답 1. ① 2. ④ 3. ③ 4. ③

측정 오차

1 참값과 오차

① **참값** : 피측정물의 결정된 값으로, 이론적으로 존재하는 값이며 연속량은 실제 측정이 불가능하다.

② **오차** : 측정값과 참값의 차를 오차라고 한다.
- ㈎ 오차 = 측정값 − 참값
- ㈏ 오차율 = 오차/참값
- ㈐ 오차 백분율 = 오차 / 참값 × 100

2 오차의 종류

① **계통 오차** : 동일한 환경 조건에서 측정값이 일정한 영향을 받아 측정 결과의 편차가 발생하는 원인이 되는 오차로, 항상 같은 크기와 부호를 가진다.
- ㈎ **계기 오차** : 측정기의 구조상 오차와 사용 제한 등으로 발생하는 오차이다. 측정기 부품의 마모, 눈금의 부정확성, 지시 변화에 의한 오차이다.
- ㈏ **환경 오차** : 실내 온도, 조명의 변화, 진동, 습도, 소음 등 측정 환경의 변화로 발생하는 오차이다.
- ㈐ **이론 오차** : 공식의 오차나 근사적인 계산에 의한 오차이다.
- ㈑ **개인 오차** : 측정자의 숙련도, 개인 습관, 불안전한 상태에 의한 오차이다.

② **우연 오차**
- ㈎ 측정자와 관계없이 우연이면서도 필연적으로 발생하는 오차로, 원인 분석이 불가능한 경우에 나타난다.
- ㈏ 측정 횟수를 늘리게 되면 정(+)과 부(−)의 우연 오차가 거의 비슷해져 전체 합에 의해 상쇄된다.

③ **과실 오차** : 측정값의 오독, 측정 결과 기록의 부주의 등으로 발생하는 오차이다.

④ **시차** : 측정자의 눈높이 위치에 따라 발생하는 오차이다. 그러므로 측정자 눈의 위치는 눈금판에 수직이 되도록 해야 정확한 값을 읽을 수 있다.

○ **참고** ○
- 계통 오차는 원인을 알 수 있는 측정기, 측정물의 불완전성, 측정 조건과 환경의 영향으로 발생하는 오차이다.

예 | 상 | 문 | 제

1. 측정기, 피측정물, 자연환경 등 측정자가 파악할 수 없는 변화에 의해 발생하는 오차는 어느 것인가?

① 시차
② 우연 오차
③ 계통 오차
④ 후퇴 오차

해설 우연 오차는 확인될 수 없는 원인으로 인해 발생하는 오차이며, 측정값을 분산시키는 원인이 된다.

2. 측정기에서 읽을 수 있는 측정값의 범위를 무엇이라 하는가?

① 지시 범위
② 지시 한계
③ 측정 범위
④ 측정 한계

해설 측정 범위 : 측정기에서 읽을 수 있는 측정값의 범위를 말하며, 마이크로미터의 측정 범위는 보통 25mm 단위로 되어 있다.

3. 측정 오차에 관한 설명으로 틀린 것은?

① 계통 오차는 측정값에 일정한 영향을 주는 원인에 의해 발생하는 오차이다.
② 우연 오차는 측정자와 관계없이 발생하며, 반복적이고 정확한 측정으로 오차 보정이 가능하다.
③ 개인 오차는 측정자의 부주의로 발생하는 오차이며, 주의하여 측정하고 결과를 보정하면 줄일 수 있다.
④ 계기 오차는 측정 압력, 측정 온도, 측정기 마모 등으로 발생하는 오차이다.

해설 우연 오차

- 측정자가 파악할 수 없는 변화에 의해 발생하는 오차이다.
- 완전히 없앨 수는 없지만 반복 측정하여 오차를 줄일 수는 있다.

4. 20℃에서 20mm인 게이지 블록이 손과 접촉 후 온도가 36℃가 되었을 때 게이지 블록에 생긴 오차는 몇 mm인가? (단, 선팽창 계수는 $1.0 \times 10^{-6}/℃$이다.)

① 3.2×10^{-4}
② 3.2×10^{-3}
③ 6.4×10^{-4}
④ 6.4×10^{-3}

해설 $\delta l = l \cdot \alpha \cdot \delta t$
$$= 20 \times (1.0 \times 10^{-6}) \times (36 - 20)$$
$$= 20 \times 10^{-6} \times 16$$
$$= 320 \times 10^{-6}$$
$$= 3.2 \times 10^{-4} \text{mm}$$

5. 다이얼 게이지 기어의 백래시(backlash)로 인해 발생하는 오차는?

① 인접 오차
② 지시 오차
③ 진동 오차
④ 되돌림 오차

해설 되돌림 오차(후퇴 오차) : 동일한 측정량에 대해 지침의 측정량이 증가하는 상태에서의 측정값과 감소하는 상태에서의 측정값의 차를 말한다.

6. 측정기의 눈금과 눈의 위치가 같지 않은 데서 생기는 측정 오차를 무엇이라 하는가?

① 샘플링 오차
② 계기 오차
③ 우연 오차
④ 시차

해설 시차
- 측정기의 눈금과 눈의 위치가 같지 않아서 발생하는 오차이다.
- 측정자 눈의 위치는 반드시 눈금판에 수직이 되도록 해야 정확한 값을 읽을 수 있다.

7. 측정기를 사용할 때 0점의 위치가 잘못 맞추어진 것은 어떤 오차에 해당하는가?

① 계기 오차
② 우연 오차
③ 개인 오차
④ 시차

해설 계기 오차
- 측정기의 구조상 오차, 사용 제한 등으로 발생하는 오차이다.
- 측정기 부품의 마모, 눈금의 부정확성, 지시 변화에 의한 오차이다.

8. 다음 중 확인될 수 없는 원인으로 인해 발생하는 오차로, 측정값을 분산시키는 원인이 되는 것은?

① 개인 오차
② 계기 오차
③ 온도 변화
④ 우연 오차

해설 우연 오차는 확인될 수 없는 원인으로 인해 발생하는 오차이며, 측정값을 분산시키는 원인이 된다.

9. 다음 중 측정 오차에 해당되지 않는 것은 어느 것인가?

① 측정 기구의 눈금, 기타 불변의 오차
② 측정자에 기인하는 오차
③ 조명도에 의한 오차
④ 측정 기구의 사용 상황에 따른 오차

해설 ①, ②, ④ 이외에도 확대 기구의 오차, 온도 변화에 따른 오차 등이 존재한다.

10. 마이크로미터의 측정 오차 중에서 구조상으로부터 오는 오차의 종류가 아닌 것은?

① 아베의 원리에 의한 오차
② 시차(parallax)에 의한 오차
③ 측정력에 의한 오차
④ 온도에 의한 오차

해설 • ④는 사용상 오차에 속한다.
- 구조상 오차에는 자세에 의한 오차, 휨에 의한 오차, 먼지에 의한 오차 등이 있다.

11. 부품 측정 시 일반적인 사항을 설명한 것으로 틀린 것은?

① 제품의 평면도는 정반과 다이얼 게이지나 다이얼테스트 인디케이터를 이용하여 측정할 수 있다.
② 제품의 진원도는 V 블록 위나 양 센터 사이에 설치한 후 회전시켜 다이얼테스트 인디케이터를 이용하여 측정할 수 있다.
③ 3차원 측정기는 몸체 및 스케일, 측정침, 구동장치, 컴퓨터 등으로 구성되어 있다.
④ 우연 오차는 측정기의 구조, 측정 압력, 측정 온도에 의해 발생하는 오차이다.

해설 우연 오차
- 측정자와 관계없이 우연이면서도 필연적으로 발생하는 오차로, 원인 분석이 불가능한 경우에 나타난다.
- 측정기의 구조, 측정 압력, 측정 온도 등에 의해 발생한다.

3 - 4 측정값 읽기

1 버니어 캘리퍼스

① **아들자의 눈금** : 어미자(본척)의 $(n-1)$개의 눈금을 n등분한 것이다. 어미자의 최소 눈금을 A, 아들자(부척)의 최소 눈금을 B, 그 눈금의 차를 C라 하면 C는 다음과 같다.

$$(n-1)A=nB \text{이므로 } C=A-B=A-\frac{(n-1)}{n}\times A=\frac{A}{n}$$

② **눈금 읽는 법** : 아들자의 0점이 닿는 곳을 확인하여 어미자를 읽은 후, 어미자와 아들자의 눈금이 만나는 점을 찾아 아들자의 눈금 수에 최소 눈금(**예** M형에서는 0.05 mm)을 곱한 값을 더한다.

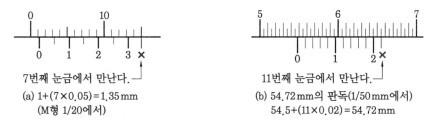

버니어 캘리퍼스 눈금 읽기

2 마이크로미터

① **눈금 읽는 법** : 슬리브의 눈금을 읽은 후, 심블의 눈금을 읽어 더한 값을 읽는다.

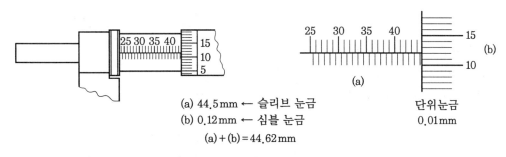

마이크로미터 눈금 읽기

② **마이크로미터의 최소 측정값** : 슬리브의 최소 눈금이 S[mm]이고, 심블의 원주 눈금이 n등분되어 있다면 최소 측정값은 $\frac{S}{n}$이다.

예 | 상 | 문 | 제

1. −18μm의 오차가 있는 블록 게이지에 다이얼 게이지를 영점 세팅하여 공작물을 측정하였더니 측정값이 46.78mm이었다면 참값(mm)은?

① 46.960

② 46.798

③ 46.762

④ 46.603

해설 참값=측정값+오차

$\qquad$ =46.78+(−0.018)=46.762 mm

2. 수준기에서 1눈금의 길이를 2mm로 하고, 1눈금이 각도 5″(초)를 나타내는 기포관의 곡률의 반지름은?

① 7.26m $\qquad$ ② 72.6m

③ 8.23m $\qquad$ ④ 82.5m

해설 1rad≒57.3°≒3438′≒206280″

$5'' = \dfrac{5}{206280}\text{rad}$

$L=R\theta$ (θ : radian)

$\therefore R = \dfrac{L}{\theta} = \dfrac{0.002}{5/206280} ≒ 82.5\text{m}$

3. 편심량이 2.2mm로 가공된 선반 가공물을 다이얼 게이지로 측정할 때, 다이얼 게이지 눈금의 변위량은 몇 mm인가?

① 1.1 $\qquad$ ② 2.2

③ 4.4 $\qquad$ ④ 6.6

해설 다이얼 게이지의 눈금 변위량은 편심량의 2배이다.

$\therefore$ 변위량=2.2×2=4.4mm

4. 그림과 같이 더브테일 홈 가공을 하려고 할 때 X의 값은 약 얼마인가? (단, tan60°=1.7321, tan30°=0.5774이다.)

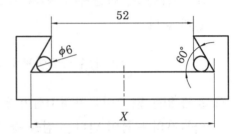

① 60.26 $\qquad$ ② 68.39

③ 82.04 $\qquad$ ④ 84.86

해설 $X = 52 + 2\left(\dfrac{r}{\tan 30°} + r\right)$

$\qquad = 52 + 2\left(\dfrac{3}{0.5774} + 3\right) ≒ 68.39$

5. 테이퍼 플러그 게이지(taper plug gage)의 측정에서 다음 그림과 같이 정반 위에 놓고 핀을 이용하여 측정하려고 한다. M을 구하는 식은?

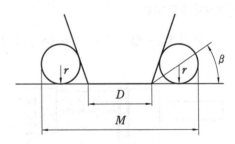

① $M=D+r+r\cdot\cot\beta$

② $M=D+r+r\cdot\tan\beta$

③ $M=D+2r+2r\cdot\cot\beta$

④ $M=D+2r+2r\cdot\tan\beta$

해설 $M=D+2r+2r\times\tan(90°-\beta)$

$\qquad =D+2r+2r\times\cot\beta$

6. 그림에서 플러그 게이지의 기울기가 0.05일 때 M_2의 길이는? (단, 그림의 치수 단위는 mm이다.)

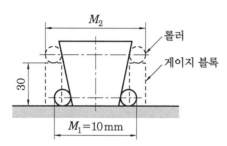

① 10.5
② 11.5
③ 13
④ 16

해설 $\tan\dfrac{\alpha}{2}=\dfrac{M_2-M_1}{2H}$

$0.05=\dfrac{M_2-10}{2\times30}$, $3=M_2-10$

$\therefore M_2=3+10=13\,\text{mm}$

7. 다음 그림과 같이 피측정물의 구면을 측정할 때 다이얼 게이지의 눈금이 0.5mm 움직이면 구면의 반지름[mm]은 얼마인가? (단, 다이얼 게이지 측정자로부터 구면계의 다리까지의 거리는 20mm이다.)

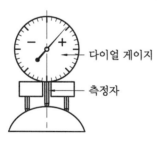

다이얼 게이지

측정자

① 100.25
② 200.25
③ 300.25
④ 400.25

해설
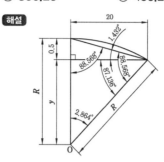

$\tan^{-1}\dfrac{0.5}{20}\fallingdotseq1.432°$

$\alpha=88.568°-1.432°=87.136°$

$\tan\alpha=\dfrac{y}{20}$, $y=\tan\alpha\times20$

$y=\tan87.136°\times20\fallingdotseq399.8$

$\therefore R=399.8+0.5\fallingdotseq400.3$

8. 원형 측정물을 V 블록 위에 올려 놓은 뒤 회전하였더니 다이얼 게이지의 눈금에 0.5mm의 차이가 있었다면 그 진원도는 얼마인가?

① 0.125mm
② 0.25mm
③ 0.5mm
④ 1.0mm

해설 진원도

$=$다이얼 게이지 눈금 이동량$\times\dfrac{1}{2}$

$=0.5\times\dfrac{1}{2}=0.25\,\text{mm}$

기계설계
산업기사

부록

CBT 대비 실전문제

1. 다음과 같이 제3각법으로 나타낸 도면에서 정면도와 우측면도를 고려할 때 평면도로 가장 적합한 것은?

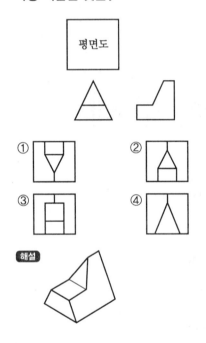

평면도

① ② ③ ④

해설

2. 표준 스퍼 기어의 모듈이 2이고, 잇수가 35일 때, 이끝원(잇봉우리원)의 지름은 몇 mm로 도시하는가?

① 65
② 70
③ 72
④ 74

해설 $D = m(Z+2) = 2(35+2)$
$\qquad = 74\,mm$

3. 다음 도면에서 대상물의 형상과 비교하여 치수 기입이 틀린 것은?

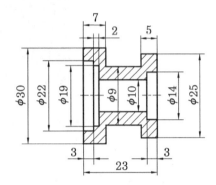

① 7   ② $\phi 9$
③ $\phi 14$ ④ $\phi 30$

해설 구멍의 지름이 $\phi 10$이므로 바깥지름은 $\phi 10$보다 커야 한다.

4. 그림과 같은 부등변 ㄱ 형강의 치수 표시 방법은? (단, 형강의 길이는 L이고 두께는 t로 동일하다.)

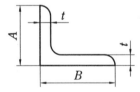

① $LA \times B \times t - L$ ② $Lt \times A \times B \times L$
③ $LB \times A + 2t - L$ ④ $LA + B \times \dfrac{t}{2} - L$

해설 부등변 ㄱ형강 치수 표기 방법
L(높이)×(폭)×(두께)−(길이)

5. 보기와 같이 정면도와 평면도가 표시될 때 우측면도가 될 수 없는 것은?

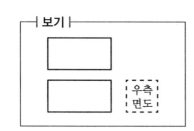

① 　②

③ 　④

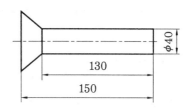

① 납작머리 리벳 40×130 SV330
② 납작머리 리벳 40×150 SV330
③ 접시머리 리벳 40×130 SV330
④ 접시머리 리벳 40×150 SV330

해설 접시머리 리벳은 머리 부분을 포함한 전체 길이로 호칭된다.

9. 다음 중 온 흔들림 기하 공차의 기호는?

①　②
③　④

해설 ╱ : 원주 흔들림

10. KS 재료 기호 중 'SS235'에서 '235'의 의미는?

① 경도
② 종별 번호
③ 탄소 함유량
④ 최저 항복 강도

해설 SS235의 첫 번째 S는 강, 두 번째 S는 일반 구조용 압연재, 끝부분 235는 최저 항복 강도가 235N/mm^{2}임을 나타낸다.

6. 물체를 단면으로 나타낼 때 길이 방향으로 절단하여 나타내지 않는 부품으로만 짝지어진 것은?

① 핀, 커버
② 브래킷, 강구
③ O-링, 하우징
④ 원통 롤러, 기어의 이

해설 길이 방향으로 절단하여 나타내지 않는 부품은 축, 핀, 볼트, 너트, 와셔, 작은 나사, 키, 강구, 원통 롤러, 기어의 이 등이다.

7. 가공 방법의 기호 중 호닝(honing) 가공의 기호는?

① SH　② GH
③ FR　④ SPL

해설 • SH : 형삭반 가공
• FR : 리머 가공
• SPL : 액체 호닝 가공

11. 치수가 $80^{+0.008}_{+0.002}$일 경우 위 치수 허용차는 어느 것인가?

① 0.002　② 0.006
③ 0.008　④ 0.010

해설 위 치수 허용차
= 최대 허용 치수 - 기준 치수
= 80.008 - 80.0 = 0.008

8. 다음과 같은 리벳의 호칭법으로 옳은 것은? (단, 재질은 SV330이다.)

12. 나사 제도에 대한 설명으로 틀린 것은?

① 나사부 길이의 경계가 보이는 경우는 그 경계를 굵은 실선으로 나타낸다.

② 숨겨진 암나사를 표시할 경우 나사산의 봉우리와 골밑은 모두 가는 파선으로 나타낸다.

③ 수나사를 측면에서 볼 경우 나사산 봉우리는 굵은 실선, 나사의 골밑은 가는 실선으로 나타낸다.

④ 나사의 끝면에서 본 그림에서 나사의 골밑은 굵은 실선으로 원둘레의 3/4에 거의 같은 원의 일부로 나타낸다.

[해설] 나사의 끝면에서 본 그림에서 나사의 골밑은 가는 실선으로 원둘레의 3/4에 가까운 원의 일부로 그린다.

13. 그림과 같은 입체도의 화살표 방향 투상도로 가장 적합한 것은?

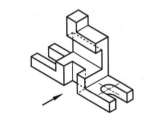

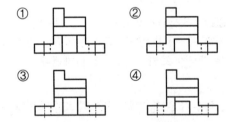

14. 다음 그림과 같은 도형일 경우 기하학적으로 정확한 도형을 기준으로 설정하고, 여기에서 벗어나는 어긋난 크기를 대상으로 하는 기하 공차는?

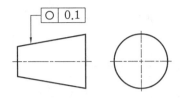

① 대칭도
② 윤곽도
③ 진원도
④ 평면도

15. 허용 한계 치수의 기입이 틀린 것은 어느 것인가?

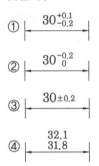

① $30^{+0.1}_{-0.2}$

② $30^{-0.2}_{0}$

③ 30 ± 0.2

④ $\dfrac{32.1}{31.8}$

[해설] 작은 공차값을 아래쪽에, 큰 공차값을 위쪽에 기입한다.

16. 다음과 같이 도시된 도면에서 치수 A에 들어갈 치수 기입으로 옳은 것은?

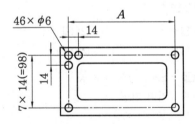

① $7 \times 7 (=49)$
② $15 \times 14 (=210)$
③ $16 \times 14 (=224)$
④ $17 \times 14 (=238)$

[정답] **12.** ④ **13.** ③ **14.** ③ **15.** ② **16.** ③

해설 • 세로 한 줄의 구멍의 수 : $7+1=8$
• 가로 한 줄의 구멍의 수 : x라 하면
총 구멍의 수가 46이므로

$$8 \times 2 + x \times 2 - 4 = 46$$

$$x = 17$$

$$\therefore A = (17-1) \times 14 = 16 \times 14 = 224$$

17. 서로 다른 CAD/CAM 프로그램 간의 데이터를 상호 교환하기 위한 데이터 표준이 아닌 것은?

① PHIGS
② DIN
③ DXF
④ STEP

해설 데이터 교환 표준 파일 : DXF, IGES, STEP, PHIGS

18. 그림과 같이 2개의 경계 곡선(위 그림)에 의해 하나의 곡면(아래 그림)을 구성하는 기능을 무엇이라고 하는가?

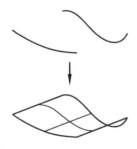

① revolution
② twist
③ loft
④ extrude

해설 • loft : 2개 이상의 단면 곡선이 연결 규칙에 따라 연결된 곡면
• revolution : 하나의 곡선이 임의의 축이나 요소를 중심으로 회전한 곡면
• sweep : 안내 곡선을 따라 이동 곡선이 이동하면서 생성된 곡면

19. 2차원 변환 행렬이 다음과 같을 때 좌표 변환 H는 무엇을 의미하는가?

$$H = \begin{bmatrix} 3 & 0 & 0 \\ 0 & 3 & 0 \\ 0 & 0 & 1 \end{bmatrix}$$

① 확대
② 회전
③ 이동
④ 반사

해설
• 이동 행렬 $= \begin{bmatrix} 1 & 0 & 0 \\ 0 & 1 & 0 \\ p_x & p_y & 1 \end{bmatrix}$

• x축 회전 행렬 $= \begin{bmatrix} 1 & 0 & 0 \\ 0 & \cos\theta & -\sin\theta \\ 0 & \sin\theta & \cos\theta \end{bmatrix}$

• y축 회전 행렬 $= \begin{bmatrix} \cos\theta & 0 & \sin\theta \\ 0 & 1 & 0 \\ -\sin\theta & 0 & \cos\theta \end{bmatrix}$

• 확대 행렬 $= \begin{bmatrix} p_x & 0 & 0 \\ 0 & p_y & 0 \\ 0 & 0 & 1 \end{bmatrix}$

20. 이진법의 수 1011을 십진법으로 계산하면 얼마인가?

① 2
② 4
③ 8
④ 11

해설 $1011_{(2)} = (1 \times 2^3) + (0 \times 2^2) + (1 \times 2^1) + (1 \times 1)$
$= 8 + 0 + 2 + 1 = 11$

2과목 **기계요소 설계**

21. 스퍼 기어에서 이의 크기를 나타내는 방법이 아닌 것은?

① 모듈로서 나타낸다.
② 전위량으로 나타낸다.
③ 지름 피치로 나타낸다.
④ 원주 피치로 나타낸다.

해설 전위 기어는 기준 랙의 기준 피치선이 기어의 기준 피치원과 접하지 않게 제작된 기어이다.

22. 회전수 600rpm, 베어링 하중 18kN의 하중을 받는 레이디얼 저널 베어링의 지름은 약 몇 mm인가? (단, 이때 작용하는 베어링 압력은 1N/mm², 저널의 폭(l)과 지름(d)의 비는 $l/d=2.0$으로 한다.)

① 80   ② 85
③ 90   ④ 95

해설 $\dfrac{l}{d}=2.0$에서 $l=2d$

$P=\dfrac{W}{dl}$에서 $d=\dfrac{W}{P\times l}=\dfrac{W}{P\times 2d}$, $d^2=\dfrac{W}{P\times 2}$

$d^2=\dfrac{W}{2P}=\dfrac{18\times 1000}{2\times 1}=9000$

$\therefore d=\sqrt{9000}\fallingdotseq 95\,\mathrm{mm}$

23. 다음 중 재료의 기준 강도(인장 강도)가 400N/mm²이고 허용 응력이 100N/mm² 일 때, 안전율은?

① 0.2   ② 1.0
③ 4.0   ④ 16.0

해설 재료의 극한 강도와 허용 응력과의 비를 안전율이라 한다.

$\therefore$ 안전율$=\dfrac{\text{극한 강도(인장 강도)}}{\text{허용 응력}}=\dfrac{400}{100}=4$

24. V 벨트의 회전 속도가 30m/s, 벨트의 단위길이당 질량이 0.15kg/m, 긴장 측 장력

이 196N일 경우, 벨트의 회전력(유효장력)은 약 몇 N인가? (단, 벨트의 장력비 $e^{\mu\theta}=4$이다.)

① 20.21   ② 34.84
③ 45.75   ④ 56.55

해설 $T_e=T_1-T_2=(T_1-wv^2)\dfrac{e^{\mu\theta}-1}{e^{\mu\theta}}$

$\qquad =(196-0.15\times 30^2)\times\dfrac{4-1}{4}$

$\qquad =(196-135)\times\dfrac{3}{4}$

$\qquad =45.75\mathrm{N}$

25. 핀 전체가 두 갈래로 되어 있어 너트의 물림 방지나 핀이 빠져 나오지 않게 하는 데 허용되는 핀은?

① 너클 핀
② 분할 핀
③ 평행 핀
④ 테이퍼 핀

해설 분할 핀의 용도는 너트의 풀림을 방지하기 위함이다.

26. 150rpm으로 5kW의 동력을 전달하는 중실축의 지름은 약 몇 mm 이상이어야 하는가? (단, 축 재료의 허용 전단 응력은 19.6MPa이다.)

① 36   ② 40
③ 44   ④ 48

해설 $T=9.55\times 10^6\times\dfrac{H}{N}=9.55\times 10^6\times\dfrac{5}{150}$

$\qquad \fallingdotseq 318333\mathrm{N}\cdot\mathrm{mm}$

$\therefore d=\sqrt[3]{\dfrac{5.1T}{\tau_a}}=\sqrt[3]{\dfrac{5.1\times 318333}{19.6}}$

$\qquad \fallingdotseq 44\,\mathrm{mm}$

27. 하중이 W[N]일 때 변위량을 δ[mm]라 하면 스프링 상수 k[N/mm]는?

① $k = \dfrac{\delta}{W}$ ② $k = \dfrac{W}{\delta}$

③ $k = \delta \times W$ ④ $k = W - \delta$

28. 폴(pawl)과 결합하여 사용되며, 한쪽 방향으로는 간헐적인 회전 운동을 하고 반대쪽으로는 회전을 방지하는 역할을 하는 장치는?

① 플라이 휠(fly wheel)
② 래칫 휠(rachet wheel)
③ 블록 브레이크(block brake)
④ 드럼 브레이크(drum brake)

해설 래칫 휠 : 휠 주위에 특별한 형태의 이를 가지며, 이것에 스토퍼를 물려 축의 역회전을 막기도 하고 간헐적으로 축을 회전시키기도 하는 장치이다.

29. ( ) 안에 들어갈 말로 적절한 것은 어느 것인가?

나사가 저절로 풀리지 않고 체결되어 있는 나사의 상태를 자립 상태(selfsustenance)라고 한다. 이 자립 상태를 유지하기 위한 나사 효율은 ( )이어야 한다.

---

① 50% 이상
② 50% 미만
③ 25% 이상
④ 25% 미만

해설 나사의 자립 상태를 유지하려면 나사의 마찰각(ρ) ≥ 리드각(λ)이어야 하며, 자립 상태를 유지하는 나사 효율은 50% 미만이다.

30. 다음 중 하중의 크기 및 방향이 주기적으로 변화하는 하중으로, 양진 하중을 의미하는 것은?

① 변동 하중(variable load)
② 반복 하중(repeated load)
③ 교번 하중(alternate load)
④ 충격 하중(impact load)

해설
• 반복 하중 : 방향이 변하지 않고 계속하여 반복 작용하는 하중으로, 진폭은 일정하고 주기는 규칙적인 하중
• 교번 하중 : 하중의 크기와 방향이 주기적으로 변화하는 하중으로, 인장과 압축을 교대로 반복하는 하중
• 충격 하중 : 비교적 단시간에 충격적으로 작용하는 하중으로, 순간적으로 작용하는 하중

31. 너클 핀 이음에서 인장력이 50kN인 핀의 허용 전단 응력을 50MPa이라 할 때 핀의 지름 d는 몇 mm인가?

① 22.8   ② 25.2
③ 28.2   ④ 35.7

해설 $d = \sqrt{\dfrac{2P}{\pi\tau}} = \sqrt{\dfrac{2 \times 50000}{\pi \times 50}} = 25.2\,\text{mm}$

32. 전동축에 큰 휨(deflection)을 주어 축의 방향을 자유롭게 바꾸거나 충격을 완화시키기 위해 사용하는 축은?

① 직선축   ② 크랭크축
③ 플렉시블 축   ④ 중공축

해설
• 직선축 : 흔히 사용되는 곧은 축
• 크랭크축 : 직선 왕복 운동을 회전 운동으로 전환시키는 데 사용하는 축
• 중공축 : 축을 가볍게 하기 위해 단면의 중심부에 구멍이 뚫려 있는 축

정답 27. ②   28. ②   29. ②   30. ③   31. ②   32. ③

33. 300rpm으로 2.5kW의 동력을 전달시키는 축에 발생하는 비틀림 모멘트는 약 몇 N·m인가?

① 80 　　　　② 60
③ 45 　　　　④ 35

해설 $T=9.55\times10^6\times\dfrac{H}{N}=9.55\times10^6\times\dfrac{2.5}{300}$
　　　 $\fallingdotseq 79583\,N\cdot mm \fallingdotseq 80\,N\cdot m$

34. 이끝원 지름이 104mm, 잇수는 50인 표준 스퍼 기어의 모듈은?

① 5 　　　　② 4
③ 3 　　　　④ 2

해설 $D_t=m(Z+2)$
　　∴ $m=\dfrac{D_t}{Z+2}=\dfrac{104}{50+2}=2$

35. 그림과 같은 스프링 장치에서 W=200N의 하중을 매달면 처짐은 몇 cm가 되는가? (단, 스프링 상수 k_1=15N/cm이고, k_2=35 N/cm이다.)

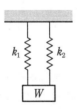

① 1.25 　　　　② 2.50
③ 4.00 　　　　④ 4.50

해설 $\delta=\dfrac{W}{k}=\dfrac{200}{15+35}=\dfrac{200}{50}=4\,cm$

36. 치공구를 사용하는 목적 중 틀린 것은?

① 작업자의 피로는 증가하나 안정성 증가

② 제품의 불량이 적고 생산성 향상
③ 복잡한 형상의 부품을 경제적으로 생산
④ 제품의 불량 감소

해설 작업자의 피로가 감소한다.

37. 위치 결정 방법에 해당되지 않는 것은?

① 3-2-1 위치 결정법
② 4-2-1 위치 결정법
③ 2-2-1 위치 결정법
④ 1-2-1 위치 결정법

해설 •3-2-1 위치 결정법 : 직육면체의 공작물에 위치 결정구를 배열하는 것으로 가장 이상적인 위치 결정법이다.
•4-2-1 위치 결정법 : 밑면에 4번째 위치 결정구를 추가함으로써 지지된 면적은 4각형이 되어 안정감이 유지되게 한다.
•2-2-1 위치 결정법 : 공작물의 원통부에 2개씩 2곳을 설치하고, 단면에 1개의 위치 결정구를 설치하여 안정감이 유지되게 한다.

38. 클램핑할 때 일반적인 주의사항으로 적당하지 않은 것은?

① 절삭면은 가능한 테이블에 멀리 설치되어야 절삭 시 진동을 방지할 수 있다.
② 클램핑 기구는 조작이 간단하고 급속 클램핑 형식을 취한다.
③ 클램프는 공작물 장착과 탈착을 할 때 간섭이 없도록 해야 한다.
④ 절삭 시 안전을 위해 클램핑 위치는 절삭 압력을 고려하여 가장 좋은 위치를 선택한다.

해설 절삭면은 가능한 테이블에 가깝게 설치되어야 절삭 시 진동을 방지할 수 있다.

39. 치공구 본체 중 몸체의 형태 변형이 용이

하고 무게를 가볍게 만들 수 있으나, 내부 응력 제거를 위한 2차 열처리 작업이 필요한 본체의 종류는?

① 조립형
② 주조형
③ 용접형
④ 플라스틱형

해설 용접형 본체는 용접에 의해 발생되는 열 변형을 제거하기 위해 내부 응력을 제거하는 열처리가 필요하다.

40. 드릴 작업용 부시가 공작물과 가까울수록 나타나는 현상으로 옳은 것은?

① 부시 마모가 잘 발생하지 않으나 가공 정밀도는 저하된다.
② 부시 마모가 잘 발생하지 않고 가공 정밀도도 향상된다.
③ 부시 마모가 잘 발생하고 가공 정밀도도 저하된다.
④ 부시 마모가 잘 발생하나 가공 정밀도는 향상된다.

해설 부시가 불필요하게 공작물에 가까이 있으면 칩 때문에 부시가 쉽게 마모되며, 너무 떨어져 있으면 정밀도가 저하된다.

3과목 기계재료 및 측정

41. 다음 조직 중 2상 혼합물은?

① 펄라이트
② 시멘타이트
③ 페라이트
④ 오스테나이트

해설 펄라이트는 단상 조직이 아니라 페라이트와 시멘타이트의 2상 혼합 조직이다.

42. 타이타늄 합금의 일반적인 성질에 대한 설명으로 틀린 것은?

① 열팽창계수가 작다.
② 전기저항이 높다.
③ 비강도가 낮다.
④ 내식성이 우수하다.

해설 타이타늄은 비강도가 크므로 초음속 항공기 외판, 송풍기의 프로펠러 등에 사용한다.

43. 다음 금속 재료 중 인장 강도가 가장 낮은 것은?

① 백심 가단주철
② 구상흑연주철
③ 회주철
④ 주강

해설 • 주강은 주철보다 인장 강도가 크다.
• 주철의 인장 강도 순서 : 회주철<칠드 주철<미하나이트 주철<흑심 가단주철<백심 가단주철<펄라이트 가단주철<구상흑연주철

44. 초경합금에 관한 사항으로 틀린 것은?

① WC 분말에 Co 분말을 890℃에서 가열 소결시킨 것이다.
② 내마모성이 아주 크다.
③ 인성, 내충격성 등을 요구하는 곳에는 부적합하다.
④ 전단, 인발, 압출 등의 금형에 사용된다.

해설 초경합금은 WC, TiC, TaC 분말에 Co 분말을 가압 성형한 후 800~900℃에서 예비 소결하고 1400~1500℃의 수소 기류 중에서 소결시켜 만든 합금이다.

45. 표준 상태의 탄소강에서 탄소의 함유량이 증가함에 따라 증가하는 성질로 짝지어진 것은?

① 비열, 전기저항, 항복점
② 비중, 열팽창계수, 열전도도
③ 내식성, 열팽창계수, 비열
④ 전기저항, 연신율, 열전도도

해설 표준 상태에서 탄소가 많을수록 비중, 열팽창계수, 열전도도는 감소하나 비열, 전기저항, 항자력, 항복점은 증가한다.

46. 담금질한 강재의 잔류 오스테나이트를 제거하며, 치수 변화 등을 방지하는 목적으로 0℃ 이하에서 열처리하는 방법은?

① 저온 뜨임
② 심랭 처리
③ 마템퍼링
④ 용체화 처리

해설 심랭 처리의 목적
• 공구강의 경도 및 성능 향상
• 게이지 등 정밀기계 부품 조직의 안정화
• 형상 및 치수 변형 방지
• 스테인리스강에서 기계적 성질 개선

47. Fe-Mn, Fe-Si로 탈산시켜 상부에 작은 수축관과 소수의 기포만 존재하며, 탄소 함유량이 0.15~0.3% 정도인 강은?

① 킬드강
② 캡드강
③ 림드강
④ 세미킬드강

해설 세미 킬드강 : Al으로 림드강과 킬드강의 중간 정도로 탈산시킨 강으로, 림드강과 킬드강의 중간 정도의 성질을 가지므로 용접 구조물에 많이 사용되며, 기포나 편석이 없다.

48. 다음 중 뜨임의 목적과 가장 거리가 먼 것은?

① 인성 부여
② 내마모성 향상
③ 탄화물의 고용 강화
④ 담금질할 때 생긴 내부 응력 감소

해설 뜨임 : 담금질한 강을 적당한 온도(A_1점 이하, 723℃ 이하)로 재가열하여 담금질로 인한 내부 응력, 취성을 제거하고 경도를 낮추어 인성을 증가시키기 위한 열처리이다.

49. 드릴 머신에서 공작물을 고정하는 방법으로 적합하지 않은 것은?

① 바이스 사용
② 드릴 척 사용
③ 박스 지그 사용
④ 플레이트 지그 사용

해설 • 공작물은 고정 나사, 링크, 캠 등으로 고정하거나 바이스 또는 박스 지그, 플레이트 지그 등을 사용하여 고정한다.
• 드릴 척에는 드릴이나 리머를 고정한다.

50. 커터의 지름이 100mm이고, 커터의 날 수가 10개인 정면 밀링 커터로 200mm인 공작물을 1회 절삭할 때 가공시간은 약 몇 초인가? (단, 절삭 속도는 100m/min, 1날당 이송량은 0.1mm이다.)

① 48.4　　　　② 56.4
③ 64.4　　　　④ 75.4

해설 $n = \dfrac{1000V}{\pi D} = \dfrac{1000 \times 100}{\pi \times 100} = 318 \text{rpm}$

$f = f_z \times z \times n = 0.1 \times 10 \times 318 = 318 \text{mm/min}$

$L = l + D = 200 + 100 = 300 \text{mm}$

$\therefore T = \dfrac{L}{f} = \dfrac{300}{318} = 0.94\text{분}$

$= 56.4\text{초}$

51. 다음 공작기계 중 공작물이 직선 왕복 운동을 하는 것은?

① 선반
② 드릴 머신
③ 플레이너
④ 호빙 머신

해설 플레이너
- 비교적 큰 평면을 절삭하는 데 쓰이며 평삭기라고도 한다.
- 공구 또는 공작물의 직선 왕복 운동과 직선 이송 운동으로 공작물을 가공한다.

52. 드릴링 작업 시 안전사항으로 틀린 것은?

① 칩의 비산이 우려되므로 장갑을 착용하고 작업한다.
② 드릴이 회전하는 상태에서 테이블을 조정하지 않는다.
③ 드릴링 시작 부분에 드릴이 정확히 자리 잡을 수 있도록 이송을 느리게 한다.
④ 드릴링이 끝나는 부분에서는 공작물과 드릴이 함께 돌지 않도록 이송을 느리게 한다.

해설 드릴링 작업을 할 때 장갑을 착용하지 않는다.

53. 다음 중 절삭 조건에 대한 설명으로 알맞지 않은 것은?

① 칩의 두께가 두꺼워질수록 전단각이 작아진다.
② 구성 인선을 방지하기 위해 절삭 깊이를 적게 한다.
③ 절삭 속도가 빠르고 경사각이 클 때 유동형 칩이 발생하기 쉽다.
④ 절삭비는 공작물을 절삭할 때 가공이 용이한 정도로, 절삭비가 1에 가까울수록 절삭성이 나쁘다.

해설
- $절삭비 = \dfrac{절삭\ 깊이}{칩의\ 두께}$
- 절삭비가 1에 가까울수록 절삭성이 좋다.

54. 옵티컬 패러렐을 이용하여 외측 마이크로미터의 평행도를 검사하였더니 백색광에 의한 적색 간섭무늬의 수가 앤빌에서 2개, 스핀들에서 4개였다. 평행도는 약 얼마인가? (단, 측정에서 사용한 빛의 파장은 0.32μm이다.)

① 1μm
② 2μm
③ 4μm
④ 6μm

해설 $평행도 = (a+b) \times \dfrac{\lambda}{2}$

여기서, a : 앤빌의 간섭무늬 개수
　　　　b : 스핀들의 간섭무늬 개수
　　　　λ : 단색광의 파장

$\therefore\ 평행도 = (2+4) \times \dfrac{0.32}{2} = 0.96 = 1\mu m$

55. 투영기에 의해 측정할 수 있는 것은?

① 각도
② 진원도
③ 진직도
④ 원주 흔들림

해설 투영기는 물체의 형상이나 치수를 측정 및 검사하는 광학기기로 각도, 나사 유효지름, 나사산의 반각 등을 측정한다.

56. 연삭숫돌의 성능을 표시하는 5가지 요소에 포함되지 않는 것은?

① 기공
② 입도
③ 조직
④ 숫돌 입자

정답　51. ③　52. ①　53. ④　54. ①　55. ①　56. ①

해설 연삭숫돌의 5대 요소 : 입자, 입도, 결합도, 조직, 결합제이다.

57. 삼점법에 의한 진원도 측정에 쓰이는 측정기기가 아닌 것은?

① V 블록
② 마이크로미터
③ 3각 게이지
④ 실린더 게이지

해설 삼점법에 의한 진원도 측정은 V 블록 위에 측정물을 세팅한 후 마이크로미터를 접촉한 상태로 측정물을 회전시켜 구한다.

58. 브로칭 머신의 특징으로 틀린 것은 어느 것인가?

① 복잡한 면의 형상도 쉽게 가공할 수 있다.
② 내면 또는 외면의 브로칭 가공도 가능하다.
③ 스플라인 기어, 내연기관 크랭크실의 크랭크 베어링부는 가공이 용이하지 않다.
④ 공구의 일회 통과로 거친 절삭과 다듬질 절삭을 완료할 수 있다.

해설 브로칭 머신
• 브로치 공구를 사용하여 1회 공정으로 표면 또는 내면을 절삭 가공하는 기계이다.
• 둥근 구멍에 키 홈, 스플라인 구멍, 다각형 구멍 등을 내는 내면 브로치 작업과 세그먼트 기어의 치통형이나 홈, 특수한 모양의 면을 가공하는 외면 브로치 작업이 있다.

59. 척을 선반에서 떼어내고 회전 센터와 정지 센터로 공작물을 양 센터에 고정하면 고정력이 약해서 가공이 어렵다. 이때 주축의 회전력을 공작물에 전달하기 위해 사용하는 부속품은?

① 면판
② 돌리개
③ 베어링 센터
④ 앵글 플레이트

해설 돌리개는 선반의 양 센터 작업 시 사용하는 부속장치이다.

60. 지름이 150mm인 밀링 커터를 사용하여 30m/min의 절삭 속도로 절삭할 때 회전수는 약 몇 rpm인가?

① 14
② 38
③ 64
④ 72

해설 $N = \dfrac{1000V}{\pi D} = \dfrac{1000 \times 30}{\pi \times 150} \fallingdotseq 63.69$
$\fallingdotseq 64\text{rpm}$

제2회 CBT 대비 실전문제

1과목 | 기계 제도

1. 다음 그림과 같은 I 형강의 표기 방법으로 옳은 것은? (단, L은 형강의 길이이다.)

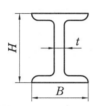

① $IH \times B \times t \times L$ ② $IB \times H \times t - L$
③ $IB \times H \times t \times L$ ④ $IH \times B \times t - L$

해설 형강의 치수 표기 방법
(형강 기호)(높이)×(폭)×(두께)−(길이)

2. 그림과 같은 탄소강 재질 가공품의 질량은 약 몇 g인가? (단, 치수의 단위는 mm이며, 탄소강의 밀도는 7.8g/cm³로 계산한다.)

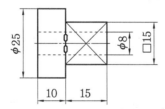

① 49.09 ② 54.81
③ 64.54 ④ 71.75

해설 체적$= \dfrac{\pi d_1^2}{4} \times l_1 + a \times b \times l_2 - \dfrac{\pi d_2^2}{4} \times L$

$= \dfrac{\pi \times 25^2}{4} \times 10 + 15 \times 15 \times 15$

$\qquad - \dfrac{\pi \times 8^2}{4} \times 25$

$≒ 7027 \, \text{mm}^3 = 7.027 \, \text{cm}^3$

∴ 질량＝밀도×체적＝7.8×7027

$\qquad ≒ 54.81 \text{g}$

3. 다음 기하 공차 중에서 자세 공차를 나타내는 것은?

① — ② ▱

③ ○ ④ ⊥

해설 자세 공차는 데이텀이 있어야 하는 관련 형체로 평행도, 직각도, 경사도가 있다.

4. 구멍의 치수가 $\phi 50^{+0.005}_{-0.004}$ 이고, 축의 치수가 $\phi 50^{+0.005}_{-0.004}$ 일 때 최대 틈새는?

① 0.004 ② 0.005
③ 0.008 ④ 0.009

해설 최대 틈새
＝구멍의 최대 허용치수−축의 최소 허용치수
＝$50.005 - 49.996 = 0.009$

5. KS 재료 기호 명칭 중에서 "SF340A"로 나타낸 재질의 명칭은?

① 냉간 압연 강재
② 탄소강 단강품
③ 보일러용 압연 강재
④ 일반 구조용 탄소 강관

해설
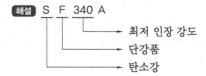

6. 그림의 기호가 의미하는 표면 무늿결의 지시에 대한 설명으로 옳은 것은?

① 표면의 무늿결은 여러 방향이다.
② 표면의 무늿결 방향은 기호가 사용된 투상면에 수직이다.
③ 기호가 적용되는 표면의 중심에 관해 대략적으로 원이다.
④ 기호가 사용되는 투상면에 관해 2개의 경사 방향에 교차한다.

해설 • = : 투상면에 평행
• ⊥ : 투상면에 직각
• X : 경사지고 두 방향으로 교차
• M : 여러 방향으로 교차 또는 무방향
• C : 면의 중심에 대하여 대략 동심원 모양
• R : 면의 중심에 대하여 대략 레이디얼 모양

7. 다음과 같은 기하 공차에 대한 설명으로 틀린 것은?

① 허용 공차가 φ0.01 이내이다.
② 문자 'A'는 데이텀을 나타낸다.
③ 기하 공차는 원통도를 나타낸다.
④ 지름이 여러 개로 구성된 다단축에 주로 적용하는 기하 공차이다.

해설 기하 공차는 동심도(◎)를 나타낸다.

8. 그림과 같이 절단할 곳의 전후를 파단선으로 끊어서 회전 도시 단면도로 나타낼 때 단면도의 외형선은 어떤 선을 사용해야 하는가?

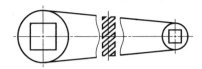

① 굵은 실선
② 가는 실선
③ 굵은 1점 쇄선
④ 가는 2점 쇄선

해설 회전 도시 단면도 : 절단할 곳의 전후를 끊어서 그 사이에 절단면을 그리거나 절단선의 연장선 위에 그릴 때는 굵은 실선으로 그리며, 도형 내의 절단한 곳에 겹쳐서 그릴 때는 가는 실선으로 그린다.

9. 그림과 같은 입체도에서 화살표 방향이 정면일 경우 평면도로 가장 적합한 투상도는?

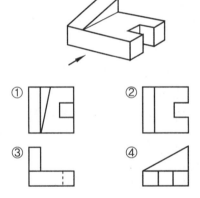

10. 다음과 같이 3각법으로 그린 투상도의 입체도로 가장 옳은 것은? (단, 화살표 방향이 정면이다.)

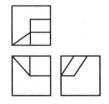

정답 6. ① 7. ③ 8. ① 9. ② 10. ④

① 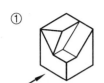 ②

③   ④

11. 일반적으로 그림과 같은 입체도를 제1각 법과 제3각법으로 도시할 때 배열 위치가 동일한 것을 모두 고른 것은?

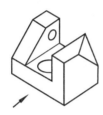

① 정면도, 배면도
② 정면도, 평면도
③ 우측면도, 배면도
④ 정면도, 우측면도

해설 제1각법과 제3각법은 정면도를 기준으로 투상도를 배치하며, 배면도는 우측면도의 오른쪽 또는 좌측면도의 왼쪽에 배치한다.

12. 다음 그림에서 L로 표시된 부분의 길이 (mm)는?

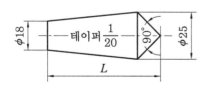

① 52.5 ② 85.0
③ 140.0 ④ 152.5

해설 $\dfrac{1}{20} = \dfrac{25-18}{l_1}$ 이므로

$l_1 = (25-18) \times 20 = 140$

$l_2 = \dfrac{25}{2} = 12.5$

$\therefore L = l_1 + l_2 = 152.5$

13. 다음 그림에서 도시한 KS A ISO 6411- A4/8.5의 해석으로 틀린 것은?

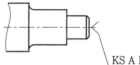

① 센터 구멍의 간략 표시를 나타낸 것이다.
② 종류는 A형으로 모따기가 있는 경우를 나타낸다.
③ 센터 구멍이 필요한 경우를 그림으로 나타내었다.
④ 드릴 구멍의 지름은 4mm, 카운터싱크 구멍의 지름은 8.5mm이다.

해설 A형은 모따기가 없는 경우를 나타낸다.

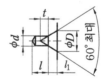

14. 베어링 호칭 번호가 6301인 구름 베어링의 안지름은 몇 mm인가?

① 10
② 11
③ 12
④ 15

해설 베어링의 안지름

00 : 10mm, 01 : 12mm, 02 : 15mm, 03 : 17mm이며, 04부터는 5배한다.

15. 다음 제3각법으로 투상된 도면 중 잘못된 투상도가 포함된 것은?

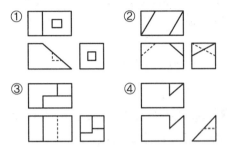

16. 다음 중 무하중 상태로 그려지는 스프링이 아닌 것은?

① 접시 스프링
② 겹판 스프링
③ 벌류트 스프링
④ 스파이럴 스프링

해설 스프링은 겹판 스프링을 제외하고는 원칙적으로 무하중인 상태로 그린다.

17. NC 데이터에 의한 NC 가공 작업이 쉬운 모델링은?

① 와이어 프레임 모델링
② 서피스 모델링
③ 솔리드 모델링
④ 윈도 모델링

해설 서피스 모델링은 면의 구분이 가능하므로 NC 데이터를 생성하여 수치 제어 가공이 가능하다는 장점이 있다.

18. CAD(computer-aided design) 소프트웨어의 가장 기본적인 역할은?

① 기하 형상의 정의
② 해석 결과의 가시화
③ 유한 요소 모델링
④ 설계물의 최적화

해설 CAD 소프트웨어의 가장 기본적인 역할은 기하 형상의 정의로, 기본 요소를 이용하여 원하는 형상을 도면이나 작업 공간에 나타내는 것이다.

19. Bezier 곡선의 방정식에 대한 특징으로 적당하지 않은 것은?

① 생성되는 곡선은 조정 다각형의 시작점과 끝점을 반드시 통과해야 한다.
② 조정 다각형의 첫째 선분은 시작점의 접선 벡터와 같은 방향이고, 마지막 선분은 끝점의 접선 벡터와 같은 방향이다.
③ 조정 다각형의 꼭짓점의 순서를 거꾸로 하여 곡선을 생성하더라도 같은 곡선을 생성해야 한다.
④ 꼭짓점의 한 곳이 수정될 경우 그 점을 중심으로 일부만 수정이 가능하므로 곡선의 국부적인 조정이 가능하다.

해설 Bezier 곡선의 방정식
• n개의 정점에 의해 정의된 곡선은 $(n-1)$차 곡선이다.
• 생성되는 곡선은 양 끝 조정점을 통과한다.
• 한 개의 조정점을 움직이면 곡선 전체의 모양에 영향을 주므로 국부적으로 수정하기 곤란하다.

20. B-rep 모델링 방식의 특성이 아닌 것은?

① 화면 재생시간이 적게 소요된다.
② 3면도, 투시도, 전개도 작성이 용이하다.
③ 데이터의 상호 교환이 쉽다.
④ 입체의 표면적 계산이 어렵다.

해설 B-rep(경계 표현) 모델링 방식은 입체의 표면적 계산이 쉽다.

2과목 기계요소 설계

21. 어떤 블록 브레이크 장치가 5.5kW의 동력을 제동할 수 있다. 브레이크 블록의 길이가 80mm, 폭이 20mm라면 이 브레이크의 용량은 몇 MPa·m/s인가?

① 3.4   ② 4.2
③ 5.9   ④ 7.3

해설 브레이크의 용량

$$w_f = \mu p v = \frac{H}{A} = \frac{5.5 \times 1000}{80 \times 20}$$
$$\fallingdotseq 3.4 \text{MPa} \cdot \text{m/s}$$

22. 45kN의 하중을 받는 엔드 저널의 지름은 약 몇 mm인가? (단, 저널의 지름과 길이의 비인 $\dfrac{길이}{지름}$=1.5이고, 저널이 받는 평균 압력은 5MPa이다.)

① 70.9   ② 74.6
③ 77.5   ④ 82.4

해설 $\dfrac{l}{d}$=1.5이므로 $l=1.5d$

$$p_a = \frac{P}{d \times l} = \frac{P}{d \times 1.5d} = \frac{P}{1.5d^2}$$
$$\therefore d = \sqrt{\frac{P}{1.5p_a}} = \sqrt{\frac{45 \times 10^3}{1.5 \times 5}}$$
$$\fallingdotseq 77.5 \text{mm}$$

23. 기어 절삭에서 언더컷을 방지하기 위한 방법으로 옳은 것은?

① 기어의 이 높이는 낮게, 압력각은 작게 한다.
② 기어의 이 높이는 낮게, 압력각은 크게 한다.
③ 기어의 이 높이는 높게, 압력각은 작게 한다.
④ 기어의 이 높이는 높게, 압력각은 크게 한다.

해설 언더컷 방지 방법
• 피니언의 잇수를 최소의 잇수로 한다.
• 기어의 잇수를 한계 잇수로 한다.
• 치형을 수정한다.
• 기어의 이 높이를 낮게 한다.
• 압력각을 크게 한다.

24. 회전수 1500rpm, 축의 지름 110mm인 묻힘 키를 설계하려고 한다. 폭 28mm, 높이 18mm, 길이 300mm일 때 묻힘 키가 전달할 수 있는 최대 동력(kW)은? (단, 키의 허용 전단 응력 τ_a=40MPa이며, 키의 허용 전단 응력만을 고려한다.)

① 933   ② 1265
③ 2903   ④ 3759

해설 $T = \dfrac{bld\tau_a}{2} = \dfrac{28 \times 300 \times 110 \times 40}{2}$
$$= 18480 \times 10^3 \text{N} \cdot \text{mm}$$
$$= 18480 \text{N} \cdot \text{m}$$
$$\therefore H = \frac{2\pi NT}{60} = \frac{2\pi \times 1500 \times 18480}{60}$$
$$\fallingdotseq 2903000 \, 1\text{W}$$
$$\fallingdotseq 2903 \text{kW}$$

25. 8m/s의 속도로 15kW의 동력을 전달하는 평벨트의 이완 측 장력(N)은? (단, 긴장 측 장력은 이완 측 장력의 3배이고, 원심력은 무시한다.)

① 938   ② 1471
③ 1961   ④ 2942

해설 $H = \dfrac{T_e v}{1000} = \dfrac{(T_1 - T_2) \times v}{1000} = \dfrac{2T_2 \times v}{1000}$
$$15 = \frac{2T_2 \times 8}{1000}$$
$$\therefore T_2 = \frac{1000 \times 15}{2 \times 8} \fallingdotseq 938 \text{N}$$

26. 나사의 종류 중 먼지, 모래 등이 나사산 사이에 들어가도 나사의 작동에 별로 영향을 주지 않으므로 전구와 소켓의 결합부 또는 호스 이음부에 주로 사용되는 나사는?

① 사다리꼴 나사
② 톱니 나사
③ 유니파이 보통 나사
④ 둥근 나사

해설 둥근 나사
• 너클 나사, 원형 나사라고도 하며 쇠붙이, 먼지, 모래 등이 많은 곳에 사용한다.
• 박판의 원통을 전조하여 제작한다.
• 큰 힘을 견딜 수 있으므로 진동 부분에 사용해도 효과적이다.

27. 축을 형상에 따라 분류할 경우 이에 해당되지 않는 것은?

① 크랭크축
② 차축
③ 직선축
④ 유연성축

해설 축의 분류
• 작용하는 힘에 의한 분류 : 차축, 스핀들, 전동축
• 모양에 의한 분류 : 직선축, 크랭크축, 플렉시블축(유연성축)

28. 바깥지름이 10cm, 안지름이 5cm인 속이 빈 원통이 축 방향으로 100kN의 인장 하중을 받고 있다. 이때 축 방향 변형률은? (단, 이 원통의 세로탄성계수는 120GPa이다.)

① 1.415×10^{-4}
② 2.415×10^{-4}
③ 1.415×10^{-3}
④ 2.415×10^{-3}

해설 $A = \dfrac{\pi(d_2^2 - d_1^2)}{4} = \dfrac{\pi(100^2 - 50^2)}{4}$

$\qquad = 5887.5 \mathrm{mm^2}$

$\sigma = \dfrac{P}{A} = \dfrac{100}{5887.5} = 0.016985\,\mathrm{GPa}$

$\therefore \varepsilon = \dfrac{\sigma}{E} = \dfrac{0.016985}{120}$

$\qquad = 0.0001415 = 1.415 \times 10^{-4}$

29. 용접 이음의 단점에 속하지 않는 것은?

① 내부 결함이 생기기 쉽고 정확한 검사가 어렵다.
② 다른 이음 작업과 비교하여 작업 공정이 많은 편이다.
③ 용접공의 기능에 따라 용접부의 강도가 좌우된다.
④ 잔류 응력이 발생하기 쉬워 이를 제거하는 작업이 필요하다.

해설 용접 이음의 특징
• 사용 재료의 두께에 제한이 없다.
• 기밀 유지에 용이하고 이음 효율이 좋다.
• 작업할 때 소음이 작고 자동화가 용이하다.
• 다른 이음에 비해 작업 공정이 적어 제작비를 줄일 수 있다.

30. 스프링 종류 중 하나인 고무 스프링(rubber spring)의 일반적인 특징에 관한 설명으로 틀린 것은?

① 여러 방향으로 오는 하중에 대한 방진이나 감쇠가 하나의 고무로 가능하다.
② 형상을 자유롭게 선택할 수 있고, 다양한 용도로 적용이 가능하다.
③ 방진 및 방음 효과가 우수하다.
④ 저온에서의 방진 능력이 우수하여 −10℃ 이하의 저온 저장고 방진장치에 주로 사용된다.

해설 고무 스프링의 특징
- 방진 및 방음 효과가 우수하지만 금속 스프링에 비해 내유성, 내열성이 떨어진다.
- −10℃ 이하의 저온에서는 탄성이 적어 스프링의 기능을 발휘할 수 없다.

31. 다음 중 폴(pawl)의 작용에 의해 한쪽 방향으로만 회전 운동을 하고, 반대 방향으로는 운동을 전하지 않는 역할을 하는 장치는 어느 것인가?

① 플라이휠(fly wheel)
② 드럼 브레이크(drum brake)
③ 블록 브레이크(block brake)
④ 래칫 휠(rachet wheel)

해설 래칫 휠 : 휠의 주위에 특별한 형태의 이를 가지며, 이것에 스토퍼를 물려 축의 역회전을 막기도 하고 간헐적으로 축을 회전시키기도 한다.

32. 드럼의 지름이 500 mm인 브레이크 드럼축에 98.1 N·m의 토크가 작용하고 있는 블록 브레이크에서 블록을 브레이크 바퀴에 밀어 붙이는 힘은 약 몇 kN인가? (단, 접촉부의 마찰계수는 0.2이다.)

① 0.54
② 0.98
③ 1.51
④ 1.96

해설 $P = \dfrac{2T}{\mu D} = \dfrac{2 \times (98.1 \times 1000)}{0.2 \times 500}$
$= 1962\,\text{N} ≒ 1.96\,\text{kN}$

33. 잇수 32, 피치 12.7 mm, 회전수 500 rpm의 스프로킷 휠에 50번 롤러 체인을 사용하였을 경우 전달 동력은 약 몇 kW인가? (단, 50번 롤러 체인의 파단 하중은 22.10 kN, 안전율은 15이다.)

① 7.8
② 6.4
③ 5.6
④ 5.0

해설 $v = \dfrac{p Z_1 N_1}{60 \times 1000} = \dfrac{12.7 \times 32 \times 500}{60 \times 1000}$
$≒ 3.39\,\text{m/s}$
$H = Fv = 22.10 \times 3.39 ≒ 74.92\,\text{kW}$
$\therefore H_a = \dfrac{H}{S} = \dfrac{74.92}{15} ≒ 5.0\,\text{kW}$

34. 하중 3kN이 걸리는 압축 코일 스프링의 변형량이 10 mm라고 할 때 스프링 상수는 몇 N/mm인가?

① 300
② $\dfrac{1}{300}$
③ 100
④ $\dfrac{1}{100}$

해설 $k = \dfrac{W}{\delta} = \dfrac{3000}{10} = 300\,\text{N/mm}$

35. 잇수는 54이고, 바깥지름은 280 mm인 표준 스퍼 기어에서 원주 피치는 약 몇 mm인가?

① 15.7
② 31.4
③ 62.8
④ 125.6

해설 $D_0 = m(Z+2)$
$280 = m(54+2),\ m = 5$
$\therefore P = \pi m = \pi \times 5 ≒ 15.7\,\text{mm}$

36. 다음 중 조립 지그 설계 시 고려사항이 아닌 것은?

① 조립 정밀도
② 위치 결정의 적정 여부
③ 공작물의 장착과 탈착
④ 가공할 부품의 수량

정답 31. ④ 32. ④ 33. ④ 34. ① 35. ① 36. ④

해설 조립 지그 설계상 고려사항(①, ②, ③ 외)
- 작업의 자세
- 조작장치(각종 핸들, 벨브, 스위치)의 위치
- 작업력, 조작력, 안정성

37. 치공구의 3요소가 아닌 것은?

① 위치 결정면
② 위치 결정구
③ 클램프
④ 공작물

해설 치공구의 3요소
- 위치 결정면 : 공작물의 이동 방지를 위해 위치를 결정하는 면으로, 밑면이 기준이 된다.
- 위치 결정구 : 공작물의 회전 방지를 위한 위치 및 자세로, 측면 및 구멍에 해당된다.
- 클램프 : 공작물의 변형 없이 초기상태로 고정되어야 하며, 위치 결정면의 반대쪽에 클램프가 설치되어야 한다.

38. 다품종 소량 생산에서 생산성을 높이기 위해 개발된 고정구(fixture)는?

① vise-jaw fixture
② multistatiion fixture
③ modular flexible jig & fixture
④ profiling fixture

해설 모듈러 고정구
- 품종이 다양하고 소량 생산에 적합하도록 고안된 고정구이다.
- 제품의 정밀도를 개선하여 생산성 향상에 상당히 효과적인 수단으로 이용된다.

39. 치공구를 사용하는 목적으로 거리가 먼 것은?

① 제품의 균일화에 의해 검사 업무를 간소화 할 수 있다.

② 가공 정밀도 향상으로 불량품을 방지한다.
③ 생산성 향상으로 리드 타임을 증가시킬 수 있다.
④ 작업의 숙련도 요구를 감소시킬 수 있다.

해설 치공구를 사용하면 생산성 향상으로 리드 타임을 단축시킬 수 있다.

40. 칩 배출이 가장 용이한 지그는?

① 바깥지름 지그(diameter Jig)
② 개방 지그(open Jig)
③ 리프 지그(leaf Jig)
④ 상자형 지그(box Jig)

해설
- 리프 지그 : 소형 공작물에 적합하며, 탈착이 용이하고 한 번의 장착으로 여러 면의 가공이 가능하다.
- 상자형 지그 : 공작물의 위치 결정이 정밀하고, 견고하게 클램핑 할 수 있는 장점이 있다.

3과목 기계재료 및 측정

41. 7:3 황동에 Sn을 1% 첨가한 것으로 전연성이 우수하여 관 또는 판을 만들어 증발기와 열교환기 등에 사용하는 것은?

① 애드미럴티 황동
② 네이벌 황동
③ 알루미늄 황동
④ 망간 황동

해설
- 네이벌 황동 : 6-4 황동에 Sn 1%를 첨가한 황동이다.
- 알루미늄 황동 : 22% Zn, 1.5~2% Al를 첨가한 황동으로 알부락이라 한다.

42. 18-8형 스테인리스강의 특징에 대한 설명으로 틀린 것은?

① 합금 성분은 Fe를 기반으로 Cr 18%, Ni 8%이다.
② 비자성체이다.
③ 오스테나이트계이다.
④ 탄소를 다량 첨가하면 피팅 부식을 방지할 수 있다.

해설 18-8(18% Cr, 8% Ni) 스테인리스강
• 오스테나이트계이며 담금질이 되지 않는다.
• 연성이 크고 비자성체이며 13Cr보다 내식성, 내열성이 우수하다.

43. 주철을 파면에 따라 분류할 때 해당되지 않는 것은?

① 회주철   ② 가단주철
③ 반주철   ④ 백주철

해설 주철은 파면에 따라 회주철, 백주철 및 반주철로 분류한다.

44. 다음 중 열처리에서 풀림의 목적과 가장 거리가 먼 것은?

① 조직의 균질화
② 냉간 가공성 향상
③ 재질의 경화
④ 잔류 응력 제거

해설 풀림은 재질을 연하게 하며, 재질을 경화시키기 위해서는 담금질을 한다.

45. 열가소성 재료의 유동성을 측정하는 시험 방법은?

① 뉴턴 인덱스법
② 멜트 인덱스법
③ 캐스팅 인덱스법
④ 샤르피 시험법

해설 멜트 인덱스법 : 재료의 유동성을 측정하여 플라스틱 고분자 수지의 사출 성형성을 검토한다.

46. 다공질 재료에 윤활유를 흡수시켜 계속해서 급유하지 않아도 되는 베어링 합금은?

① 켈밋
② 루기메탈
③ 오일라이트
④ 하이드로날륨

해설 • 켈밋 : Cu+Pb 30~40%로 고속 고하중 베어링에 사용한다.
• 하이드로날륨 : 바닷물에 부식되지 않도록 개량된 Al-Mg계(Mg 12% 이하) 합금이다. 주로 판, 봉, 관 등으로 사용한다.

47. 다음 중 소결 경질 합금이 아닌 것은?

① 위디아(widia)
② 텅갈로이(tungalloy)
③ 카볼로이(carboloy)
④ 코비탈륨(cobitalium)

해설 코비탈륨은 내열용 알루미늄 합금이다.

48. Fe에 Ni 42~48%가 합금화된 재료로, 전등의 백금선에 사용되는 것은?

① 콘스탄탄
② 백동
③ 모넬메탈
④ 플래티나이트

해설 플래티나이트 : Ni 42~46%, Cr 18%의 Fe-Ni-Co 합금으로 전구, 진공관 도선용으로 사용한다.

정답 42. ④ 43. ② 44. ③ 45. ② 46. ③ 47. ④ 48. ④

49. 절삭유의 사용 목적이 아닌 것은?

① 공작물 냉각
② 구성 인선 발생 방지
③ 절삭열에 의한 정밀도 저하
④ 절삭 공구의 날끝의 온도 상승 방지

해설 절삭유를 사용하면 일감의 열팽창 방지로 가공물의 치수 정밀도가 좋아진다.

50. 다음 연삭숫돌의 규격 표시에서 'L'이 의미하는 것은?

```
WA  60  L  m  V
```

① 입도
② 조직
③ 결합제
④ 결합도

해설 • WA : 숫돌 입자
• 60 : 입도
• L : 결합도
• m : 조직
• V : 결합제

51. 배럴 가공 중 가공물의 치수 정밀도를 높이고, 녹이나 스케일 제거 역할을 하기 위해 혼합되는 것은?

① 강구
② 맨드릴
③ 방진구
④ 미디어

해설 배럴 가공 : 가공물 표면의 요철을 제거하기 위한 상자 속에 공작물과 미디어, 콤파운드, 공작액을 넣고 회전과 진동을 주어 표면을 다듬질하는 가공법이다.

52. 구성 인선에 대한 설명으로 틀린 것은?

① 치핑 현상을 막는다.
② 가공 정밀도를 나쁘게 한다.

③ 가공면의 표면 거칠기를 나쁘게 한다.
④ 절삭 공구의 마모를 크게 한다.

해설 구성 인선은 날끝 마모가 크기 때문에 공구의 수명을 단축한다.

53. GC 60 K m V 1호이며 바깥지름이 300 mm인 연삭숫돌을 사용한 연삭기의 회전수가 1700 rpm이라면 숫돌의 원주 속도는 약 몇 m/min인가?

① 102
② 135
③ 1602
④ 1725

해설 원주 속도 $= \dfrac{\pi D N}{1000} = \dfrac{\pi \times 300 \times 1700}{1000}$
$\fallingdotseq 1602\,m/min$

54. 게이지 블록을 취급할 때 주의사항으로 적절하지 않은 것은?

① 목재 작업대나 가죽 위에서 사용할 것
② 먼지가 적고 습한 실내에서 사용할 것
③ 측정면은 깨끗한 천이나 가죽으로 잘 닦을 것
④ 녹이나 돌기의 해를 막기 위하여 사용한 뒤에는 잘 닦아 방청유를 칠해 둘 것

해설 게이지 블록 : 먼지가 적고 습기가 적은 실내에서 사용하며, 사용 후 잘 닦아 방청유를 칠해 둔다.

55. 다음 중 선반 작업에서의 안전사항으로 틀린 것은?

① 칩(chip)은 손으로 제거하지 않는다.
② 공구는 항상 정리정돈하며 사용한다.
③ 절삭 중 측정기로 바깥지름을 측정한다.
④ 측정, 속도 변환 등은 반드시 기계를 정지한 후에 한다.

정답 49. ③ 50. ④ 51. ④ 52. ① 53. ③ 54. ② 55. ③

해설 절삭 중이나 회전 중에는 공작물을 측정하지 않는다.

56. 진직도를 수치화할 수 있는 측정기가 아닌 것은?

① 수준기
② 광선 정반
③ 3차원 측정기
④ 레이저 측정기

해설 광선 정반
- 빛을 투과시키면 측정면과 광선 정반 간의 접촉상태, 즉 틈새에 의해 무늬가 다르게 나타난다.
- 면의 평면도, 평행도 등을 검사하는 데 사용된다.

57. 게이지 블록 등 측정기의 측정면과 정밀 기계 부품, 광학 렌즈 등의 마무리 다듬질 가공 방법으로 가장 적절한 것은?

① 연삭 　　　　② 래핑
③ 호닝 　　　　④ 밀링

해설 래핑
- 랩과 일감 사이에 랩제를 넣어 서로 누르고 비비면서 마모시켜 표면을 다듬는 방법이다.
- 게이지 블록의 측정면이나 광학 렌즈 등의 다듬질용으로 쓰인다.

58. 전해 연삭의 특징이 아닌 것은?

① 가공면은 광택이 나지 않는다.
② 기계적인 연삭보다 정밀도가 높다.
③ 가공물의 종류나 경도에 관계없이 능률이 좋다.
④ 복잡한 형상의 가공물을 변형 없이 가공할 수 있다.

해설 전해 연삭은 기계 연삭보다 정밀도가 낮다.

59. 공작기계의 종류 중 테이블의 수평 길이 방향 왕복 운동과 공구는 테이블의 가로 방향으로 이송하며, 대형 공작물의 평면 작업에 주로 사용하는 것은?

① 코어 보링 머신
② 플레이너
③ 드릴링 머신
④ 브로칭 머신

해설 플레이너는 대형 일감을 테이블 위에 고정시키고 수평 왕복 운동을 하며, 바이트는 일감의 운동 방향과 직각 방향으로 단속적으로 이송한다.

60. 리드 스크루가 1인치당 6산의 선반으로 1인치에 대해 $5\frac{1}{2}$산의 나사를 깎으려고 할 때, 변환 기어값은? (단, 주동측 기어 : A, 종동측 기어 : C이다.)

① A : 127, C : 110
② A : 130, C : 110
③ A : 110, C :127
④ A : 120, C : 110

해설 $\dfrac{T}{t}=\dfrac{A}{C}=\dfrac{6}{5\frac{1}{2}}=\dfrac{6\times20}{5\frac{1}{2}\times20}=\dfrac{120}{110}$

제3회 CBT 대비 실전문제

1과목 **기계 제도**

1. 스퍼 기어의 도시 방법에 관한 설명으로 옳은 것은?

① 잇봉우리원은 가는 실선으로 표시한다.
② 피치원은 가는 2점 쇄선으로 표시한다.
③ 이골원은 가는 1점 쇄선으로 그린다.
④ 축에 직각인 방향에서 본 그림을 단면으로 도시할 때는 이골의 선을 굵은 실선으로 그린다.

해설 스퍼 기어의 도시 방법
• 잇봉우리원(이끝원)은 굵은 실선으로 표시한다.
• 피치원은 가는 1점 쇄선으로 표시한다.
• 이뿌리원(이골원)은 가는 실선으로 표시하며, 단면도로 그릴 때는 굵은 실선으로 표시한다.

2. ϕ100e7인 축에서 치수 공차가 0.035이고, 위 치수 허용차가 −0.072라면 최소 허용 치수는 얼마인가?

① 99.893
② 99.928
③ 99.965
④ 100.035

해설 • 아래 치수 허용차
  =위 치수 허용차−치수 공차
  =−0.072−0.035=−0.107
• 최소 허용 치수
  =기준 치수+아래 치수 허용차
  =100−0.107=99.893

3. 화살표 방향이 정면일 경우 입체도의 평면도로 가장 적합한 투상도는?

(정면)

4. 다음 중 주어진 평면도와 우측면도를 보고 누락된 정면도로 가장 적합한 것은?

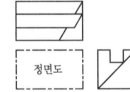

정면도

①   ②

③   ④

해설

5. 기하 공차를 나타내는 데 있어서 대상면의

정답 1.④ 2.① 3.② 4.④ 5.②

표면은 0.1 mm만큼 떨어진 두 개의 평행한 평면 사이에 있어야 한다는 것을 나타내는 것은?

① ⎿ ─ | 0.1 ⏌   ② ⎿ ▱ | 0.1 ⏌

③ ⎿ ⟋ | 0.1 ⏌   ④ ⎿ ⊥ | 0.1 | A ⏌

[해설] 평면도는 공차역만큼 떨어진 2개의 평행한 평면 사이에 끼인 영역으로, 단독 형체이므로 데이텀이 필요하지 않다.

6. 재료 기호가 'STD 10'으로 나타날 때 이 강재의 종류로 옳은 것은?

① 기계 구조용 합금강
② 탄소 공구강
③ 기계 구조용 탄소강
④ 합금 공구강

[해설] • 탄소 공구강 강재 : STC
• 기계 구조용 탄소 강재 : SM
• 합금 공구강 강재 : STS, STD, STF

7. 나사의 호칭 방법 'LM20×2-6H'의 설명으로 옳은 것은?

① 리드 3 mm
② 암나사 등급 6H
③ 왼쪽 감김 방향 2줄 나사
④ 나사산의 수 6개

[해설] 나사산의 감김 방향은 왼쪽, 1줄 나사, 나사의 호칭은 M20, 미터 가는 나사, 피치 2, 암나사 등급 6H이다.

8. 기계 도면을 용도에 따른 분류와 내용에 따른 분류로 구분할 때, 용도에 따른 분류에 속하지 않는 것은?

① 부품도   ② 제작도
③ 견적도   ④ 계획도

[해설] 기계 도면의 용도에 따른 분류
제작도, 설명도, 계획도, 견적도, 주문도, 승인도, 공정도

9. 다음 그림과 같은 정면도와 평면도에 가장 적합한 우측면도는?

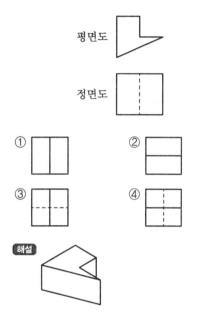

[해설]

10. 전동용 기계요소 중 표준 스퍼 기어와 헬리컬 기어 항목표에 모두 기입하는 것으로 옳은 것은?

① 리드
② 비틀림 방향
③ 비틀림각
④ 기준 랙 압력각

[해설] 리드, 비틀림 방향, 비틀림각은 헬리컬 기어 요목표에 기입한다.

11. 기계 제도의 투상도법에 대한 설명으로 옳은 것은?

① KS 규격은 제3각법만 사용한다.

② 제1각법은 물체와 눈 사이에 투상면이 있는 것이다.

③ 제3각법은 평면도가 정면도 위에, 우측면도가 정면도 오른쪽에 있다.

④ 동일한 부품을 각각 제1각법과 제3각법으로 도면을 작성할 경우 배면도의 투상도는 다르다.

해설 기계 제도의 투상도법

• KS 규격은 제1각법과 제3각법을 사용한다.

• 제1각법은 물체가 눈과 투상면 사이에 있다.

• 동일 부품을 각각 제1각법과 제3각법으로 도면을 작성할 경우 배면도의 투상도는 항상 동일하다.

12. 그림과 같은 제품을 굽힘 가공하기 위한 전개 길이는 약 몇 mm인가?

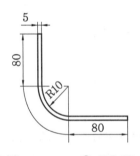

① 169.93 ② 179.63
③ 185.83 ④ 190.83

해설 $L = 80 + 80 + 2\pi \times \left(10 + \dfrac{5}{2}\right) \times \dfrac{90}{360}$

$\fallingdotseq 179.63\,\text{mm}$

13. 다음 그림이 나타내는 가공 방법은?

① 대상 면의 선반 가공

② 대상 면의 밀링 가공

③ 대상 면의 드릴링 가공

④ 대상 면의 브로칭 가공

해설 선반 : L , 밀링 : M, 드릴링 : D

14. 나사의 종류 중 ISO 규격에 있는 관용 테이퍼 나사에서 테이퍼 암나사를 표시하는 기호는?

① PT ② PS
③ Rp ④ Rc

해설 • PT : 관용 테이퍼 나사(ISO 규격에 없는 것)

• PS : 관용 평행 암나사(ISO 규격에 없는 것)

• Rp : 관용 평행 암나사(ISO 규격에 있는 것)

• Rc : 관용 테이퍼 암나사(ISO 규격에 있는 것)

15. 그림과 같은 도면에서 '가' 부분에 들어갈 가장 적절한 기하 공차 기호는?

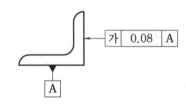

① // ② ⊥
③ □ ④ ⊕

해설 도면상에서 직각을 이루고 있는 형상이므로 데이텀 A를 기준으로 직각도 공차를 지시한다.

16. 다음의 원뿔을 전개했을 때 전개 각도 θ는 약 몇 도(°)인가? (단, 전개도의 치수 단위는 mm이다.)

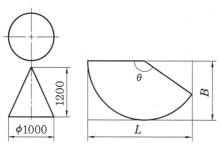

① 120° ② 128°
③ 138° ④ 150°

해설 $l=\sqrt{h^2+r^2}=\sqrt{1200^2+500^2}=1300$

$360° : \theta=2\pi l : 2\pi r$

$\theta \times 2\pi l=2\pi r \times 360°$

$\theta \times l=r \times 360°$

$\therefore \theta=\dfrac{r}{l} \times 360°=\dfrac{500}{1300} \times 360°$

$\qquad \fallingdotseq 138°$

17. 3차원 형상의 솔리드 모델링에서 B-rep과 비교하여 CSG(constructive solid geometry) 방식을 나타낸 것은?

① 입체의 표면적 계산이 비교적 용이하다.
② 3면도, 투시도, 전개도 작성이 용이하다.
③ 화면의 재생시간이 적게 소요된다.
④ 기본 입체 형상의 불(boolean) 연산에 의한 모델링이다.

해설 CSG 방식의 특징
• 데이터 구조가 단순하다.
• 불 연산의 합, 차, 적을 사용하여 명확한 모델 생성이 가능하다.
• 디스플레이 시간이 오래 걸린다.
• 3면도, 투시도, 전개도 작성 및 표면적 계산이 곤란하다.

18. CAD 시스템에서 점을 정의하기 위해 사용하는 좌표계가 아닌 것은?

① 직교 좌표계
② 원통 좌표계
③ 벡터 좌표계
④ 구면 좌표계

해설 좌표계의 종류에는 직교 좌표계, 극좌표계, 원통 좌표계, 구면 좌표계가 있다.

19. 그림과 같이 곡면 모델링 시스템에 의해 만들어진 곡면을 불러 들여 기존 모델의 평면을 바꿀 수 있는 모델링 기능은?

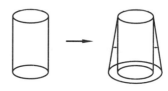

① 네스팅(nesting)
② 트위킹(tweaking)
③ 돌출하기(extruding)
④ 스트레칭(stretching)

해설 솔리드 모델링 기능 중에서 트위킹은 하위 구성 요소들을 수정하여 직접 조작하고 주어진 입체의 형상을 변화시켜 가면서 원하는 형상을 모델링하는 기능이다.

20. 이미 정의된 두 곡면을 매끄러운 곡선으로 필렛(fillet) 처리하여 연결하는 기능은?

① smoothing
② blending
③ remeshing
④ levelling

해설 블렌딩(blending) : 주어진 형상을 국부적으로 변화시키는 방법으로, 서로 만나는 모서리를 부드러운 곡면으로 연결되게 하는 곡면 처리를 말한다.

2과목 **기계요소 설계**

21. 블록 브레이크의 설명으로 틀린 것은?

① 큰 회전력의 전달에 알맞다.

② 마찰력을 이용한 제동장치이다.

③ 블록 수에 따라 단식과 복식으로 나뉜다.

④ 블록 브레이크는 회전장치와 제동장치에 사용된다.

해설 브레이크는 기계의 운동 부분의 에너지를 흡수하여 속도를 느리게 하거나 정지시키는 장치이다.

22. 표준 평기어를 측정하였더니 잇수 $Z=54$, 바깥지름 $D_0=280\,mm$이었다. 모듈 m, 원주 피치 p, 피치원 지름 D는 각각 얼마인가?

① $m=5$, $p=15.7\,mm$, $D=270\,mm$

② $m=7$, $p=31.4\,mm$, $D=270\,mm$

③ $m=5$, $p=15.7\,mm$, $D=350\,mm$

④ $m=7$, $p=31.4\,mm$, $D=350\,mm$

해설 $D_0=m(Z+2)$에서

• $m=\dfrac{D_0}{Z+2}=\dfrac{280}{54+2}=5$

• $p=\pi m=5\pi\fallingdotseq15.7\,mm$

• $D=mZ=5\times54=270\,mm$

23. 지름 50mm인 축에 보스의 길이 50mm인 기어를 붙이려고 할 때 250N·m의 토크가 작용한다. 키에 발생하는 압축 응력은 약 몇 MPa인가? (단, 키의 높이는 키 홈 깊이의 2배이며, 묻힘 키의 폭과 높이는 $b\times h$ $=15\,mm\times10\,mm$이다.)

① 30   ② 40

③ 50   ④ 60

해설 $h=2t$이므로 $t=\dfrac{h}{2}$

$$\sigma_c=\frac{W}{A}=\frac{W}{tl}=\frac{W}{\dfrac{h}{2}l}=\frac{2W}{hl}$$

$$W=\frac{2T}{d}$$이므로 $2W=\dfrac{4T}{d}$

$$\therefore\ \sigma_c=\frac{2W}{hl}=\frac{4T}{hld}=\frac{4\times250\times1000}{10\times50\times50}$$
$$=40\,MPa$$

24. 잇수가 20개인 스프로킷 휠이 롤러 체인을 통해 8kW의 동력을 받고 있다. 이 스프로킷 휠의 회전수는 약 몇 rpm인가? (단, 파단 하중은 22.1kN, 안전율은 15, 피치는 15.88mm이며, 부하보정계수는 고려하지 않는다.)

① 505   ② 1026

③ 1650   ④ 1868

해설 $H=\dfrac{Fv}{1000S}$, $v=\dfrac{1000HS}{F}$

여기서, F : 파단 하중, S : 안전율

v : 스프로킷 속도

$$\therefore\ v=\frac{1000HS}{F}=\frac{1000\times8\times15}{22.1\times10^3}$$
$$\fallingdotseq5.43\,m/s$$

$$v=\frac{pZN}{60\times1000}$$

여기서, p : 피치, Z : 잇수, N : 회전수

$$v=\frac{15.88\times20\times N}{60\times1000}=5.43$$

$$\therefore\ N=\frac{60\times1000\times5.43}{15.88\times20}\fallingdotseq1026\,rpm$$

25. 다음 중 베어링 설치 시 고려해야 하는 예압(preload)에 관한 설명으로 틀린 것은?

① 예압은 축의 흔들림을 적게 하고, 회전 정밀도를 향상시킨다.

② 베어링 내부 틈새를 줄이는 효과가 있다.

③ 예압량이 높을수록 예압 효과는 커지고, 베어링 수명에 유리하다.

④ 적절한 예압을 적용할 경우 베어링의 강성을 높일 수 있다.

해설 예압을 크게 하면 베어링 수명이 단축되고 베어링 온도가 상승한다.

26. 굽힘 모멘트만을 받는 중공축의 허용 굽힘 응력을 σ_b, 중공축의 바깥지름을 D, 여기에 작용하는 굽힘 모멘트가 M일 때, 중공축의 안지름 d를 구하는 식으로 옳은 것은?

① $d = \sqrt[4]{\dfrac{D(\pi\sigma_b D^3 - 16M)}{\pi\sigma_b}}$

② $d = \sqrt[4]{\dfrac{D(\pi\sigma_b D^3 - 32M)}{\pi\sigma_b}}$

③ $d = \sqrt[3]{\dfrac{\pi\sigma_b D^3 - 16M}{\pi\sigma_b}}$

④ $d = \sqrt[3]{\dfrac{\pi\sigma_b D^3 - 32M}{\pi\sigma_b}}$

27. 공기 스프링에 대한 설명으로 틀린 것은?

① 감쇠성이 작다.

② 스프링 상수 조절이 가능하다.

③ 종류로 벨로스식, 다이어프램식이 있다.

④ 주로 자동차 및 철도 차량용의 서스펜션(suspension) 등에 사용한다.

해설 공기 스프링은 감쇠 특성이 크므로 작은 진동을 흡수할 수 있다.

28. 50kN의 축 방향 하중과 비틀림이 동시에 작용하고 있을 때 가장 적절한 최소 크기의 체결용 미터 나사는? (단, 허용 인장 응력은 45N/mm²이고, 비틀림 전단 응력은 수직 응력의 1/3이다.)

① M36

② M42

③ M48

④ M56

해설 $d = \sqrt{\dfrac{8W}{3\sigma}} = \sqrt{\dfrac{8 \times 50 \times 1000}{3 \times 45}}$

$\fallingdotseq 54.43\,\text{mm}$

29. 변형률(strain, ε)에 관한 식으로 옳은 것은? (단, l : 재료의 원래 길이, λ : 줄거나 늘어난 길이, A : 단면적, σ : 작용 응력)

① $\varepsilon = \lambda \times l^2$

② $\varepsilon = \dfrac{\sigma}{l}$

③ $\varepsilon = \dfrac{\lambda}{A}$

④ $\varepsilon = \dfrac{\lambda}{l}$

해설 • 세로 변형률$(\varepsilon) = \dfrac{\lambda}{l} = \dfrac{l' - l}{l}$

• 가로 변형률$(\varepsilon') = \dfrac{\delta}{d} = \dfrac{\delta' - \delta}{d}$

30. 1줄 겹치기 리벳 이음에서 리벳의 개수는 3개, 리벳의 지름은 18mm, 작용 하중은 10kN일 때 리벳 하나에 작용하는 전단 응력은 약 몇 MPa인가?

① 6.8

② 13.1

③ 24.6

④ 32.5

해설 $P_s = \dfrac{\pi d^2}{4}\tau$이므로 $\tau = \dfrac{4P_s}{\pi d^2}$

$\tau = \dfrac{4P_s}{\pi d^2} = \dfrac{4 \times 10 \times 1000}{\pi \times 18^2}$

$\fallingdotseq 39.3\,\text{MPa}$

리벳의 개수가 3개이므로

리벳 1개에 작용하는 전단 응력 $= \dfrac{39.3}{3}$

$= 13.1\,\text{MPa}$

31. 단면 50mm × 50mm, 길이 100mm인 탄소 강재가 있다. 여기에 10kN의 인장

력을 길이 방향으로 주었을 때 0.4mm가 늘어났다면, 이때 변형률은?

① 0.0025   ② 0.004
③ 0.0125   ④ 0.025

해설 $\varepsilon' = \dfrac{\delta}{d} = \dfrac{0.4}{100} = 0.004$

32. 지름 4cm인 봉재에 인장 하중이 1000N으로 작용할 때 발생하는 인장 응력은 약 얼마인가?

① 127.3N/cm²   ② 105.3N/mm²
③ 80N/cm²   ④ 60N/mm²

해설 $\sigma = \dfrac{W}{A} = \dfrac{W}{\dfrac{\pi d^2}{4}} = \dfrac{1000}{\dfrac{\pi \times 4^2}{4}} \fallingdotseq 80\,N/cm^2$

33. 3000kgf의 수직 방향 하중이 작용하는 나사 잭을 설계할 때, 나사 잭 볼트의 바깥 지름은? (단, 허용 응력은 6kgf/mm², 골지름은 바깥지름의 0.8배이다.)

① 12mm   ② 32mm
③ 74mm   ④ 126mm

해설 $d = \sqrt{\dfrac{2W}{\sigma_t}} = \sqrt{\dfrac{2 \times 3000}{6}} \fallingdotseq 32\,mm$

34. 맞물린 한 쌍의 인벌류트 기어에서 피치 원의 공통 접선과 맞물리는 부위에 힘이 작용하는 작용선이 이루는 각도를 무엇이라고 하는가?

① 중심각   ② 접선각
③ 전위각   ④ 압력각

해설 압력각 : 기어 잇면의 한 점에서 그 반지름과 치형의 접선이 이루는 각을 말한다.

35. 원형 봉에 비틀림 모멘트를 가할 때 비틀림 변형이 생기는데, 이때 나타나는 탄성을 이용한 스프링은?

① 토션 바
② 벌류트 스프링
③ 와이어 스프링
④ 비틀림 코일 스프링

해설 코일 스프링은 축 방향으로 늘어났다가 회복되는 성질을 이용하고, 토션 바는 비틀렸다가 다시 회복되는 성질을 이용한다.

36. 치공구 설계의 기본 원칙에 해당되지 않는 것은?

① 치공구의 제작비와 손익 분기점을 고려할 것
② 손으로 조작하는 치공구는 충분한 강도를 가지면서 가볍게 설계할 것
③ 클램핑 요소에서는 되도록 스패너, 핀, 쐐기, 해머와 같이 여러 가지 부품을 같이 사용할 수 있도록 설계할 것
④ 정밀도가 요구되지 않거나 조립이 되지 않는 불필요한 부분에 대해서는 기계가공 작업은 하지 않을 것

해설 클램핑 기구는 조작이 간편하고 신속한 동작이 이루어져야 하는 일반적인 사항을 만족해야 한다.

37. 나사 클램프의 설명이다. 틀린 것은?

① 클램핑 기구로 광범위하게 많이 사용된다.
② 설계가 간단하고 제작비가 저렴하다.
③ 리드각이 큰 나사를 사용하면 급속 클램핑이 되어 잘 풀리지 않는다.
④ 클램핑 동작이 느리다.

해설 리드각이 큰 나사를 사용하면 급속 클램핑이 되어 나사가 풀리기 쉽다.

정답 32. ③ 33. ② 34. ④ 35. ① 36. ③ 37. ③

38. 다음 그림에서 V홈 밀링 작업을 하기 위해 위치 결정구로 적합한 것은?

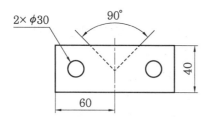

① V형 패드와 다웰 핀
② 조절 위치 결정구와 네스트
③ 다이아몬드 핀과 원형 핀
④ 조정 패드와 다웰 핀

해설 다이아몬드 핀은 단면이 마름모꼴이며 구멍에 헐거운 끼워맞춤으로 설치되기 때문에 가공물의 착탈이 쉬워 위치 결정 기구에 많이 사용된다.

39. 형판 지그에 대한 설명 중 틀린 것은?

① 생산에 유리하며 간단한 형태이다.
② 레이아웃을 보장하기 위해 사용한다.
③ 대량 생산에 적합하다.
④ 일반적으로 고정시켜 사용한다.

해설 형판 지그는 부시나 클램프 없이 핀이나 네스트에 의해 고정하여 사용한다.

40. 공작물이 주로 대형이거나 불규칙할 경우 사용되며, 공작물을 분할해가며 가공하게 되는 지그로서 로터리 지그라고도 하는 것은?

① 템플레이트 지그
② 리프 지그
③ 트러니언 지그
④ 텀블 지그

해설 트러니언(trunnion) 지그 : 공작물을 일정한 각도로 분할해 가며 가공하는 지그로, 대형 공작물이나 불규칙한 형상 가공 시 주로 사용한다.

3과목 **기계재료 및 측정**

41. 분말 야금에 의해 제조된 소결 베어링 합금으로 급유하기 어려운 경우 사용하는 것은?

① Y합금
② 켈밋
③ 화이트 메탈
④ 오일리스 베어링

해설 오일리스 베어링
• Cu+Sn+흑연 분말을 가압·성형하여 700~750℃의 수소 기류 중에서 소결하여 만든다.
• 급유가 곤란한 곳에 사용하지만 큰 하중, 고속 회전부에는 부적합하다.

42. 다음 중 황동에 납을 1.5~3.7%까지 첨가한 합금은?

① 강력 황동   ② 쾌삭 황동
③ 배빗 메탈   ④ 델타 메탈

해설 • 강력 황동 : 4-6 황동에 Mn, Al, Fe, Ni, Sn 등을 첨가하여 한층 강력하게 한 황동이다.
• 배빗 메탈 : Sn-Sb-Cu계 합금으로 Sb, Cu가 증가하면 경도, 인장 강도가 증가한다.
• 델타 메탈 : 4-6 황동에 Fe을 1~2% 첨가하여 강도가 크고 내식성이 좋다.

43. 양은 또는 양백은 어떤 합금계인가?

① Fe-Ni-Mn계 합금
② Ni-Cu-Zn계 합금
③ Fe-Ni계 합금
④ Ni-Cr계 합금

해설 양은 : 7-3 황동(Cu-Zn)에 Ni 15~20%를 첨가한 것으로 양백, 백동, 니켈, 청동, 은 대용품으로 사용되며, 주조·단조가 가능하다.

44. 합금강을 제조하는 목적으로 적합하지 않은 것은?

① 내식성을 증대시키기 위하여
② 단접 및 용접성 향상을 위하여
③ 결정 입자의 크기를 성장시키기 위하여
④ 고온에서의 기계적 성질 저하를 방지하기 위하여

> **해설** 결정 입자의 크기가 성장하면 강도 및 경도가 낮아지므로 전체적으로 기계적 성질이 저하된다.

45. 수지 중 비결정성 수지에 해당하는 것은?

① ABS 수지
② 폴리에틸렌 수지
③ 나일론 수지
④ 폴리프로필렌 수지

> **해설** • 결정성 수지 : PE, PP, PA, POM
> • 비결정성 수지 : PS, AS, ABS, PMMA, PC, PVC, CA

46. 일반적으로 탄소강의 청열 취성이 나타나는 온도(℃)는?

① 50~150   ② 200~300
③ 400~500   ④ 600~700

> **해설** 청열 취성 : 강이 200~300℃로 가열되면 경도, 강도가 최대로 되고 연신율, 단면 수축은 줄어들어 메지게 되는 것으로, 표면에 청색의 산화 피막이 생성된다.

47. 탄소강에 대한 설명 중 틀린 것은?

① 인은 상온 취성의 원인이 된다.
② 탄소의 함유량이 증가함에 따라 연신율이 감소한다.
③ 황은 적열 취성의 원인이 된다.
④ 산소는 백점이나 헤어 크랙의 원인이 된다.

> **해설** 수소(H_2)는 헤어 크랙(백점)의 원인이 되고, 산소(O_2)는 적열 메짐의 원인이 된다.

48. 심랭 처리의 효과가 아닌 것은?

① 재질의 연화
② 내마모성 향상
③ 치수의 안정화
④ 담금질한 강의 경도 균일화

> **해설** 심랭 처리의 효과
> • 기계적 성질 개선
> • 형상 및 치수 변형 방지
> • 조직 안정화
> • 게이지강의 자연 시효 및 경도 증대

49. 다음 중 공작기계의 3대 기본 운동이 아닌 것은?

① 절단 운동
② 절삭 운동
③ 이송 운동
④ 위치 조정 운동

> **해설** 공작기계의 3대 기본 운동
> • 절삭 운동 : 절삭 시 칩의 길이 방향으로 절삭 공구가 움직이는 운동
> • 이송 운동 : 공작물과 절삭 공구가 절삭 방향으로 이송되는 운동
> • 위치 조정 운동 : 공구와 공작물 간의 절삭 조건에 따라 절삭 깊이 조정 및 일감, 공구를 설치 및 제거하는 운동

50. 숫돌 입자의 크기를 표시하는 단위는?

① mm   ② cm
③ mesh   ④ inch

> **해설** 입도
> • 입자의 크기를 메시 번호(#)로 나타낸 것으로, 입도의 범위는 #10~3000번이다.
> • 번호가 커지면 입도는 고와진다.

정답   44. ③   45. ①   46. ②   47. ④   48. ①   49. ①   50. ③

51. 보링 머신에서 사용되는 공구는?

① 엔드밀　　　　② 정면 커터
③ 아버　　　　　④ 바이트

> **해설** • 엔드밀과 정면 커터는 밀링 머신에서
> 사용하는 절삭 공구이다.
> • 아버는 밀링 머신의 부속장치이다.

52. 길이 400mm, 지름 50mm의 둥근 일감을 절삭 속도 100m/min으로 1회 선삭하려면 절삭 시간은 약 몇 분 걸리겠는가? (단, 이송은 0.1mm/rev이다.)

① 2.7　　　　　② 4.4
③ 6.3　　　　　④ 9.2

> **해설** $n = \dfrac{1000V}{\pi D} = \dfrac{1000 \times 100}{\pi \times 50}$
> $\fallingdotseq 637\text{rpm}$
> $\therefore T = \dfrac{L}{nf} \times i = \dfrac{400}{637 \times 0.1} \times 1 \fallingdotseq 6.3\text{분}$

53. 연삭숫돌의 결합제(bond)와 표시 기호의 연결이 바른 것은?

① 셀락 : E
② 레지노이드 : R
③ 고무 : B
④ 비트리파이드 : F

> **해설** 결합제의 표시 기호
> • 비트리파이드 : V　　• 실리케이트 : S
> • 고무(러버) : R　　　• 레지노이드 : B
> • 셀락 : E　　　　　　• 메탈 : M

54. 기어 절삭기에서 창성법으로 치형을 가공하는 공구가 아닌 것은?

① 호브(hob)
② 브로치(broach)
③ 랙 커터(rack cutter)
④ 피니언 커터(pinion cutter)

> **해설** 창성법 : 기어 소재와 절삭 공구가 서로 맞물려 돌아가며 기어 형상을 만드는 방법이다. 브로치를 사용하여 내면 기어를 가공할 수 있지만 창성법은 아니다.

55. 밀링 가공에서 하향 절삭 작업에 관한 설명으로 틀린 것은?

① 절삭력이 하향으로 작용하여 가공물 고정이 유리하다.
② 상향 절삭보다 공구 수명이 길다.
③ 백래시 제거장치가 필요하다.
④ 기계 강성이 낮아도 무방하다.

> **해설** 상향 절삭과 하향 절삭

상향 절삭	하향 절삭
• 백래시 제거 불필요	• 백래시 제거 필요
• 공작물 고정이 불리	• 공작물 고정이 유리
• 공구 수명이 짧다.	• 공구 수명이 길다.
• 소비 동력이 크다.	• 소비 동력이 작다.
• 가공면이 거칠다.	• 가공면이 깨끗하다.
• 기계 강성이 낮아도 된다.	• 기계 강성이 높아야 한다.

56. 공기 마이크로미터를 원리에 따라 분류할 때 이에 속하지 않는 것은?

① 광학식　　　　② 배압식
③ 유량식　　　　④ 유속식

> **해설** 공기 마이크로미터를 그 원리에 따라 분류하면 유량식, 배압식, 유속식, 진공식이 있다.

57. 공기 마이크로미터에 대한 설명으로 틀린 것은?

① 압축 공기원이 필요하다.
② 비교 측정기로서 1개의 마스터로 측정이 가능하다.

③ 타원, 테이퍼, 편심 등의 측정을 간단히 할 수 있다.

④ 확대 기구에 기계적 요소가 없기 때문에 장시간 고정도를 유지할 수 있다.

해설 공기 마이크로미터

• 보통 측정기로는 측정이 불가능한 미소한 변화를 측정할 수 있다.

• 일정압의 공기가 2개의 노즐을 통과해서 대기 중으로 흘러 나갈 때 유출부의 작은 틈새 변화에 따라 나타나는 지시압의 변화에 의해 비교 측정이 된다.

• 2개의 마스터(큰 치수, 작은 치수)를 필요로 한다.

58. 다음 중 밀링 작업에 대한 안전사항으로 틀린 것은?

① 가동 전에 각종 레버, 자동 이송, 급속 이송장치 등을 반드시 점검한다.

② 정면 커터로 절삭 작업을 할 때 칩 커버를 벗겨 놓는다.

③ 주축 속도를 변속시킬 때는 반드시 주축이 정지한 후에 변환한다.

④ 밀링으로 절삭한 칩은 날카로우므로 주의하여 청소한다.

해설 정면 커터로 절삭 작업을 할 때 칩이 비산되므로 커버를 덮어 놓고 안전하게 한다.

59. 금긋기 작업을 할 때 유의사항으로 틀린 것은?

① 선은 가늘고 선명하게 한번에 그어야 한다.

② 금긋기 선은 여러 번 그어 혼동이 일어나지 않도록 한다.

③ 기준면과 기준선을 설정하고 금긋기 순서를 결정해야 한다.

④ 같은 치수의 금긋기 선은 전후, 좌우를 구분하지 않고 한번에 긋는다.

해설 금긋기 작업을 할 때 선은 가늘고 선명하게 한번에 그어야 한다.

60. 해머 작업 시 유의사항으로 틀린 것은?

① 녹이 있는 재료를 가공할 때는 보안경을 착용한다.

② 처음에는 큰 힘을 주면서 가공한다.

③ 기름이 묻은 손이나 장갑을 끼고 가공을 하지 않는다.

④ 자루가 불안정한 해머는 사용하지 않는다.

해설 처음에는 큰 힘을 주어 작업하지 않고 서서히 때려 가며 작업한다.

1. M20 3줄 나사에서 피치가 1.5이면 리드 (lead)는 몇 mm인가?

① 1.5　　　　　② 2.5

③ 3.5　　　　　④ 4.5

> **해설** $l = np = 3 \times 1.5 = 4.5$ mm

2. 기어 제도에서 선의 사용법으로 틀린 것은?

① 피치원은 가는 1점 쇄선으로 표시한다.

② 축에 직각인 방향에서 본 그림을 단면도로 도시할 때는 이골(이뿌리)의 선은 굵은 실선으로 표시한다.

③ 잇봉우리원(이끝원)은 가는 실선으로 표시한다.

④ 내접 헬리컬 기어의 잇줄 방향은 3개의 가는 실선으로 표시한다. 이끝원은 굵은 실선으로 표시한다.

> **해설** 잇봉우리원(이끝원)은 굵은 실선으로 표시한다.

3. 기하 공차의 종류에서 위치 공차에 해당되지 않는 것은?

① 동축도 공차

② 위치도 공차

③ 평면도 공차

④ 대칭도 공차

> **해설** 모양 공차에는 진직도, 평면도, 진원도, 원통도, 선의 윤곽도, 면의 윤곽도가 있다.

4. 다음 그림에서 지시선에 기입된 12× φ7드릴과 2× φ3드릴은 무엇을 뜻하는가?

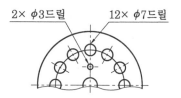

① 지름 7mm의 구멍 12개와 지름 3mm의 구멍 2개를 각각 드릴로 뚫는다.

② 지름 12mm의 구멍 7개와 지름 2mm의 구멍 3개를 각각 드릴로 뚫는다.

③ 지름 12mm, 깊이 7mm의 구멍과 지름 2mm, 깊이 3mm의 구멍을 각각 1개씩 뚫는다.

④ 지름 12mm의 구멍을 7mm 간격으로, 지름 2mm의 구멍을 수평 중심선을 대칭으로 하여 3mm 간격으로 뚫는다.

> **해설** • 12× φ7드릴 : 지름 7mm, 구멍 12개
> • 2× φ3드릴 : 지름 3mm, 구멍 2개

5. 가공 방법의 약호 중에서 다듬질 가공인 스크레이핑 가공은?

① FS　　　　　② FSU

③ CS　　　　　④ FSD

> **해설** • FS : 스크레이핑
> • CS : 사형 주조

6. 선의 용도가 기술, 기호 등을 표시하기 위해 끌어내는 데 사용하는 선의 명칭은?

① 기준선　　　　② 가상선

③ 지시선　　　　④ 절단선

해설 지시선 : 기술, 기호 등을 나타내기 위해 끌어내는 데 사용하며, 가는 실선으로 나타낸다.

7. 보기에서 화살표 방향에서 본 투상을 정면으로 할 경우 우측면도로 옳은 것은?

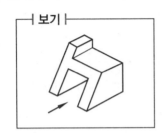

8. 기하 공차 중 단독 형체에 관한 것들로만 짝지어진 것은?

① 진직도, 평면도, 경사도
② 진직도, 동축도, 대칭도
③ 평면도, 진원도, 원통도
④ 진직도, 동축도, 경사도

해설 단독 형체 : 진직도, 평면도, 진원도, 원통도 등으로 데이텀이 필요하지 않은 것이다.

9. 그림과 같이 표시된 기호에서 Ⓜ은 무엇을 나타내는가?

⟨⊕ | 0.01 | AⓂ⟩

① A의 원통 정도를 나타낸다.
② 기계 가공을 나타낸다.

③ 최대 실체 공차 방식을 나타낸다.
④ A의 위치를 나타낸다.

해설 Ⓜ : 최대 실체 공차 방식으로, 해당 부분의 실체가 최대 질량을 가질 수 있도록 치수를 정하라는 의미이다.

10. 구멍에 끼워맞추기 위한 구멍, 볼트, 리벳이 기호 표시에서 구멍 가까운 면에 카운터 싱크가 있고, 현장에서 드릴 가공 및 끼워맞춤에 해당하는 것은?

① ②

③ ④

해설 카운터 싱크 방향으로 ∨ 표시를 하고, 드릴 가공 및 끼워맞춤이 2번이므로 현장 용접 기호인 깃발 2개를 표시한다.

11. 다음 중 "SPP"로 나타내는 재질의 명칭은 어느 것인가?

① 일반 구조용 탄소 강관
② 냉간 압연 강재
③ 일반 배관용 탄소 강관
④ 보일러용 압연 강재

해설 • 일반 구조용 탄소 강관 : ST
• 냉간 압연 강판 및 강재 : SPC
• 보일러용 압연 강재 : SB

12. 제3각법으로 투상한 다음 도면에 가장 적합한 입체도는?

13. 보기와 같이 지시된 표면의 결 기호의 해독으로 올바른 것은?

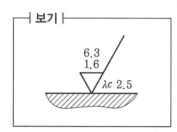

① 제거 가공 여부를 문제 삼지 않는 경우이다.
② 최대 높이 거칠기의 하한값은 6.3μm이다.
③ 기준 길이는 1.6μm이다.
④ 2.5는 컷오프값이다.

> **해설** • 제거 가공을 필요로 하는 가공면으로 가공 흔적이 거의 없는 중간 또는 정밀 다듬질이다.
> • 가공면의 하한값은 1.6μm, 상한값은 6.3μm, 컷오프값은 2.5이다.

14. Tr 40×7−6H로 표시된 나사의 설명 중 틀린 것은?

① Tr : 미터 사다리꼴나사
② 40 : 나사의 호칭 지름
③ 7 : 나사산의 수
④ 6H : 나사의 등급

> **해설** • 7 : 피치
> • 6H : 암나사 등급

15. h6 공차인 축에 중간 끼워맞춤이 적용되는 구멍의 공차는?

① R7
② K7
③ G7
④ F7

> **해설** 축 기준식 끼워맞춤

기준축	헐거운 끼워맞춤			중간 끼워맞춤			억지 끼워맞춤		
h6	F6	G6	H6	JS6	K6	M6	N6	P6	
	F7	G7	H7	JS7	K7	M7	N7	P7	R7

16. 체인 스프로킷 휠의 피치원 지름을 나타내는 선의 종류는?

① 가는 실선
② 가는 1점 쇄선
③ 가는 2점 쇄선
④ 굵은 1점 쇄선

> **해설** 기어 및 스프로킷 휠의 피치원 지름은 가는 1점 쇄선으로 나타낸다.

17. 형상 모델링 방법 중 솔리드 모델링(solid modeling)의 특징이 잘못 설명된 것은?

① 은선 제거가 가능하다.
② 단면도 작성이 어렵다.
③ 불(boolean) 연산에 의해 복잡한 형상도 표현할 수 있다.
④ 명암, 컬러 및 회전, 이동 등의 기능을 이용하여 사용자가 명확히 물체를 파악할 수 있다.

> **해설** 솔리드 모델링
> • 단면도 작성 및 은선 제거가 가능하다.
> • 불 연산에 의해 복잡하고 정확한 형상 표현이 가능하다.
> • 명암, 컬러 및 회전, 이동 등의 기능을 이용하여 사용자가 명확히 물체를 파악할 수 있다.

18. 모든 유형의 곡선(직선, 스플라인, 원호 등) 사이를 경사지게 자른 코너를 말하는 것으로, 각진 모서리나 꼭짓점을 경사 있게 깎아 내리는 작업은?

① hatch
② fillet
③ rounding
④ chamfer

[해설] • fillet : 모서리나 꼭짓점을 둥글게 깎는 작업
• chamfer : 모서리나 꼭짓점을 경사지게 평면으로 깎아내리는 작업
• rounding : 모서리 부분을 둥글게 처리하는 작업

19. 솔리드 모델링에서 CSG와 비교한 B-rep의 특징으로 옳은 것은?

① 표면적 계산이 곤란하다.
② 복잡한 topology 구조를 가지고 있다.
③ data base의 memory를 적게 차지한다.
④ primitive를 이용하여 직접 형상을 구성한다.

[해설] B-rep : 형상을 구성하고 있는 면과 면 사이의 위상 기하학적인 결합 관계를 정의함으로써 3차원 물체를 표현하는 방법으로, 복잡한 topology 구조를 가지고 있다.

20. 제시된 단면 곡선을 안내 곡선에 따라 이동하면서 생기는 궤적을 나타낸 곡면은?

① 룰드 곡면
② 스윕 곡면
③ 보간 곡면
④ 블렌드 곡면

[해설] 스윕 곡면 : 1개 이상의 단면 곡선이 안내 곡선을 따라 이동 규칙에 의해 이동하면서 생성되는 곡면이다.

2과목 기계요소 설계

21. 그림과 같은 블록 브레이크에서 드럼 축에 156.96 N·m의 제동 토크를 발생시키기 위해 레버 끝에 981 N의 힘이 필요한 경우 레버의 길이 a는 약 몇 mm인가? (단, 블록과 드럼 사이의 마찰계수 $\mu = 0.2$이다.)

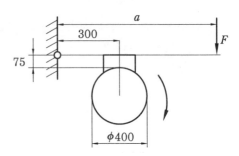

① 930
② 1050
③ 1140
④ 1260

[해설] $Q = \dfrac{2T}{D} = \dfrac{2 \times 156960}{400} = 784.8\,\text{N·mm}$

$F = \dfrac{Q(b + \mu c)}{\mu a}$, $a = \dfrac{Q(b + \mu c)}{\mu F}$

$\therefore a = \dfrac{784.8(300 + 0.2 \times 75)}{0.2 \times 981} = 1260\,\text{mm}$

22. 940 N·m의 토크를 전달하는 지름 50 mm인 축에 안전하게 사용할 키의 최소 길이는 약 몇 mm인가? (단, 묻힘 키의 폭과 높이 $b \times h = 12\,\text{mm} \times 8\,\text{mm}$이고, 키의 허용 전단 응력은 78.4 N/mm²이다.)

① 40
② 50
③ 60
④ 70

[해설] $\tau = \dfrac{2T}{bld}$, $l = \dfrac{2T}{b\tau d}$

$\therefore l = \dfrac{2 \times 940}{12 \times 78.4 \times 50} = 0.040\,\text{m}$
  $= 40\,\text{mm}$

---

23. 구조는 간단하면서 복잡한 운동을 구현할 수 있는 기계요소로, 내연기관의 밸브 개폐 기구 등에 사용되는 것은?

① 마찰차   ② 클러치
③ 기어   ④ 캠

해설 캠 : 미끄럼면의 접촉으로 운동을 전달하는 기계요소로서 내연기관의 밸브 개폐 기구, 공작기계, 방직기계 등에 사용되고 있다.

24. 800rpm으로 회전하고 1kN의 하중을 받고 있는 단열 레이디얼 볼 베어링의 수명이 20000시간이라 하면, 다음 중 어느 베어링을 사용하는 것이 가장 적당한가? (단, C는 기본 동정격 하중이다.)

① 6202 (C=6kN)
② 6203 (C=8kN)
③ 6205 (C=10kN)
④ 6206 (C=15kN)

해설 $L_h = 500\left(\dfrac{C}{P}\right)^r \dfrac{33.3}{N}$

$20000 = 500\left(\dfrac{C}{1}\right)^3 \dfrac{33.3}{800}$

$C^3 = \dfrac{20000 \times 800}{500 \times 33.3} \fallingdotseq 960.96$

$\therefore C \fallingdotseq 10\,\text{kN}$

25. 리드각 α, 마찰계수 $\mu = \tan\rho$인 나사의 자립 조건을 만족하는 것은? (단, ρ는 마찰각을 의미한다.)

① $\alpha < 2\rho$ ② $2\alpha < \rho$
③ $\alpha < \rho$ ④ $\alpha > \rho$

해설 $\rho > \alpha$일 때 다른 외력이 없다면 스스로 풀리지 않게 되는 자립 상태가 된다.

26. 풀리의 지름 200mm, 회전수 1600rpm

으로 4kW의 동력을 전달할 때 벨트의 유효장력은 약 몇 N인가? (단, 원심력과 마찰은 무시한다.)

① 24   ② 93
③ 239   ④ 527

해설 $v = \dfrac{\pi DN}{60 \times 10^3} = \dfrac{\pi \times 200 \times 1600}{60 \times 10^3}$
     $\fallingdotseq 16.75\,\text{m/s}$

$\therefore F = \dfrac{1000H}{v} = \dfrac{1000 \times 4}{16.75} \fallingdotseq 239\,\text{N}$

27. 평벨트 풀리 지름이 600mm, 축 지름이 50mm, 풀리를 폭(b)×높이(h)=8×7mm의 묻힘 키로 축에 고정하고, 벨트 장력에 의해 풀리의 외부에 2kN의 힘이 작용한다면, 키의 길이는 몇 mm 이상이어야 하는가? (단, 키의 허용 전단 응력은 50MPa로 하고 전단 응력만 고려하여 계산한다.)

① 50   ② 60
③ 70   ④ 80

해설 $P = 2000 \times \dfrac{600}{50} = 24000\,\text{N}$

$\therefore l = \dfrac{P}{b\tau} = \dfrac{24000}{8 \times 50} = 60\,\text{mm}$

28. 원주 속도가 4m/s로 18.4kW의 동력을 전달하는 헬리컬 기어에서 비틀림각이 30°일 때 축 방향으로 작용하는 힘(추력)은 약 몇 kN인가?

① 1.8   ② 2.3
③ 2.7   ④ 4.0

해설 $H = \dfrac{Fv}{1000}$, $F = \dfrac{1000H}{v}$

$F = \dfrac{1000 \times 18.4}{4} \fallingdotseq 4600\,\text{N}$

$\therefore F_t = F\tan\beta = 4600 \times \tan 30°$
     $\fallingdotseq 2700\,\text{N} = 2.7\,\text{kN}$

29. 볼트 이음이나 리벳 이음과 비교하여 용접 이음의 일반적인 장점으로 틀린 것은?

① 잔류 응력이 거의 발생하지 않는다.
② 기밀 및 수밀성이 양호하다.
③ 공정 수를 줄일 수 있고 제작비가 저렴하다.
④ 전체적인 제품 중량을 적게 할 수 있다.

해설 용접 이음은 용접 후 잔류 응력이 발생하여 치수가 변형된다.

30. 저널 베어링은 장착 형태와 하중의 방향에 따라 여러 형태로 분류된다. 그림은 어떤 저널에 속하는가? (단, P는 하중의 작용, d는 저널의 지름을 의미한다.)

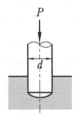

① 칼라 저널　　② 피벗 저널
③ 중간 저널　　④ 엔드 저널

해설 피벗 저널은 수직축 방향 끝단을 지지하는 형태이다.

31. 밴드 브레이크에서 밴드에 생기는 인장 응력과 관련하여 옳은 식은? (단, σ : 밴드에 생기는 인장 응력, F_1 : 밴드의 인장 측 장력, t : 밴드 두께, b : 밴드 너비)

① $\sigma = \dfrac{b}{F_1 \times t}$　　② $b = \dfrac{t \times \sigma}{F_1}$

③ $b = \dfrac{F_1}{t \times \sigma}$　　④ $\sigma = \dfrac{F_1 \times t}{b}$

해설 $\sigma = \dfrac{F_1}{b \times t}$　$\therefore b = \dfrac{F_1}{t \times \sigma}$

32. 자동 하중 브레이크에 속하는 것은?

① 밴드 브레이크(band brake)
② 블록 브레이크(block brake)
③ 웜 브레이크(worm brake)
④ 원추 브레이크(cone brake)

해설 자동 하중 브레이크에는 웜 브레이크, 나사 브레이크, 캠 브레이크, 원심 브레이크가 있다.

33. 스프링 코일의 평균 지름 60 mm, 유효 권수 10, 소재 지름 6 mm, 가로탄성계수(G)는 78.48 GPa이다. 이 스프링에 하중 490 N을 받을 때 코일 스프링의 처짐은 약 몇 mm가 되는가?

① 6.67　　　　② 83.2
③ 8.3　　　　④ 66.7

해설 $\delta = \dfrac{8 n_a D^3 W}{G d^4} = \dfrac{8 \times 10 \times 60^3 \times 490}{(78.48 \times 10^3) \times 6^4}$
$\fallingdotseq 83.2\,\text{mm}$

34. 표준 스퍼 기어에서 모듈 4, 잇수 21개, 압력각이 20°라고 할 때, 법선 피치(P_n)는 약 몇 mm인가?

① 11.8　　　　② 14.8
③ 15.6　　　　④ 18.2

해설 $P_n = \pi m \cos\alpha = \pi \times 4 \times \cos 20°$
$\fallingdotseq 11.8\,\text{mm}$

35. 942 N·m의 토크를 전달하기 위해 지름 50 mm 축에 사용할 묻힘 키(폭×높이＝12×8 mm)의 길이는 최소 몇 mm 이상이어야 하는가? (단, 키의 허용 전단 응력은 78.48 N/mm²이다.)

① 30　　　　② 40
③ 50　　　　④ 60

정답 　29. ①　30. ②　31. ③　32. ③　33. ②　34. ①　35. ②

해설 $l = \dfrac{2T}{bd\tau} = \dfrac{2 \times 942000}{12 \times 50 \times 78.48}$
$\fallingdotseq 40\,\text{mm}$

36. 치공구의 3요소 중 다음 설명에 해당하는 요소는?

공작물의 회전 방지를 위한 위치 및 자세로 측면 및 구멍에 해당된다.

① 위치 결정면
② 위치 결정구
③ 클램프
④ 공작물

해설 치공구의 3요소
위치 결정면, 위치 결정구, 클램프

37. 지그와 고정구를 구분하는 데 있어 가장 큰 차이점은?

① 공구 안내장치의 유무
② 본체의 유무
③ 조임장치의 유무
④ 위치 결정구의 유무

해설 지그는 공구를 공작물에 안내할 수 있는 안내 장치(부시)를 포함한다.

38. 드릴 지그를 분류했을 때 상자형 지그에 포함되지 않는 것은?

① 개방형 지그
② 조립형 지그
③ 평판형 지그
④ 밀폐형 지그

해설 평판형 지그는 공작물을 평판에 직접 고정시키는 형태로, 상자형 지그에 포함되지 않는다.

39. 다음 그림에서 빗금친 부분을 밀링 작업하고자 한다. 이에 사용할 고정구의 형태 중 적합한 것은?

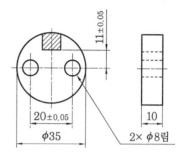

① 판형 고정구
② 분할 고정구
③ 바이스 조 고정구
④ 박스 고정구

해설 바이스 조 고정구 : 표준 바이스를 약간 응용한 것으로, 정밀도는 떨어지지만 제작비가 저렴하여 소형 공작물 가공에 사용된다.

40. 공작물의 품종이 다양하고 소량 생산에 적합하도록 고안된 치공구로, CNC 공작기계에 많이 사용되는 고정구는?

① 모듈러 고정구   ② 총형 고정구
③ 분할 고정구   ④ 바이스 조 고정구

해설 모듈러 고정구는 복합용 머시닝센터에서 많이 사용한다.

3과목 **기계재료 및 측정**

41. 담금질된 강의 경도를 증가시키고 시효 변형을 방지하기 위한 목적으로 0℃ 이하의 온도에서 처리하는 방법은?

① 저온 담금 용해 처리
② 시효 담금 처리
③ 냉각 뜨임 처리
④ 심랭 처리

해설 심랭(서브 제로) 처리 : 담금질 직후 잔류 오스테나이트를 없애기 위해 0℃ 이하로 냉각하여 마텐자이트로 만드는 처리 방법이다.

42. 일반적인 청동 합금의 주요 성분은?

① Cu-Zn
② Cu-Sn
③ Cu-Pb
④ Cu-Ni

해설 • 청동 성분 : Cu-Sn
• 황동 성분 : Cu-Zn

43. 다음 알루미늄 합금 중 내열성이 있는 주물로 공랭 실린더 헤드 및 피스톤 등에 널리 사용되는 것은?

① Y 합금
② 라우탈
③ 하이드로날륨
④ 고력 Al 합금

해설 Y 합금 : Al-Cu-Ni-Mg 합금으로, 고온에서 기계적 성질이 우수하여 내연기관용 피스톤, 실린더 헤드 등으로 널리 사용된다.

44. 풀림 처리의 목적으로 가장 적합한 것은?

① 표면의 경화
② 경도의 증가
③ 조직의 오스테나이트화
④ 연화 및 내부 응력 제거

해설 풀림 처리의 목적
• 기계 가공성 향상 및 기계적 성질 개선
• 연화 및 내부 응력 제거

45. 소결 합금으로 된 공구강은?

① 초경합금
② 스프링강
③ 탄소 공구강
④ 기계 구조용강

해설 초경합금은 W, Ti, Ta 등의 탄화물 분말을 Co 결합제로 1400℃ 이상에서 소결시킨 합금이다.

46. 다음 중 복합 재료에서 섬유강화 금속은?

① GFRP
② CFRP
③ FRS
④ FRM

해설 • GFRP : 유리 섬유강화 플라스틱
• CFRP : 카본 섬유강화 플라스틱
• FRS : 섬유강화 숏크리트

47. 탄소강의 항온 열처리 방법 중 최종 조직이 베이나이트 조직으로 나타나는 열처리 방법은?

① 고주파 열처리
② 마퀜칭
③ 담금질
④ 오스템퍼링

해설 오스템퍼링 : 소금물에서 담금질하는 방법(염욕)으로 최종 조직이 베이나이트 조직으로 나타난다.

48. 구리의 특성에 대한 설명으로 틀린 것은?

① 전기 및 열 전도성이 우수하다.
② 전연성이 좋아 가공이 용이하다.
③ 화학적 저항력이 작아 부식이 잘 된다.
④ 아름다운 광택과 귀금속적 성질이 우수하다.

해설 구리의 성질
• 구리의 비중은 8.96, 용융점은 1083℃이며 변태점이 없다.
• 비자성체이며 전기 및 열의 양도체이다.
• 전연성이 좋아 가공이 용이하다.
• 내식성이 커서 부식이 잘 되지 않는다.

49. 다음은 밀링에서 더브테일 가공 도면이다. X의 치수로 맞는 것은?

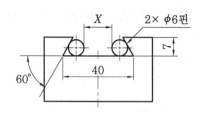

① 25.608　　　② 23.608
③ 22.712　　　④ 18.712

해설 $X = 40 - 2\left(\dfrac{3}{\tan 30°} + 3\right)$

$\fallingdotseq 40 - 2\left(\dfrac{3}{0.5774} + 3\right) \fallingdotseq 23.608$

50. 선반에 의한 절삭 가공에서 이송(feed)과 가장 관계가 없는 것은?

① 단위는 회전당 이송(mm/rev)으로 나타낸다.
② 일감의 매 회전마다 바이트가 이동되는 거리를 의미한다.
③ 이론적으로는 이송이 작을수록 표면 거칠기가 좋아진다.
④ 바이트로 일감 표면에서부터 절삭해 들어가는 깊이를 말한다.

해설 일감의 표면에서부터 바이트로 절삭해 들어가는 깊이를 의미하는 것은 절삭 깊이이다.

51. 가공물이 회전 운동하고 공구가 직선 이송 운동을 하는 공작기계는?

① 선반　　　② 보링 머신
③ 플레이너　　　④ 핵소잉 머신

해설 • 보링 머신 : 공구의 회전 운동
• 플레이너 : 가공물의 직선 왕복 운동
• 핵소잉 머신 : 톱날의 직선 운동

52. 전기 스위치를 취급할 때의 설명으로 틀린 것은?

① 정전 시에는 반드시 끈다.
② 스위치는 습한 곳에 설치되지 않도록 한다.
③ 기계 운전 시 작업자에게 연락 후 시동한다.
④ 스위치를 뺄 때는 부하를 크게 한다.

해설 스위치를 뺄 때는 부하가 걸리지 않도록 한다.

53. 1인치에 4산의 리드 스크루를 가진 선반으로 피치 4 mm의 나사를 깎을 때, 변환 기어 잇수를 구하면? (단, A는 주축 기어의 잇수, B는 리드 스크루의 잇수이다.)

① A : 80, B : 137
② A : 120, B : 127
③ A : 40, B : 127
④ A : 80, B : 127

해설 $\dfrac{A}{B} = \dfrac{p}{P} = \dfrac{4}{25.4/4} = \dfrac{16}{25.4} = \dfrac{80}{127}$

여기서, p : 나사 피치, P : 리드 스크루 피치

54. 마이크로미터 사용 시 일반적인 주의사항이 아닌 것은?

① 측정 시 래칫 스톱은 1회전 반 또는 2회전을 돌려 측정력을 가한다.
② 눈금을 읽을 때는 기선의 수직 위치에서 읽는다.
③ 사용 후 각 부분을 깨끗이 닦아 진동이 없고 직사광선을 잘 받는 곳에 보관한다.
④ 대형 외측 마이크로미터는 실제로 측정하는 자세로 영점 조정을 한다.

해설 마이크로미터 사용 및 보관 시 직사광선이나 복사열이 있는 곳은 피한다.

55. 직접 측정의 장점에 해당되지 않는 것은?

① 측정기의 측정 범위가 다른 측정법에 비해 넓다.

정답 **50.** ④ **51.** ① **52.** ④ **53.** ④ **54.** ③ **55.** ④

② 측정물의 실제 치수를 직접 읽을 수 있다.

③ 수량이 적고 많은 종류의 제품 측정에 적합하다.

④ 측정자의 숙련과 경험이 필요 없다.

해설 측정기가 정밀할 때는 측정자의 숙련과 경험이 중요하다.

56. 선반에서 원형 단면을 가진 일감의 지름이 100mm인 탄소강을 매분 회전수 314r/min(=rpm)으로 가공할 때 절삭 저항력이 736N이었다. 선반의 절삭 효율을 80%라 하면 필요한 절삭 동력은 약 몇 PS인가?

① 1.1　　　　② 2.1
③ 4.4　　　　④ 6.2

해설 $v = \dfrac{\pi DN}{1000} = \dfrac{\pi \times 100 \times 314}{1000}$

$\quad\quad \fallingdotseq 98.6\,\text{m/mm} \fallingdotseq 1.64\,\text{m/s}$

$H = \dfrac{Pv}{1000 \times \eta} = \dfrac{736 \times 1.64}{1000 \times 0.8}$

$\quad\quad \fallingdotseq 1.51\,\text{kW}$

kW는 1.36PS이므로

$\therefore H = 1.51 \times 1.36 \fallingdotseq 2.1\text{PS}$

57. 드릴링 머신으로 구멍 가공 작업을 할 때 주의해야 할 사항이 아닌 것은?

① 드릴이 흔들리지 않게 정확히 고정한다.

② 드릴을 고정하거나 풀 때는 주축이 완전히 정지된 후 작업한다.

③ 구멍 가공 작업이 끝날 무렵은 이송을 천천히 한다.

④ 크기가 작은 공작물은 손으로 잡고 드릴링한다.

해설 크기가 작은 공작물은 반드시 클램핑 장치에 고정한 후 가공한다.

58. 피복 초경합금의 피복재로 사용되지 않는 것은?

① TiC　　　　② TiN
③ Al_2O_3　　　④ SiC

해설 피복재로 사용되는 것에는 TiC, TiN, TiCN, Al_2O_3 등이 있다.

59. 연강을 쇠톱으로 절단하는 방법 중 틀린 것은?

① 쇠톱으로 절단할 때 톱날의 왕복 횟수는 1분에 약 50~60회가 적당하다.

② 쇠톱을 앞으로 밀 때 균등한 절삭 압력을 준다.

③ 쇠톱 작업을 할 때는 톱날의 전체 길이를 사용한다.

④ 쇠톱을 당길 때 재료가 잘리므로 톱날의 방향은 잘리는 방향으로 고정한다.

해설 쇠톱을 밀 때 재료가 잘리므로 톱날을 고정할 때는 톱날이 앞쪽을 향하도록 고정한다.

60. 슬로터를 이용한 가공이 아닌 것은?

① 안지름 키 홈

② 안지름 스플라인

③ 세레이션

④ 나사

해설 • 슬로터는 직선 왕복 운동으로 절삭하는 공작기계이다.

• 나사를 절삭하려면 회전 운동이 필요하므로 슬로터로 가공할 수 없다.

정답 56. ②　57. ④　58. ④　59. ④　60. ④

1과목 기계 제도

1. 나사가 "M50×2−6H"로 표시되었을 때 이 나사에 대한 설명 중 틀린 것은?

① 미터 가는 나사이다.
② 암나사 등급이 6이다.
③ 피치가 2mm이다.
④ 왼나사이다.

해설 '왼', 'L' 등의 별도 표기가 없으면 항상 오른나사이다.

2. 수면, 유면 등의 위치를 표시하는 수준면선에 사용하는 선의 종류는?

① 가는 파선
② 가는 1점 쇄선
③ 굵은 파선
④ 가는 실선

해설 치수선, 치수 보조선, 지시선, 중심선, 수준면선은 가는 실선으로 나타낸다.

3. 그림과 같이 경사지게 잘린 사각뿔의 전개도로 가장 적합한 형상은?

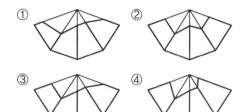

4. 3각법에 의한 투상도에서 누락된 정면도로 가장 적합한 것은?

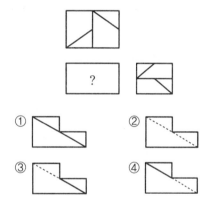

5. 가상선을 사용하는 경우에 해당하지 않는 것은?

① 도시된 단면의 앞쪽에 있는 부분을 나타내는 경우
② 되풀이하는 것을 나타내는 경우
③ 가공 전 또는 가공 후의 모양을 나타내는 경우
④ 위치 결정의 근거가 된다는 것을 명시하는 기준선을 나타내는 경우

해설 • 가상선은 가는 2점 쇄선을 사용하며 기준선은 가는 1점 쇄선을 사용한다.

• 위치 결정의 근거를 나타내는 기준선은 가상선에 해당하지 않으며, 이 경우 가는 1점 쇄선을 사용한다.

6. 기계 가공 면에 다음과 같은 기호가 표시되어 있을 때, 이 기호의 의미는?

① 물체의 표면에 제거 가공을 허락하지 않는 것을 지시하는 기호
② 물체의 표면에 제거 가공을 필요로 한다는 것을 지시하는 기호
③ 물체 표면의 결을 도시할 때 대상 면을 지시하는 기호
④ 제거 가공의 필요 여부를 문제 삼지 않는 기호

해설 표면의 결 도시

기본 기호　　제거 가공 필요　　제거 가공 불필요

7. 베어링 호칭 번호 NA 4916 V의 설명 중 틀린 것은?

① NA 49는 니들 롤러 베어링, 치수 계열 49
② V는 리테이너 기호로 리테이너가 없음
③ 베어링 안지름은 80mm
④ A는 실드 기호

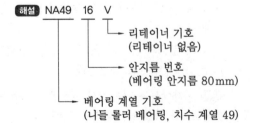

8. 3각법에 의해 나타낸 그림과 같은 투상도에서 좌측면도로 가장 적합한 것은?

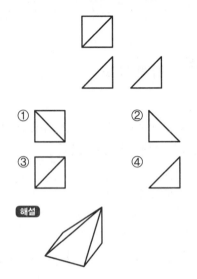

①　　②
③　　④

해설

9. 원의 반지름을 나타내고자 할 때 지시선을 가장 바르게 나타낸 것은?

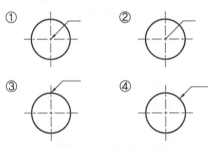

①　　②
③　　④

해설 지시선은 원둘레상에 화살표를 그리고, 화살표가 원의 중심을 향하게 한다.

10. 그림에서 "1.6" 숫자가 의미하는 것은?

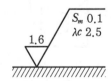

① 컷오프값
② 기준 길이값

③ 평가 길이 표준값
④ 평균 거칠기의 값

> **해설** • 산술평균 거칠기값 : 1.6
> • 컷오프값 : 2.5
> • 요철의 평균 간격 : 0.1

11. 다음 용접 보조 기호 중 전체 둘레 현장 용접 기호인 것은?

①
② ●
③
④ ○

> **해설** • ▶ : 현장 용접 • ○ : 전체 둘레 용접

12. 구멍의 치수가 $\phi 35^{+0.003}_{-0.001}$ 이고 축의 치수가 $\phi 35^{+0.001}_{-0.004}$ 일 때 최대 틈새는?

① 0.004
② 0.005
③ 0.007
④ 0.009

> **해설** 최대 틈새 = 구멍의 최대 허용 치수
>   − 축의 최소 허용 치수
>   = 35.003 − 34.996 = 0.007

13. 그림에서 사용된 단면도의 명칭은?

① 한쪽 단면도
② 부분 단면도
③ 회전 도시 단면도
④ 계단 단면도

> **해설** 회전 도시 단면도 : 일반 투상법으로 나타내기 어려운 물체를 수직으로 절단한 단면을 90° 회전시킨 후 투상도의 안이나 밖에 그리는 단면도이다.

14. 다음 중 다이캐스팅용 알루미늄 합금에 해당하는 기호는?

① WM 1
② ALDC 1
③ BC 1
④ ZDC 1

> **해설** • WM 1 : 화이트 메탈 1종
> • ALDC 1 : 다이캐스팅용 알루미늄 합금 1종
> • ZDC 1 : 아연 합금 다이캐스팅 1종

15. 재료 기호가 "STC 140"으로 되어 있을 때, 이 재료의 명칭으로 옳은 것은?

① 합금 공구강 강재
② 탄소 공구강 강재
③ 기계 구조용 탄소 강재
④ 탄소강 주강품

> **해설** • 합금 공구강 강재 : STS, STD
> • 기계 구조용 탄소 강재 : SM
> • 탄소강 주강 : SC

16. $x^2 + y^2 - 25 = 0$ 인 원이 있다. 원 위의 점 (3, 4)에서의 접선의 방정식을 바르게 나타낸 것은?

① $3x + 4y - 25 = 0$
② $3x + 4y - 50 = 0$
③ $4x + 3y - 25 = 0$
④ $4x + 3y - 50 = 0$

> **해설** 원 $x^2 + y^2 = r^2$ 위의 점 (x_1, y_1)에서 접선의 방정식은 $x_1 x + y_1 y = x_1{}^2 + y_1{}^2$이다.
> $3x + 4y = 3^2 + 4^2$, $3x + 4y = 9 + 16$
> ∴ $3x + 4y - 25 = 0$

17. 다음 중 무게중심을 구할 수 있는 모델은 어느 것인가?

① 와이어 프레임 모델
② 서피스 모델
③ 솔리드 모델
④ 쿤스 모델

해설 솔리드 모델링에서는 부피, 무게, 무게중심 등 물리적 성질의 계산이 가능하다.

18. 파라메트릭 모델링을 이용한 형상 모델링 과정들을 정리한 것이다. 가장 적절한 순서로 나열된 것은?

> 가. 바람직한 형상이 얻어질 때까지 형상 구속 조건과 치수 조건의 수정을 통해 물체 형상을 조정하는 과정을 반복한다.
> 나. 형상 구속 조건과 치수 조건을 대화식으로 입력하고, 이를 만족하는 2차원 형상을 만든다.
> 다. 대강의 스케치로 2차원 형태를 입력한다.
> 라. 작성된 2차원 형상을 스위핑하거나 스윙잉하여 3차원 물체를 만든다.

① 다-가-나-라
② 나-다-가-라
③ 다-나-가-라
④ 가-다-나-라

해설 모델링 작업 순서

스케치 → 형상 구속 조건과 치수 조건 입력 → 수정 → 3차원 물체 형성

19. 플로터(plotter)의 일반적인 분류 방식으로 가장 거리가 먼 것은?

① 펜(pen)식
② 충격(impact)식

③ 래스터(raster)식
④ 포토(photo)식

해설 플로터는 일반적으로 펜식, 래스터식, 포토식 플로터로 분류한다.

20. 행렬 $A = \begin{bmatrix} 1 & 2 \\ 0 & 1 \\ 1 & 1 \end{bmatrix}$ 와 $B = \begin{bmatrix} 0 & 1 & 2 \\ 1 & 0 & 3 \end{bmatrix}$ 의 곱 AB는?

① $\begin{bmatrix} 1 & 1 \\ 0 & 0 \\ 1 & 2 \end{bmatrix}$
② $\begin{bmatrix} 1 & 2 & 0 \\ 3 & 1 & 1 \end{bmatrix}$

③ $\begin{bmatrix} 2 & 3 \\ 3 & 5 \end{bmatrix}$
④ $\begin{bmatrix} 2 & 1 & 8 \\ 1 & 0 & 3 \\ 1 & 1 & 5 \end{bmatrix}$

해설 3×2행렬과 2×3행렬을 곱하면 계산 결과는 3×3행렬이 되므로 행렬 AB에 해당하는 것은 ④이다.

2과목   기계요소 설계

21. 그림과 같은 맞대기 용접 이음에서 인장 하중을 W[N], 강판의 두께를 h[mm]라 할 때 용접 길이 l[mm]을 구하는 식으로 가장 옳은 것은? (단, 상하의 용접부 목 두께는 각각 t_1[mm], t_2[mm]이고, 용접부에서 발생하는 인장 응력은 σ_t[N/mm²]이다.)

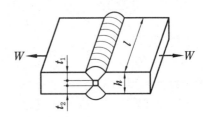

① $l = \dfrac{0.707W}{h\sigma_t}$ ② $l = \dfrac{0.707W}{(t_1+t_2)\sigma_t}$

③ $l = \dfrac{W}{h\sigma_t}$ ④ $l = \dfrac{W}{(t_1+t_2)\sigma_t}$

해설 $\sigma_t = \dfrac{하중}{단면적} = \dfrac{W}{(t_1+t_2)\cdot l}$

$\therefore l = \dfrac{W}{(t_1+t_2)\sigma_t}$

22. 지름 300mm인 브레이크 드럼을 가진 밴드 브레이크의 접촉 길이가 706.5mm, 밴드 폭이 20mm일 때 제동 동력이 3.7kW라고 하면, 이 밴드 브레이크의 용량(brake capacity)은 약 몇 $N/mm^2 \cdot m/s$인가?

① 26.50   ② 0.324

③ 0.262   ④ 32.40

해설 $w_f = \mu p v = \dfrac{H}{A} = \dfrac{3.7 \times 1000}{20 \times 706.5}$

$\fallingdotseq 0.262 \, N/mm^2 \cdot m/s$

23. 재료를 인장시험할 때 재료에 작용하는 하중을 변형 전의 단면적으로 나눈 응력은?

① 인장 응력

② 압축 응력

③ 공칭 응력

④ 전단 응력

해설 공칭 응력 : 재료에 작용하는 하중을 최초의 단면적으로 나눈 응력값으로, 복잡한 응력 분포나 변형은 고려하지 않고 무시한다.

24. 판의 두께 15mm, 리벳의 지름 20mm, 피치 60mm인 1줄 겹치기 리벳 이음을 하고자 할 때, 강판의 인장 응력과 리벳 이음판의 효율은 각각 얼마인가? (단, 12.26kN의 인장 하중이 작용한다.)

① 20.43MPa, 66%

② 20.43MPa, 76%

③ 32.96MPa, 66%

④ 32.96MPa, 76%

해설 $\cdot \sigma = \dfrac{W}{A} = \dfrac{12260}{15(60-20)} \fallingdotseq 20.43 \, MPa$

$\cdot \eta = \dfrac{p-d}{p} = \dfrac{60-20}{60} \fallingdotseq 0.66 = 66\%$

25. 2.2kW의 동력을 1800rpm으로 전달시키는 표준 스퍼 기어가 있다. 이 기어에 작용하는 회전력은 약 몇 N인가? (단, 스퍼 기어 모듈은 4이고 잇수는 25이다.)

① 163   ② 195

③ 233   ④ 289

해설 $D = mZ = 4 \times 25 = 100$

$v = \dfrac{\pi DN}{60 \times 1000} = \dfrac{\pi \times 100 \times 1800}{60 \times 1000} = 9.42 \, m/s$

$\therefore F = \dfrac{1000 \times H}{v} = \dfrac{1000 \times 2.2}{9.42}$

$\fallingdotseq 233 \, N$

26. 300rpm으로 3.1kW의 동력을 전달하는 축에 발생하는 비틀림 모멘트는 약 몇 $N \cdot m$인가?

① 62   ② 75

③ 86   ④ 99

해설 $T = 9.55 \times 10^6 \times \dfrac{H}{N} = 9.55 \times 10^6 \times \dfrac{3.1}{300}$

$\fallingdotseq 98683 \, N \cdot mm \fallingdotseq 99 \, N \cdot m$

27. 400rpm으로 4kW의 동력을 전달하는 중실축의 최소 지름은 약 몇 mm인가? (단, 축의 허용 전단 응력은 20.6MPa이다.)

① 22   ② 13

③ 29   ④ 36

정답 **22.** ③   **23.** ③   **24.** ①   **25.** ③   **26.** ④   **27.** ③

[해설] $T = 9.55 \times 10^6 \times \dfrac{H}{N} = 9.55 \times 10^6 \times \dfrac{4}{400}$

$$= 95500 \, \text{N} \cdot \text{mm}$$

$$\therefore \, d = \sqrt[3]{\dfrac{5.1T}{\tau}} = \sqrt[3]{\dfrac{5.1 \times 95500}{20.6}}$$

$$\doteqdot 29 \, \text{mm}$$

28. 잇수 26, 피치 11.8 mm, 회전수 500 rpm 인 스프로킷 휠에 50번 롤러 체인을 사용하였을 경우 전달 동력은 약 몇 kW인가? (단, 50번 롤러 체인의 파단 하중은 20.05 kN, 안전율은 12이다.)

① 4.0   ② 4.3

③ 5.2   ④ 5.6

[해설] $v = \dfrac{pZ_1N_1}{60 \times 1000} = \dfrac{11.8 \times 26 \times 500}{60 \times 1000}$

$$\doteqdot 2.56 \, \text{m/s}$$

$$H = Fv = 20.05 \times 2.56 \doteqdot 51.33 \, \text{kW}$$

$$\therefore \, H_a = \dfrac{H}{S} = \dfrac{51.33}{12} \doteqdot 4.3 \, \text{kW}$$

29. 높이 50 mm의 사각봉이 압축 하중을 받아 0.004의 변형률이 생겼다면 이 봉의 높이는 얼마가 되었는가?

① 49.8 mm

② 49.9 mm

③ 49.96 mm

④ 49.99 mm

[해설] $\varepsilon = \dfrac{\lambda}{l}$, $\lambda = l \times \varepsilon = 50 \times 0.004 = 0.2$

$$\therefore \, 50 - 0.2 = 49.8 \, \text{mm}$$

30. 베어링을 설치할 때의 고려사항 중 예압 (preload)에 관한 설명으로 옳지 않은 것은?

① 베어링 내부 틈새를 줄이는 효과가 있다.

② 예압을 크게 하면 베어링 수명이 늘어난다.

③ 예압은 회전 정밀도를 향상시킨다.

④ 예압이 적절하면 베어링의 강성을 높일 수 있다.

[해설] 예압을 크게 하면 베어링의 수명이 단축된다.

31. 스프링에 150 N의 하중을 가했을 때 발생하는 최대 전단 응력이 400 MPa이었다. 스프링 지수(C)가 10이라 할 때 스프링 소선의 지름은 약 몇 mm인가? (단, 응력 수정 계수 $K = \dfrac{4C-1}{4C-4} + \dfrac{0.615}{C}$ 를 적용한다.)

① 3.3   ② 4.8

③ 7.5   ④ 12.6

[해설] $K = \dfrac{4C-1}{4C-4} + \dfrac{0.615}{C}$

$$= \dfrac{4 \times 10 - 1}{4 \times 10 - 4} + \dfrac{0.615}{10} \doteqdot 1.14$$

$$\tau = K\dfrac{8WD}{\pi d^3} = K\dfrac{8WC}{\pi d^2}$$

$$400 = 1.14 \times \dfrac{8 \times 150 \times 10}{\pi d^2}$$

$$d^2 = \dfrac{1.14 \times 12000}{\pi \times 400} \doteqdot 10.89$$

$$\therefore \, d \doteqdot 3.3 \, \text{mm}$$

32. 수직 방향 하중이 3500 kgf로 작용하는 나사 잭을 설계할 때, 나사 잭 볼트의 바깥지름은? (단, 허용 응력은 4 kgf/mm², 골지름은 바깥지름의 0.8배이다.)

① 42 mm   ② 50 mm

③ 54 mm   ④ 72 mm

[해설] $d = \sqrt{\dfrac{2W}{\sigma_t}} = \sqrt{\dfrac{2 \times 3500}{4}} \doteqdot 42 \, \text{mm}$

정답   28. ②   29. ①   30. ②   31. ①   32. ①

33. 웜을 구동축으로 할 때 웜의 줄 수를 3, 웜 휠의 잇수를 60이라 하면 웜 기어장치의 감속 비율은?

① $\dfrac{1}{10}$　　　　② $\dfrac{1}{20}$

③ $\dfrac{1}{30}$　　　　④ $\dfrac{1}{60}$

해설 $i = \dfrac{Z_n}{Z} = \dfrac{3}{60} = \dfrac{1}{20}$

34. 어느 브레이크에서 제동 동력이 3kW, 브레이크 용량이 0.8N/mm^2 · m/s일 때 브레이크 마찰 넓이는 약 몇 mm^{2}인가?

① 3200　　　　② 2250

③ 5500　　　　④ 3750

해설 $w_f = \dfrac{H}{A}$, $0.8 = \dfrac{3 \times 1000}{A}$

$\therefore A = \dfrac{3 \times 1000}{0.8} ≒ 3750\,\mathrm{mm}^2$

35. 조립 지그 설계 시 고려할 사항이 아닌 것은?

① 조작 및 안전성
② 작업 자세
③ 가공할 부품의 수량
④ 위치 결정의 적정 여부

해설 조립 지그 설계상 고려사항(①, ②, ④ 외)
• 조립 정밀도
• 작업력
• 공작물의 장착과 탈착

36. 고무 스프링의 일반적인 특징에 대한 설명으로 틀린 것은?

① 1개의 고무로 2축 또는 3축 방향의 하중에 대한 흡수가 가능하다.

② 형상을 자유롭게 할 수 있고 다양한 용도가 가능하다.
③ 방진 및 방음 효과가 우수하다.
④ 특히 인장 하중에 대한 방진 효과가 우수하다.

해설 고무 스프링
• 탄성이 크고 완충 작용, 방진 및 방음 효과가 우수하다.
• 특히 압축 하중에 대한 방진 효과가 우수하다.

37. 공작물을 고정구에 설치할 때 풀프루핑 (fool proofing)이 필요한 공작물은?

① 부품의 한 부분이 비대칭이다.
② 부품이 3개의 대칭면을 가진다.
③ 부품의 모든 형상이 원통 형상이다.
④ 어떤 형상의 부품이라도 풀프루핑 해야 한다.

해설 풀프루핑(fool-proofing)
• 공작물을 지그에 장착할 때 위치가 잘못되지 않도록 시행착오를 방지하는 방법으로, 방오법이라 한다.
• 방오법을 적용하기 위해 최소한 1개 이상의 비대칭면을 가진 공작물이 필요하다.

38. 밀링 작업에서 정확한 절삭 깊이나 절삭 폭을 정하기 위해 고정구에 설치하는 장치는?

① 커터 세트 블록
② 블록 게이지
③ 하이트 게이지
④ 위치 결정 핀

해설 밀링 커터를 공작물에 정확한 가공 위치로 세팅하는 경우 세트 블록이나 두께 게이지 또는 필러 게이지 등으로 공구의 위치를 정확하게 세팅한다.

정답　33. ②　34. ④　35. ③　36. ④　37. ①　38. ①

39. 공작물의 기계적 관리상 고려해야 할 사항으로 틀린 것은?

① 공작물의 휨 방지를 위해 위치 결정구를 절삭력 쪽에 두는 것이 기계적 관리뿐 아니라 형상 관리에도 유리하다.

② 고정력은 절삭력의 바로 맞은 편에 오지 않도록 한다.

③ 주조품 가공 시 절삭력에 의한 휨 방지를 위해 조절식 지지구를 사용한다.

④ 절삭력은 공작물이 위치 결정구에 고정되기 쉬운 방향으로 조정한다.

해설 공작물의 휨 방지를 위해 위치 결정구는 절삭력 반대쪽에 배치한다.

40. 다음 중 가장 많이 사용하는 고정구는?

① 판형 고정구
② 바이스 조 고정구
③ 분할 고정구
④ 다단 고정구

해설 • 바이스 조 고정구 : 소형 공작물의 기계 가공에 사용하며, 가격이 저렴하다.
• 분할 고정구 : 일정한 간격으로 기계 가공해야 할 공작물의 가공에 사용한다.
• 다단 고정구 : 연속 작업을 할 수 있도록 여러 개의 작업단을 가진 고정구이다.

3과목 **기계재료 및 측정**

41. 철에 탄소가 고용되어 α철로 될 때의 고용체의 형태는?

① 침입형 고용체   ② 치환형 고용체
③ 고정형 고용체   ④ 편석 고용체

해설 고용체의 결정격자
• 침입형 고용체 : $Fe-C$
• 치환형 고용체 : $Ag-Cu$, $Cu-Zn$
• 규칙격자형 고용체 : Ni_3-Fe, Cu_3-Au, Fe_3-Al

42. 강을 표준 상태로 만들기 위해 가공 조직의 균일화, 결정립의 미세화, 기계적 성질의 향상을 목적으로 오스테나이트가 되는 온도까지 가열하여 공랭시키는 열처리 방법은?

① 뜨임
② 담금질
③ 오스템퍼
④ 노멀라이징

해설 불림(노멀라이징) : 결정 조직의 균일화 및 잔류 응력 제거를 목적으로 하는 열처리이다.

43. 불변강이 아닌 것은?

① 인바
② 엘린바
③ 인코넬
④ 슈퍼인바

해설 불변강 : 온도 변화에 따라 길이, 탄성 등이 변화하지 않는 강으로 인바, 엘린바, 슈퍼인바, 코엘린바 등이 있다. 이외에도 전구 도입선으로 사용하는 플래티나이트 등이 있다.

44. 다음 중 백주철을 고온에서 장시간 열처리하여 탈탄 또는 흑연화하는 방법으로 제조된 것은?

① 회주철
② 반주철
③ 칠드 주철
④ 가단주철

해설 가단주철 : 주철의 취약성을 개량하기 위해 백주철을 고온에서 장시간 열처리하여 시멘타이트 조직을 분해하거나 소실시켜 인성 및 연성을 부여한 주철이다.

45. 금속 침투법에서 Zn을 침투시키는 것은?

① 크로마이징
② 세라다이징
③ 칼로라이징
④ 실리코나이징

해설 금속 침투법
• 크로마이징 : Cr 침투
• 칼로라이징 : Al 침투
• 실리코나이징 : Si 침투

46. 다음 재료 중 기계 구조용 탄소 강재를 나타낸 것은?

① STS4   ② STC4
③ SM45C   ④ STD11

해설 SM45C는 기계 구조용 탄소 강재로, 탄소 함유량이 0.45%임을 의미한다.

47. 반도체 재료에 사용되는 주요 성분원소는?

① Co, Ni   ② Ge, Si
③ W, Pb   ④ Fe, Cu

해설 반도체는 전기 회로를 축소시키는 데 광범위하게 사용되는 효율적인 장치로, 반도체 재료로 사용되는 주요 성분원소는 Ge, Si, Ga, Bs 등이 있다.

48. 알루미늄(Al) 합금의 특징을 잘못 설명한 것은?

① 가볍고 전연성이 좋아 성형 가공이 용이하다.
② 우수한 전기 및 열의 양도체이다.

③ 용융점이 1083℃로 고온 가공성이 높다.
④ 대기 중에는 일반적으로 내식성이 양호하다.

해설 알루미늄(Al) 합금의 물리적 성질
• 비중 2.7, 용융점 660℃, 변태점이 없다.
• 열 및 전기의 양도체이며 내식성이 좋다.

49. 수평식 보링 머신 중 새들이 없고, 길이 방향의 이송은 베드를 따라 컬럼이 이송되며, 중량이 큰 가공물을 가공하기에 가장 적합한 구조를 가지고 있는 형은?

① 테이블형
② 플레이너형
③ 플로형
④ 코어형

해설 수평식 보링 머신
• 테이블형 : 주축이 상하 이동하고 테이블이 전후 및 좌우 이동하는 이동식과 테이블이 상하 및 전후 이동하는 고정식이 있다.
• 플레이너형 : 긴 베드와 테이블이 있어 테이블이 좌우로 이동한다.
• 플로형 : 가공물을 베드에 직접 고정하고 주축대가 베드 위를 이동한다.

50. 비교 측정의 장점이 아닌 것은?

① 측정 범위가 넓고 표준 게이지가 필요 없다.
② 제품의 치수가 고르지 못한 것을 계산하지 않고 알 수 있다.
③ 길이, 면의 각종 형상 측정, 공작기계의 정밀도 검사 등 사용 범위가 넓다.
④ 높은 정밀도의 측정이 비교적 용이하다.

해설 비교 측정 : 피측정물과 표준 게이지를 나란히 설치하고, 다이얼 게이지와 같은 비교 측정기로 그 차를 읽어서 측정하는 방법이므로 반드시 표준 게이지가 필요하다.

51. 기계의 안전장치에 속하지 않는 것은?

① 리밋 스위치
② 방책
③ 초음파 센서
④ 헬멧

[해설] 헬멧은 작업 중 반드시 착용해야 하는 안전장비이다.

52. 결합제의 주성분은 열경화성 합성수지 베이크라이트로, 결합력이 강하고 탄성이 커서 고속도강이나 광학유리 등을 절단하기에 적합한 숫돌은?

① vitrified 숫돌
② resinoid 숫돌
③ silicate 숫돌
④ rubber 숫돌

[해설] 레지노이드 숫돌
• 열경화성 합성수지 베이크라이트가 주성분이다.
• 결합력이 강하고 탄성이 풍부하여 절단 작업 및 정밀 작업에 적합하다.

53. 나사 측정의 대상이 되지 않는 것은?

① 피치
② 리드각
③ 유효지름
④ 바깥지름

[해설] 리드각(λ)은 리드값(l)과 유효지름(d)을 이용한 계산식으로 구한다.

54. 테이블 이동 거리가 전후 300mm, 좌우 850mm, 상하 450mm인 니형 밀링 머신의 호칭 번호로 옳은 것은?

① 1호   ② 2호
③ 3호   ④ 4호

[해설] 밀링 머신의 호칭 번호

호칭 번호	0호	1호	2호	3호	4호	5호
전후 이동	150	200	250	300	350	400
좌우 이동	450	550	700	850	1050	1250
상하 이동	300	400	400	450	450	500

55. 연삭숫돌의 표시에서 WA 60 K m V 1호 205×19×15.88로 표기되어 있다. K는 무엇을 나타내는 부호인가?

① 입자   ② 결합제
③ 결합도   ④ 입도

[해설] WA 60 K m V 1호 205×19×15.88
• WA : 입자   • 60 : 입도
• K : 결합도   • m : 조직
• V : 결합제
• 205×19×15.88 : 바깥지름×두께×안지름

56. 공작기계 작업에서 절삭제의 역할에 대한 설명으로 옳지 않은 것은?

① 절삭 공구와 칩 사이의 마찰을 감소시킨다.
② 절삭 시 열을 감소시켜 공구 수명을 연장시킨다.
③ 구성 인선의 발생을 촉진시킨다.
④ 가공면의 표면 거칠기를 향상시킨다.

[해설] 구성 인선은 절삭유에 의해 발생이 상당 부분 억제된다.

57. 구성 인선(built up edge)의 방지 대책으로 잘못된 것은?

① 이송량을 감소시키고 절삭 깊이를 깊게 한다.
② 공구 경사각을 크게 주고 고속 절삭을 실시한다.

③ 세라믹 공구(ceramic tool)를 사용하는 것
이 좋다.

④ 공구면의 마찰계수를 감소시켜 칩의 흐름
을 원활하게 한다.

해설 구성 인선의 방지 대책
- 바이트의 윗면 경사각을 크게 한다.
- 절삭 깊이와 이송 속도를 작게 한다.
- 절삭 속도를 높이고 절삭유를 사용한다.
- 피가공물과 친화력이 적은 공구 재료를 사
용한다.

58. 드릴 작업에서 너트나 볼트 머리에 접하
는 면을 편평하게 하여, 그 자리를 만드는
작업은?

① 카운터 싱킹
② 스폿 페이싱
③ 태핑
④ 리밍

해설 • 카운터 싱킹 : 접시머리 나사의 머리
부분을 묻히게 하기 위해 자리를 파는 작업
- 태핑 : 드릴을 사용하여 뚫은 구멍의 내면
에 탭으로 암나사를 가공하는 작업
- 리밍 : 드릴을 사용하여 뚫은 구멍의 내면
을 리머로 다듬는 작업

59. 선반에서 가로 이송대에 나사 피치가
8mm이고 100등분된 눈금이 달려 있을 때
30mm를 26mm로 가공하려면 핸들을 몇
눈금 돌리면 되는가?

① 20   ② 25
③ 32   ④ 50

해설 절삭 깊이$=\dfrac{30-26}{2}=2\,\text{mm}$

$\therefore$ 눈금 수$=\dfrac{등분 수}{피치}\times$절삭 깊이

$=\dfrac{100}{8}\times2=25$눈금

60. 밀링 커터의 날수가 10, 지름이 100mm,
절삭 속도가 100 m/min, 1날당 이송을
0.1mm로 하면 테이블 1분간 이송량은 약
얼마인가?

① 420 mm/min
② 318 mm/min
③ 218 mm/min
④ 120 mm/min

해설 $N=\dfrac{1000V}{\pi D}=\dfrac{1000\times100}{\pi\times100}$

$\fallingdotseq318\,\text{rpm}$

$\therefore f=f_z\times Z\times N=0.1\times10\times318$

$=318\,\text{mm/min}$

1과목 기계 제도

1. 다음 그림과 같이 제3각법으로 투상한 도면에서 "?"에 해당하는 부분의 평면도로 가장 적합한 것은?

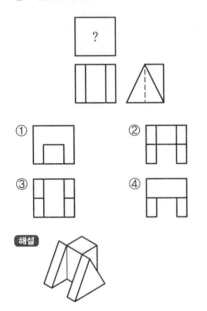

해설

2. 축 중심의 센터 구멍 표현법으로 옳지 않은 것은?

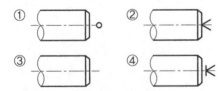

해설 ② 센터 구멍을 남겨둘 것
③ 센터 구멍의 유무에 상관없이 가공할 것
④ 센터 구멍이 남아있지 않도록 가공할 것

3. 그림에서 ⊠로 표시한 부분의 의미로 올바른 것은?

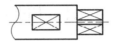

① 정밀 측정 부분
② 평면 자리 부분
③ 가공 금지 부분
④ 단조 가공 부분

해설 축 등 원통 부분 중 평면 가공이 있는 경우는 가는 실선을 사용하여 대각선으로 그린다.

4. 그림과 같이 3각법으로 정투상한 도면에서 *A*의 치수는?

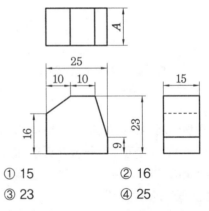

① 15
② 16
③ 23
④ 25

해설 평면도의 높이는 우측면도 폭의 치수와 동일하다.

5. 줄무늬 방향의 기호에 대한 설명으로 틀린 것은?

① = : 가공에 의한 컷의 줄무늬 방향이 기호를 기입한 그림의 투영면에 평행

② X : 가공에 의한 컷의 줄무늬 방향이 다 방면으로 교차 또는 무방향

③ C : 가공에 의한 컷의 줄무늬가 기호를 기입한 면의 중심에 대하여 거의 동심원 모양

④ R : 가공에 의한 컷의 줄무늬가 기호를 기입한 면의 중심에 대하여 거의 방사 모양

해설 X : 가공에 의한 컷의 줄무늬 방향이 두 방향으로 교차 또는 무방향

6. 다음 도면에서 X 부분의 치수는?

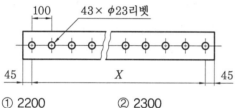

① 2200
② 2300
③ 4100
④ 4200

해설 $X = (43-1) \times 100 = 4200\,\mathrm{mm}$

7. 다음 중 치수 공차가 0.1이 아닌 것은?

① $50^{+0.1}_{0}$
② 50 ± 0.05
③ $50^{+0.07}_{-0.03}$
④ 50 ± 0.1

해설 치수 공차
= 위 치수 허용차 − 아래 치수 허용차
① $+0.1 - 0 = +0.1$
② $+0.05 - (-0.05) = +0.1$
③ $+0.07 - (-0.03) = +0.1$
④ $+0.1 - (-0.1) = +0.2$

8. 지름이 10cm이고 길이가 20cm인 알루미늄 봉이 있다. 비중량이 2.7이라 하면 중량(kg)은?

① 0.4242 kg
② 4.242 kg
③ 42.42 kg
④ 4242 kg

해설 중량(m)=부피(V)×비중(ρ)

$$V = \frac{\pi d^2}{4} \times l = \frac{\pi \times 10^2}{4} \times 20 = 1571\,\mathrm{cm}^3$$

$$\therefore\ m = V \times \rho = 1571 \times 2.7$$
$$= 4242\,\mathrm{g} = 4.242\,\mathrm{kg}$$

9. 그림과 같은 단면도의 형태는?

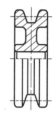

① 온단면도
② 한쪽 단면도
③ 부분 단면도
④ 회전 도시 단면도

해설 한쪽 단면도 : 상하 또는 좌우가 각각 대칭인 물체를 중심선을 기준으로 내부 모양과 외부 모양을 동시에 그리는 투상도로, 반단면도라고도 한다.

10. 그림과 같은 제3각 정투상도의 입체도로 가장 적합한 것은?

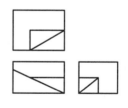

①
②

③
④

11. M50×3−6H로 표시된 나사의 설명 중 틀린 것은?

정답 6. ④ 7. ④ 8. ② 9. ② 10. ④ 11. ④

① M : 미터나사

② 50 : 나사의 호칭 지름

③ 3 : 피치

④ 6H : 수나사의 등급

해설 6H : 암나사 등급

12. 복렬 깊은 홈 볼 베어링의 약식 도시 기호가 바르게 표시된 것은?

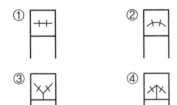

해설 ② 복렬 자동 조심 볼 베어링
③ 복렬 앵귤러 콘택트 볼 베어링

13. 호의 치수 기입을 나타낸 것은?

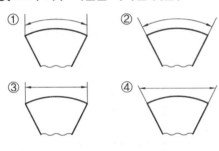

해설 치수 기입법

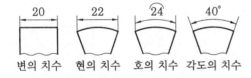

변의 치수　현의 치수　호의 치수　각도의 치수

14. I 형강의 치수 기입이 옳은 것은? (단, B : 폭, H : 높이, t : 두께, L : 길이)

① $IB \times H \times t - L$　　② $IH \times B \times t - L$

③ $It \times H \times B - L$　　④ $IL \times H \times B - t$

해설 I 형강의 치수 표기 방법
형강 기호(I) 높이(H) × 폭(B) × 두께(t) − 길이(L)

15. 다음 형상 공차의 종류별 기호를 잘못 나타낸 것은?

① 평면도 : ▱　　② 위치도 : ⊕

③ 진원도 : ○　　④ 원통도 : ◎

해설 • ◎ : 동축도(동심도)
• ⌀ : 원통도

16. 곡면 모델링 시스템에서 일반적으로 요구되는 기능으로 거리가 먼 것은?

① 가공(machining) 기능

② 변환(transformation) 기능

③ 라운딩(rounding) 기능

④ 오프셋(offset) 기능

해설 모델링이 완성된 후 NC 데이터를 생성하여 CAM 가공이 가능하므로 가공 기능은 곡면 모델링 시스템에서 요구되는 기능과 거리가 멀다.

17. (x, y) 평면에서 두 점 $(-5, 0)$, $(4, -3)$을 지나는 직선의 방정식은?

① $y = -\dfrac{2}{3}x - \dfrac{5}{3}$　　② $y = -\dfrac{1}{2}x - \dfrac{5}{2}$

③ $y = -\dfrac{1}{3}x - \dfrac{5}{3}$　　④ $y = -\dfrac{3}{2}x - \dfrac{4}{3}$

해설 기울기 $= \dfrac{-3-0}{4+5} = \dfrac{-3}{9} = -\dfrac{1}{3}$

기울기가 $-\dfrac{1}{3}$이고 $(-5, 0)$을 지나므로

직선의 방정식은 $y - 0 = -\dfrac{1}{3}(x + 5)$

$\therefore y = -\dfrac{1}{3}x - \dfrac{5}{3}$

18. 솔리드 모델링 방식 중 B-rep과 비교한 CSG의 특징이 아닌 것은?

① 불 연산의 사용으로 명확한 모델 생성이 쉽다.

② 데이터가 간결하여 필요 메모리가 적다.

③ 형상 수정이 용이하며 부피, 중량을 계산할 수 있다.

④ 투상도, 투시도, 전개도, 표면적 계산이 용이하다.

[해설] • B-rep 방식 : 경계 표현, 즉 형상을 구성하는 면과 면 사이의 위상 기하학적 결합 관계를 정의함으로써 3차원 물체를 표현하는 방법으로, 투상도 작성이 용이하다.

• CSG 방식 : 불 연산의 합, 차, 적을 사용하여 명확한 모델 생성이 가능하다.

19. 공학적 해석(부피, 무게중심, 관성 모멘트 등의 계산)을 적용할 때 사용하는 가장 적합한 모델은?

① 솔리드 모델

② 서피스 모델

③ 와이어 프레임 모델

④ 데이터 모델

[해설] 솔리드 모델링은 물리적 성질(부피, 무게중심, 관성 모멘트 등)의 계산이 가능하다.

20. 3차원에서 이미 구성된 도형자료의 확대 또는 축소를 나타내는 변환행렬로 옳은 것은? (단, 행렬에서 S_x, S_y, S_z는 각각 X, Y, Z 방향으로 확대, 축소되는 크기이다.)

① $T_y = \begin{bmatrix} S_x & 0 & 0 & 0 \\ 0 & 1 & 0 & 0 \\ 0 & 0 & S_y & 0 \\ S_z & 0 & 0 & 1 \end{bmatrix}$
② $T_y = \begin{bmatrix} 0 & 0 & 0 & S_x \\ 0 & 0 & S_y & 0 \\ 0 & S_z & 0 & 0 \\ 1 & 0 & 0 & 0 \end{bmatrix}$

③ $T_y = \begin{bmatrix} 0 & 0 & 0 & 1 \\ 0 & S_x & 0 & 0 \\ 0 & 0 & S_y & 0 \\ 0 & 0 & 0 & S_z \end{bmatrix}$
④ $T_y = \begin{bmatrix} S_x & 0 & 0 & 0 \\ 0 & S_y & 0 & 0 \\ 0 & 0 & S_z & 0 \\ 0 & 0 & 0 & 1 \end{bmatrix}$

[해설] 확대, 축소를 나타내는 변환행렬

$$\begin{bmatrix} x \\ y \\ z \\ 1 \end{bmatrix} \begin{bmatrix} S_x & 0 & 0 & 0 \\ 0 & S_y & 0 & 0 \\ 0 & 0 & S_z & 0 \\ 0 & 0 & 0 & 1 \end{bmatrix} = \begin{bmatrix} S_x x \\ S_y y \\ S_z z \\ 0 \end{bmatrix}$$

$$\therefore T_y = \begin{bmatrix} S_x & 0 & 0 & 0 \\ 0 & S_y & 0 & 0 \\ 0 & 0 & S_z & 0 \\ 0 & 0 & 0 & 1 \end{bmatrix}$$

2과목 | 기계요소 설계

21. 지름 6cm의 봉재에 인장 하중 1200N이 작용할 때 발생하는 인장 응력은?

① 72.3N/cm^2
② 56.2N/mm^2
③ 42N/cm^2
④ 36N/mm^2

[해설] $\sigma = \dfrac{W}{A} = \dfrac{W}{\dfrac{\pi d^2}{4}} = \dfrac{1200}{\dfrac{\pi \times 6^2}{4}} \fallingdotseq 42 \text{N/cm}^2$

22. 사각형 단면(100mm×60mm)의 기둥에 1N/mm²의 압축 응력이 발생할 때 압축 하중은 약 얼마인가?

① 6000N
② 600N
③ 60N
④ 60000N

[해설] $\sigma = \dfrac{W}{A}$, $W = A\sigma$

$\therefore W = (100 \times 60) \times 1 = 6000 \text{N}$

23. 다음 중 재료의 기준 강도(인장 강도)가 300N/mm²이고 허용 응력이 150N/mm²일 때 안전율은?

① 1.0   ② 2.0
③ 4.0   ④ 16.0

해설 안전율$=\dfrac{\text{인장 강도}}{\text{허용 응력}}=\dfrac{300}{150}=2$

24. 정사각형 단면의 봉에 20kN의 압축 하중이 작용할 때 생기는 응력이 5000N/cm²가 되게 하려면 정사각형 한 변의 길이는 약 몇 cm로 해야 하는가?

① 0.2   ② 0.4
③ 2   ④ 4

해설 $\sigma=\dfrac{W}{A}$, $A=\dfrac{W}{\sigma}=\dfrac{20000}{5000}=4$

$\therefore \sqrt{A}=2\,\text{cm}$

25. 각속도가 30rad/s인 원 운동을 rpm 단위로 환산하면 얼마인가?

① 157.1rpm   ② 186.5rpm
③ 257.1rpm   ④ 286.5rpm

해설 $w=\dfrac{2\pi N}{60}$, $N=\dfrac{60\times w}{2\pi}$

$\therefore N=\dfrac{60\times 30}{2\pi}≒286.5\,\text{rpm}$

26. 인장 응력을 구하는 식으로 옳은 것은? (단, σ는 인장 응력, A는 단면적, P는 인장 하중이다.)

① $\sigma=\dfrac{P}{A}$ ② $\sigma=P\times A$
③ $\sigma=\dfrac{A}{P}$ ④ $\sigma=\dfrac{P}{A^2}$

해설 인장 응력$(\sigma)=\dfrac{\text{인장 하중}(P)}{\text{단면적}(A)}$

27. 비교적 단시간에 충격적으로 작용하는 하중으로, 순간적으로 작용하는 하중을 의미하는 것은?

① 반복 하중
② 교번 하중
③ 충격 하중
④ 변동 하중

해설
• 반복 하중 : 방향이 변하지 않고 계속 반복하여 작용하는 하중으로, 진폭은 일정하고 주기는 규칙적인 하중
• 교번 하중 : 하중의 크기와 방향이 주기적으로 변화하는 하중으로, 인장과 압축을 교대로 반복하는 하중
• 충격 하중 : 비교적 단시간에 충격적으로 작용하는 하중으로, 순간적으로 작용하는 하중

28. 지름이 10mm인 시험편에 600N의 인장력이 작용한다고 할 때, 이 시험편에 발생하는 인장 응력은 약 몇 MPa인가?

① 95.2   ② 76.4
③ 7.64   ④ 9.52

해설 $\sigma=\dfrac{W}{A}=\dfrac{W}{\dfrac{\pi d^2}{4}}=\dfrac{600\times 4}{\pi\times 100}$

$≒7.64\,\text{MPa}$

29. 공업 제품에 대한 표준화 시행 시 여러 장점이 있다. 다음 중 공업 제품의 표준화와 관련된 장점으로 거리가 먼 것은?

① 부품의 호환성이 유지된다.
② 능률적인 부품 생산을 할 수 있다.
③ 부품의 품질 향상이 용이하다.
④ 표준화 규격 제정 시 소요되는 시간과 비용이 적다.

정답 23. ②   24. ③   25. ④   26. ①   27. ③   28. ③   29. ④

해설 표준화 규격 제정 시 시간과 비용이 많이 소요되지만 부품의 호환성으로 생산성 및 품질 향상을 얻을 수 있다.

30. 응력−변형률 선도에서 재료가 저항할 수 있는 최대의 응력을 무엇이라 하는가? (단, 공칭 응력을 기준으로 한다.)

① 비례 한도(proportional limit)
② 탄성 한도(elastic limit)
③ 항복점(yield point)
④ 극한 강도(ultimate strength)

해설 극한 강도는 파괴가 일어날 때의 강도 또는 극한상태에서의 강도를 의미한다.

31. 일반적으로 안전율을 가장 크게 잡는 하중은? (단, 동일 재질에서 극한 강도 기준의 안전율을 대상으로 한다.)

① 충격 하중
② 편진 반복 하중
③ 정하중
④ 양진 반복 하중

해설 충격 하중 : 비교적 단시간에 급격히 작용하는 하중으로, 충격 하중일 때 안전율을 가장 크게 잡는다.

32. 재료의 파손이론 중 취성 재료에 잘 일치하는 것은?

① 최대 주응력설
② 최대 전단응력설
③ 최대 주변형률설
④ 변형률 에너지설

해설 최대 주응력설 : 물체 내의 어느 점에서 발생하는 최대 주응력이 단순 인장시험에서 항복점에 도달하면 재료가 파괴된다는 것이다.

33. 나사가 저절로 풀리지 않고 체결되어 있는 상태를 자립 상태라고 한다. 자립 상태를 유지하기 위해서는 나사 효율이 어느 정도이어야 하는가?

① 60% 이상
② 50% 미만
③ 30% 이상
④ 20% 미만

해설 나사의 자립 상태를 유지하는 나사 효율은 50% 미만이다.

34. 다음 중 변형률(strain, ε')에 관한 식으로 옳은 것은? (단, d : 재료의 원래 지름, δ : 줄거나 늘어난 지름의 길이, A : 단면적, σ : 작용 응력)

① $\varepsilon' = \delta \times d^2$ ② $\varepsilon' = \dfrac{\sigma}{d}$

③ $\varepsilon' = \dfrac{\delta}{d}$ ④ $\varepsilon' = \dfrac{\delta}{\sigma}$

해설 • 세로 변형률$(\varepsilon) = \dfrac{\lambda}{l} = \dfrac{l'-l}{l}$

• 가로 변형률$(\varepsilon') = \dfrac{\delta}{d} = \dfrac{\delta'-\delta}{d}$

35. 1.8kW의 동력을 1200rpm으로 전달시키는 표준 스퍼 기어가 있다. 이 기어에 작용하는 회전력은 약 몇 N인가? (단, 스퍼 기어 모듈은 4이고 잇수는 25이다.)

① 155   ② 186
③ 233   ④ 287

해설 $D = mZ = 4 \times 25 = 100$

$v = \dfrac{\pi DN}{60 \times 1000} = \dfrac{\pi \times 100 \times 1200}{60 \times 1000} = 6.28 \, \text{m/s}$

$\therefore F = \dfrac{1000 \times H}{v} = \dfrac{1000 \times 1.8}{6.28}$

$\doteqdot 287 \, \text{N}$

정답 **30.** ④   **31.** ①   **32.** ①   **33.** ②   **34.** ③   **35.** ④

36. 지그와 고정구의 기능에 대한 설명 중 틀린 것은?

① 공작물의 위치 결정
② 절삭 공구의 안내
③ 공작물의 지지 및 고정
④ 공작물의 정밀도 유지

해설 지그와 고정구의 기능
• 공작물의 지지 및 고정
• 공작물의 위치 결정
• 절삭 공구의 안내
• 작업의 능률성과 경제성
• 공작물의 정밀도 향상

37. 뒤판을 가진 지그로서 쉽게 휘거나 비틀리기 쉬운 얇거나 연한 공작물의 가공에 이상적인 지그는?

① 박스 지그
② 리프 지그
③ 샌드위치 지그
④ 템플레이트 지그

해설 • 박스 지그 : 공작물을 다시 위치 결정시키지 않고도 여러 면의 구멍을 완성할 수 있으나 칩 제거가 불리하고 제작비가 다소 비싸다.
• 리프 지그 : 힌지 핀(hinge pin)으로 연결된 리프를 열고 공작물의 장착과 탈착이 쉽도록 만든 지그
• 템플레이트 지그 : 공작물의 수량이 적거나 정밀도가 요구되지 않는 경우에 사용하며, 형판 지그라고도 한다.

38. 치공구용 게이지에 있어서 한계 게이지(limit gauge)의 장점에 관한 설명으로 틀린 것은?

① 합부 판정이 쉽다.
② 검사하기 편리하고 합리적이다.

③ 다른 제품과 공용으로 사용하기 쉽다.
④ 취급이 단순하여 미숙련공도 사용이 가능하다.

해설 특정 제품에 한하여 제작되기 때문에 공용으로 사용하기 어렵다.

39. 지지구에 대한 설명 중 옳은 것은?

① 밀링 작업에서 하향 작업을 하는 경우는 필요 없다.
② 위치 결정 구조보다 높이가 낮아야 한다.
③ 고정식 지지구가 조정식 지지구보다 효과가 좋다.
④ 위치 결정구의 반대편에 설치한다.

해설 • 밀링 작업에서 상향 작업을 하는 경우는 필요 없다.
• 조정식 지지구가 고정식 지지구보다 효과가 좋다.
• 충분한 지지를 얻기 위해 추가되는 요소로 위치 결정구의 같은 편에 설치한다.

40. 드릴 가공 후 리머 가공을 위한 드릴 지그를 설계할 때의 설명으로 틀린 것은?

① 교환을 위해 회전형 삽입 부시를 안내 부시, 잠금 나사와 함께 사용한다.
② 가공 구멍의 깊이와 정밀도, 칩 배출량을 고려하여 지그 플레이트와 부시와의 간격을 결정한다.
③ 기준면은 누적을 피하기 위해 되도록 일괄적으로 사용한다.
④ 지그의 다리 밑에 칩이 끼어도 안정되게 작업할 수 있도록 지그 다리는 3개로 한다.

해설 3개의 다리는 다리 밑에 칩이 들어가도 항상 안정되어 있기 때문에 경사진 채로 작업될 우려가 있다. 따라서 지그의 다리는 4개로 해야 칩이 끼면 지그가 흔들리는 것을 바로 느껴 기울어진 것을 알 수 있다.

3과목 기계재료 및 측정

41. 특수강에서 합금 원소의 중요한 역할이 아닌 것은?

① 기계적, 물리적, 화학적 성질의 개선
② 황 등의 해로운 원소 제거
③ 소성 가공성의 감소
④ 오스테나이트 입자 조정

해설 특수강에서 합금 원소의 중요한 역할은 소성 가공 시 그 정도를 향상시킨다.

42. 아연을 5~20% 첨가한 것으로 금색에 가까워 금박 대용으로 사용하며 특히 화폐, 메달 등에 주로 사용되는 황동은?

① 톰백
② 실루민
③ 문츠 메탈
④ 고속도강

해설 톰백 : 8~20% Zn을 함유한 것으로, 금에 가까운 색이며 연성이 크다. 금 대용품이나 장식품에 사용한다.

43. 주철의 결점을 없애기 위해 흑연의 형상을 미세화, 균일화하여 연성과 인성의 강도를 크게 하고, 강인한 펄라이트 주철을 제조한 고급 주철은?

① 가단주철
② 칠드 주철
③ 미하나이트 주철
④ 구상흑연주철

해설 • 가단주철 : 백주철을 풀림 처리하여 탈탄 또는 흑연화에 의해 가단성을 주어 강인성을 부여한 주철이다.

• 칠드 주철 : 용융 상태에서 Mg을 첨가하여 금형에 주입해 주물 표면을 급랭시킴으로써 백선화하고 경도를 증가시킨 내마모성 주철이다.
• 구상흑연주철 : 용융 상태에서 Mg, Ce, Mg−Cu 등을 첨가하여 흑연을 편상 → 구상으로 석출시킨 주철이다.

44. 탄소강에서 적열 메짐을 방지하고, 주조성과 담금질 효과를 향상시키기 위해 첨가하는 원소는?

① 황(S)
② 인(P)
③ 규소(Si)
④ 망간(Mn)

해설 Mn의 특징
• 강 중에 0.2~0.8% 정도 함유되어 있으며, 일부는 용해되고 나머지는 S와 결합하여 황화망간(MnS), 황화철(FeS)로 존재한다.
• 탈산제 역할을 하며, 연신율은 감소시키지 않고 강도, 경도, 강인성을 증대시켜 기계적 성질이 좋아지게 한다.

45. 탄소 공구강의 재료 기호로 옳은 것은?

① SPS
② STC
③ STD
④ STS

해설 • SPS : 스프링 강재
• STS : 합금 공구강 1~17종
• STD : 합금 공구강 18~39종

46. 다음 중 원소가 강재에 미치는 영향으로 틀린 것은?

① S : 절삭성을 향상시킨다.
② Mn : 황의 해를 막는다.
③ H₂ : 유동성을 좋게 한다.
④ P : 결정립을 조대화시킨다.

해설 • 산소(O_2)는 적열 메짐의 원인이 되며, 질소(N_2)는 경도와 강도를 증가시킨다.
• 수소(H_2)는 유동성을 해치거나 헤어 크랙의 원인이 된다.

47. 공구강에서 경도를 증가시키고 시효에 의한 치수 변화를 방지하기 위한 열처리 순서로 가장 적합한 것은?

① 담금질 → 심랭 처리 → 뜨임
② 담금질 → 불림 → 심랭 처리
③ 불림 → 심랭 처리 → 담금질
④ 풀림 → 심랭 처리 → 담금질

해설 • 담금질 : 경도와 강도를 증가시킬 목적으로 강을 A_3 변태 및 A_1선 이상(A_3 또는 A_1+30~50℃)으로 가열한 다음 물이나 기름에 급랭시킨 열처리
• 심랭 처리 : 게이지 등 정밀 기계 부품의 조직을 안정화시키고 형상 및 치수 변형(시효 변형)을 방지하는 처리
• 뜨임 : 담금질한 강을 적당한 온도(A_1점 이하, 723℃ 이하)로 재가열하여 담금질로 인한 내부 응력, 취성을 제거하고, 경도를 낮추어 인성을 증가시키기 위한 열처리

48. 플라스틱 재료의 일반적인 성질을 설명한 것 중 틀린 것은?

① 열에 약하다.
② 성형성이 좋다.
③ 표면 경도가 높다.
④ 대부분 전기 절연성이 좋다.

해설 플라스틱의 성질
• 단단하고 질기며 부드럽고 유연하게 만들 수 있기 때문에 금속 제품으로 만드는 것보다 가공비가 저렴하다.
• 열에 약하고 표면 경도가 낮은 단점이 있다.

49. 마이크로미터 측정면의 평면도 검사에 가장 적합한 측정기는?

① 옵티컬 플랫
② 공구 현미경
③ 광학식 클리노미터
④ 투영기

해설 옵티컬 플랫
• 광학적인 측정기로, 매끈하게 래핑된 블록 게이지면, 각종 측정자 등의 평면 측정에 사용한다.
• 측정면에 접촉시켰을 때 생기는 간섭 무늬의 수로 측정한다.

50. 각도 측정이 가능한 사인 바(sine bar)의 설명으로 틀린 것은?

① 정밀한 각도 측정을 하기 위해서는 평면도가 높은 평면에서 사용해야 한다.
② 롤러 중심 거리는 보통 100 mm, 200 mm로 만든다.
③ 45° 이상의 큰 각도를 측정하는 데 유리하다.
④ 사인 바는 길이를 측정하여 직각 삼각형의 삼각함수를 이용한 계산에 의해 임의 각의 측정 또는 임의 각을 만드는 기구이다.

해설 사인 바는 45° 이상에서는 오차가 급격히 커지므로 45° 이하의 각도 측정에 사용한다.

51. 어떤 도면에서 편심량이 4 mm로 주어졌을 때, 실제 다이얼 게이지 눈금의 변위량은 얼마로 나타나야 하는가?

① 2 mm   ② 4 mm
③ 8 mm   ④ 0.5 mm

해설 다이얼 게이지 눈금의 변위량은 편심량의 2배이다.
∴ 변위량 = $4 \times 2 = 8$ mm

52. 게이지 블록의 부속 부품이 아닌 것은?

① 홀더
② 스크레이퍼
③ 스크라이버 포인트
④ 베이스 블록

> **해설** • 게이지 블록 부속 부품 : 홀더, 조, 스크라이버 포인트, 센터 포인트, 베이스 블록
> • 스크레이퍼 : 기계가 가공된 면을 더욱 정밀하게 다듬질하는 데 사용하는 공구

53. 밀링 머신에서 단식 분할법을 사용하여 원주를 5등분하려면 분할 크랭크를 몇 회전씩 돌려가면서 가공하면 되는가?

① 4
② 8
③ 9
④ 16

> **해설** $n = \dfrac{40}{N} = \dfrac{40}{5} = 8$회전

54. 센터리스 연삭 작업의 특징이 아닌 것은?

① 센터 구멍이 필요 없는 원통 연삭에 편리하다.
② 연속 작업을 할 수 있어 대량 생산에 적합하다.
③ 대형 중량물도 연삭이 용이하다.
④ 가늘고 긴 공작물의 연삭에 적합하다.

> **해설** 센터리스 연삭 작업의 경우 대형 중량물이나 지름이 크고 길이가 긴 공작물은 연삭하기 어렵다.

55. 기어 피치원의 지름이 150 mm, 모듈(module)이 5인 표준형 기어의 잇수는? (단, 비틀림각은 30°이다.)

① 15개
② 30개
③ 45개
④ 50개

> **해설** $D = mZ$
> $\therefore Z = \dfrac{D}{m} = \dfrac{150}{5} = 30$개

56. 다음 중 밀링 머신에 관한 설명으로 옳지 않은 것은?

① 테이블의 이송 속도는 밀링 커터날 1개당 이송 거리×커터의 날수×커터의 회전수로 산출한다.
② 플레노형 밀링 머신은 대형 공작물 또는 중량물의 평면이나 홈 가공에 사용한다.
③ 하향 절삭은 커터의 날이 일감의 이송 방향과 같으므로 일감의 고정이 간편하고 뒤틈 제거장치가 필요없다.
④ 수직 밀링 머신은 스핀들이 수직 방향으로 설치되며 엔드밀로 홈 깎기, 옆면 깎기 등을 가공하는 기계이다.

> **해설** 하향 절삭은 일감의 고정이 간편하지만 백래시 제거장치가 있어야 한다.

57. 공구가 회전하고 공작물은 고정되어 절삭하는 공작기계는?

① 선반(lathe)
② 밀링 머신(milling)
③ 브로칭 머신(broaching)
④ 형삭기(shaping)

> **해설** • 선반 : 공작물의 회전 운동과 바이트의 직선 이송 운동으로 원통 제품을 가공하는 기계
> • 브로칭 머신 : 브로치 공구를 사용하여 표면 또는 내면을 절삭 가공하는 기계
> • 형삭기 : 셰이퍼나 플레이너, 슬로터에 의한 가공법으로 바이트 또는 공작물의 직선 왕복 운동과 직선 이송 운동으로 절삭하는 기계

58. 다음 중 사고 발생이 많이 일어나는 것에서 점차 적게 일어나는 것에 대한 순서로 옳은 것은?

① 불안전한 조건 – 불가항력 – 불안전한 행위
② 불안전한 행위 – 불가항력 – 불안전한 조건
③ 불안전한 행위 – 불안전한 조건 – 불가항력
④ 불안전한 조건 – 불안전한 행위 – 불가항력

> **해설** 사고 발생 건수에 관한 통계
> 불안전한 행위 > 불안전한 조건 > 불가항력

59. 다음과 같이 표시된 연삭숫돌에 대한 설명으로 옳은 것은?

> "WA 100 K 5 V"

① 녹색 탄화규소 입자이다.
② 고운눈 입도에 해당된다.
③ 결합도가 극히 경하다.
④ 메탈 결합제를 사용했다.

> **해설** • WA : 백색 산화알루미늄 입자
> • 100 : 고운눈 입도
> • K : 연한 결합도
> • 5 : 중간 조직
> • V : 비트리파이드 결합제

60. 선반 가공에서 지름이 102 mm인 환봉을 300 rpm으로 가공할 때 절삭 저항력이 981 N이었다. 이때 선반의 절삭 효율을 75%라 하면 절삭 동력은 약 몇 kW인가?

① 1.4
② 2.1
③ 3.6
④ 5.4

> **해설** $v = \dfrac{\pi DN}{1000} = \dfrac{\pi \times 102 \times 300}{1000}$
> $\qquad \fallingdotseq 96\,\text{m/min} = 1.6\,\text{m/s}$
> $\therefore H = \dfrac{Pv}{1000 \times \eta}$
> $\qquad = \dfrac{981 \times 1.6}{1000 \times 0.75} \fallingdotseq 2.1\,\text{kW}$

기계설계산업기사
필기 총정리

2023년 1월 10일 인쇄
2023년 1월 20일 발행

저자 : 기계설계시험연구회
펴낸이 : 이정일

펴낸곳 : 도서출판 **일진사**
www.iljinsa.com

(우)04317 서울시 용산구 효창원로 64길 6
대표전화 : 704-1616, 팩스 : 715-3536
등록번호 : 제1979-000009호(1979.4.2)

값 22,000원

ISBN : 978-89-429-1754-9